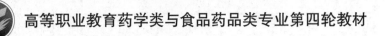

高等职业教育药学类与食品药品类专业第四轮教材

生物药物

（供药学类、药品与医疗器械类、生物技术类专业用）

主　编　杨元娟　李艳萍

副主编　王丽娟　韩　璐　钟辉云

编　者　（以姓氏笔画为序）

王丽娟（重庆医药高等专科学校）　　　　刘晓珊（广东食品药品职业学院）

杨元娟（重庆医药高等专科学校）　　　　李　超（沧州医学高等专科学校）

李艳萍（江苏医药职业学院）　　　　　　苑广志（辽宁农业职业技术学院）

卓微伟（江苏医药职业学院）　　　　　　钟辉云（四川卫生康复职业学院）

韩　勇（山西药科职业学院）　　　　　　韩　璐（天津生物工程职业技术学院）

覃鸿妮（苏州工业园区服务外包职业学院）　曾　雪（重庆医药高等专科学校）

路　希（聊城职业技术学院）

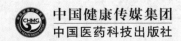

中国健康传媒集团

中国医药科技出版社

内容提要

　　本教材为"高等职业教育药学类与食品药品类专业第四轮教材"之一，系根据本套教材的编写指导思想和原则要求，结合专业培养目标和本课程的教学目标、内容与任务要求编写而成。本教材专业针对性强，紧密结合新时代行业要求和社会用人需求，与职业技能鉴定相对接。本教材为书网融合教材，即纸质教材有机融合电子教材、教学配套资源（PPT、微课、视频、图片等）、题库系统、数字化教学服务（在线教学、在线作业、在线考试）。

　　本教材主要供全国高等职业院校药学类、药品与医疗器械类、生物技术类专业使用，也可作为相关专业工作人员参考用书。

图书在版编目（CIP）数据

生物药物／杨元娟，李艳萍主编. —北京：中国医药科技出版社，2021.8（2025.2重印）.
高等职业教育药学类与食品药品类专业第四轮教材
ISBN 978－7－5214－2531－4

Ⅰ.①生… Ⅱ.①杨… ②李… Ⅲ.①生物制品－药物－高等职业教育－教材 Ⅳ.①TQ464

中国版本图书馆 CIP 数据核字（2021）第 143940 号

美术编辑　陈君杞
版式设计　友全图文

出版　**中国健康传媒集团** | 中国医药科技出版社
地址　北京市海淀区文慧园北路甲 22 号
邮编　100082
电话　发行：010－62227427　邮购：010－62236938
网址　www.cmstp.com
规格　889×1194mm $^1/_{16}$
印张　17
字数　467 千字
版次　2021 年 8 月第 1 版
印次　2025 年 2 月第 2 次印刷
印刷　北京印刷集团有限责任公司
经销　全国各地新华书店
书号　ISBN 978－7－5214－2531－4
定价　48.00 元

获取新书信息、投稿、
为图书纠错，请扫码
联系我们。

出 版 说 明

"全国高职高专院校药学类与食品药品类专业'十三五'规划教材"于2017年初由中国医药科技出版社出版，是针对全国高等职业教育药学类、食品药品类专业教学需求和人才培养目标要求而编写的第三轮教材，自出版以来得到了广大教师和学生的好评。为了贯彻党的十九大精神，落实国务院《国家职业教育改革实施方案》，将"落实立德树人根本任务，发展素质教育"的战略部署要求贯穿教材编写全过程，中国医药科技出版社在院校调研的基础上，广泛征求各有关院校及专家的意见，于2020年9月正式启动第四轮教材的修订编写工作。在教育部、国家药品监督管理局的领导和指导下，在本套教材建设指导委员会专家的指导和顶层设计下，依据教育部《职业教育专业目录（2021年）》要求，中国医药科技出版社组织全国高职高专院校及相关单位和企业具有丰富教学与实践经验的专家、教师进行了精心编撰。

本套教材共计66种，全部配套"医药大学堂"在线学习平台，主要供高职高专院校药学类、药品与医疗器械类、食品类及相关专业（即药学、中药学、中药制药、中药材生产与加工、制药设备应用技术、药品生产技术、化学制药、药品质量与安全、药品经营与管理、生物制药专业等）师生教学使用，也可供医药卫生行业从业人员继续教育和培训使用。

本套教材定位清晰，特点鲜明，主要体现在如下几个方面。

1. 落实立德树人，体现课程思政

教材内容将价值塑造、知识传授和能力培养三者融为一体，在教材专业内容中渗透我国药学事业人才必备的职业素养要求，潜移默化，让学生能够在学习知识同时养成优秀的职业素养。进一步优化"实例分析/岗位情景模拟"内容，同时保持"学习引导""知识链接""目标检测"或"思考题"模块的先进性，体现课程思政。

2. 坚持职教精神，明确教材定位

坚持现代职教改革方向，体现高职教育特点，根据《高等职业学校专业教学标准》要求，以岗位需求为目标，以就业为导向，以能力培养为核心，培养满足岗位需求、教学需求和社会需求的高素质技能型人才，做到科学规划、有序衔接、准确定位。

3. 体现行业发展，更新教材内容

紧密结合《中国药典》（2020年版）和我国《药品管理法》（2019年修订）、《疫苗管理法》（2019年）、《药品生产监督管理办法》（2020年版）、《药品注册管理办法》（2020年版）以及现行相关法规与标准，根据行业发展要求调整结构、更新内容。构建教材内容紧密结合当前国家药品监督管理法规、标准要求，体现全国卫生类（药学）专业技术资格考试、国家执业药师职业资格考试的有关新精神、新动向和新要求，保证教育教学适应医药卫生事业发展要求。

4.体现工学结合，强化技能培养

专业核心课程吸纳具有丰富经验的医疗机构、药品监管部门、药品生产企业、经营企业人员参与编写，保证教材内容能体现行业的新技术、新方法，体现岗位用人的素质要求，与岗位紧密衔接。

5.建设立体教材，丰富教学资源

搭建与教材配套的"医药大学堂"（包括数字教材、教学课件、图片、视频、动画及习题库等），丰富多样化、立体化教学资源，并提升教学手段，促进师生互动，满足教学管理需要，为提高教育教学水平和质量提供支撑。

6.体现教材创新，鼓励活页教材

新型活页式、工作手册式教材全流程体现产教融合、校企合作，实现理论知识与企业岗位标准、技能要求的高度融合，为培养技术技能型人才提供支撑。本套教材部分建设为活页式、工作手册式教材。

编写出版本套高质量教材，得到了全国药品职业教育教学指导委员会和全国卫生职业教育教学指导委员会有关专家以及全国各相关院校领导与编者的大力支持，在此一并表示衷心感谢。出版发行本套教材，希望得到广大师生的欢迎，对促进我国高等职业教育药学类与食品药品类相关专业教学改革和人才培养作出积极贡献。希望广大师生在教学中积极使用本套教材并提出宝贵意见，以便修订完善，共同打造精品教材。

姚腊初（益阳医学高等专科学校）

贾　强（山东药品食品职业学院）

葛淑兰（山东医学高等专科学校）

韩忠培（浙江医药高等专科学校）

覃晓龙（遵义医药高等专科学校）

委　　员（以姓氏笔画为序）

王庭之（江苏医药职业学院）

牛红军（天津现代职业技术学院）

兰作平（重庆医药高等专科学校）

司　毅（山东医学高等专科学校）

刘林凤（山西药科职业学院）

李　明（济南护理职业学院）

李　媛（江苏食品药品职业技术学院）

李小山（重庆三峡医药高等专科学校）

吴海侠（广东食品药品职业学院）

何　雄（浙江医药高等专科学校）

何文胜（福建生物工程职业技术学院）

沈必成（楚雄医药高等专科学校）

张　虹（长春医学高等专科学校）

张春强（长沙卫生职业学院）

张奎升（山东药品食品职业学院）

张炳盛（山东中医药高等专科学校）

罗　翀（湖南食品药品职业学院）

赵宝林（安徽中医药高等专科学校）

郝晶晶（北京卫生职业学院）

徐贤淑（辽宁医药职业学院）

高立霞（山东医药技师学院）

郭家林（遵义医药高等专科学校）

康　伟（天津生物工程职业技术学院）

梁春贤（广西卫生职业技术学院）

景文莉（天津医学高等专科学校）

傅学红（益阳医学高等专科学校）

数字化教材编委会

主　编　杨元娟　李艳萍

副主编　王丽娟　韩　璐　钟辉云

编　者　（以姓氏笔画为序）

王丽娟（重庆医药高等专科学校）

刘晓珊（广东食品药品职业学院）

杨元娟（重庆医药高等专科学校）

李　超（沧州医学高等专科学校）

李艳萍（江苏医药职业学院）

苑广志（辽宁农业职业技术学院）

卓微伟（江苏医药职业学院）

钟辉云（四川卫生康复职业学院）

韩　勇（山西药科职业学院）

韩　璐（天津生物工程职业技术学院）

覃鸿妮（苏州工业园区服务外包职业学院）

曾　雪（重庆医药高等专科学校）

路　希（聊城职业技术学院）

生物药物作为药品与医疗器械类、生物技术类专业重要的核心课程，是一门年轻的、前沿的、发展非常迅速的学科，也是学生从理论走上实践的桥梁。它以生理学、免疫学和生物化学/分子生物学为核心，吸纳了传统和现代生物技术。随着近二十年生物学、微生物学、免疫学、遗传学和细胞生物学等学科的飞跃发展，以及现代生物技术、信息技术、新材料技术等飞速发展，生物药物在深度与广度、内涵与外延上都发生了巨大的变化。

目前，高等职业教育生物制药相关专业的生物药物课程，还没有一本高度匹配的合适教材。目前常用的教材对于高等职业教育层次教学来讲，存在几个不足：一是教材难度比较大，如部分生物药物的作用机制讲解比较复杂；二是出版至今，内容相对比较陈旧，如 GMP 和中国药典的相关内容还是旧版；三是生物药物的种类不齐全，主要是介绍生物制品，而抗生素、蛋白质、核酸等其他类别生物药物没有包含在内，无法衔接后续生物制药工艺学和生物药物检测技术等专业课程。因此，重新编写一本内容科学、难度适中、符合行业最新技术标准和最新应用的《生物药物》专业课教材势在必行。

本教材的编写将突出以培养高素质技术技能型人才为核心，强调就业为导向、能力为本位、学生为主体，充分运用"互联网＋"技术和网络教学平台，丰富数字资源建设，体现教学与信息化手段的完美融合。教材同时提供电子教学资源，学生可以通过线上方式直接获取微课视频、PPT、图片等，增强纸质教材的实用性和便捷性。电子资源制作选取的内容、项目紧密贴合理论课教学重点，着力提升学生知识获取和创新思维能力。

本教材分为总论和各论两篇，共十六章，由重庆医药高等专科学校杨元娟、江苏医药职业学校李艳萍任主编。其中，杨元娟编写了第一章，李艳萍编写了第四、十五章，王丽娟编写了十二、十六章，韩璐编写了第二、十三章，钟辉云编写了第九章，覃鸿妮编写了第三章，李超编写了第五章，路希编写了第六章，刘晓珊编写了第七章，卓微伟编写了第八章，韩勇编写了第十章，苑广志编写了第十一章，曾雪编写了第十四章。

本教材在编写过程中参考了部分教材和有关著作，从中借鉴了许多有益的内容，在此向有关作者和出版社一并致谢。同时也得到了各参编院校领导的大力支持，在此表示诚挚的感谢。但由于受编者水平所限，书中难免有不足之处，敬请各位专家、同行及使用者及时提出修改意见及建议，以便进一步修订，以臻完善。

编　者
2021 年 5 月

目录

CONTENTS

第一篇
总　论

第一章 生物药物概述
e 微课

学习引导

在 10 世纪时，中国发明了种痘术，用人痘接种法预防天花，这是人工自动免疫预防传染病的创始。种痘不仅减轻了病情，还减少了死亡。17 世纪时，俄国人来中国学习种痘技术，随后将其传到土耳其、英国、日本、朝鲜、东南亚各国，后又传入美洲、非洲。1796 年，英国人 E. 詹纳发明接种牛痘苗方法预防天花，他用弱毒病毒（牛痘）给人接种，预防强毒病毒（天花）感染，使人不得天花。此法安全有效，很快推广到世界各地。牛痘苗可算作第一种安全有效的生物药物。微生物学和化学的发展促进了生物药物的研究与发展。

基于生物药物在人类疾病防治过程中的重要作用，本章主要介绍生物药物的基本概念和常见类型等知识，并对生物药物的历史、发展和研究现状进行综述，旨在让学习者对生物药物有一个基本的认识，为后续的进一步学习提供理论基础。

学习目标

思政素养目标

1. 通过生物药物概念和分类的讲解，使学生理解生物药物在医药行业中的重要地位，树立学生学习的积极性和高度的责任感。

2. 通过阐述生物药物的发展历史，使学生了解科学家为人类健康做出的卓越贡献，树立对医药卫生事业的职业认同感和爱岗敬业的职业精神。

知识目标

1. **掌握** 生物药物的概念、分类；常见生物药物的类别以及其临床应用等。

2. **熟悉** 生物药物的历史、发展和研究现状。

3. **了解** 生物药物未来发展趋势。

技能目标

1. 能尝试阐述生物药物的应用范围和使用方法。

2. 熟知生物药物的种类和适用场景。

第一节　生物药物概念和种类

一、基本概念

生物药物学是研究各种应用于临床并具有一定治疗作用的生物药物的来源、结构功能特点、应用、生产工艺、原理、存在问题与发展前景等诸多方面知识的一门学科。

生物药物是现代医学中发展比较早的一类药品，随着相关学科和技术的发展，其种类和品种不断增加，在疾病预防、治疗和诊断中起重要作用。然而在较长时期内，它并没有成为一门学科，可能是因为它所包含的经验性成分比较多，缺乏形成独立学科的理论基础。20 世纪 40 年代以后，人们对微生物的遗传、营养、代谢，以及它们的致病因子和免疫结构有了较为系统的研究。另外，自 20 世纪 50 年代以来，克隆选择学说、免疫球蛋白结构、巨噬细胞及 T 细胞和 B 细胞功能、主要组织相容复合物（MHC）参与、抗体形成遗传基础、细胞因子作用等逐步得到阐明，免疫学作为生物药物学的一门重要基础学科，开始被独立研究。更重要的是分子生物学的兴起，提供了基因工程和杂交瘤两种有划时代意义的新技术，发酵工程和蛋白质化学的发展提供了现代生物反应器和蛋白质的分离纯化、检验技术。目前，生物药物已经发展成为以微生物学、免疫学、生物化学、分子生物学等学科为理论基础，以现代生物技术包括基因工程、发酵工程、蛋白质工程等为技术基础的一门新的独立学科——生物药物学。

2020 年版的《中华人民共和国药典》将生物药物的定义为：生物药物（biological drugs）是以微生物、细胞、动物或人源组织和体液等为原料，应用传统技术或现代生物技术制成，用于人类疾病的预防、治疗和诊断的药品。人用生物药物包括：疫苗、抗毒素及抗血清、血液制品、细胞因子、生长因子、酶、体内及体外诊断制品，以及其他生物活性制剂，如毒素、抗原、变态反应原、单克隆抗体、抗原抗体复合物、免疫调节剂及微生态活菌制品等。

二、生物药物的类型

生物药物种类繁多、用途各异，根据其组成及用途可分为预防类制品、治疗类制品和诊断药品。

（一）预防类制品

这类制品主要是疫苗，用于疾病预防。根据其抗原来源可分为细菌类疫苗、病毒类疫苗及联合疫苗。细菌类疫苗是由细菌、螺旋体或其衍生物制成的疫苗。病毒类疫苗是由病毒、衣原体、立克次体或其衍生物制成的疫苗。联合疫苗是由两种或两种以上疫苗抗原的原液配制而成的具有多种免疫原性的灭活疫苗或活疫苗，如百日咳、白喉、破伤风联合疫苗（吸附百白破联合疫苗，DTP），麻疹、流行性腮腺炎、风疹联合疫苗（麻腮风联合减毒活疫苗，MMR）等。

预防接种疫苗可使个体获得主动免疫，使机体获得长期的对某种传染病的抵抗性。但从预防接种到特异性免疫力的建立，需要一个过程（即诱导期），这就难以适应"应急"预防的需要。因此，对某些传染病，可采用注射免疫球蛋白或特异免疫球蛋白的方法，使机体获得被动免疫而暂时提高免疫水平。这也是一种有效的预防措施，能较快地对机体起到保护作用。但是，被动免疫的预防效果不能持久。

（二）治疗类制品

治疗类制品是用于临床疾病治疗的生物药物。主要有抗毒素及抗血清、血液制品、生物技术制品等。

（三）诊断药品

用于检测各种疾病或机体功能的各类诊断试剂统称为诊断药品，可用于指导疾病的预防和治疗。利用生物技术开发的多种诊断试剂，使得人们对疾病的诊断更为快速、便捷、准确。诊断药品的品种繁多，用途各异，根据应用范围和本身的性质，可分为：①临床化学试剂，如血清酶类试剂、葡萄糖和蛋白质试剂等。②免疫学诊断试剂，如免疫球蛋白测定试剂、补体测定试剂和常用抗体等。③细菌学诊断试剂，如伤寒沙门菌"O""H"菌液，沙门菌属诊断血清等。④病毒学诊断试剂，如乙型肝炎病毒表面抗原、核心抗体的诊断试剂，HIV 抗原、抗体诊断试剂等。⑤肿瘤诊断试剂，如 AFP 检验试剂、CEA检验试剂等。⑥其他常用诊断试剂，如妊娠试剂、抗 ABO 血型系统诊断试剂等。

即学即练 1-1

尝试预测一下新型冠状病毒可研发哪些生物药物进行治疗？

答案解析

第二节 生物药物的历史、发展与现状

一、生物药物的历史

生物药物是伴随着生物技术的发展而发展的，同时又与微生物学、免疫学、生物化学及分子生物学等基础理论的发展密不可分。预防天花的疫苗是最早发展起来的生物药物。人为方法预防天花的最早记载是在我国宋代。宋真宗时，有峨眉山人曾为丞相王旦的儿子接种人痘预防天花，创造了"以毒攻毒"的预防方法，这是人类使用疫苗预防传染病的最早记载。18 世纪末天花在欧洲肆虐横行，当时人们注意到一个奇怪的现象，一些挤牛奶的农妇很少得天花，这可能是因为那些挤牛奶的农妇在与奶牛接触的过程中感染了症状较轻的牛痘。1796 年，英国医生 Jenner Edward 第一次用牛痘苗接种人体取得了巨大成功，从此种植牛痘的技术传遍了欧洲，后又被传到北美洲和亚洲。

19 世纪中叶，随着微生物学蓬勃发展，人们相继认识了各种病原微生物。1876 年，德国人 RoberKock首先发明了细菌分离培养法，从此陆续发现了各种致病细菌。1889 年，首次发现人畜共患的口蹄疫这种由病毒引起的传染病，不久，引起脊髓灰质炎、麻疹、天花和黄热病的病毒也相继被发现。人们在发现和认识各种病原微生物的同时，也在试图采用各种手段来控制这些病原微生物引起的传染病，其中，疫苗的研究和发明是这一领域中最杰出的成果，而在疫苗研制领域贡献最突出的当属法国人 Pasteur，他先后发明了减毒鸡霍乱疫苗、减毒炭疽疫苗和减毒狂犬病毒疫苗，从此人工减毒活疫苗的研究不断发展，迄今不衰。

但是在研制减毒活疫苗的过程中人们发现，有些微生物的毒力不易减弱，或毒力减弱后就失去了免疫原性，或减弱后有毒性恢复的危险，因此不得不另想办法。1886 年，Salmon Smith 发现加热杀死的强毒猪霍乱杆菌仍具很好的免疫原性，随后鼠疫、霍乱、伤寒、百日咳等死菌疫苗相继问世。到 19 世纪末，已经能够在分离到新的病原菌后不久就研制出相应的死疫苗并用于临床预防感染。

有的细菌如白喉杆菌和破伤风梭菌等的致病因子不在菌体本身，而在于细菌所产生的毒素。毒素虽然是很好的抗原，但因其毒性太强，不能注射入人体。1923 年，法国人 Ramon 用甲醛解毒的方法，把白喉和破伤风等毒素变成无毒而有免疫原性的类毒素。

1948～1950 年，Enders 等人用人胚胎非神经组织培养脊髓灰质炎病毒获得成功，随后细胞培养病毒技术得到飞速发展，病毒学突飞猛进，培养出多种病毒，病毒性疫苗也不断诞生，如麻疹减毒活疫苗、风疹减毒活疫苗、水痘减毒活疫苗等，极大地提高了人类抵抗传染病的能力。

1890 年，Behring 和 Kitasato 用经三氯化碘减毒处理的白喉及破伤风毒素免疫动物获得成功，此后，Behring 又发现在经免疫的动物血清中含有免疫物质，如把这种免疫血清移注给正常动物，也能使后者获得对相应疾病的抵抗力，从而创造了"血清疗法"。免疫血清中的这种免疫物质就是免疫球蛋白。

血液制剂是在输血基础上发展起来的，在 20 世纪 30 年代就已出现了冻干人血浆制品。在第二次世界大战期间，为了充分利用血液中的各种有用成分，开始研究血浆蛋白的分离。1943～1945 年，先后从人血浆中提制成功白蛋白、免疫球蛋白、纤维蛋白等制品供临床使用。随着低温乙醇法分离血浆蛋白组分工艺的日趋成熟和蛋白分离技术的不断革新，目前已能从正常人血浆中制备 10 多种常用血浆蛋白制品，可分离提纯 100 多种血浆蛋白。

二、生物药物的发展

近年来，生物技术在新型生物试剂与生物药物开发中的应用取得了颇有成效的进步，这也促进了生物药物的发展，特别是基因工程技术的应用，使生物药品种类不断增多。生物药物的发展史从一个侧面展现了生物科学技术和相关学科的发展历程，随着高新生物技术和相关学科进步，不断涌现出种类更多、质量更高且临床预防、治疗和诊断人类疾病效果更好的新型生物药物。

细胞因子的研究即成为热点，其发展主要经历了三个时期：细胞生物学时期、蛋白质时期和分子生物学时期。细胞生物学时期重点研究各类细胞因子的诱生、检测及其生物学活性，建立分泌细胞因子的传代细胞系及 T－T 细胞杂交瘤等。由于早先研究的是淋巴细胞产生的几种因子，所以直到 1969 年，还把当时研究的细胞因子都命名为"淋巴因子"。最早的研究可追溯到 20 世纪初，法国教授 Carnot 认为存在一种能调控红细胞生成的"血循环物质"。其后，从 20 世纪 50 年代中期直至 90 年代，各国科学家先后发现了干扰素、白细胞介素、集落刺激因子、肿瘤坏死因子及转移因子等一系列细胞因子，并于 20 世纪 70 年代末期陆续对各种细胞因子做了科学的命名。在蛋白质化学时期，研究者们利用 20 世纪 70 年代逐渐发展起来的蛋白质化学技术（如超滤、色谱、电泳、蛋白测序等），集中于细胞因子的分离、纯化、鉴定及理化特性分析。分子生物学时期研究各类细胞因子的克隆，基因结构及表达、调控等。基因工程产品即重组细胞产品为其主要研究内容，当前生物药物领域中涉及的干扰素、白细胞介素、集落刺激因子、肿瘤坏死因子、促红细胞生成素等十多种细胞因子制剂中，绝大部分是基因重组产品。诊断试剂的发展萌芽于 19 世纪末，1895 年就已制造出可用于治疗和诊断的抗炭疽菌血清。其后，诊断细菌用的试剂随着细菌培养技术的改进而得到迅速发展。每当分离出某种抗病原菌，即有相应的诊断血清诞生。至 20 世纪 30 年代，细菌诊断血清日臻完善。病毒学诊断试剂的发展稍滞后于细菌学诊断试剂，而免疫学诊断试剂的发展更晚。但所有类型的试剂都同细菌学诊断试剂一样，随着该科学的进展而不断改进和发展。

20 世纪 80 年代后，我国生物药物进入高速发展期，生物药物种类、剂型快速增加。生物药物质量控制实行与国际接轨，已有品种绝大多数已达到 WHO（世界卫生组织）规程的要求，新的品种一律实行 WHO 标准或国际标准。国家提出生物药物企业要率先达到 GMP（药品生产质量管理规范）要求，尤其是血液制品生产企业。生物技术产品生产车间或企业均按 GMP 要求设计、建设和验收，其他制品生产车间也将逐步通过技术改进达到 GMP 要求，使生物药物走向国际市场。

1. 预防制品　我国目前每年可生产供应预防制品近 10 亿人用剂量。由于疫苗的长期大面积使用，1964 年天花在我国完全被消灭；2000 年脊髓灰质炎（小儿麻痹症）也被消灭；自 1992 年对新生儿实施乙肝疫苗接种，乙肝带毒率持续下降。目前许多传染病在很大程度上都已得到控制，传染病的危害程度已由中华人民共和国成立初期的第一位下滑到十名之外，说明我国在疾病预防接种领域已取了巨大成绩。但是，人类与传染病的斗争永无止境。某种疾病被控制以后，在较长的巩固时期内仍须使用相应预防制品。由于基因突变、毒力基因转移等因素，会出现新的病原微生物，引发新的传染病，而人口流动、环境恶化、战乱、毒品、自然灾害等因素可能导致原已被控制的传染病又死灰复燃。近 30 年来，全球新出现约 40 种传染病，加之重新流行的，有近 60 种。有些危害很大，如 HIV 感染，从 20 世纪 80 年代初发现以来已达 5000 多万人，我国也有 100 多万人，并进入感染快速增长期。因此，预防制品的应用和深入研究仍很重要。

2. 血液制品　是以人血浆为原材料，采用蛋白质分离技术经深加工制备而成（国际通用的 cohn 低温乙醇法），在临床抢救和治疗过程中被广泛应用，包括白蛋白、免疫球蛋白、各种凝血因子等，是救死扶伤的重要药品。血液用品的临床使用量巨大。1995 年左右，国内血液制品生产企业大批涌现，目前大部分已通过 GMP 认证。

3. 诊断试剂　是诊断、检测疾病的重要工具。根据生物化学、微生物学、免疫学、分子生物学原理，不断发展出各种诊断试剂。生物技术的发展，使得抗原、抗体的制备，可采用杂交瘤技术（单克隆抗体）、多肽合成法或用基因工程技术大量生产，使酶联免疫吸附试验（enzyme - linked immunosorbent assay，ELISA）/固相放射免疫试验（radioimmunoassay，RIA）诊断的精确度更高；20 世纪 90 年代发展起来的多聚酶链式扩增技术（polymerase chain reaction，PCR）及近年来迅速发展的基因芯片技术，使人类诊断和检测疾病的手段深入到分子水平，诊断工具日益专一、快速，应用面更广，质量更高，经济效益更显著。

肝炎、糖尿病和心血管疾病的临床治疗急需对甘油三酯、胆固醇、谷丙转氨酶（glutamicpyruvic transaminase，GPT）、谷草转氨酶（glutamic - oxaloacetic transaminase，GOT）等许多生化指标进行检测，需要大量诊断用酶。随着酶工程、试剂盒、酶电泳以及诊断测试仪器的应用，我国现已投入生产新型乙肝病毒表面抗原凝集诊断试剂盒（乙肝病）、丙肝病毒酶联免疫试剂盒（丙肝病）、血糖酶试剂盒（糖尿病）、尿酸酶试剂盒（肾病）、丙谷转氨酶试剂盒（肝炎）、谷草转氨酶试剂盒（心肌梗死）、甘油三酯酶试剂盒（心血管疾病）等多种诊断试剂，并已经形成了中国自己的新型诊断试剂工业。

4. 生物工程产品与技术　自 20 世纪 70 年代基因重组技术诞生后，国际上生物技术的研究和发展十分迅速。我国从 20 世纪 80 年代开始发展，20 世纪 90 年代实现产业化。

（1）基因工程疫苗与药品　是目前最活跃、发展最迅猛的高技术领域，也是 1997 年以来我国上市医药公司最青睐的领域。将天然活性蛋白的编码基因插入表达载体或引入某种宿主细胞后，有效表达该基因产物，再经分离、纯化和检定，可得到用于预防和治疗某些人类疾病的制品，如重组乙型肝炎疫苗、胰岛素、生长激素、干扰素等。

（2）单克隆抗体　是用杂交瘤技术将抗原免疫动物后，取（鼠）脾或外周血淋巴细胞或经体外免疫获得的免疫淋巴细胞与相应的骨髓瘤细胞融合，建立能稳定分泌特异性抗体的杂交瘤细胞株，通过体内法或体外培养法制备单克隆抗体，经提取纯化获得的特异性单克隆抗体制剂，可用于有关疾病的体内/外诊断或治疗。为了提高靶向治疗作用，常常要对单抗进行修饰，即与毒素、药物、放射性核素、酶、细胞因子等其他物质耦联形成免疫结合物，或在同一段多肽链中包含非免疫球蛋白和免疫球蛋白序列的嵌合重组蛋白，成为所谓的"导弹药物""生物导弹"。

从 20 世纪 70 年代末，我国开始研制单克隆抗体与导向药物——杂交瘤单克隆抗体，现在已经获得了大量杂交瘤细胞系和大批单克隆抗体诊断试剂盒。在肿瘤方面，利用单克隆抗体与毒素（如蓖麻毒素、白喉毒素、铜绿假单胞菌外毒素等）、放射性核素或抗肿瘤药物（如阿霉素、丝裂霉素、甲氨蝶呤、长春新碱等）等进行耦联，制成导向药物，进行大量临床前研究。此外，还进行人 - 人单抗研究。抗体工程也取得了多项成果，并开始应用于临床。我国开发的肝癌单克隆抗体定位诊断试剂盒填补了国内外空白，获得了 16 类 38 种抗人白细胞分化抗原的单克隆抗体，已得到"国际人白细胞分化抗原大会"的确认，其中部分抗体结合免疫毒素已经用于骨髓移植，治疗多例白血病患者，并取得了显著效果。

（3）体细胞治疗　体细胞治疗是指应用人的自体、同种异种或异种（非人体）的体细胞，经体外操作后回输（或植入）人体的治疗方法。这种体外操作包括细胞在体外的传代、扩增、筛选以及药物或其他能改变细胞生物学行为的处理。经过体外操作后的体细胞可用于疾病的治疗，也可用于疾病的诊断或预防。体细胞治疗具有多种不同的类型，包括体内回输体外激活的单核白细胞；体内移植体外加工过的骨髓细胞或造血干细胞；体内接种体外处理过的肿瘤细胞（瘤苗）；体内植入经体外操作过的细胞群如干细胞、肌细胞、胰岛细胞、软骨细胞等。

自 1993 年 5 月原卫生部公布《人的体细胞治疗及基因治疗临床研究质控要点》以来，体细胞治疗研究与应用进展很快，涌现出了许多新的技术方法，应用范围进一步扩大。由于体细胞治疗的最终制品不是某一个单一物质而是一类具有生物学效应的细胞，其制备技术和应用方案具有多样性、复杂性和特殊性，因此不能像一般生物药物那样制定出适合于每一种方案的具体标准，而应具体情况具体对待。

（4）基因治疗　基因治疗是指以改变细胞遗传物质为基础的医学治疗。目前仅限于非生殖细胞。基因治疗是将外源基因或遗传物质导入人体细胞以达到防治疾病的目的。基因治疗的技术和方式日趋多样。按基因导入形式，分为离体基因导入后进入人体内及体内导入两种形式。前者是在体外将基因导入细胞，然后将细胞导入人体；后者则是通过适当的导入系统直接将基因用于人体。

1991 年我国对 B 型血友病进行了首次临床试验，取得了明显的疗效。用于肿瘤治疗的重组腺病毒 - p53 注射液，于 2003 年 10 月获准新药证书和生产批文，是世界上第一个批准上市的基因治疗药物，是我国生物药物高技术发展新的里程碑。

人口增长和不断提高的生活水平及医疗水平，形成了我国巨大的生物药物市场。进入 21 世纪以后，不但国内的生物药物企业如雨后春笋般遍地而起，国外生物药物生产企业也看好我国市场，纷纷合资建厂或申请进口注册。这些进口制品中既有我国目前已成熟的品种，也有我国尚处于研制阶段的品种。国外先进技术的引进，促使生物药物研制的起步较高，在一定程度上缩短了我国与发达国家的距离。国家在鼓励和支持生物药物产业发展的同时，还要根据不断变化的市场制定有效的产业政策，加强生物药物的进口管理，扶持大型、具有较强研发能力的企业，鼓励创新，减少重复，理顺生物药物/药品的流通渠道。

知识链接

2020 年 1 月 5 日，复旦大学张永振教授完成了病毒测序，并向美国国家生物技术信息中心 GenBank 数据库提交第一条新型冠状病毒基因组序列（Acc. No. MN908947）。WHO 将新型冠状病毒暂时命名为 "2019－nCoV"，2 月 11 日将其感染引起的疾病正式命名 "COVID－19"。

三、研究现状

随着微生物学、免疫学和分子生物学及其他学科的发展，生物药物已改变了传统概念。对微生物结构、生长繁殖、传染基因等，研究也从分子水平的分析到识别蛋白质中的抗原决定簇，并可分离提取。对微生物的遗传基因已有了进一步认识，可以用人工方法进行基因重组，将所需抗原基因重组到无害而易于培养的微生物中，改造其遗传特征，在培养过程中产生所需的抗原，这就是基因工程，由此可研制一些新的疫苗。20 世纪 70 年代后期，杂交瘤技术兴起，用传代的瘤细胞与可以产生抗体的脾细胞杂交，可以得到一种既可传代又可分泌抗体的杂交瘤细胞，所产生的抗体称为单克隆抗体，这一技术属于细胞工程。这些单克隆抗体可广泛应用于诊断试剂，有的也可用于治疗。科学的突飞猛进，使生物药物不再单纯限于预防、治疗和诊断传染病，而扩展到非传染病领域，如心血管疾病、肿瘤等，甚至突破了免疫制品的范畴。中国生物药物界首先提出生物药物学的概念，而有的国家则称之为疫苗学。进入 21 世纪，多位专家根据中药归经理论发现了许多中药提取物——多糖、皂苷等，对生物活性分子和低级活性生物具有特殊的保护作用，富含羟基的中药多糖、亲水亲脂的中药皂苷能与生物活性分子和低级活性生物结合，构建多维网络空间氢键结构，在生物活性分子和低级活性生物表面形成假性水化膜，通过这种多维网络空间氢键假性水化膜实现对生物活性分子和低级活性生物的保护作用，这样形成了稳定、坚固的多维网络空间氢键水化膜，更好地保护生物活性分子和低级活性生物免受外界环境的破坏。在这独创的多维网络空间氢键膜理论指导下，成功地将中多糖和皂苷应用于疫苗和抗体的制造，实现了中药归经、免疫原及免疫蛋白保护和免疫增强一体化的生物药物新功能，并取得很好的临床效果。

目标检测

答案解析

一、选择题

1. 下列哪种不属于生物药物（　　　）

    A. 合成胰岛素   B. 乙肝疫苗   C. 干扰素

    D. 双歧杆菌   E. 以上都是

2. 下列哪种不属于生物药物（　　　）

    A. 吗啡   B. 环孢素   C. 青霉素

    D. 干扰素   E. 以上都不是

3. 乙肝疫苗属于下列哪种生物药物类型（　　　）

    A. 治疗类   B. 诊断类   C. 预防类

    D. 以上都是   E. 以上都不是

二、简答题

1. 简述什么是生物药物。

2. 列举至少 5 种不同类型的生物药物。

书网融合……

知识回顾　　　　微课　　　　习题

（杨元娟）

第二章　生物药物生产与 GMP 要求

学习引导

生物药物的生产制造与传统制药方法相比，有着更为精准有效、原料更易获取的特点，其产生的生物药物也拥有传统药物无法匹敌的疗效。作为微生物或动物细胞培养的生物药物，其生产制造应遵循 GMP 中生物制品制造规范。

基于生物药物严格的生产工艺和制造规范，本章主要介绍生物药物生产常用方法和技术等知识，旨在让学习者掌握生物药物生产的基本流程和原理方法。

学习目标

思政素养目标

通过药品质量安全事件的讲解，使学生理解生物药物生产严格管理的必要性，树立高度的职业责任感。

知识目标

1. **掌握**　GMP 的概念、管理要求；发酵工艺的基本概念、一般流程；纯化工艺的基本方法。

2. **熟悉**　基因工程药物的生产流程。

3. **了解**　基因工程药物生产过程的质量控制。

技能目标

1. 能阐述生物药物生产常用方法和技术。

2. 熟知基因工程药物生产制备过程、关键工艺。

第一节　生物药物生产常用方法和技术

一、GMP 管理要求

（一）GMP

GMP 是《药品生产质量管理规范》（Good Manufacturing Practice，GMP）的简称，是药品生产和质量管理的基本准则，适用于药品制剂生产的全过程和原料药生产中影响成品质量的关键工序。GMP 作为质量管理体系的一部分，是药品生产管理和质量控制的基本要求，旨在最大限度地降低药品生产过程中污染、交叉污染以及混淆、差错等风险，确保持续稳定地生产出符合预定用途和注册要求的药品。

在全球范围内，世界卫生组织在 20 世纪 60 年代中开始组织制订 GMP，我国则在 20 世纪 80 年代开始，研究制定实施中国 GMP，逐步促进医药行业生产和质量水平的提高。现在施行的版本是历经 5 年修订、两次公开征求意见的《药品生产质量管理规范（2010 年修订）》版本，2011 年 3 月 1 日起施行，正文共十四章，313 条（图 2 - 1）。

GMP 的制定和实施是为了规范药品生产质量管理，遵照 GMP，企业应当建立药品质量管理体系。该体系应当涵盖影响药品质量的所有因素，包括确保药品质量符合预定用途的有组织、有计划的全部活动。企业应当严格执行 GMP，坚持诚实守信，禁止任何虚假、欺骗行为。

（二）GMP 对生物药物的生产要求

生物药物与其他传统药物一样，其生产所有环节必须遵循最严格的标准，以确保制造出的药品拥有安全性和有效性。生物药物生产与传统药物最大的不同在于，一是它来源于活的细胞，目标产品有其固定的易变性；二是生产原材料涉及基因操作，

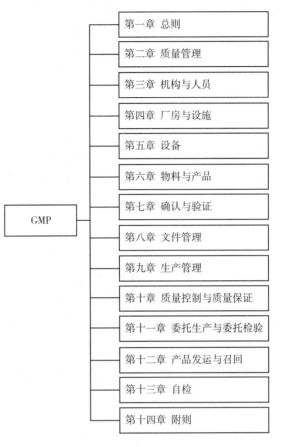

图 2 - 1 GMP（2010 版）框架章节一览图

需要在生产过程中对其可能产生的遗传诱变进行质量控制；三是为提高产品效价（免疫原性）或维持生物活性，常需在成品中加入佐剂或保护剂，致使部分检验项目不能在制成成品后进行。

生物药物产品的质量控制常涉及生物分析技术，生物技术较物理化学检测方法有更大的可变性。因此，过程控制对于生物药物的生产尤为重要。

生物制品生产企业在生产质量管理过程中，应当按照国家有关生物安全管理法律法规、生物制品生产检定用菌毒种管理规程等建立完善生物安全管理制度体系，应当对包括生物原材料、辅料、生产制造过程及检定等整个生物制品生产活动的生物安全进行评估，并采取有效的控制措施。

1. 人员 直接关系到药品的质量。生产人员是药品生产中重要的环节，生产人员卫生也是污染药品风险最大的环节。制药企业中的组织机构是开展 GMP 工作的载体，也是 GMP 体系存在及运行的基础。

从事生物药物生产需要加强对关键人员的培训和考核，培训内容至少包括相关法律法规、安全防护、技术标准等，每年对相关人员进行专业考核。从事生物制品生产、质量保证、质量控制及其他相关人员（包括清洁、维修人员）均应根据其生产的制品和所从事的生产操作进行专业知识和安全防护要求的培训。

生产管理负责人、质量管理负责人和质量受权人应当具有相应的专业知识（微生物学、生物学、免疫学、生物化学、生物制品学等），并能够在生产、质量管理中履行职责。

根据生物安全评估结果，对生产、维修、检定、动物饲养的操作人员、管理人员接种相应的疫苗，需经体检合格，并纳入个人健康档案。患有传染病、皮肤病以及皮肤有伤口者、对产品质量和安全性有

潜在不利影响的人员，均不得进入生产区进行操作或质量检验。

未经批准的人员不得进入生产操作区。

从事卡介苗或结核菌素生产的人员应当定期进行胸部 X 光检查或其他相关项目健康状况检查；不应从事接触其他感染性病原体的工作，特别是不应从事结核分枝杆菌强毒株相关工作，也不得从事其他产品的生产工作；也不应暴露在有已知结核感染风险的环境下。从事卡介苗或结核菌素生产的工作人员、动物房人员需要进入其他生产车间的，需经体检合格。

2. 厂房与设施 用于生物药物制造的厂房和设施，与其他药物制造的厂房和设施一样，需要包括制造区、质量控制区（QC）和贮存区，在 GMP 中对于厂房与设施有专门描述。制药车间的合理设计对于安全有效的药品制造至关重要。大多数生物药物是注射制剂（无菌药品），其制造的关键环节大部分是在清洁区进行的。

洁净区是进行环境控制的区域，即需要对尘粒及微生物含量进行控制的区域（房间），其建筑结构、装备及其使用均具有减少该区域内污染源的介入、产生和滞留的功能。洁净区应定期监测温度、湿度和静压差、沉降菌、浮游菌、悬浮粒子、风速。

洁净区设计的基本特征是在房间的天花板中安装高效空气过滤器（HEPA）。空气通过这些过滤器被泵入室内，产生持续向下的清扫运动，最终通过安装于地面附近的排气装置排出。有各种微粒清除效率不同的 HEPA 过滤器供选择，以建设不同洁净度的洁净区。

 知识链接

GMP 对厂房设施的规定

第三十八条：厂房的选址、设计、布局、建造、改造和维护必须符合药品生产要求，应当能够最大限度地避免污染、交叉污染、混淆和差错，便于清洁、操作和维护。

第三十九条：应当根据厂房及生产防护措施综合考虑选址，厂房所处的环境应当能够最大限度地降低物料或产品遭受污染的风险。

第四十条：企业应当有整洁的生产环境；厂区的地面、路面及运输等不应当对药品的生产造成污染；生产、行政、生活和辅助区的总体布局应当合理，不得互相妨碍；厂区和厂房内的人、物流走向应当合理。

第四十一条：应当对厂房进行适当维护，并确保维修活动不影响药品的质量。应当按照详细的书面操作规程对厂房进行清洁或必要的消毒。

第四十二条：厂房应当有适当的照明、温度、湿度和通风，确保生产和贮存的产品质量以及相关设备性能不会直接或间接地受到影响。

第四十三条：厂房、设施的设计和安装应当能够有效防止昆虫或其他动物进入。应当采取必要的措施，避免所使用的灭鼠药、杀虫剂、烟熏剂等对设备、物料、产品造成污染。

第四十四条：应当采取适当措施，防止未经批准人员的进入。生产、贮存和质量控制区不应当作为非本区工作人员的直接通道。

中国 GMP（2010 版）将无菌药品生产所需的洁净区依据空气中的微粒数和活菌数进行分级，分为以下 4 个级别。

A 级：高风险操作区，如灌装区、放置胶塞桶和与无菌制剂直接接触的敞口包装容器区域及无菌装配或连接操作的区域，应当用单向流操作台（罩）维持该区的环境状态。单向流系统在其工作区域必须均匀送风，风速为 0.36 ~ 0.54m/s（指导值）。应当有数据证明单向流的状态并经过验证。在密闭的隔离操作器或手套箱内，可使用较低的风速。

B 级：指无菌配制和灌装等高风险操作 A 级洁净区所处的背景区域。

C 级和 D 级：指无菌药品生产过程中重要程度较低操作步骤的洁净区。

生物制品生产环境的空气洁净度级别应当与产品和生产操作相适应，厂房与设施不应对原料、中间体和成品造成污染。生产过程中涉及高危因子的操作，其空气净化系统等设施还应当符合特殊要求。

表 2 - 1　生物制品生产操作相对应的洁净度级别

洁净度级别	生物制品生产操作示例
B 级背景下的局部 A 级	GMP 附录一中规定的无菌药品中非最终灭菌产品规定的各工序； 灌装前不经除菌过滤的制品其配制、合并等
C 级	体外免疫诊断试剂的阳性血清的分装、抗原与抗体的分装
D 级	原料血浆的合并、组分分离、分装前的巴氏消毒； 口服制剂其发酵培养密闭系统环境（暴露部分需无菌操作）； 酶联免疫吸附剂等体外免疫试剂的配液、分装、干燥、内包装

另外，生物药物生产车间的管道系统、阀门和呼吸过滤器应当便于清洁和灭菌。宜采用在线清洁、在线灭菌系统。密闭容器（如发酵罐）的阀门应当能用蒸汽灭菌。呼吸过滤器应为疏水性材质，且使用效期应当经验证。

即学即练 2 - 1

请举例说明哪些操作需要在洁净度 A 级区域内完成。

答案解析

3. 生产过程　在生物药物生产过程中，人员是最大的潜在污染源（微生物、微小颗粒等），因此，在洁净区工作的人员被要求穿戴特殊防护服（洁净服）进行所有生产操作。

操作人员要有高标准的个人卫生要求，所有人员都必须接受这方面的适当训练。在任何时间内，都应保持洁净区内有尽可能少的、符合要求的人员。

在生产前，必须检查上批次生产的清场状态标识，确认操作间及设备、容器无上次生产遗留物，并确定环境、设备等生产材料清洁完好并在有效期内，经确认后允许进行生产作业。通过生产前的确认，能有效预防上次遗留物及清洁的污染。

生产过程严格遵守操作规程操作，严格按照规定方法、步骤、顺序、时间和操作人执行，并对生产过程控制点及项目按照规定频次和标准进行控制和复核。

在生产过程中，可能需要对部分物料进行暴露操作，这时必须防止物料及产品所产生的尘粒或生物体等引起污染和交叉污染。在生产过程中，每一车间或设备、容器标明产品或物料名称、批号、数量的状态标志。同一车间不能同时生产不同产品或同一产品不同批次的生产操作，避免药品之间的污染。对于洁净室内的生产，采取准进制度，洁净度级别越高的洁净室，应准许进入的人数就越少，在洁净室内应减少活动，避免剧烈运动。生产过程中使用的工艺用水应根据产品工艺规程选用，工艺用水应符合质量标准，并定期检验。

每一批次生产结束或一批的一个阶段完成后，要进行清场，清场内容包括物料清理、记录填写和清理、现场清洁和消毒，清场结果需另一个人复查确认。生产后清场和清洁消毒是防止本批物料遗留至下批发生混淆，避免污染的重要措施。

二、发酵工艺 🅔 微课

（一）概述

发酵（fermentation）来自拉丁语"发泡"，这种发泡现象是由果汁、麦芽汁或谷类发酵果酒、啤酒、黄酒时产生的二氧化碳气泡引起的。随着科学技术不断发展，现在人类应用发酵来生产很多有用产品，包括药品。发酵的定义就演变为：利用微生物的特定性状和机能，在人工控制条件下通过微生物的生命活动而获得代谢产物的过程。

根据原料基质的状态，可以将其分为液体发酵和固态发酵；根据发酵过程是否需要氧气参与，可以将发酵分为好氧发酵和厌氧发酵；根据细胞种类的不同，分为动物细胞培养、植物细胞培养和微生物工程菌发酵。按发酵产物的不同，可分为氨基酸发酵、有机酸发酵、抗生素发酵、酒精发酵、维生素发酵等。根据操作方式不同，可以将发酵分为分批发酵、补料分批发酵和连续发酵。

发酵和其他化学工业的最大区别在于它是生物体所进行的化学反应。其主要特点如下。

（1）发酵过程一般来说都是在常温常压下进行的生物化学反应，反应安全，要求条件也比较简单。

（2）发酵所用原料通常以淀粉、糖蜜或其他农副产品为主，只要加入少量有机和无机氮源就可进行反应。微生物因不同类别可以有选择地去利用它所需要的营养。基于这一特性，可以利用废水和废物等作为发酵原料进行生物资源的改造和更新。

（3）发酵过程是通过生物体自动调节方式来完成的，反应专一性强，因而可以得到较为单一的代谢产物。

（4）由于生物体本身所具有的反应机制，能够专一地和高度选择地对某些较为复杂化合物进行特定部位的氧化、还原等化学转化反应，也可以产生比较复杂的高分子化合物。

（5）一般情况下，发酵过程中需要特别控制杂菌的产生。通常控制杂菌的方法是对设备进行严格消毒处理，对空气加热灭菌操作以及尽可能地采用自动化的方式进行发酵。通常，如果发酵过程中污染了杂菌或者噬菌体，会影响发酵过程的进行，导致发酵产品产量减少，严重的甚至会导致整个发酵过程失败，发酵产品被要求全部倒掉。

（6）微生物菌种是进行发酵的根本因素，通过变异和菌种筛选，可以获得高产的优良菌株并使生产设备得到充分利用，甚至可以获得按常规方法难以生产的产品。

（7）工业发酵与普通发酵相比，对于发酵过程的控制更为严格，对发酵技术要求更为成熟，并且能够实现大规模量产。

（二）微生物发酵的一般流程

一般来讲，发酵过程由6个部分组成：菌种以及确定的种子培养基和发酵培养基的组成；培养基、发酵罐和辅助设备的灭菌；大规模有活性、纯种的种子培养物的生产；发酵罐中微生物最优生长条件下产物的大规模生产；产物提取、纯化；发酵废液处理。现代工业发酵大部分采用液体深层发酵，其中以分批发酵最为常见，其基本流程如图 2-2。

图 2-2 微生物发酵的一般流程

1. 菌种活化与扩大培养 菌种活化就是将保藏状态的菌种放入适宜的培养基中培养，逐级扩大培养得到纯而壮的培养物，即获得活力旺盛的、接种数量足够的培养物。菌种发酵有一般需要 2~3 代的复壮过程，因为保存时的条件往往和培养时的条件不相同，所以要活化，让菌种逐渐适应培养环境。

菌种的扩大培养是指活化后的菌种经过扁瓶或摇瓶及种子罐逐级放大进行培养，目的是获得一定数量和质量的工程菌纯种种子的过程。

种子扩大培养的工艺流程一般分为实验室扩大培养阶段和生产车间扩大培养阶段。实验室的扩大培养流程如图 2-3。这一阶段不用种子罐，所用设备为培养箱、摇床等实验室常见设备，在工厂这些培养过程一般都在菌种室完成。

生产车间种子扩大培养在种子罐里面进行，一般在工程上归为发酵车间管理。这一阶段菌种扩大培养的最终目的是为发酵罐培养提供一定数量和质量的种子。生产车间种子扩大培养的一般流程如图 2-4。并非所有的种子扩大培养都采用从摇瓶到种子罐的二级发酵模式，其实际发酵级数受到发酵规模、菌体生长特性、接种量的影响。

图 2-3 实验室种子扩大培养一般流程　　图 2-4 生产种子扩大培养一般流程

2. 发酵罐培养 一般来讲，发酵罐培养是为了大量积累有用产物而设计的。由于是纯种培养，发酵罐培养需要考虑发酵设备和培养基的彻底灭菌。制造生物药物，首先需要将适量的注射用水通过管道设备注入发酵罐，然后将细胞生长所需的培养基加入罐中进行原位蒸汽灭菌，一般这一过程是通过加热来实现。培养基中如果需要添加对热不稳定的营养物，则需要通过过滤除菌的方式进行灭菌，然后再在加热步骤之后加到发酵罐中。

发酵培养基的主要功能，一是为菌体的生长繁殖提供能源和合成菌体所必需的成分；二是为合成目的产物提供所需的碳素成分。

针对不同微生物不同的营养要求，可有不同的培养基。但它们的配制必须遵循一定原则：①营养物质应满足微生物需要。不同营养类型的微生物对营养的需求差异很大，应根据菌种对各营养要素的不同要求进行配制。②营养物的浓度及配比应恰当。营养物浓度太低，不能满足微生物生长的需要；浓度太高，又会抑制微生物生长。

由于发酵培养基是用于大量积累代谢产物的，氮源应比种子培养基稍低；当然，若目的产物是含氮化合物时，有时还应该提高培养基的氮源含量。

（三）发酵过程控制

工业发酵中，培养基灭菌后，冷却至培养温度后接种扩大培养后的种子进行发酵。随着发酵的进行，微生物在生长繁殖和代谢过程中不断消耗有机物质，并产生初级代谢产物和次级代谢产物，这会引起发酵罐内反应体系的温度、pH、溶解氧等指标发生变化，因此需要对发酵过程进行有效的控制，最终得到更多的有用物质和更少的杂质，便于后期分离纯化过程。

发酵过程控制中，需要测定发酵过程中的物理、化学及生物信息等各种数据，来判断发酵过程变量与预测结果是否一致。通过所测量的各种数据可判断移种和放罐时间，对不可测变量进行估计，通过手动、自动及计算机对发酵过程进行控制，收集数据，对发酵过程进行综合分析。

三、提取工艺

（一）概述

提取是利用制备目的物的溶解特性，将目的物与细胞的固性成分或其他结合成分分离，使其由固相转入液相或从细胞内的生理状态转入特定溶液环境的过程。提取按所用溶剂种类可分为水溶液法和有机溶剂法。其中，水溶液法所用提取溶剂是水溶液，包括酸溶液、碱溶液和盐溶液；有机溶剂法所用的提取溶剂是有机溶剂，例如乙醇、三氯甲烷、丙酮等。

提取是生物药物在生物反应之后的初级分离阶段，其任务是分离细胞和培养液、破碎细胞释放产物（胞内分泌）、浓缩产物和去除大部分杂质。在生物制药下游工艺中，提取是工艺的第一步，也是非常关键的一步。一种好的提取工艺，需要考虑以下几个问题。

（1）尽可能多地除去与目的产品性质差异大的杂质，并对目的物浓缩。

（2）生物药物的药效与其空间结构紧密相关，而空间结构很容易遭到外力破坏，生物药物普遍容易失活。故而，在生物药物提取过程中要特别考虑到保护目的产品的活性，避免一些影响比较大的因素，如温度、酸碱度、盐浓度等，添加保护剂等也是某些工艺过程的必要措施。

（3）细胞悬浮液性质不稳定，易随时间变化，如受空气氧化、微生物污染、蛋白质水解作用等，所以分离过程要做到迅速加工，缩短停留时间，减少或避免与空气接触受污染的机会，设计好各组分的分离顺序。

（二）细胞破碎

当目的产品是胞内物质时，提取第一步就需要将细胞膜破坏，使产物得以释放，以进行下一步的提取工艺。细胞破碎是提取胞内产物的关键步骤，影响目的产物活性、收率和成本。细胞破碎的很多方法普遍应用于生物药物提取中，主要分为机械法和非机械法（图2-5）。

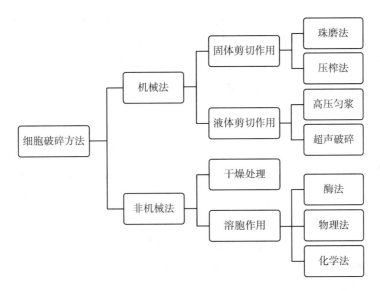

图 2 – 5　常见的细胞破碎方法

本节主要介绍四种常用的细胞破碎方法。

1. 高压匀浆破碎法（homogenization）　高压匀浆器是常用设备，它由可产生高压的正向排代泵和排出阀组成，排出阀具有狭窄的小孔，其大小可以调节。细胞浆液通过止逆阀进入泵体内，在高压下迫使其在排出阀的小孔中高速冲出，并射向撞击环上，由于突然减压和高速冲击，使细胞受到高的液相剪切力而破碎。在操作方式上，可以采用单次通过匀浆器或多次循环通过的方式，也可连续操作。为了控制温度的升高，可在进口处用干冰调节温度，使出口温度调节在 20℃ 左右。在工业规模的细胞破碎中，用于酵母等难破碎的及浓度高或处于生长静止期的细胞。

2. 超声波破碎法（ultrasonication）　利用超声波振荡器发射的 15 ~ 25kHz 超声波探头处理细胞悬浮液。超声波振荡器有不同类型，常用的为电声型，它由发生器和换能器组成，发生器能产生高频电流，换能器的作用是把电磁振荡转换成机械振动。超声波振荡器以可分为槽式和探头直接插入介质式两种形式。

3. 冻融破碎法（freezing and thawing）　将细胞放在低温下（约 – 15℃）冷冻，然后在室温中融化，反复多次而达到破壁作用。由于冷冻，一方面能使细胞膜的疏水键结构破裂，从而增加细胞的亲水性能，另一方面使胞内水结晶，形成冰晶粒，引起细胞膨胀而破裂。对于细胞壁较脆弱的菌体，可采用此法。

4. 酶溶破碎法（enzyme lysis）　酶解是利用溶解细胞壁的酶处理菌体细胞，使细胞壁受到部分或完全破坏后，再利用渗透压冲击等方法破坏细胞膜，进一步增大胞内产物的通透性。溶菌酶（lysozyme）适用于革兰阳性菌的分解，应用于革兰阴性菌时，需辅以 EDTA（乙二胺四乙酸）使之更有效地作用于细胞壁。真核细胞的细胞壁不同于原核细胞，需采用不同的酶。

四、分离与纯化工艺

（一）概述

微生物发酵和细胞培养之后，经过粗提取，将进入目的产品的分离与纯化阶段。这一阶段分为产物的初级分离阶段和产物的纯化精制阶段。目的产物的分离纯化工艺需要考虑两个方面的问题：一是产物收率，二是产物纯度。如果在初级分离过程中除掉大部分杂质，特别是一些对后续精制纯化阶段有干扰的杂质，那么目的产物的纯化也会变得相对容易，纯度就会得到相应保障。

微生物发酵和细胞培养工艺也会直接影响到后续分离纯化的难易。工艺优化应尽可能地减少后续分离纯化的步骤和难度，提高目的产物的收率和纯度。

（二）分离工艺

1. 萃取 又称溶剂萃取，一般是指利用目标物质在液-液两相中溶解度的不同而分离纯化目的产物的一种技术，它是利用物质在两种互不相溶（或微溶）的溶剂中溶解度或分配系数不同，使溶质物质从一种溶剂转移到另外一种溶剂中的方法。

萃取时，向待分离溶液（料液）中加入与之不相互溶解（至多是部分互溶）的萃取剂，形成共存的两个液相。利用原溶剂与萃取剂对各组分溶解度（包括经化学反应后的溶解）的差别，使它们不等同地分配在两液相中，然后通过两液相分离，实现组分间的分离。

萃取最基本的操作是单级萃取。它是使料液与萃取剂在混合过程中密切接触，让被萃组分通过相际界面进入萃取剂中，直到组分在两相间的分配基本达到平衡。然后静置沉降，分离成为两层液体，即由萃取剂转变成的萃取液和由料液转变成的萃余液。萃取与其他分离溶液组分的方法相比，优点在于常温操作，节省能源，不涉及固体、气体，操作方便。

萃取是生物药物分离过程的关键技术，常用于一些抗生素等有机小分子的提取过程，比如青霉素、红霉素等。主要萃取设备有混合沉降槽、碟片式离心机、三相倾析式离心萃取机、立式离心萃取机等。

2. 过滤和离心 过滤是指在外力作用下，使悬浮液中的液体通过多孔介质孔道，而悬浮液中的固体颗粒被截留在介质上，从而实现固-液分离的操作。驱使液体通过过滤介质的推动力可以有重力、压力差和离心力，其中以压力差最为常见。

工业上的过滤方法主要有滤饼过滤和深层过滤两种方式。常用过滤设备有真空转鼓过滤机、板框过滤机等。在实际生产中，为了提高过滤速度，在发酵前使用絮凝剂，在过滤时使用助凝剂是常用方法。由于过滤是根据分离的固体颗粒的大小来达到分离的目的，故过滤常用于发酵液的菌体分离。

离心是根据分离对象的密度和大小来达到分离的目的。其分离是通过离心机的高速运转，使离心加速度超过重力加速度的成百上千倍，而使沉降速度增加，以加速药液中杂质沉淀并除去的一种方法。其原理是利用混合液密度差来分离料液，比较适合于分离含难于沉降过滤的细微粒或絮状物的悬浮液。在生物药物的分离纯化中，离心常用于结晶液的晶体分离过程。

离心机是一种利用电机高速旋转产生离心力场，根据不同物质之间密度、形状、大小等方面的差异，对悬浮液中混合的不同颗粒或乳浊液中密度不同且互不相溶的液体进行分离和提取的仪器设备。在生物药物生产中，离心机的控制和离心机的材料选用均应完全满足 GMP 规范。

利用离心机对样品进行分离、纯化和提取的技术称为离心分离技术。常用的离心技术包括沉淀离心、差速离心、密度梯度离心、分析超速离心、离心淘洗、区带离心及连续流离心等技术，其中沉淀离心、差速离心和密度梯度离心是生产中常用的离心技术，其余技术均需要特殊的离心机或转头。

3. 吸附和离子交换 吸附是利用吸附剂对液体或气体中某一组分具有选择吸附能力，使其富集在吸附剂表面的过程。被吸附的物质称为吸附质。吸附一般用于酶、蛋白质、核苷酸、抗生素、氨基酸的分离精制。根据吸附剂和吸附质之间吸附力性质的不同，可将吸附分为物理吸附、化学吸附和交换吸附三种类型。

物理吸附也称为范德华吸附，它是吸附质和吸附剂以分子间作用力为主的吸附，所以物理吸附无选择性。物理吸附过程不产生化学反应，不发生电子转移、原子重排及化学键的破坏与生成。由于分子间引力的作用比较弱，使得吸附质分子的结构变化很小。在吸附过程中物质不改变原来的性质，因此吸附能小，被吸附的物质很容易再脱离。

化学吸附是吸附质和吸附剂以分子间的化学键为主的吸附，是指吸附剂与吸附质之间发生化学作用，生成化学键引起的吸附，在吸附过程中不仅有引力，还运用化学键的力，因此吸附能较大，要逐出被吸附的物质需要较高的温度，而且被吸附的物质即使被逐出，也已经产生了化学变化，不易吸附和解吸化学吸附的选择性较强。

交换吸附是指极性分子或离子组成吸附表面，吸引溶液中带相反电荷的离子而形成双电层。离子所带电荷越多，它在吸附表面的相反电荷点上的吸附能力就越强。离子交换是溶液中的离子与某种离子交换剂上的离子进行交换的作用或现象，是借助于固体离子交换剂中的离子与稀溶液中的离子进行交换，以达到提取或去除溶液中某些离子的目的，使溶质从原溶液中得到分离、浓缩和提纯。

在生物药物的生产中，离子交换常用于具有有机酸、有机碱及其他有吸附特异性物质的分离，常用的设备是各种离子交换罐。

（三）纯化工艺

1. 工业色谱　色谱法是利用不同物质在由固定相和流动相构成的体系中具有不同的分配系数，当两相相对运动时，这些物质随流动相一起运动，并在两相间进行反复多次的分配，从而使各物质达到分离。色谱法又称为层析法，常用层析方法的原理见表 2 – 2。

表 2 – 2　几种色谱方法的原理

方法	分离原理
吸附色谱法	组分在吸附剂表面吸附，固定相是固体吸附剂，各能力不同
分配色谱法	各组分在流动相和静止液相（固相）中的分配系数不同
离子交换色谱法	固定相是离子交换剂，各组分与离子交换剂亲和力不同
凝胶色谱法	固定相是多孔凝胶，各组分的分子大小不同，因而在凝胶上受阻滞的程度不同
亲和色谱法	固定相只能与一种待分离组分专一结合，以此和无亲和力的其他组分分离

工业色谱技术是基于分离对象和分离介质之间相互作用的不同而达到分离目的的。这种相互作用包括分子筛作用、静电相互作用、疏水性相互作用、特异性亲和作用等，主要用于药用蛋白、疫苗、核酸等物质的分离。

色谱工艺通常可以作为生物药物包装前最后一步纯化步骤，对于生物药物的纯度和收率都有着重要的意义。例如：在重组人促红细胞生成素的纯化工艺中，最后一步应用了 S – 200 分子筛色谱；在大肠埃希菌表达的人重组干扰素 – γ 的纯化中使用高效疏水相互作用色谱；在重组（CHO 细胞）乙肝疫苗的纯化中，使用了凝胶过滤色谱等。

2. 电泳分离　制备型电泳技术作为一种较新的纯化技术，逐渐在新型药物生产中得以应用，由于传统的沉淀技术、色谱技术昂贵且容易让目的产品变性，故而制备型电泳作为一种低耗且能维持生物分子的天然性质和功能的技术，在药用蛋白、抗体等生物产品纯化工艺中得以使用。

第二节 基因工程类生物药物制备

一般来讲，基因工程药物的生产分为上游大规模细胞培养（微生物细胞或者动物细胞）和下游产品的分离纯化、制剂以及包装过程。工程细胞的来源、管理及检定应符合"生物制品生产检定用菌毒种管理规程"和"生物制品生产检定用动物细胞基质制备及检定规程"的相关要求。生产过程中使用的原材料和辅料应符合相关要求。应采用经过验证的生产工艺进行生产，并对生产工艺全过程进行控制。

一、上游阶段

重组细胞在实验室进行逐级扩大培养，以制造出大规模培养所需的发酵种子（起始培养物）。然后，起始培养物接种于工业级别的生物反应器，进行高度自动化的、封闭环境下的大规模微生物或动物细胞培养。培养规模可以从几十升到几万升不等。环境洁净级别根据培养系统的不同会有所区别，一般为 D 级或局部 C 级。

已被批准的生物药物中，50% 以上是用重组大肠埃希菌或酵母生产的，其余生物药物大部分是使用哺乳动物细胞的大规模细胞培养实现的，主要应用的细胞有 BHK 细胞（幼仓鼠肾细胞）和 CHO 细胞（中国仓鼠卵巢细胞）。本节重点介绍一下哺乳动物细胞的大规模培养。

（一）哺乳动物细胞培养的特点

哺乳动物细胞培养比微生物细胞发酵技术更为复杂，成本更高。哺乳动物细胞培养是生物制药行业发展的基石。目前，CHO 细胞作为哺乳动物蛋白表达系统全面走入制药行业。CHO 细胞大规模培养技术及其生物反应器工程可广泛应用于抗体、基因重组蛋白质药物、病毒疫苗等生物技术产品的研究开发和工业化生产。

与其他系统相比，哺乳动物细胞表达系统的优势在于能够指导蛋白质的正确折叠，提供复杂的 N 型糖基化和准确的 O 型糖基化等多种翻译后加工功能，因而表达产物在分子结构、理化特性和生物学功能方面最接近天然高等生物蛋白质分子。

哺乳动物细胞培养不同于微生物细胞培养，一般表现在以下几个方面：①需要的培养基的成分更复杂；②因动物细胞生长缓慢，细胞培养的时间更长；③由于动物细胞没有细胞壁，动物细胞比微生物细胞更脆弱。

动物细胞的培养一般需要氨基酸、维生素、盐类、葡萄糖（有时加半乳糖）和血清。血清能提供细胞生长所必需的微量元素和生长因子。由于血清来源受到限制，质量不稳定，并且增加细胞培养的蛋白质产物分离难度，因此，一般使用血清替代物和无血清培养基。

（二）哺乳动物细胞大规模培养的方法

1. 悬浮培养 是指细胞在反应器中自由悬浮生长的过程。淋巴细胞和肿瘤细胞等能在液体培养基中悬浮生长。悬浮培养系统，工业放大容易，成本低，不易受污染，可在带螺旋桨或平桨搅拌的通用发酵罐中进行，可借鉴微生物培养的理论和经验，但由于动物细胞无细胞壁，不能耐受剧烈搅拌和通气，故而在许多方面又与经典的发酵有所不同。

无血清悬浮培养技术是用已知人源或动物来源的蛋白或激素代替动物血清的一种细胞培养方式，它能减少后期纯化工作，提高产品质量，正逐渐成为动物细胞大规模培养研究的新方向。无血清培养技术的核心技术主要包括三个方面：无血清培养基的筛选、工程细胞株的构建与驯化以及细胞生物反应器技术。

2. 贴壁培养 是指细胞贴附在一定的固相表面进行的培养。大多数动物细胞需要附着在一定的固定表面上才能增殖，因此称单层培养。单层培养突出的问题是提供细胞生长所需的表面积。

贴壁培养系统主要有转瓶、中空纤维、玻璃珠、微载体系统。其中，微载体培养技术是目前公认的最有发展前途的一种动物细胞大规模培养技术。微载体是指直径在 $60 \sim 250 \mu m$，能适用于贴壁细胞生长的微珠，一般是由天然葡聚糖或者各种合成的聚合物组成。微载体细胞培养是将对细胞无害的颗粒 – 微载体加入到培养容器的培养液中，作为载体，使细胞在微载体表面附着生长，同时通过持续搅动使微载体始终保持悬浮状态。

微载体培养有以下优点：①表面积/体积（S/V）大，因此单位体积培养液的细胞产率高；②采用均匀悬浮培养，把悬浮培养和贴壁培养融合在一起，兼有两者的优点；③可用简单的显微镜观察细胞在微珠表面的生长情况；④简化了细胞生长各种环境因素的检测和控制，重现性好；⑤培养基利用率较高；⑥放大容易；⑦细胞收获过程不复杂；⑧劳动强度小；⑨培养系统占地面积和空间小。

3. 固定化培养 是指固定化细胞培养进行产物积累的过程。动物细胞的固定化是指利用将动物细胞与水不溶性载体结合，制备固定化动物细胞的过程。固定化培养的细胞生长的密度高，抗剪切力和抗污染能力强；固定化细胞易于与产物分开，有利于目的产物的分离纯化。制备方法包括吸附法、共价贴附法、离子/共价交联法、包埋法、微囊法等。

即学即练 2 – 2

哺乳动物细胞大规模培养的方法有哪几种？

答案解析

二、下游阶段

基因工程药物的分离纯化技术是提升药品质量和产量的工艺的关键点。一般包括粗分离和精细纯化两个阶段。在粗分离阶段，一般采取离心、匀浆、裂解、沉淀、超滤等手段将尽可能多的活性蛋白从基因工程细胞中提取出来。在精细纯化阶段，一般采取不同色谱技术的串联使用，进一步去除杂质，提高终产品的纯度，并进行浓缩，以期纯度和含量达到药用级别。

（一）基因工程药物一般下游工艺步骤

任何一个特定的基因工程药物的下游工艺都是不一样且受知识产权保护的，细节为各个生产厂商高度保密，图 2 – 6 介绍了基因工程药物通用的工艺程序。经过上游发酵或者细胞培养，进入下游阶段后，细胞内分泌的目的产品和细胞外分泌的目的产品，其工艺过程是不同的。

（二）基因工程药物的下游工艺的质量控制

质量控制在下游工艺中发挥突出作用。质控人员需要在生产过程的每一步收集样品，并分析这些样品，以确保符合 GMP 规范，因此，在下游工艺的每个阶段生产制造过程都受到严格的监控。

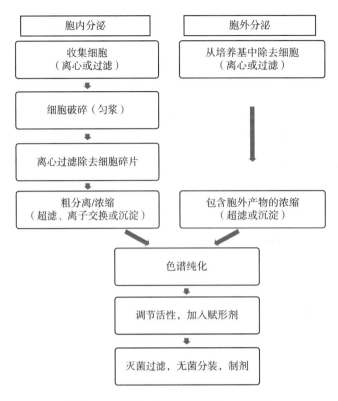

图 2-6 基因工程药物通用的工艺程序

基因工程药物的下游工艺一般在洁净区内进行。分离纯化进行的场所要求的洁净级别要高于上游大规模培养，一般为 C 级或局部 B 级。某些最终环节，从产品灌装到无菌过滤、无菌填装等过程需在 A 级洁净区完成。灌装操作是高度自动化的，要求操作者不能直接接触产品，从而使制造人员造成意外污染的机会降到最低。

下游工艺的质量要求目标是保证去除糖类、核酸、杂蛋白及其他杂质。这要求对纯化工艺中可能残存的有害物质进行严格检测，这些组分包括固定相或者流动相中的化学试剂、各类亲和色谱柱的脱落抗体或配基以及可能对目标制品关键质量属性造成影响的各种物质等。纯化工艺应保证对制品中一些特定工艺杂质，包括来自表达载体的核酸、宿主细胞蛋白质、病毒等外源因子污染，细菌内毒素以及源自培养液的各种残留物，必要时可采用特定工艺将其去除或降低至可接受的水平。对于人和动物源的细胞基质，病毒去除/灭活工艺均应充分考虑到能去除/灭活任何可能污染的病毒，确保原液的安全性。灭活工艺应经验证并符合要求。

答案解析

一、选择题

A 型题

1. 中国 GMP（2010 版）将无菌药品的生产所需的洁净区依据空气中的微粒数和活菌数进行分级，分为几个级别（　　）

A. 二　　　　　　　　B. 三　　　　　　　　C. 四

D. 五　　　　　　　　E. 六

2. 环境洁净级别根据培养系统的不同会有所区别，一般为（　　　）

A. B 级或局部 A 级　　　　　　B. D 级或局部 C 级　　　　　　C. C 级或局部 A 级

D. D 级或局部 B 级　　　　　　E. C 级或局部 B 级

3.《药品生产质量管理规范（2010 年修订）》自（　　　）起施行

A. 2010 年 9 月 1 日　　　　　B. 2010 年 12 月 1 日　　　　　C. 2011 年 3 月 1 日

D. 2011 年 6 月 1 日　　　　　E. 2011 年 8 月 1 日

4. 污染药品风险最大的环节是（　　　）

A. 生产人员　　　　　　　　　　B. 生产环境　　　　　　　　　　C. 生产设备

D. 生产工艺　　　　　　　　　　E. 生产原料

5. 洁净区设计的基本特征是在房间的天花板中安装（　　　）

A. 高效空气过滤器　　　　　　　B. 高效能空调　　　　　　　　　C. 充足的照明设备

D. 紫外灯等灭菌设备　　　　　　E. 温湿度控制设备

X 型题

6. 常用的提取溶剂包括（　　　）

A. 水溶液　　　　　　　　　　　B. 酸或碱溶液　　　　　　　　　C. 乙醇

D. 三氯甲烷　　　　　　　　　　E. 盐溶液

7. 机械法进行细胞破碎包括（　　　）

A. 压榨法　　　　　　　　　　　B. 高压匀浆法　　　　　　　　　C. 酶法

D. 超声破碎法　　　　　　　　　E. 冻融破碎法

二、名词解释

1. GMP

2. 发酵

三、简答题

1. 简述基因工程药物下游工艺的一般流程。

2. 列举哺乳动物细胞大规模培养的方法。

3. 简述常用的细胞破碎方法及其分类。

4. 简述如何进行菌种活化与扩大培养。

5. 简述微生物发酵的一般流程。

书网融合……

知识回顾　　　　　　　微课　　　　　　　习题

（韩　璐）

第三章 生物药物质量管理与控制 📱微课

学习引导

生物药物不同于一般药品，它来源于活的生物体，并具有复杂的分子结构，它的生产涉及生物材料和生物学过程，如发酵、细胞培养、蛋白分离纯化，这些过程有其固有的异变性。因此对于这类产品的质量控制尚无非常成熟稳定的经验和方法，加之受方法学和检测灵敏度的限制，故某些杂质在成品检定时可能检查不出来，因此无论在生产过程中还是对于最终的目标产品，都需要进行严格的质量管理和控制。

本章主要介绍药品标准的定义、生物标准物质的概念和意义、生物药物质量控制的检定项目和要求等知识，旨在让学习者掌握生物药质量控制标准和检定方法，熟悉 2020 年版《中国药典》三部的结构及各部分内容组成，了解国家生物药物质量控制研究基础及相关法规。

📖 学习目标

思政素养目标

1. 通过质量标准和质量控制的讲解，使学生理解药品质量把控的重要性，培养学生高度的职业责任感和使命感，树立正确的质量意识。

2. 中国在人乳头瘤病毒（HPV）疫苗和 EV7 型国际标准品的研发过程中做出了杰出贡献，通过这两个案例的学习树立学生对科学家和科研工作的敬畏感和民族自豪感。

知识目标

1. 掌握 药品标准的定义；生物标准物质的概念和意义；生物药物质量控制的检定项目和要求。

2. 熟悉 2020 年版《中国药典》三部的结构及各部分内容组成。

3. 了解 我国生物药物质量控制研究基础及相关法规；生物标准物质的分类和分级。

技能目标

1. 能熟练利用《中国药典》找到相关生物药的质量标准和质量控制要求。

2. 熟知生物制品国家标准物质的制备和标定过程。

第一节 生物药物质量标准

一、国家质量标准

药品标准是国家对药品质量规格及检验方法做出的技术规定，是药品生产、供应、使用、检验和管理部门共同遵循的法定依据。改革开放以来，我国药品标准的管理模式经历了四次重要的演变，1978年7月30日颁发的《药政管理条例》，首次将药品标准分为三类：第一类国家标准即《中国药典》；第二类卫生部标准；第三类地方标准。1985年7月1日实施的《中华人民共和国药品管理法》，将药品标准分为两类：第一类为国家药品标准；第二类为省、自治区、直辖市药品标准。2002年12月1日实施的《药品管理法》，将药品标准归为一类即国家药品标准（仅中药材仍保留地方标准）。本次变革，取消了药品地方标准，使得同品种不同标准的混乱状况得到有效遏制。同年颁布的《药品注册管理办法》提出了注册标准的概念，为构建科学的药品标准体系奠定了基础。2007年10月1日实施的《药品注册管理办法》，取消了药品试行标准，强化了药品注册标准的作用，也规避了因试行标准转正、统一标准导致的有关问题。药品标准管理体系的演变过程体现了我国药品标准管理"结合国情、尊重科学、追求发展"的管理理念，同时随着发展需要，管理体系亦将愈加完善。

（一）我国生物技术药物标准和质量研究基础

自1986年实施"863"计划以来，生物技术药物的研究、开发和产业化获得了飞速发展。"国家药品安全十二五规划"提出了"大幅提高药品标准和药品质量，进一步完善药品监管体系，进一步规范药品研制、生产、流通秩序和使用行为，使药品安全保障能力整体接近国际先进水平，药品安全水平和人民群众用药安全满意度显著提升"的总体目标。在各方面共同努力下，经过两个五年建设，我国药品安全形势稳定向好，人民群众用药得到保障，药品安全工作取得积极进展，国家药监局正在制定国家药品安全及高质量发展"十四五"规划。

通过"863"计划和"重大新药创制"等17个国家科技项目的长期立项支持，攻克了多项关键技术，从无到有，建立了基因工程药物检测技术平台、基因治疗及核酸药物质量标准和技术平台、抗体及细胞治疗产品质量标准和技术平台、疫苗质量标准和技术平台、标准品制备技术平台、生物芯片质量标准和技术平台等多个生物技术药物质量标准和检测平台，通过这些平台建设，建立了与WHO相一致的质量标准、检定方法和国家标准品。2013年1月1日，中国食品药品检定研究院获批成为发展中国家第一个、全球第七个世界卫生组织合作中心成员，标志着我国在生物制品领域的检验和质量保证能力和技术水平达到了国际标准，标志着我国在国际生物标准制定中获得话语权，使我国生物技术药物标准制定领域在国际上的地位由跟随转变为引领或主导。

（二）国内生物技术药的相关法规

生物技术药物的国际法规主要包括美国食品药品管理局（FDA）、药品注册的国际协调组织（ICH）等颁布的指导性法规和文件、欧洲及美国药典等，这些法规有较好的前瞻性，可作为参考，如siRNA、反义核酸药物的研究，目前我国还未制定相应的技术指导原则，部分技术问题可参考国际相关法规制定质量标准。国内法规主要包括《中国药典》《药品注册管理办法》（附件3 生物制品注册分类：治疗用生物制品）《人用重组DNA产品质量控制技术指导原则》《人用单克隆抗体质量控制技术指导原则》

《人基因治疗研究和制剂质量控制技术指导原则》《药品生产质量管理规范》《进口药品注册检验指导原则》《生物类似药研发与评价技术指导原则（试行）》等，这些法规从不同角度对生物技术药质量控制做出规定，是我国生物技术药质量标准研究的重要依据。

（三）2020 年版《中国药典》三部

《中国药典》是国家药品监督管理机构对药品质量进行监控、记载国家药品标准的法典，由国家组织药典委员会编撰，并由国务院药品监督管理部门批准颁布实施，具有法律约束力。《中国药典》2020年版已于 2020 年 12 月 30 日起正式实施，本版药典持续完善了以凡例为基本要求、通则为总体规定、指导原则为技术引导、品种正文为具体要求的药典架构，不断健全以《中国药典》为核心的国家药品标准体系。贯彻药品全生命周期的管理理念，强化药品研发、生产、流通、使用等全过程质量控制。紧跟国际先进标准发展的趋势，密切结合我国药品生产实际，不断提升保证药品安全性和有效性的检测技术要求，充分发挥药典对促进药品质量提升、指导药品研发和推动产业高质量发展的导向作用。

2020 年版《中国药典》共收载品种 5911 种，其中三部生物制品收载 153 种，在 2015 年版本的基础上新增 20 种、修订 126 种；新增生物制品通则 2 个、总论 4 个，《中国药典》三部主要由凡例、生物制品通则、总论、各论（品种正文）、通则和指导原则索引构成，是目前国际上收录生物技术类制品标准最多的药典。

1. **凡例** 是正确使用《中国药典》进行质量检定的基本原则，是对《中国药典》各论品种正文、生物制品通则、总论、检测方法通则（简称通则）及质量检定有关的共性问题的统一规定。凡例第十九条对质量控制做出明确规定：制品的质量控制应包括安全性、有效性、可控性。各种需要控制的物质，系指该品种按规定工艺进行生产和贮藏过程中需要控制的成分，包括非目标成分（如残留溶剂、残留宿主细胞蛋白质以及目标成分的聚合体、降解产物等）；改变生产工艺时需相应地修订有关检查项目和标准。第二十六条对标准品、参考品、对照品等标准物质做出明确规定：国家生物标准品及生物参考品，系指用于生物制品效价或含量测定或鉴别、检查其特性的标准物质，其制备与标定应符合"生物制品国家标准物质制备和标定规程"要求，企业工作标准品或参考品必须经国家标准品或参考品标化后方能使用；对照品，系指用于生物制品理化等方面测定的特定物质，除另有规定外，均按干燥品（或无水物）进行计算后使用。

2. **生物制品通则** 是对正文生产和质量管理规范的原则性要求。2020 年版《中国药典》对通则进行了修订和补充，形成了 8 个规程，包括：生物制品通用名称命名规则、生物制品生产用原材料及辅料的质量控制、生物制品生产检定用菌毒种管理及质量控制、生物制品生产和检定用动物细胞基质制备及质量控制、血液制品生产用人血浆、生物制品国家标准物质制备和标定、生物制品病毒安全性控、生物制品分包装及贮运管理。除血液制品生产用人血浆以外，其余 7 个规程均与生物技术药质量控制密切相关，应加以关注和了解。研究单位在研制创新生物技术药时，如果生物学活性测定还没有相应的国家标准品或国际标准品，应参照版本药典生物制品国家标准物质制备和标定规程研制标准品。

3. **总论** 是对某一类别生物制品生产及质量控制的通用性要求。2020 年版《中国药典》修订了以下 4 个总论：人用疫苗总论、人用重组 DNA 蛋白制品总论、人用重组单克隆抗体制品总论、微生态活菌制品总论，新增了 4 个总论：人用聚乙二醇化重组蛋白及多肽制品总论、人用基因治疗制品总论、螨变应原制品总论、人用马免疫血清制品总论。其中，人用重组 DNA 蛋白制品总论、人用重组单克隆抗体制品总论、人用聚乙二醇化重组蛋白及多肽制品总论、人用基因治疗制品总论 4 个总论属于基因类、基因工程类药物，对创新生物技术药的生产和质量控制具有重要指导作用。一般的生物技术药必须满足人用重组 DNA 技术产品总论的相关要求；重组单抗制品同时还必须满足人用重组单克隆抗体产品总论的相关要求。以人用重组 DNA 蛋白制品总论为例，由概述、制造、质量控制及贮存、有效期和标签四部分组成。

（1）概述　该部分对人用重组 DNA 蛋白制品的概念及总论的功能进行了介绍。

（2）制造　该部分包括基本要求、工程细胞的控制、生产过程的控制、生产工艺变更等技术要求。其中工程细胞的控制涉及表达载体和宿主细胞、细胞库系统、细胞库的质量控制、细胞基质遗传稳定性等内容；生产过程控制涉及细胞培养、有限传代水平的生产、连续培养生产、提取和纯化、原液、半成品、成品制剂等内容。

（3）质量控制　该部分包括特性分析、产品检定、包装及密闭容器系统等技术要求。其中特性分析包括：理化特性（一级结构、糖基化修饰、高级结构），生物学活性，免疫化学特性，纯度、杂质和污染物（产品相关物质/杂质、工艺相关杂质、污染物），含量，标准物质等内容；制品检定包括鉴别、纯度和杂质、效价、含量、安全性试验、其他检测项目等内容；包装及密闭容器系统对原液和成品与容器的相容性、容器吸附、制品和包装材料之间的浸出以及容器完整性提出了检测要求。

（4）贮存、有效期和标签　该部分提出制品贮存应符合"生物制品分包装及贮运管理"规定，成品应在适合的环境条件下贮存和运输。自生产之日起，按批准的有效期执行。标签应符合"生物制品分包装及贮运管理"要求和国家相关规定。

4. 各论（品种正文）　系根据生物制品自身的理化与生物学特性，按照批准的原材料、生产工艺、贮藏运输条件等所制定的、用以检测生物制品质量是否达到用药要求并衡量其质量是否稳定均一的技术规定。生物制品正文内容统一按顺序可分别列有基本要求、制造、检定、贮存运输及有效期、使用说明五个部分。

5. 通则和指导原则　通则主要收载制剂通则和通用检测方法。制剂通则系按照生物制品剂型分类，针对剂型特点所规定的统一技术要求；通用检测方法系各论正文品种进行相同检查项目的检测时所应采用的统一的设备、程序及方法等；指导原则是为执行药典、考察生物制品质量、起草与复核生物制品标准所制定的指导性规定。2020 年版《中国药典》新增通则 16 个，指导原则 2 个。

6. 索引　除正文前的"品名目次"外，《中国药典》还提供"索引"功能，便于快速查阅有关品种。2020 年版《中国药典》有"中文索引"（按汉语拼音顺序排列）和"英文索引"两种索引方式。

即学即练 3-1

答案解析

　　早在 1890 年，Von Behring 和 Kitasato 发现用白喉毒素反复接种动物后，血清中可产生一种抗毒素，该抗毒素可保护正常动物免受白喉毒素致命的攻击。不久有人用该抗毒素治疗患白喉的儿童。从此，西欧各国纷纷生产白喉抗毒素。直至 1895 年英国科学家发现，使用效价太低的抗毒素达不到治疗目的，那么究竟如何解决药物效价的问题？

二、生物药物标准物质

药品质量标准是用来保证药品的安全有效性而制定，药品是否符合其质量标准可以通过某些参数，如药品的理化性质、结构、构象、活性、药效和毒性等做出判断，但在某些情况下只凭参数去评定药品的质量是远远不够的，因为药品的定性、定量及其在研发、生产、供应、储存、使用过程中所发生的变化往往难以单纯用参数加以确认和控制，而需要实物标准，这个实物就是药品标准物质。标准物质是质量标准的物质基础，它是用来检查药品质量的一种特殊的专用量具，是测量药品质量的基准，也是作为校正测试仪器和方法的实物标准，在药品检验中，它是确定药品真伪优劣的对照，是控制药品质量必不可少的工具。

生物药物大多为高活性蛋白质及多肽，其生物学效价测定方法本身的变异幅度大，不易控制，特别是不同实验室的差异和不同工作人员的操作误差，更加大了对其进行质量控制的难度。为解决这一难题，世界卫生组织将许多具有生物学活性的物质，经过一系列研究，建立了统一的国际标准品，为各国建立国家标准提供标定依据。目前，我国在新药研究，特别是一类新药的申报中，要求提供标准品研究的资料。对已上市生物技术药物，参照国际生物标准原则，坚持量值溯源，尽可能在国际标准品的标定下建立我国生物技术药物的国家标准品，对于统一规范我国生物技术药物质量标准、保证正在申请注册和已上市生物技术药物的质量可控具有十分重要的意义。

（一）生物标准物质的分类与分级

生物标准物质是指用于生物制品效价、活性、含量测定，或其特性鉴别、检查的生物标准品、生物参考品或对照品。它们是进行生物方法试验时，以其表示的生物效价或活性在不同地点、不同条件、不同操作者间得出相对一致性结果的一种工具。生物标准物质与化学对照品不同，主要表现为：生物标准物质的被分析物是由所制备的生物标准物质决定的，而化学对照品的被分析物是由所采用的方法决定的。当新的生物标准物质取代旧的标准物质时，难以从检定方法上证明新、旧标准物质是否一致，这时被分析物从本质上是由新的标准物质决定的，人们只能在协作标定时，尽可能用各种方法使标准物质的"单位"含义具有连续性，对于新标准物质的使用者，无法追溯旧标准物质；而化学对照品在更迭时，使用者完全可以借助方法加以考证。

1. 国外生物标准的分类和命名　有关生物标准的分类和命名，国际上早在 1923 年，国际联盟常务委员会就采用国际标准品的术语。随后，对标准品名称问题多次提出修改。2004 年，WHO 生物制品标准化专家委员会（Expert Committee on Biological Standardization，ECBS）通过了"国际和其他生物参考物质制备、鉴定和建立的建议"的指导性文件，将生物标准物质分为两类。

（1）国际生物标准品（International Biological Standard，IS）　指生物、生物技术或合成来源的物质，其活性由 WHO 赋予国际单位（IU）或其他适宜的活性单位。在建立第一次标准品时，其国际单位是在协作标定结果基础上经 WHOECBS 讨论，取得一致意见后人为决定的。以后建立同一种标准品时，即以第一次标准品所定单位为依据，经过协作研究，将国际单位的含义传递到以后的标准品中，以保持活性位定义的连续性。

（2）国际生物参考试剂（International Reference Reagent，IRR）　指生物、生物技术或合成来源的物质，其活性由世界卫生组织赋予。参考试剂的建立是 WHO 考虑到在新药开发过程中，新的生物药品在临床使用前，研究和管理部门都需要 WHO 认可的标准物质进行质量控制，这在时间上不允许像 IS 一样经详细协作研究后制订，只能采用适宜的候选品，进行少量协作研究赋予活性单位以应付急用。因此，参考试剂实际上是临时性的生物标准。参考试剂在应用过程中需积累科学数据，待 ECBS 认为可作为 IS 时，才能赋予 IU 或其他适宜的活性单位。国际生物参考试剂通常用于微生物的鉴别或疾病诊断，以及不宜以生物效价单位表示的品种的效价测定，这时往往没有单位或者活性的标示。

2. 国内生物标准的分类和命名 国内关于生物标准的分类和命名情况类似。1988 年，原卫生部生物制品委员会调整更名为卫生部生物制品标准化委员会，《中国生物制品规程》（1990 版）将标准物质的技术审查的职责赋予该委员会。该规程将国家生物标准物质分为三类。

（1）国家标准品 是指用国际标准品标定，用于衡量某一制品效价或毒性的特定物质，其生物活性以国际单位表示。

（2）国家参考品 是指用国际参考品标定，用途与国家标准品相似的特定物质，一般不定国际单位。

（3）国家参考试剂 是指用国际参考试剂标定，用于微生物（或其产物）鉴定或者疾病诊断的生物诊断试剂、生物材料或特异性抗血清。

随着《中国生物制品规程》（2000 版）的颁布，生物制品标准物质的审批进入常态管理，并参照 WHO 对生物标准物质的定义，将我国的生物制品标准物质调整为 2 类。到 2005 年，《中国生物制品规程》纳入《中国药典》（三部），2020 年版《中国药典》（三部）将生物制品标准物质定义为用于生物制品效价、活性或含量测定的或其特性鉴别、检查的生物标准品、生物参考品，分为两类。

（1）国家生物标准品 系指用国际生物标准品标定的，或由中国自行研制的（尚无国际生物标准品者）用于定量测定某一制品含量、效价或活性的标准物质，其含量以质量单位（g，mg，μg）表示，生物学活性或效价以国际单位（IU）、特定活性单位（AU）或单位（U）表示。

（2）国家生物参考品 系指用国际生物参考品标定的，或由中国自行研制的（尚无国际生物参考品者）用于微生物（或其产物）的定性鉴定或疾病诊断的生物试剂、生物材料或特异性抗血清；或指用于定量检测某些制品的生物效价的参考物质，如用于麻疹活疫苗滴度或类毒素絮状单位测定的参考品，其效价以特定活性单位（AU）或单位（U）表示，不以国际单位（IU）表示。

3. 生物标准物质的分级 关于生物标准物质的级别，可根据研制时协作标定范围和使用要求的不同，共分为三级标准物质：国际标准物质、国家标准物质和工作标准物质。

（1）国际标准物质 是一级标准物质（包括国际生物标准品和国际生物参考试剂），由 WHO 指定专门的协作中心负责制备，经 WHO 的专家委员会讨论通过，由 WHO 的总干事颁布。英国 NIBSC 是 WHO 负责生物标准物质制备最主要的协作中心，目前 90% 以上的国际生物制品标准品和参考品由 NIBSC 提供，有 400 多个品种。此外，美国疾病预防控制中心等国际标准化组织和机构也承担一些国际生物标准物质研制。

（2）国家标准物质 为二级标准物质，是由各国使用国际标准物质标定的本国国家标准物质。除此之外，一些区域性组织或处于同一地区的几个国家，可形成一个网络，根据本地区生物制品的生产和质控需要及特点，可组织研制地区性标准物质，也被认为是二级标准物质。区域性标准品需要以 WHO 通用标准品为依据，通过实验室联合标定，汇集不同实验室、不同检测方法得到的结果，以 WHO 通用标准品对区域性标准品赋值，从而使其得到标准化的结果。在国内，中检院是承担国家药品医疗器械标准物质的研制、分装、分发和仓储等国家任务的机构。在研制国家标准物质过程中，须与国际标准物质比对研究，并考虑我国生物制品生产、研究和质量水平的实际情况，对于尚没有国际标准品的产品，依据国际标准物质的技术要求如 ISO17034，研制国家标准品。

（3）工作标准物质　为三级标准物质，是指在一定范围内使用而建立的标准物质，是非法定的生物标准物质，一般由生产企业自己研究制备。

（二）生物药品标准物质的制备

1. 药品标准物质的必备条件　药品标准物质是国家颁布的一种实物计量标准，它必须具备以下条件，才能发挥它统一量值的作用。

（1）材料均匀　药品标准物质的某一个特定品种的标示量，是对这一批标准物质而言的定值数据。因此，标准物质必须是非常均匀的物质，其原材料应与待检样品同质，不应含有干扰性杂质，这是标准物质最基本的特征之一。要做到材料均匀，在制备标准物质时，必须采取措施保证其均匀性，并进行精确分装（精确度应在 ±1% 以内），对制备好的样品要做均匀性检验。

（2）性能稳定　药品标准物质应有足够的稳定性和高度的特异性，并有足够数量，负责制备分发的单位要提供标准物质的有效期限。在这一期限内，标准物质的特性量值保持不变，使用者可以放心使用。为提供这一期限，制备单位要进行稳定性考察，以实验数据推测使用的有效期限。如果标准物质需要添加保护剂等，保护剂应对标准物质的活性、稳定性和试验操作过程无影响，并且其本身在干燥时不挥发。

（3）准确定值　量值准确是药品标准物质的另一个基本特征。标准物质作为统一量值的一种实物计量标准，就是凭借该值及定值准确度进行量值传递。所以标准物质的特性量值必须由具有良好仪器设备的实验室、有经验的操作人员，采用完善的试验设计、准确可靠的测量方法进行测定。协作标定是保证准确定值的重要方法，新建标准物质的研制或标定，一般需经至少 3 个有经验的实验室协作进行。参加单位应采用统一的设计方案、统一的方法、统一的记录格式，标定结果须经统计学处理（标定结果至少需取得 5 次独立的有效结果）。

（4）程序合法　药品标准物质的制备、分装、研究、确认、分发必须经过一套经国家认可的合法程序。

2. 生物标准物质原料的选择　原料的选择是制备标准物质的关键，这里应指出的是，生物标准品和标准试剂的要求是不同的。对于标准品来说，最理想的原料应该是所含组分及配比与供试品所含组分和配比相似，这样可以把供试品看成稀释或浓缩若干倍的标准品。只有供试品与标准品在质上相同而仅量不同，它们的剂量（或其函数）与其反应（或其函数）所成的两条直线才是平行的，这时相同反应所需的不同剂量与效价呈反比。这是比较试验一条重要的原则。但是在实践中被测样品来源是多样性的，一种标准品只能是一种物质，不可能与多样性的样品完全一致，因此选择什么样原料制备标准品就成为标准品质量的关键问题。由此可知，标准品的原料并非越纯越好，不能把提高产品的质量依靠提高标准品的纯度来实现，这是因为标准品和产品质量标准的作用是不同的。标准品是为测定方法服务的，它的作用是使同一个产品在不同条件下测定结果相互一致，产品质量标准是体现产品各项质量指标的具体要求。要提高质量，可以修改产品质量标准所规定的各种指标，而提高标准品的纯度是达不到这个目的的。标准品纯度越高，与供试品相差越远，测定结果越不正确。根据标准品与供试品相似的原则，以含组分与供试品相似的原料或者以多种样品混合均匀的混合物作为原料为宜。

生物标准物质的纯度还与活性物质的稳定性有关。一般掌握在含有的杂质不干扰活性物质的作用为宜；若遇有纯度高而影响标准物质稳定性或纯度提高后失活的品种，宁可用纯度较差的原料。

标准物质原料的均一性和稳定性亦是重要的条件。均一性可保证一批原料所制备的标准物质均匀一致；稳定性可使一批标准物质长期分发使用，以保持效价单位的连续性。为了保持原料的稳定性，原料可分装成几个等量包装储存，原料干燥可储存较长时间。原料应储存于不受热、光、氧、温度影响的条件下。一般对蛋白质多肽类，应注意低温冷冻保存。

用人源的生物材料作为生物标准物质原料或辅料时，需用可靠的方法检测是否污染过 HBsAg、HIV 和 HCV，必须证明阴性才能应用，除非该原料就是用于检测相应病毒。

3. 生物标准物质的分装熔封

（1）安瓿　灼热熔封可保证在储存期内安瓿中标准物质不与外界气体和水分接触，是常用的分装方法。安瓿要采用高质量的中性玻璃，管壁厚至少 0.5mm，能承受高温或速冷至 −80℃的环境。安瓿的形状和大小要适宜，满足标准物质易装入、在熔封时不影响内在质量、使用时易开口、内含物易倒出等条件。安瓿的清洗是将安瓿浸于 20g/L HCl 溶液中，用高压器加热洗净，然后用清水反复清洗，直至 HCl 全部洗净为止，最后再用蒸馏水洗两次，洗净的安瓿于干燥烤箱中高温消毒，置洁净器中备用。

（2）分装　要保证整个分装过程的条件对每支标准物质是相同的，在分装过程中，温度、湿度要恒定，避免光照，避免微生物及其他化学物质和尘土污染。在分装过程中，要以相同间隔时间抽取 1%～2% 的安瓿进行内含物质均一性的检查。

生物标准物质一般均为活性物质，每支安瓿所装量极微，难以分装。为了保证分装时的精确度，一般需加赋形剂，然后再加溶剂（水）溶解后分装。使用赋形剂的目的，还可使活性物质保持稳定，保证在加工过程中活性物质不被玻璃吸附，或在低温及冷冻干燥时保证活性物质分子的完整性。

每批标准品分装量，应保证可供应 10 年以上，每支标准物质的分装量应可供几次实验用，但对于那些溶解放置后易失活性的品种，装量仅供 1～2 次试验为宜。

对于水可溶性物质，尽可能采用先将标准物质按照重量或活性单位精确分装的方式，以 RSD < 1%（分装过程每隔一定时间抽样称定）精密度分装于安瓿中，冷冻干燥、熔封。在使用时，启开安瓿，不必称重，只要按标示量加一定量的溶剂溶解即可。

标准物质如为粉末，由于用时需精密称重，故在分装时精度要求不必太高，可采用长颈漏斗插入安瓿底部，粉末直接分装入管底，避免由于静电作用将粉末吸附管壁。

标准物质如为不能冻干的溶液、胶状物或悬浮液，则要特别注意各支间的均一性。在选用防腐剂时，要注意不能影响标准物质的生物活性，还要考虑不能对生物测定的全过程有所干扰。世界卫生组织推荐用 0.1g/L 的乙基汞硫代水杨酸钠（即 Thiomersal）。

（3）冷冻干燥　一批标准物质最好一次完成冷冻干燥。如条件不许可，亦可在保证一批标准物质在几次冷冻干燥过程中的条件基本一致前提下分批冷冻。冷冻速度对标准物质的生物效价及溶解度至关重要。其所需温度要低于其共融点，一般先将安瓿速冻至 −60℃或以下。冷冻干燥的最适条件应用同一批少量标准物质进行预试验，如不具备预试验条件，则维持温度越低越好，干燥的时间比估计值稍长一些，以保证冻干质量。但必须注意，有些蛋白质或多肽在过分干燥后，会与乳糖、甘露醇等载体形成不可逆的复合物而变性。

（4）熔封　标准物质熔封是保证稳定性的重要因素。安瓿可真空熔封，亦可充入无氧的惰性气体熔封。从干燥器取出安瓿到熔封的时间越短越好，以避免吸收水分。

当采用充惰性气体熔封时，应在充惰性气体前，安瓿套上塑料制的螺旋式迷宫塞，在真空状态时，惰性气体很容易通过螺旋塞进入安瓿中，但在常压下，惰性气体很难散失，以保证充入的惰性气体不外逸。熔封的安瓿浸于亚甲蓝溶液中，抽真空15～20分钟，有微孔涌气的安瓿即进入染料溶液而呈蓝色，应弃去。凡检查合格的熔封好的安瓿贴标签后，保存在−20℃冰箱中备用。

4. 生物制品国家标准物质的制备和标定　根据2020年版《中国药典》（三部），生物制品国家标准物质制备用实验室、洁净室应符合中国现行《药品生产质量管理规范》或相关实验室操作规范要求。生物制品国家标准物质的标定由国家药品检定机构负责。新建生物制品国家标准物质的研制需要按以下规程。

（1）原材料选择　生物制品国家标准物质的原材料应与供试品同质，不应含有干扰性物质，应有足够的稳定性和高度的特异性，并有足够的数量。

（2）分装容器　所使用的材料应保证标准物质的质量，建议选择适宜的包装材料。冻干标准物质采用安瓿分装后熔封，有利于其稳定性。

（3）标准物质的配制、分装、冻干和熔封　根据各种标准物质的要求进行配制、稀释。需要加保护剂等物质的，该类物质应对标准物质的活性、稳定性和试验操作过程无影响，并且其本身在干燥时不挥发。经一般质量检定合格后，精确分装，精确度应在±1%以内。需要干燥保存的应在分装后立即进行冻干和熔封。冻干品的水分含量应不高于3.0%。标准物质的分装、冻干和熔封过程，应保证对各容器间效价和稳定性的一致性不产生影响。

（4）检测项目　应根据标准物质的特性和使用目的，进行分装精度、水分、无菌、生物活性/效价检测，以及稳定性研究，并根据需要增加其他必要的检测项目。

（5）标定　①协作标定新建标准物质的标定，一般需经至少3个经认可的实验室协作进行。参加单位应采用统一的设计方案，标定结果须经统计学处理（标定结果至少需取得5次独立的有效结果）。②活性值（效价单位或活性单位）的确定一般用各协作单位结果的均值表示，由国家药品检定机构收集各协作单位的标定结果，整理统计。应采用适宜的统计学方法进行统计分析并赋值，经批准后使用。

（6）稳定性研究　研制过程应进行加速稳定性试验，根据制品性质放置不同温度（一般放置4℃、25℃、37℃、−20℃）、不同时间，进行生物学活性或含量等测定，以评估其稳定情况。标准物质建立以后，应定期期间核查，观察生物学活性或含量等是否变化。

生物制品国家标准物质替换批由国家药品检定机构负责标定，制备标准物质替换批的原材料，其理化特性和生物学特性指标应尽可能与上批标准物质的指标相同或接近。

（三）生物制品国家标准物质的管理

1. 生物制品国家标准物质的审批　新建生物制品国家标准物质由国家药品检定机构对协作标定结果进行审查并认可；生物制品国家标准物质替换批由国家药品检定机构审查并认可。新建生物制品国家标准物质在取得批准后，方可发出使用。

2. 生物制品国家标准物质的标签和说明书　符合规定的合格的标准物质由国家药品检定机构的质量保证部门核发标签及说明书。标签内容一般包括名称、编号、批号、装量、用途、储存条件和提供单位等信息。标准品、参考品均应附有说明书。说明书除提供标签所标明的信息外，还应提供有关标准物质的组成和性状、使用方法、稳定性等信息，必要时应提供相关参考文献。

3. 生物制品国家标准物质的使用、发放和保管　生物制品国家标准物质供执行国家药品标准使用。

生物制品国家标准物质所赋量值只在规定的用途内使用有效。如果作为其他目的使用，其适用性由使用者自行确认。生物制品国家标准物质可直接向国家药品检定机构申请。生物制品国家标准物质系提供给各生产单位标定其工作标准品或直接用于检验。生物制品国家标准物质应贮存于适宜的温度、湿度等条件下，其保存条件需定期检查并记录。生物制品国家标准物质须由专人保管和发放。

实例分析 3-1

案例 近年来，手足口病（hand, foot and mouth disease, HFMD）已成为全球范围内严重影响儿童，特别是婴幼儿健康的公共卫生问题之一。HFMD 的重症和死亡病例主要由肠道病毒 71 型（enterovirus71，EV71）引起，全球尚无特效药物用于治疗。中国食品药品检定研究院（NIFDC）于 2009 年启动国家 EV71 疫苗抗原和中和抗体标准品的研制，研究成果发表于 Vaccine 杂志。2015 年，WHO 生物制品标准化委员会批准 EV71 中和抗体标准品为国际标准品。该研究是由我国主导研制的首个生物制品国际标准品，对提升我国标准品研究理念，提高我国标准品研究水平具有重要意义，同时也促进全球首创的国家一类新药——EV71 疫苗走出国门，为在全球范围内控制 EV71 引起严重疾病的流行发挥作用。

问题 生物制品国际标准品由什么组织审批？EV71 中和抗体标准品成为国际标准品有何意义？

答案解析

第二节 生物药物质量控制

质量控制的基本要素包括检测方法、标准物质和质量标准，标准物质和质量标准在第一节中已经讲述。质量控制检测方法是根据不同产品的生物学、理化特性及生产工艺特点开发适宜的方法，以便对终产品进行鉴别，对其生物学活性、纯度和杂质等进行检测分析，其目的是让制品经过检测并符合质量标准后才能放行。

2020 年版《中国药典》（三部）总共包含 8 个总论，其中的人用重组 DNA 蛋白质品总论、人用重组单克隆抗体制品总论、人用聚乙二醇化重组蛋白及多肽制品总论和人用基因治疗制品总论都与生物技术制药相关。在这四个总论中，药典对生物制品的质量控制要求进行了详细介绍。由于生物制品大多数是蛋白质多肽类，以重组蛋白药物为例，质量控制要求可分为以下几个方面。

一、理化检定

（一）特性检定

1. 一级结构 即包括二硫键连接方式的氨基酸序列（包含二硫键的完整性和正确性、游离巯基）。应尽可能采用综合的方法测定目标制品的氨基酸序列，并与其基因序列推断的理论氨基酸序列进行比较。氨基酸序列测定还应考虑可能存在的 N 端甲硫氨酸（如大肠埃希菌来源的制品）、信号肽或前导序列和其他可能的 N 端、C 端修饰（如乙酰化、酰胺化或者由于外肽酶导致的部分降解以及 C 端加工、N 端焦谷氨酸等），以及各种其他异质性（如脱酰胺化、氧化、异构化、碎片化、二硫键错配、N-连接

和 O-连接的寡糖、糖基化、聚集等）。同时还应测定游离巯基和二硫键，并对二硫键完整性和正确性进行分析。

而对于人用聚乙二醇化重组蛋白及多肽制品的质量控制，还应对修饰蛋白的修饰位点、平均修饰率、位点异构体、聚乙二醇修饰数目的范围及相对含量、分子量、等电点、空间结构（高级结构）的一致性等方面进行分析检测。

2. 糖基化修饰 应对糖基化修饰进行全面的分析和确定，如糖基化修饰与制品半衰期和生物学活性相关，则应确定糖的含量（如中性糖、氨基糖和唾液酸）。糖型结构可能与不良反应相关（如非人类的糖型结构或其残基），应尽可能对糖链的结构、糖型以及多肽链的糖基化位点进行深入分析。必要时应进一步就电荷异质性进行监测分析。

对于人用重组单克隆抗体制品，关键质量属性中如果包含糖基化修饰，应在成品鉴定中对供试品的糖基化进行监测和控制，可采用毛细管电泳（CE）或高效液相色谱（HPLC）等方法，供试品测定结果应在规定的范围内。必要时应将供试品与参比品相比较。

3. 高级结构 应通过适合的理化方法分析高级结构，并且通过生物学功能来确认。生物学活性是对高级结构的确证，也可采用体外或体内证实其治疗功能的活性分析方法，作为高级结构确证的补充。

（二）生物学活性检定

生物学活性测定应基于制品实现确定的生物学效应的特定能力或潜力。可采用体外或体内方法或生物化学（包括免疫化学试验）方法和（或）适宜的理化分析方法进行评估，如效价测定（以单位或国际单位表示）和（或）含量（以质量/重量表示）测定。

人用重组单克隆抗体制品应当依据单克隆抗体预期、潜在的作用机制和工作模式（可能不限于一种），采用相应的生物学测定方法和数据分析模式，并将供试品与标准品/参考品进行比较，测定结果应在规定范围内。

而对于人用聚乙二醇化重组蛋白及多肽制品，生物学活性不仅应符合以上要求，还应根据产品特点，以及待测样品量 - 效反应关系的差异，选择适宜的修饰前/后生物学测定方法和活性参考品。这是由于修饰蛋白及多肽与重组原型蛋白及多肽在结构、生物学活性上存在显著差异。

聚乙二醇化重组蛋白及多肽药物的体内生物学活性测定，可在重组原型蛋白体内生物效价的评价方法基础上，摸索修饰产物的血药浓度 - 时间曲线，建立新的测定方法，必要时可重新定义效价单位。对于酶的活性测定，应对修饰后的酶类制剂重新测定其特征反应动力学参数，即 kcat 值（催化常数）、K_m 值（米氏常数）与 V_{max}（最大反应速率）。必要时应设定亲和力和免疫反应性（包括与其他类似结构蛋白的交叉反应性）检测项目，以及对目标分子中与相应表位作用部分的生物学鉴别。

对于人用基因治疗制品的生物学活性检定，应依据制品的作用机制，尽可能确定与疗效最为相关的质量属性，并建立相应的检测方法。应证明替代、补偿、阻断、修正特定基因的预期作用，对于含有多种活性成分的制品，需要分别建立方法，对各个成分的活性进行测定，同时还应考虑活性成分之间可能存在的干扰或协同等作用。在相关细胞类型中，分析载体的转导效率和（或）拷贝数、转基因表达水平、相关生物活性以及与载体或递送系统的作用机制相关的因素。应分析预期的病毒载体的宿主范围和组织嗜性，复合核酸递送的选择性，以及转基因表达的选择性。

（三）免疫化学特性检定

对于重组蛋白制品应采用纯化的抗原和抗原确定的区域进行结合实验测定免疫学特性。必要时应确定亲和力和免疫反应性（包括与其他类似结构蛋白的交叉反应性），对目标分子中与相应表位作用的部分进行分析确证，包括对结构的生化鉴别及相关特征研究。

（四）纯度和杂质检定

应采用类似正交组合的方法来评估制品纯度/杂质，并为制品相关的变异体建立单独和（或）总体的可接受标准。与工艺相关的杂质（如蛋白 A、宿主细胞蛋白质、DNA、其他潜在的培养或纯化残留物等）通常在原液阶段进行质量控制。若已经充分验证证明生产工艺对工艺相关杂质的去除已达到高水平时，可将质量控制在恰当工艺步骤的中间产物进行，不列入常规放行检定中。人用基因治疗制品的总纯度可采用 HPLC、SDS－PAGE、紫外吸收（如 A_{260}/A_{280} 比值测定）等方法评估。

制品相关物质/杂质主要源于生物技术制品异质性和降解产物。末端氨基酸异质性、电荷异质性、分子大小变异体以及包括糖基化在内的各类翻译后修饰等异质性（如 C 端加工、N 端焦谷氨酸化、脱酰胺化、氧化、异构化、片段化、二硫键错配、N－连接和 O－连接的寡糖、糖基化、聚集）可能导致其组成中存在几种分子或变异体，应对目标制品的各种分子变异体进行分离、鉴别和分析，如变异体的活性与目标制品一致时，可不作为杂质。但应考虑在生产和（或）贮存期间产品降解产物是否显著增加及其与免疫原性的相关性。

工艺相关杂质包括来源于生产工艺本身，主要涉及细胞基质来源、细胞培养来源和下游工艺三个阶段。应对潜在的工艺相关杂质（如宿主细胞蛋白质、宿主细胞 DNA、细胞培养残留物、下游工艺的残留物等）进行鉴别、评估，并进行定性和（或）定量分析。

污染物系指所有引入且并非生产过程所需的物质（如各种微生物、细菌内毒素）。应严格避免引入污染物并对其进行相应控制。此外，还应考虑采用其他适宜检测方法，对可能污染的包括肽聚糖等在内的"非细菌内毒素促炎性污染物"进行控制。

人用重组单克隆抗体制品在进行杂质检定时，对于工艺相关杂质应检测供试品的宿主蛋白质、宿主细胞和载体 DNA、蛋白 A 及其他工艺相关杂质，对于制品相关杂质应当采用适宜的方法对供试品氧化产物、脱酰胺产物或其他结构不完整分子进行定量分析，两个测试结果均应在规定范围内。

人用聚乙二醇化重组蛋白及多肽制品的纯度及杂质的检定，不仅要符合上述要求，还应对高分子物质（修饰蛋白的聚合体以及聚乙二醇自身高分子聚合物 diol－PEG 形成的高分子蛋白质）以及聚乙二醇和原型蛋白残留量进行控制，进而保证修饰产物工艺的稳定性和产品的安全性。

人用基因治疗制品的杂质除工艺相关杂质外，还包括制品相关杂质以及外源污染物，应尽可能地对杂质进行分析鉴定，并采用适宜的方法评估其对生物学活性和安全性的影响。对于制品相关杂质，应尽可能鉴定具有缺失、重排、杂交或突变序列的载体等制品相关杂质，如可行，应对其进行定量。必要时，应对载体中可能存在的共包装非目标 DNA 序列进行确认。并分析生产过程中潜在的载体降解情况。对于污染物（所有引入且并非生产过程所需的物质，如各种微生物、细菌内毒素等），则应严格避免引入污染物并对其进行相应控制。

（五）含量检定

重组蛋白制品的含量检定应采用适宜的方法和参考品作为对照，测定原液和成品的含量。

人用重组单克隆抗体制品的含量测定方法应根据制品质量属性建立具有品种特异性的检测方法，例如确定供试品 280nm 的特异消光系数，采用分光光度法进行总蛋白质含量测定，并可采用第二种含量测定的绝对溯源方法进行验证。测定结果应在规定范围内。

人用聚乙二醇化重组蛋白及多肽制品的含量检测中，应当注意排除聚乙二醇对 Lowry 法或考马斯亮蓝染色法等常规含量测定方法可能存在的干扰。

人用基因治疗制品的含量检定应从物理数量和生物数量两方面建立检测指标。可以通过总颗粒数、感染性滴度或感染性颗粒数、基因组 DNA/RNA 或质粒 DNA 的量或浓度进行适宜的组合来测定含量，并用标准品/参考品进行比较计算或作为对照。在制品为病毒载体的情况下，还应进行总颗粒数或基因组拷贝数等物理数量与感染性滴度比例的测定和控制。

（六）标准物质选择

应选择以证明足够稳定且适合临床试验的一个（多个）批次，或用一个代表批次作为标准物质，用于鉴别、理化和生物学活性等各种分析，根据重组 DNA 蛋白制品特性，应采用现有最先进的方法对标准物质做全面深入的表征/特性分析。标准物质的建立和制备可参照"生物制品国家标准物质制备和标定"的相关要求。

用于理化测定等方面的对照品，如用于肽图或等电点测定的对照品，可用原液直接分装制得，一般 −70℃ 以下保存。根据重组 DNA 蛋白制品特性应对对照品进行必要的分析鉴定，包括蛋白质含量、比活性、等电点、纯度、N 端氨基酸序列、质谱分子量、液质肽图、二硫键分析、糖基分析（真核表达）等。

二、安全检定

安全性试验应视情况而定，检测至少应包括无菌、细菌内毒素、异常毒性检查等。各类检测方法均应按照 2020 年版《中国药典》进行。

（一）无菌检查

无菌检查应在无菌条件下进行，试验环境必须达到无菌检查的要求，检验全过程应严格遵守无菌操作原则，防止微生物污染，防止污染的措施不得影响供试品中微生物的检出。常用方法包括薄膜过滤法和直接接种法。口服或外用制剂菌检项目包括需氧菌、厌氧菌、霉菌和支原体检查。

（二）热原检查

热原检查是将一定剂量的供试品静脉注入家兔体内，在规定时间内，观察家兔体温升高的情况，以判定供试品中所含热原的限度是否符合规定。此法在化学药、中药、生物制品的标准中很普遍，但大多重组产品具有很高的生物活性，特别是细胞因子类本身就有很强的制热原作用，在家兔法试验中有时会出现难以判定的结果，所以对于重组蛋白类生物制品应考虑用内毒素检测代替传统家兔热原试验。

由于传统热原检测法在产品质量控制时会出现无法判定结果的问题，目前国际上开展了新型体外热原检测法（细胞法）的研究。细胞法依据人体发热机制设计，采用不同来源的单核细胞（如人外周血单个核细胞、新鲜或冻存人全血等）模拟人体，将其分别与热原标准品、供试品进行孵育，检测并比较上述体系中内热原的分泌量，从而反映药品的致热活性与热原污染情况。此法可检测内毒素与非内毒素热原物质，可定量、应用范围广、可靠性强，目前国内外均已有研究并建立了相关产品检测方法（如 PBMC/IL−6 法、冻存人全血/IL−6/IL−1β 法等）。

（三）细菌内毒素检查

细菌内毒素检查方法在 2020 年版《中国药典》中，以利用鲎试剂来检测或量化由革兰阴性菌产生的细菌内毒素，以判断供试品中细菌内毒素的限量是否符合规定。在测定过程中，必须使用国家内毒素标准品，合理设定增强、抑制对照，采用固定厂家的鲎试剂盒，以此保证测定的准确性。

（四）异常毒性检查

异常毒性试验主要检查生产工艺中是否含有目标产品以外的有毒物质。根据 2020 年版《中国药典》，异常毒性试验应包括小鼠试验和豚鼠试验。试验中应设同批动物空白对照，按照规定的给药途径将药物缓慢注入动物体内。观察期内，动物全部健存，且无异常反应，到期时每只动物体重应增加，则判定试验成立。

三、效力（效价）检定

效力（效价）（potency），是指产品达到其目的作用的预期效能，它是根据该产品的某些特性，通过适宜的定量实验方法测定的。一般来讲，由不同实验室测定的生物制品的效力（效价），如果是根据一个适宜的标准品或参考品表达的，其结果应采用有效的方法进行比较。

效价测定是以制品生物学特性相关属性为基础的生物学活性定量分析，原则上效价测定方法应尽可能反映或模拟其作用机制。比活性（每毫克制品具有的生物学活性单位）对证明制品的一致性具有重要的价值。

在人用重组 DNA 蛋白制品、人用聚乙二醇化重组蛋白及多肽制品的检测中，应采用适宜的国家或国际标准品或参考品对每批原液和成品进行效价测定。如果还未建立国际标准品/国家标准品或参考品的，应采用经批准的内控参比品。标准品和参考品的建立或制备应符合"生物制品国家标准物质制备和标定"要求。

对于人用重组单克隆抗体制品的效价检定，分为生物学活性和结合活性两方面进行检测。生物学活性检测应当依据单克隆抗体预期、潜在的作用机制和工作模式（可能不限于一种），采用相应的生物学测定方法和数据分析模式，并将供试品与标准品/参考品进行比较，测定结果应在规定范围内；结合活性的检测应当依据单克隆抗体预期的作用靶点和作用机制，采用相应的结合活性测定方法和数据分析模式，将供试品与参比品进行比较，所得测定结果应在规定范围内。

人用基因治疗制品的效价检定较为特殊，应当根据制品特性，建立至少一个反映疗效的生物效价指标。检测内容通常包括对基因转移效率（感染性/转导效率/传递效率）、治疗序列表达的水平、表达产物的功能或整个制品的直接活性（如肿瘤细胞的杀伤活性等）的测定。测定时应采用定量方法，首选体外生物效价检测方法，如体外感染、转染或转导易感细胞后，对表达产物的功能测定（酶活性测定、细胞生长的刺激或抑制等）。当转基因表达的生物学功能表现出的活性范围过宽或仅能产生半定量甚至仅为定性结果时，可采用酶联免疫吸附法或其他定量方法测定治疗序列的表达水平，作为补充的效价测定方法。当体外方法不可行时，可采用动物离体组织或动物体内检测方法，必要时可采用转基因动物或移植了人体组织或系统的动物。人用基因治疗制品的效价测定需要采用相应的活性标准品或参比品，用于计算供试品的相对效价或作为对照。

目标检测

答案解析

一、选择题

A 型题

1. 目前国际上收录生物技术制品标准最多的药典是（　　）

　　A. 2020 年版《中国药典》一部　　　　　　　B. 2020 年版《中国药典》二部

　　C. 2020 年版《中国药典》三部　　　　　　　D. 2020 年版《中国药典》四部

2. 药典中描述药品的具体要求的是（　　）

　　A. 凡例　　　　　　B. 通则　　　　　　C. 指导原则　　　　　　D. 品种正文

3. 下列总论中，哪一个是 2020 年版《中国药典》新增的总论（　　）

　　A. 人用疫苗总论　　　　　　　　　　　　B. 人用重组 DNA 蛋白制品总论

　　C. 微生态活菌制品总论　　　　　　　　　D. 人用基因治疗制品总论

二、简答题

1. 简述生物药品标准物质的制备的必备条件。

2. 根据 2020 年版《中国药典》三部，规定新建生物制品国家标准物质的研制过程中检测项目有哪些？

3. 聚乙二醇化重组蛋白及多肽药物的体内生物学活性测定，与重组原型蛋白体内生物效价的评价方法有什么不同？

4. 生物药物的安全性检定一般包含哪些方面？

5. 生物药的效力测定是测定什么？

书网融合……

知识回顾

微课

习题

（覃鸿妮）

PPT

第四章 生物安全与防护

学习引导

生物安全问题已经成为全世界、全人类面临的重大生存和发展的威胁之一，习近平总书记在中央全面深化改革委员会第十二次会议上强调，必须从保护人民健康、保障国家安全、维护国家长治久安的高度，把生物安全纳入国家安全体系。生物安全是国家安全的重要组成部分。维护生物安全应当贯彻总体国家安全观，统筹发展和安全，坚持以人为本、风险预防、分类管理、协同配合的原则。相关科研院校、医疗机构以及其他企业事业单位将生物安全法律法规和生物安全知识纳入教育培训内容，作为学生和从业人员，更应该注重生物安全意识的培养。

本章主要从生物安全设施设备、实验室生物安全和生物废弃物的处理等方面介绍生物安全与防护知识，旨在让学习者掌握相关生物安全知识，增强生物安全的意识。

📖 学习目标

思政素养目标

1. 提高学生对生物安全重要性和必要性的认识，识别出日常生活中有违生物安全的行为。

2. 能够将生物安全国内外最新进展，国际和国家关于生物安全的相关法律和法规运用于生产实践管理。

知识目标

1. **掌握** 生物安全的概念、研究内容及其重要性。

2. **熟悉** 常见的生物安全设备设施的类型；实验室生物安全防护分级。

3. **了解** 生物废弃物的处理原则要求等。

技能目标

1. 能尝试阐述各级生物安全防护水平类型与要求。

2. 熟知安全进行实验室生物技术操作要点。

第一节 生物安全的概念 🄴 微课1

生物安全是指人类及有益生物的安全，其英文名为 biological safety 或 biological security，分别缩写为 biosafety 和 biosecurity。

一、生物安全的内容

这里所说的安全，对人类而言，就是人类健康、生活、生存及生产等活动能保持正常，不至于受不良因素的干扰、破坏或威胁；对于有益生物而言，则是它们能够正常生长繁殖和发挥应有的功能，从而保持环境中的生物多样性和生态环境的稳定。

这里的有益生物是指对人类和生态环境有益的各种生物，主要包括人们种植的各类农作物、养殖的各类动物、培养的有益微生物、自然和人造森林植物及生态环境中的有益生物等，而不包括对人类及其生产活动有害的生物，如各种害虫、病原物和杂草等。影响人类及有益生物安全的因子是多方面的，不只是转基因生物的"安全问题"，还包括外来入侵生物、影响食品质量安全的各类生物及非生物因子等。

二、生物安全的定义

生物安全概念有狭义和广义之分。狭义的生物安全是指防范现代生物技术的开发和应用所产生的负面影响，即对生物多样性、生态环境及人体健康可能造成的风险。广义的生物安全还包括重大新突发传染病、动植物疫情、外来生物入侵、生物遗传资源和人类遗传资源的流失、实验室生物安全、微生物耐药性、生物恐怖袭击、生物武器威胁等。

三、生物安全的意义

生物安全是在特定环境中应用的常规管理措施和物理安全措施，旨在防止工作人员、公众、农业和环境暴露于可能引起人、植物或动物疾病或其他有害影响的生物剂或生物材料。作为科学学科，生物安全是一门研究保护人、动物和自然环境在有害生物剂处置和研究中免受危害的理论原理和实践的科学；作为工程学科，生物安全是指防止生物剂在内部（实验室）或外部（周边环境）意外释放或污染的一系列物理学措施。2010 年 WHO 将生物安全定义为实验室内预防生物试剂、毒素意外暴露和释放而实施的防控原则、技术和实践活动等措施。

知识拓展

"生物安全"离我们生活很远吗？

2021 年 2 月 14 日，在新冠肺炎疫情发生的特殊背景下召开的中央全面深化改革委员会会议上，习近平总书记指出，要把生物安全纳入国家安全体系，系统规划国家生物安全风险防控和治理体系建设，全面提高国家生物安全治理能力。它属于国家资源安全的一个构成部分，其中首要关注的就是生态安全，含义就是敬畏自然、敬畏生物，使各种生物处于一种自然的安全状态，保持生物物种的延续性和多样性。看似宏大抽象的概念，如果细化到具体的事例，或许能更直观感受到，它离我们一点都不远。现在生物技术在农业、医疗等很多方面都有应用，但科技本身是一把双刃剑，用好了可以造福人类，用不好可能危害深远，威胁国家安全甚至整个人类。另外，基因编辑、合成生物学等颠覆性生物技术的迅猛发展，也使生物安全形势愈加严峻。

第二节　生物安全设施设备 📱微课2

生物安全防护设备主要有生物安全柜、压力灭菌器、负压通风柜、独立通风笼具等，根据其不同设计原理和用途，简要介绍如下。

一、生物安全柜

生物安全柜（Biological safety cabinets，BSCs），是用于不同等级生物安全实验室从事实验诊断和原代培养物、菌（毒）种及其他检测样本等具有感染性生物材料的操作，具有保护实验操作者、实验室环境以及实验材料的安全防护装备。生物安全柜是实验室生物安全的一级安全隔离屏障，也是实验室最为关键的安全防护设备。生物安全柜最主要和关键的部件是高效空气粒子过滤器（高效过滤器，简称HEPA），它对直径为 $0.3\mu m$ 粒子的捕获率达到 $\geqslant99.999\%$。生物安全柜的作用主要是防止操作者和环境暴露于实验过程中产生的生物气溶胶。

（一）生物安全柜分类

根据生物安全柜气流及隔离屏障设计结构的特点，可将其分为Ⅰ、Ⅱ、Ⅲ三个等级。其中Ⅱ级生物安全柜又可分为 A1、A2、B1、B2 四个型别。

1. Ⅰ级生物安全柜　主要特点是前窗操作口的实验人员可以通过前窗操作口在安全柜内进行操作，具有对实验人员和环境的保护，但对实验对象（样本）没有保护。气流由风机从前窗操作口吸入用于保护实验人员的安全，排出的气流经高效过滤器过滤后排出而使环境得到保护。Ⅰ级生物安全柜是最早得到认可的，并且由于其设计简单，目前仍在世界各地广泛使用。前窗操作口流入气流的最低平均流速为 $0.7\sim1.0m/s$。

2. Ⅱ级生物安全柜　主要特点是前窗操作口的实验人员可以通过前窗操作口在安全柜内进行操作，具有对实验人员、实验对象和环境的保护作用。前窗操作口向内吸入的负压气流用于保护实验人员的安全，排出的气流经高效过滤器过滤后，成为垂直下降的洁净气流，用以保护实验对象，另一部分气流经过高效过滤后排出而使环境得到保护。污染气流经高效过滤器过滤后排出，达到保护环境不受污染的目的。Ⅱ级生物安全柜按照其排放气流占系统总流量的比例及内部结构设计的不同分为 A1、A2、B1、B2 四个型别。

（二）生物安全柜选型

生物安全柜的选型应根据所需保护的实验对象的类型；针对操作感染性物质所需的个体防护要求，暴露于放射性核素和挥发性有毒化学品时的个体防护要求；或其他特殊性的工作要求来选择生物安全柜的类型。一般在二级生物安全防护水平实验室中主要使用Ⅱ级生物安全柜（A1 型、A2 型、B1 型、B2型），常用的是 A2 型或 B2 型。生物安全柜的选型原则见表 4 - 1。

表 4 - 1　生物安全柜选型原则

保护类型	生物安全柜类型
个人防护，针对危害程度一、二、三类的微生物	Ⅰ、Ⅱ、Ⅲ级生物安全柜
少量挥发性放射性核素、化学品防护	Ⅱ级 B1 型或外排式Ⅱ级 A2 型生物安全柜
挥发性放射性核素/化学品防护	Ⅱ级 B2 型生物安全柜

（三）生物安全柜使用与维护

根据生物安全柜的设计允许其连续运行工作，但应注意生物安全柜的维护与检测，以确保生物安全柜处于正常运行状态，一旦发现生物安全柜出现故障就应立即停止使用，并与供应商联系，派专业人员进行维修。

1. 平时使用过程中的维护 ①紫外线灯：实验后应去除灯管上的灰尘，保持灯管清洁，定期进行照度检测，及时更换灯管，保持消毒效果。②明火：生物安全柜工作面可以保持洁净的无菌状态，一般不建议使用明火，以免对下降气流产生干扰和对高效过滤器产生伤害，接种环等的消毒可采用高温电热消毒灯。③清洁与消毒：无论在实验操作前或实验操作结束后，都应对生物安全柜台面及内壁进行消毒与清洁。特别是实验操作结束后，还要对生物安全柜内的所有物品包括仪器设备进行表面净化及生物安全柜前窗进行消毒。消毒方法一般是采用75%乙醇溶液进行擦洗或用含氯消毒剂对工作台面进行消毒，消毒后应用沾水的纱布去除表面的消毒剂直至干净。另外，应定期使用过氧化氢或甲醛溶液进行熏蒸；必须保持生物安全柜的清洁，经常对生物安全柜表面和前窗进行擦洗。操作前也应进行紫外线消毒，以保持生物安全柜腔体内的洁净。④HEPA：高效过滤器是生物安全柜的核心部件，应尽量保持实验室内空气干燥和洁净，延长高效过滤器的使用寿命，要求定期进行检测，防止泄漏，一旦有泄漏就必须立即由专业技术人员进行更换。一般可通过高效过滤器的使用寿命显示或定期检测风速、自动报警等了解其使用寿命，一旦达到使用寿命就应及时更换。⑤报警：一旦出现故障报警，就应立即分析原因，及时进行维修。

2. 生物安全柜的现场检测 生物安全柜现场安装完成后，应进行生物学检测验证，其验证的目的是为了保证生物安全柜在使用中的安全性，主要包括：①对工作人员的保护，防止实验操作过程中产生的感染性微生物气溶胶对工作人员的威胁。②对实验对象的保护，防止生物安全柜以外的污染物进入安全柜，对实验对象造成污染。③交叉污染保护，防止操作过程中产生的气溶胶造成对实验对象的交叉污染。具体检测项目和要求可参照中华人民共和国医药行业标准 YY0569-2011《二级生物安全柜》和中华人民共和国医药行业标准 WS233-2017《病原微生物实验室生物安全通用准则》中的相关规定。

二、独立通风笼具系统

独立通风笼具（individual ventilated cages，IVC）是一种以保障动物实验环境和实验动物安全的送排风过滤系统，尤其在小型动物感染实验中比较常用的安全防护设备。IVC 一般是以饲养笼盒为单位的独立送风的气体屏障设备，经过过滤的洁净空气分别送入各独立饲养笼盒中，并将产生的废气经过高效过滤后集中排放。在正常情况下使饲养笼盒内部和实验室环境之间保持一定的压力和洁净度，以避免动物污染环境和实验环境污染影响实验动物。当需要开放操作时，应将独立的笼盒单元放在生物安全柜或负压解剖台中进行。

三、洗眼装置及紧急喷淋装置

紧急洗眼及冲淋设备是在有毒有害危险作业场所现场使用的应急救援设施。在人的眼睛及身体接触有毒有害及腐蚀性化学物质、生物危害液体时，可使用这种设施对眼睛及身体进行紧急冲洗/冲淋，以避免进一步伤害。《实验室生物安全通用要求》（GB19489-2008）中规定，在 BSL-2 实验室工作区配备洗眼装置，必要时应设紧急喷淋装置。

目前国内市场上，进口产品的喷淋头、洗眼器的喷头一般为 ABS 工程塑料制造，其他部件为 ABS 塑料涂层；国内产品的管子、管路附件、洗眼喷头、冲淋喷头、手动拉杆大多采用耐酸碱、不易生锈、无毒的不锈钢制造。在可能接触强酸、强碱、其他具有强烈腐蚀性或易经皮肤吸收的有害物质的实验室，紧急设备必须安装在与危险点最接近的地方。一般推荐在实验室的水池旁安装紧急冲洗器或冲淋软管，在实验室内外过道上安装紧急喷淋装置。当眼睛、脸部及其他部位的皮肤溅上危险性物质时，可迅速用该设备冲洗，以及时提供保护。

紧急喷淋设备旁需设有醒目标识。标识最好是中文与英文双语，加上图片，以形象地告知全体作业者紧急设备的安装位置及用途，保证在事故发生时作业者能迅速使用。紧急洗眼及冲淋设备管道应保持畅通，出水流速应是稳定均匀的，喷头喷出的水流要柔和，呈雾状喷洒，防止水流压力过大。这样既可扩大冲洗面积，又能避免过急水流对使用者造成意外伤害。一般来讲，洗眼器或紧急喷淋装置都与下水道相连。但是，如果冲洗水会含有一些危险性物质，就需要在进入公共排水系统之前，先让冲洗水进入酸处理池或中和池，或经过高压灭菌处理后再排放。

四、压力蒸汽灭菌

压力蒸汽灭菌或压力饱和蒸汽灭菌是利用压力蒸汽或压力饱和蒸汽湿热杀灭微生物，对实验材料进行灭菌的最有效和最可靠的方法之一，适用于耐高温、耐高湿物品的消毒灭菌。应在 BSL-2 实验室或其所在的建筑内配备压力蒸汽灭菌器，并按期检查和验证，以确保符合要求。

（一）压力蒸汽灭菌器的种类

根据排放冷空气方式的不同，分为下排气式压力蒸汽灭菌器和预真空压力蒸汽灭菌器；根据其形状又可分为手提式、立式、卧式、台式、移动式压力蒸汽灭菌器；中华人民共和国医药行业标准《立式蒸汽灭菌器》（YY1007-2010）将灭菌室开口向上的灭菌器定义为立式蒸汽灭菌器，并按照控制方式分为自动控制型和手动控制型蒸汽灭菌器；按照气体置换方式分为下排汽式和真空式蒸汽灭菌器；按照蒸汽供给方式分为自带蒸汽发生器和外接蒸汽式蒸汽灭菌器；按照灭菌室结构分为可制成带夹套结构和单层结构蒸汽灭菌器。由于压力蒸汽灭菌器的容积大小与灭菌效果和监测方法直接相关，国际标准化委员会将容积小于 60L 的压力蒸汽灭菌器归为小型压力蒸汽灭菌器；传统的压力蒸汽灭菌器为单门，但是在需要专门明确工作间和辅助区的实验室（如 BSL-3 实验室），常采用双扉压力蒸汽灭菌器。

1. 下排气式压力蒸汽灭菌器 利用重力置换原理，使热蒸汽在灭菌器从上而下，将冷空气由下排气孔排出，排出的冷空气由饱和蒸汽取代，利用蒸汽释放的潜热使物品达到灭菌效果。

2. 预真空式压力蒸汽灭菌器 是利用机械抽真空的方法，使冷空气在蒸汽进入前先从灭菌器排出，灭菌柜室内形成负压，蒸汽得以迅速穿透到物品内部进行灭菌。在灭菌结束时，蒸汽是通过一个装有 HEPA 过滤器的排气阀自动排出。根据抽真空次数的多少，又可分为预真空和脉动真空两种，后者因多次反复抽真空，空气排除更彻底，效果更佳。

（二）各级生物安全实验室对压力蒸汽灭菌器的要求

1. BSL-1 实验室 对压力蒸汽灭菌器没有要求。

2. BSL-2 实验室 应选择全自动立式或台式不排气（蒸汽可回收）的压力蒸汽灭菌器，放置在 BSL-2 实验室内或实验室所在建筑物内。

3. BSL-3 实验室 可在 BSL-3 实验室防护区内安装生物安全性高压灭菌器，宜在防护区和辅助工作区之间安装双扉脉动真空压力灭菌器，其主体应安装在易维护的位置，与围护结构的连接处应可靠密封。压力蒸汽灭菌器的安装位置不能影响生物安全柜等安全隔离装置的气流。

4. BSL - 4 实验室 应在 BSL - 4 实验室核心工作间内配备生物安全性高压灭菌器，如果安装双扉高压灭菌器，其主体所在房间的室内气压应为负压，并应设在实验室防护区内易更换和维护的位置。

即学即练 4 - 1

简述高压蒸汽灭菌器的原理。

答案解析

（三）压力蒸汽灭菌器的灭菌操作流程

1. 清洗 由于物品清洁与否影响灭菌效果，除污物和液体外，对于实验室使用的物品应尽量清洗干净后再高压灭菌，物品洗涤后，应干燥并及时包装。

2. 包装 高压灭菌用的包装材料应允许物品内部空气的排出和蒸汽的透入，常用的包装材料包括全棉布、一次性无纺布、一次性复合材料（如纸塑包装）、带孔的金属或玻璃容器等。器皿类物品应尽量单独包装，必须多个包装在一起时，物品捆扎不宜过紧。

3. 装载 下排气灭菌器装载量不得超过柜室容量的80%；预真空灭菌器的装载量不得超过柜式容量的90%，但也不能少于柜室容量的5%～10%，防止因残留空气影响灭菌效果；应尽量把同类物品放在一起灭菌，物品装放时，上下左右相互间均应间隔一定距离以利于蒸汽置换空气；难于灭菌的物品应放在上层，较易灭菌物品放在下层；装有液体的容器不能完全密封，应留出气体交换的空间。

4. 灭菌 蒸汽的质量是影响灭菌效果的主要因素，一般采用去离子水作为蒸汽用水，灭菌操作程序应按压力蒸汽灭菌器生产厂家的操作说明中的规定进行。常用压力蒸汽灭菌温度和时间的对应关系见表4-2。

5. 灭菌后处理 检查包装的完整性，若有破损不可作为无菌物品使用；应检查包装的灭菌指示条是否达到灭菌效果；每批灭菌处理后，应记录灭菌物品包的种类、数量、灭菌温度、作用时间、灭菌日期和操作者等。

表4-2 压力蒸汽灭菌器温度与时间关系

物品种类	灭菌时间（min）	
	121℃下排气	132℃脉动真空
硬物（裸露）	15	3
硬物（包裹）	20	4
织物包	20	4
液体	30	4

第三节 实验室的生物安全 微课3

实验室生物安全（laboratory biosafety）是指在从事病原微生物实验活动的实验室中为避免病原微生物对工作人员、相关人员、公众的危害以及对环境的污染，保证实验研究的科学性或保护被实验因子免受污染，而采取包括建立规范的管理体系，配备必要的物理、生物防护设施和设备，建立规范的微生物操作技术和方法等综合措施。实验室生物安全要求实验室的生物安全条件和状态不低于容许水平，避免实验室人员、来访人员、社区及环境受到不可接受的损害，符合相关法规、标准等对实验室生物安全责任的要求。

一、实验室生物安全水平

《病原微生物实验室生物安全管理条例》规定，国家对实验室实行分级管理，并实行统一的实验室生物安全标准。国家标准 GB19489 - 2008《实验室生物安全通用要求》规定，根据对所操作的生物因子采取的防护措施，将实验室生物安全防护水平分为一级、二级、三级和四级，一级防护水平最低，四级防护水平最高，并做如下规定。

（1）生物安全防护水平为一级的实验室（即一级生物安全实验室，BSL - 1 实验室）适用于操作在通常情况下不会引起人类或者动物疾病的微生物。

（2）生物安全防护水平为二级的实验室（即二级生物安全实验室，BSL - 2 实验室）适用于操作能够引起人类或者动物疾病，但一般情况下不会对人、动物或者环境构成严重危害，传播风险有限，实验室感染后很少引起严重疾病，并且具备有效治疗和预防措施的微生物。

（3）生物安全防护水平为三级的实验室（即三级生物安全实验室，BSL - 3 实验室）适用于操作能够引起人类或者动物严重疾病，比较容易直接或者间接在人与人、动物与人、动物与动物间传播的微生物。

（4）生物安全防护水平为四级的实验室（即四级生物安全实验室，BSL - 4 实验室）适用于操作能够引起人类或者动物非常严重疾病的微生物，以及我国尚未发现或者已经宣布消灭的微生物。不同生物安全水平实验室的基本要求见表 4 - 3。

表 4 - 3　不同生物安全水平实验室的基本要求

生物安全水平	实验室类型	实验室操作要求	设施设备要求
一级生物安全水平	基础的教学、研究	GMT	不需要特殊防护设备；开放实验台
二级生物安全水平	初级卫生服务；诊断、研究	GMT，增加防护服、生物危害标志	开放实验台，此外，需 BSC 用于防护可能生成的气溶胶
三级生物安全水平	特殊的诊断、研究	在二级生物安全防护水平上增加特殊防护服、准入制度、定向气流	BSC 和/或其他所有实验室工作所需要的基本设备
四级生物安全水平	危险病原体研究	在三级生物安全防护水平上增加气锁入口、出口淋浴、污染物品的特殊处理	Ⅲ级 BSC 或 Ⅱ级 BSC，并穿着正压服，双开门高压灭菌器（穿过墙体），经过滤的空气

注：BSC 为生物安全柜；GMT 为微生物学操作技术规范。

二、实验室生物安保

实验室生物安全强调的是微生物操作技术规范的应用，适当的防护设备，正确的实验室设计、运行和维护，以及如何通过严格的管理来尽可能减少工作人员受伤或患病的危险。在按照这些要求执行时，病原微生物对实验室周围区域和整个环境造成的危险也可降到最低。但全球范围内接连发生的一系列事件也提醒人们，实验室还需要引入生物安保措施来补充上述实现生物安全的传统方法其重点是保护实验室及实验室内的材料，以免其可能因故意或恶意行为而危害人类、家畜、农业或环境。传统实验室生物安全一词用来描述那些用以防止发生病原体或毒素无意中暴露及意外释放的防护原则、技术及具体实施办法。实验室生物安保（laboratory biosecurity）则是指单位和个人为防止病原体或毒素丢失、被盗、滥用、转移或有意释放而采取的安全防范措施。

良好的生物安全实践是实验室生物安保活动的前提和基础。通过危害评估工作可以收集关于所使用的生物试剂的类型、存放位置、接触人员及负责这些生物试剂人员的身份等信息。实验室生物安保措施实际上是对病原体和毒素的综合管理方案，其中包括对病原体和毒素的存放位置资料、进出人员资料、使用记录、所有内部或外部运送的记录文件及所有进行灭活和（或）废弃等处理的结果。同样的，我们应制定单位实验室生物安保程序，用以鉴别、报告、调查并纠正实验室生物安保工作中的违规情况，包括调查文件资料中不符合规定的情况。此外，还应明确规定公共卫生和上级管理部门在发生违反安保规定情况时的介入程度、作用和责任。

为了良好的生物安全环境，必须加强实验室生物安保培训，因为通过培训可以帮助工作人员理解保护这些材料的必要性和生物安保措施的原理。培训内容应包括宣传有关国家标准和各单位的特殊规定，生物安保的人防、机防措施，还应特别强调与安保相关的报告程序。在培训过程中，还应说明在发生违反安保规定的事件时，相关人员具有哪些安保的作用和责任。

一般认为，病原体或毒素被恶意使用的最大威胁来自那些有权接触这些敏感材料的工作人员。因此，有权接触这样的病原体或毒素的工作人员，其可靠性和责任感是决定生物安保措施是否有效的最关键因素。在制定政策和制度时，要注意以下几点：①需要考虑如何促使储存或制造这些敏感材料的单位，以及所有有权接触这些敏感材料的人员，能够毫无顾虑地向所在机构的生物安全委员会或国家法规所指定的主管部门报告已经发生的安保事件，以及所发现的安保漏洞；②应建立机制，鼓励工作人员报告安保事件，让他们有足够的信心不惧怕来自管理部门或其他人员的报复，并从法律上保护他们；③要通过各种不同的方法来遴选工作人员，以提高所有有权接触敏感性病原体和毒素的工作人员的安全可靠性。

我国的实验室生物安全实际上包括实验室生物安保的大概念，从属于国家生物安全，这一点必须加以注意。《中华人民共和国传染病防治法》及其实施办法、《病原微生物实验室生物安全管理条例》等法律法规，均对生物因子样品，病原体和毒素的国家储备、管理和使用等做出了明确的规定，要求每个单位都必须根据本单位的需要、实验室工作的类型及地理位置等情况，准备并实施特定的实验室生物安全（包括生物安保）规划。因此，在国内的相关材料中，往往是将生物安保归入生物安全一并进行阐述的。

三、影响实验室生物安全的主要因素

要确保实验室生物安全，首先必须明确影响实验室生物安全的因素有哪些，评估这些影响因素的风险程度和危害等级，然后根据这些风险程度和危害等级采取相应的防护标准和防护措施。

1. 生物因子　是实验室被操作的主体，它的危害风险程度决定了防护标准和防护措施。这里讲的生物因子是指病毒、细菌、立克次体、衣原体、真菌等，以及相关的生物毒素等。

需要注意的是，生物因子（相当于《病原微生物实验室生物安全管理条例》所述的病原微生物）的分类和危险度等级或风险等级是两个不同的概念。生物因子或病原微生物的分类来源于《中华人民共和国传染病防治法》及《病原微生物实验室生物安全管理条例》，强调的是严重性；而危险度等级或

风险等级则是国际上流行的专门针对实验室操作中病原微生物的分类方法，强调的是风险。危险度等级 1~4 级的生物因子大致可以分别归入我国《病原微生物实验室生物安全管理条例》中的第四类到第一类病原微生物。

此外，需要特别关注 GMOs（转基因作物）因子，其包括基因重组或新合成的生命体或生物活性因子。对 GMOs 因子，需要进行针对性的风险评估，根据其可能的危害程度将其归类，并确定采取何种防护措施。当有明确信息提示生物因子的毒力、致病性、抗药谱、可应用的疫苗和处理措施或其他因素发生显著变化时，应相应地修改操作规程并制定严格的防护措施。

2. 物理防护 来源于"containment"一词，其原意是围堵，有时也用"屏障"一词来表示。物理防护有如下三个方面的内容：一是将对传染因子进行的操作置于一个密闭的、负压状态下的工作环境中进行，在实际工作中主要是通过负压实验室和各种负压设备来实现。其一方面可以避免人员直接暴露于传染因子存在的环境，另一方面可以把传染因子的操作局限在能防止传染材料特别是防止气溶胶扩散的环境内。二是实验室内或隔离装置内需要排放的空气，在排放前必须先进行净化处理。其净化方法多种多样，如紫外线消毒、电加热灭菌、火烧、HEPA 过滤等，而且不同级别生物安全实验室 HEPA 的数量、位置和是否能使用回风等都有一定规定。三是把实验室内的污物、污水等在送出实验室之前进行彻底灭活消毒，一般可以采用物理和化学的方法进行，具体使用什么方法视微生物的特性和废物的种类及特性来确定。

物理防护的第一道防线是通过安全设备实现的。我们将操作者和操作对象之间的隔离称为一级屏障或一级隔离，它包括生物安全柜等负压设备、各种密闭容器及个体防护装备。安全设备主要包括为了减少直接接触有害生物因子而设计的各种生物安全柜、离心机罩、负压隔离器、密闭容器等设备。生物安全柜是最重要的安全设备。它是一种负压过滤排风柜，为处理危险性微生物时所用的箱型空气净化安全装置，同时也是传染性微生物的牢笼，主要用于许多微生物学操作过程中产生的含有危害性或未知性生物溅出物或气溶胶的防护。密闭容器的作用主要也是防止气溶胶扩散，如离心机罩就可以将离心过程中产生的气溶胶局限在一定范围内并对其进行净化处理排放。个体防护装备包括手套、防护服、围巾、鞋套、防护鞋（或靴）、防护面罩、防护口罩和安全眼镜等。在使用生物安全柜和负压隔离器等设备进行病原体、实验动物或其他材料的研究时，必须与个体防护装备联合使用。在进行某些不能在生物安全柜中进行的工作，如在进行某些实验动物尸体解剖或实验室设施设备的紧急维修等工作时，使用个体防护装备（如正压防护服）能保证在工作人员和感染材料之间提供严密的一级屏障。

物理防护的第二道防线就是生物安全实验室和外部环境的隔离，称为二级屏障或二级隔离。二级屏障能够在一级屏障失效或在实验室内发生意外时，保护其他的实验室及周围人群不致暴露于释放的实验材料之中。实验中保护室内工作人员是重要的，而防止传染因子偶然地扩散到室外造成环境和社会危害更为重要。二级屏障涉及的范围很广泛，包括实验室的建筑、结构和装修、电气和自控、暖通空调、通风和净化、给水排水与气体供应、消毒和灭菌、消防等。

3. 规范管理 实验室的规范化管理是落实国家安全管理法律法规的基本保证，也是确保实验室安全、正常运行的基本条件。2004 年我国颁布实施的《病原微生物实验室生物安全管理条例》和 2008 年修订发布的 GB19489－2008《实验室生物安全通用要求》对实验室生物安全管理提出了明确要求。实验室将按照国家的有关法律法规和标准，根据实验室运行的实际情况，建立实验室生物安全管理体系，撰写管理体系文件，实现实验室的规范化管理。

4. 安全操作技术 实验室生物危害是在操作病原微生物过程中引发的，因此，微生物操作技术是影响实验室生物安全的关键因素。首先，除了保证不同生物安全水平的实验室设施建设达到相应标准外，还必须制定各种操作规程来保证实验室生物安全。这些操作规程包括从取样开始到所有潜在危险材料被处理的整个过程及实验室的清洁、消毒、废弃物处理和质量控制。其次，必须确保标准操作规程的严格实施。实验室人员要能够熟练掌握各种操作技能，并在实际操作中尽量减少意外发生。最后，标准操作规程必须和其他质量保证系统紧密联系，并且必须每年进行审查，必要时进行修订。

需要注意的是，不同等级生物安全实验室所规定的安全操作规程，除了包括标准安全操作规程以外，还应针对不同的微生物或其毒素补充相应的特殊安全操作规程。在操作中如何避免或减少微生物气溶胶的产生，对实验室安全有极为重要的影响。有些是因为工作人员在操作过程中精力不集中、操作动作不稳定或违反操作规程导致的；另外一些产生气溶胶的原因是操作方法不当或器材使用不当，在操作方法上或器材使用上略加改进，即可大大减少微生物气溶胶的产生。因此，在实验室操作过程中，必须严格遵循微生物学标准操作规程和生物安全实验室标准操作规程，并使用符合要求的实验器材。

5. 人员培训、考核 人不仅是实验活动的主体，也是实验室管理的主体。这里所说的人员包括从事实验室工作的技术人员及相关管理人员。实验室生物安全操作规程的培训主要涉及技术人员，包括实验设计人员；实验室设施设备运行管理的培训主要涉及实验室辅助人员；而实验室生物安保内容的培训则必须包括技术及管理两方面的人员。培训不是目标，培训后考核达到要求，才达到培训的目的。此外，为了确保实验室生物安全，必须保证人员的持续培训。

6. 生物安保 实验室生物安全最初强调的是通过采取一系列措施尽可能减少工作人员受到的危害、病原微生物对环境及周围人群造成的危险，但还必须制定一系列实验室生物安保措施，保护实验室及实验室内的材料，以免其可能因故意行为而危害人类、家畜、农业或环境。

安保措施应该像无菌操作技术和其他微生物安全操作技术一样，成为实验室常规工作的一部分。要注意，实验室安保措施的实施，不应阻碍对参比材料、临床和流行病学标本及临床或公共卫生调查中所需资料的正常共享。职能部门的安保管理不应过度干涉科研人员的日常活动，也不应干扰其研究工作。研究和临床材料的合法使用必须得到保护。评估人员的可靠性、进行专门的安保培训及针对病原体制定严格的保护措施等，都是提高实验室生物安保能力的有效方法。在实际工作中，还应注意安保措施的持续有效，对危害和威胁进行定期评估，对相关措施进行定期检查及更新，是维持安保措施持续有效的重要手段。检查安保措施的执行情况，检查对有关规章、责任和纠正措施的解释是否清楚，都应该是实验室生物安保计划及实验室生物安保国家标准必不可少的内容。

7. 危害评估 是实验室生物安全管理和运行的基本依据，是实验设计者最重要的首先要确定的基本内容，是确定防护级别等一系列活动的基础，应贯穿于实验室运行的始终。当实验室活动涉及传染或潜在传染性生物因子时，应进行危害程度评估。根据目标微生物本身的致病特征确定微生物的危害等级时，必须考虑下列因素：微生物的致病性和毒力、宿主范围、所引起疾病的发病率和死亡率、疾病的传播媒介、动物体内或环境中病原的量和浓度、排出物传播的可能性、病原在自然环境中的存活时间、病原的地方流行特性、交叉污染的可能性、获得预防和治疗时使用疫苗或药物的程度。除考虑特定微生物固有的致病危害外，危害评估还应包括产生气溶胶的可能性、操作方法（体外、体内），对重组微生物还应评估其基因特征（毒力基因和毒素基因）、宿主适应性改变、基因整合、增殖力和回复野生型的能力等。

第四节　生物废弃物的处理 微课4

一、定义及分类

生物废弃物是生物实验过程中产生的废物，包括使用过的、过期的、淘汰的、变质的、被污染的生物样品（制品）、培养基、生化（诊断指示）试剂、标准溶液以及试剂盒等。生物实验室的通风设备设计不完善或实验过程个人安全保护漏洞，会使生物细菌毒素扩散传播，带来污染，甚至带来严重不良后果。

生物类废物应根据其病源特性、物理特性选择合适的容器和地点，专人分类收集进行消毒、烧毁处理，日产日清，满足消毒条件后做最终处置。一次性使用的制品如手套、帽子、工作物、口罩等使用后放入污物袋内集中烧毁。可重复利用的玻璃器材如玻片、吸管、玻瓶等可以用 1000 ~ 3000mg/L 有效氯溶液浸泡 2 ~ 6 小时，然后清洗重新使用，或者废弃。盛标本的玻璃、塑料、搪瓷容器可煮沸 15 分钟或者用 1000mg/L 有效氯漂白粉澄清液浸泡 2 ~ 6 小时，消毒后用洗涤剂及流水刷洗、沥干；用于微生物培养的，用压力蒸汽灭菌后使用。微生物检验接种培养过的琼脂平板应高压蒸汽灭菌 30 分钟，趁热将琼脂倒弃处理。

二、处理原则及丢弃程序

生物废弃物处理的原则是所有感染性材料必须在实验室内清除污染，经专人分类收集进行高压灭菌、消毒或焚烧等方式处理后，如液体废物一般可加漂白粉进行氯化消毒处理。固体可燃性废物分类收集、处理、一律及时焚烧。固体非可燃性废物分类收集，可加漂白粉进行氯化消毒处理等，再转移到专业公司进行无害化处理。生物废弃物不可作为一般城市生活垃圾处置。

（1）实验室废弃物处置的管理应符合国家、地区或地方的相关要求。将操作、收集、运输、处理及处置废弃物的危险减至最小；将其对环境的有害作用减至最小。

（2）所有弃置的实验室生物样本、培养物和被污染的废弃物在从实验室中取走之前，应使其达到生物学安全。生物学安全可通过高压消毒处理或其他被承认的技术达到。

（3）实验室废弃物应置于适当的密封且防漏容器中安全运出实验室。

（4）有害气体、气溶胶、污水、废水应经适当的无害化处理后排放，应符合国家有关的要求。

（5）动物尸体和组织的处置和焚化应符合国家相关的要求。

（6）危险废弃物处理和处置、危害评估、安全调查记录和所采取的相应行动记录按有关规定的期限保存并可查阅。

三、具体要求

1. 细胞培养物　鉴于有些细胞株可能有未知的生物危险性，细胞培养废液不能直接倾倒进入下水道，需要经有效浓度为 10% 的 84 消毒液处理后才能回收。具体方法：直接将适量的 84 消毒液倒入培养瓶或者培养皿，盖紧瓶盖后，将 84 消毒液与培养物充分混匀，使之和瓶内壁充分接触。

2. 工程细菌和噬菌体　化学院实验室常用的微生物多为工程细菌和噬菌体。如果没有实验条件，在化学学院禁止使用有致病性的细菌。工程细菌不会对人造成感染，但为了不污染环境，要求细菌废液和接触细菌的容器要做以下处理：①高压灭菌处理，用于处理细菌废液和玻璃培养瓶等；②84 消毒液处理，将待消毒的物品放入装有含氯消毒剂溶液的容器中，加盖。对细菌繁殖体污染的物品的消毒，用含有效氯 500mg/L 的消毒液浸泡 10 分钟以上；对经血传播病原体、分枝杆菌和细菌芽孢污染物品的消毒，用含有效氯 2000～5000mg/L 消毒液浸泡 30 分钟以上。

对于噬菌体的处理：①高压蒸汽灭菌处理。比起细菌来，病毒对热力的耐受力更弱。高压灭菌的目的就是消灭一切微生物，包括细菌芽孢、病毒。②超净台的灭毒工作。建议操作前清空超净台，紫外线消毒半小时；操作后清空超净台，酒精擦拭超净台和移液枪；紫外灯消毒超净台一小时，重新高压蒸汽灭菌所用耗材。

 即学即练 4 – 2

生物废弃物的处理方法不包括（　　　）。

答案解析　　A. 高压灭菌　　　B. 化学消毒　　　C. 焚烧处理　　　D. 紫外线照射

3. 实验动物　实验用完的动物尸体不能随便遗弃在垃圾桶，要妥善包裹好后送回相关动物房集中焚烧处理。

4. 血液制品　通常要从红十字血液中心领取，接触血液的所有物品需要 84 消毒液浸泡处理后才能丢弃。

5. 锐器　用过的锐器（如针头、刀片等）应存放在专有的利器盒内，若沾染病毒、细菌等应先进行高压灭菌或者 84 消毒液浸泡处理后回收。

6. 废弃的污染材料　除针头外，其他污染的材料应先放置在防渗漏的容器中高压灭菌。灭菌后，由回收人员进行回收。

 **目标检测**

答案解析

一、选择题

A 型题

1. 有害生物因子包括（　　）

　A. 病原微生物及微生物的毒性代谢产物　　　　B. 基因结构生物体

　C. 动植物的毒素和过敏源　　　　D. 以上均是

2. 生物危害的来源包括（　　）

　A. 人和动物的各种致病微生物　　　　B. 外来生物的入侵

　C. 转基因生物和生物恐怖事件　　　　D. 以上均是

3. 实验室感染中最常见的类型是（　　）

　A. 气溶胶导致的实验室感染　　　　B. 事故性感染

　C. 人为破坏　　　　D. 针头和注射器操作

4. 我国根据实验室对病原微生物的生物安全防护水平以及国家标准规定，将实验室生物安全防护水平（BSL）分为（　　）

　A. 1 级　　　　　　B. 2 级　　　　　　C. 3 级　　　　　　D. 4 级

5. 对于实验室仪器设备使用，下列不符合风险评估要求的是（　　）

　　A. 定期更换高效空气过滤器　　　　　　B. 使用过的注射器直接放进生活垃圾袋

　　C. 定期检查高压灭菌锅　　　　　　　　D. 仪器设备经过安全使用认证

6. 高压蒸汽灭菌的条件是（　　）

　　A. 121℃，15～30 分钟　　　　　　　　B. 115℃，15～30 分钟

　　C. 160℃，1 小时　　　　　　　　　　D. 160℃，2 小时

二、简答题

1. 什么叫"生物安全"？你如何理解生物安全的概念？

2. 查阅有关生物安全学的网络资源信息，了解生物安全学的历史、现状和未来。

3. 生物废弃物的处理原则是什么？

书网融合……

　　知识回顾　　　　微课1　　　　微课2　　　　微课3　　　　微课4　　　　习题

（李艳萍）

第二篇
各　论

PPT

第五章　抗生素类药物

学习引导

　　抗生素主要是由细菌、霉菌或其他微生物产生的次级代谢产物或人工合成的类似物。20世纪90年代以后，科学家们将抗生素的范围扩大，统称为生物药物素。主要用于治疗各种细菌感染或致病微生物感染性疾病，一般情况下对其宿主不会产生严重的副作用。我国抗生素产业规模大、市场广阔，2018年原料药产量约为19.6万吨（以22个品种产能计算），抗生素原料药品种出口量约为12万吨。到2020年，我国抗生素市场规模增长至1600多亿元。

　　基于抗生素在人类疾病防治过程中的重要作用，本章主要介绍抗生素的基本概念、常见种类及其应用等知识，旨在让学习者掌握抗生素的基本概念、作用机制及细菌耐药性的表现，抗生素合理应用的基本原则。

学习目标

思政素养目标

1. 通过抗生素耐药性和滥用问题的讲解，使学生理解抗生素应用严格管理的必要性，树立高度的职业责任感。

2. 通过关注抗生素和微生物和谐共生的意识，使学生具有思考问题、解决问题的能力和一定的创新能力，树立对医药卫生事业的职业认同感和爱岗敬业的职业精神。

知识目标

1. **掌握**　抗生素、化学治疗、化疗指数、抗菌活性、抗菌后效应、耐药性等概念。

2. **熟悉**　抗菌药物的抗菌作用机制。

3. **了解**　抗生素的合理用药原则；细菌耐药性的产生机制。

技能目标

1. 能认识抗菌药、机体和病原体三者之间的关系。

2. 能认识到滥用抗菌药的危害以及抗菌药合理应用原则，能对相关患者进行用药宣教。

第一节　概　述

一、常用术语

1. 抗生素（antibotic）　系指某些微生物（细菌、真菌和放线菌属）产生的具有抗病原体性用和其他生物活性的物质。包括天然抗生素（从微生物的培养液中提取）和人工半合成或合成抗生素（对天然抗生素进行结构改造而获得的产品）。

2. 抗菌谱（antibacterial spectrum） 系指抗生素抑制或杀灭病原微生物的范围，仅作用于某一菌种或某一菌属的药物称为窄谱抗生素。对多数细菌甚至包括衣原体、支原体等病原体有效的药物称为广谱抗生素，如四环素、氯霉素。抗菌谱是抗生素临床选药的基础。

3. 抗菌活性（antibacterial activity） 系指药物抑制或杀灭病原微生物的能力。抗菌活性反映药物的抗菌能力大小，用最低抑菌浓度（MIC）和最低杀菌浓度（MBC）两种指标来衡量，MIC、MBC值越小，药物抗菌能力越强。

（1）最低抑菌浓度（minimal inhibitory concentration，MIC） 系指药物能够抑制培养基内细菌生长的最低浓度。

（2）最低杀菌浓度（minimal bactericidal concentration，MBC） 系指药物能够杀灭培养基内细菌的最低浓度。

4. 抑菌药（bacteriostatic） 系指仅能抑制微生物的生长繁殖，而不能杀灭的药物，如红霉素、林可霉素、四环素类和氯霉素。

5. 杀菌药（bactericide） 系指不仅能抑制微生物的生长繁殖，而且能将之杀灭的药物，如青霉素类和氨基糖苷类。

6. 化疗指数（chemotherapeutic index） 系指动物实验中半数致死量与半数有效量的比值（LD_{50}/ED_{50}），是化疗药物安全性评价的重要参数。一般来讲，化疗指数越大，安全性越大，有时化疗指数不能作为安全性评价的唯一依据，如尽管青霉素的化疗指数很大，但可引起过敏性休克甚至死亡。

7. 抗生素后效应（postantibiotic，PAE） 系指细菌与抗生素短暂接触，当抗生素低于最低抑菌浓度或被消除之后，细菌生长仍受到持续抑制的效应。目前发现，几乎所有的抗生素都有后效应，这对于合理制订抗生素的给药方案具有重要意义。

二、抗生素的作用机制

抗生素主要通过干扰病原微生物的代谢过程产生抗菌作用。

1. 抑制细菌胞壁合成 青霉素类、头孢菌素类、万古霉素等抗生素通过抑制转肽酶的功能，干扰病原菌细胞壁基础成分——黏多肽的合成，造成新生细菌胞壁缺损，使等渗环境中的水分不断渗入具有很高渗透压的菌体内，加上自溶酶的作用，造成菌体肿胀、破裂、溶解而死亡。

2. 影响胞浆膜的通透性 多黏菌素能选择性地与病原菌胞浆膜中的磷脂或固醇类物质结合，使胞浆膜通透性增加，导致菌体内蛋白质、核苷酸、氨基酸等重要营养成分外漏，造成病原菌死亡。

3. 抑制蛋白质合成 氨基糖苷类、四环素类、大环内酯类等抗生素均作用于病原菌的核糖体，有效地抑制菌体蛋白质合成的不同环节而呈现抑菌或杀菌作用。

三、细菌的耐药性

耐药性（resistance）又称抗药性，指抗生素类药物在长期和反复应用过程中，病原体与药物反复接触后，对该药的敏感性降低甚至消失，使抗生素类药的治疗效果降低，甚至无效。耐药性可分为天然耐药性（又称固有耐药性）和获得耐药性两种。天然耐药性是由细菌染色体基因所决定，如某些铜绿假单胞菌对多种抗菌药不敏感；获得耐药性就是通常所指的耐药性。有些细菌对某种药物产生耐药性后，对同类其他药物也具有耐药性，称为交叉耐药性。

 知识拓展

细菌耐药性的产生

由于细菌产生了耐药性，使得一代又一代的新型抗生素不断出现，去对抗越来越强大的细菌。但同时人们也开始重新审视这些微不足道的微生物，过度使用抗生素不仅没有消灭细菌，反而加快耐药细菌的产生，更可怕的结果是超级细菌产生，让目前最厉害的抗生素都面临治疗失败。科学合理地使用抗生素，避免过度用药带来的不良后果，防止耐药菌的不断恶化加剧，才能更好地为人民群众健康用药提供保障。

耐药性产生机制包括以下几个方面。

1. 产生灭活酶 灭活酶是由细菌产生的改变药物结构的酶，分为水解酶和钝化酶（称合成酶）两类。水解酶，如金黄色葡萄球菌产生的 β-内酰胺酶，可水解青霉素类和头孢菌素类；钝化酶，如革兰阴性杆菌产生的氨基糖苷类钝化酶（包括乙酰转移酶、磷酸转移酶和核苷转移酶），能催化乙酰基、磷酰基与氨基糖苷类抗生素结构上的—OH 或—NH_2结合，使该类抗生素钝化，不易与细菌体内的核糖体结合，从而产生耐药性。

2. 降低细菌胞浆膜通透性 使革兰阴性菌细胞膜发生变化，膜孔蛋白数量减少或孔径减小，导致细菌对药物的通透性降低；或者通过增强主动流出系统，把已进入菌体的药物泵出菌体外，如金黄色葡萄球菌对大环内酯类耐药。

3. 改变细菌体内靶位结构 细菌通过改变靶蛋白结构，降低与抗菌药的亲和力而导致耐药。如链霉素耐药菌株，当位于其核糖体 30s 亚基上的链霉素受体 P10 蛋白发生构型改变时，使链霉素不能与其结合而耐药。

4. 细菌改变自身代谢途径 通过改变自身代谢途径而改变对营养物质的需要，如可通过产生抗菌药的拮抗物而呈现耐药。

 即学即练 5-1

细菌耐药性有哪几种表现？

答案解析

四、抗生素类药物合理应用

抗生素类药物合理应用是指在全面了解患者、病原菌和抗生素类药物三者基本情况与相互联系的基础上，安全有效地应用抗生素类药物，使患者冒最小的用药风险，获得最大的治疗效益。强调安全有效是合理应用抗生素类药物的基本原则。

1. 尽早明确病原诊断 要合理选用抗生素类药物，首先必须确定病原，然后进行细菌的药物敏感度实验，必要时还需测定联合药敏试验，供临床选药参考。对不明原因的发热或病毒性感染，不要滥用抗生素类药物。

2. 熟悉所用药物特性　要熟悉所选药物的抗菌作用、药动学适应证、不良反应及药物价格，最大限度地确保患者对所用药物的依从性。

3. 根据患者的情况选用药物　应依据患者的性别、年龄、病理、生理状态及免疫功能等不同情况，制定用药方案。对妊娠及哺乳期妇女要考虑特特殊的生理状态，严格控制致畸药物和影响乳儿生长药物的应用；对婴儿和老人要考虑肝、肾功能尚未发育成熟或已经减退，常造成血药浓度增高和半衰期延长的影响；要减少或避免使用对肝肾有毒害作用的药物。对兼有衰竭性疾病营养不良或免疫功能低下的患者，应选用速效的杀菌药物。

4. 避免局部用药　皮肤、黏膜局部用药易致过敏反应，更易致耐药菌产生。

5. 严格控制预防用药　目前抗生素类药物的预防性滥用，如应用于昏迷、休克、感冒或无菌手术的患者，不仅不能获得预防感染的预期效果，甚至可能导致耐药菌发生或其他不良后果。预防用药应具有明确指征，如用于烧伤患者以预防败血症等。

6. 联合用药需有明确指征　临床联合用药的指征包括：单一药物不易控制的混合感染；病因未明的严重感染；长期用药细菌可能产生耐药性的慢性感染；减少不良反应和增强疗效的协同作用。

7. 制订适宜用药方案　按药动学参数制订用药方案，使给药途径、剂量疗程与病情相适应。

8. 注意菌群交替症　应用抗生素类药物治疗时，尤其是使用广谱抗生素时，患者消化道、呼吸道泌尿生殖系统会发生菌群生态失衡，此时抗菌药抑制或杀灭了敏感菌，而耐药菌却趁机生长繁殖，导致另一种致病菌的感染，通常称为二重感染，给治疗带来困难。为此，应采用对敏感菌最有选择性的药物，疗程应适宜。

 实例分析 5-1

案例　患者，女，50岁，诊断为尿路感染、急性肠炎，医生给予头孢羟氨苄胶囊和蒙脱石散治疗，患者连续服用3天，疗效不明显。

问题　请分析疗效不明显的原因是什么？

答案解析

第二节　典型药物

一、β-内酰胺类抗生素 微课 |

β-内酰胺类抗生素是一类化学结构中含有β-内酰胺环的抗生素。此类抗生素抗菌活性强、毒性低、抗菌范围广、临床应用广泛。包括青霉素类、头孢菌素类及新型β-内酰胺类。

（一）青霉素类

1. 青霉素 G（penicilin G）

（1）药动学性质　口服无效，易被胃酸破坏。肌内注射吸收迅速且完全，0.5～1.0小时达到最高血药浓度，主要分布于细胞外液，在肝、胆、肾、肠道、精液、关节液及淋巴液中有大量分布，不通过血-脑脊液屏障，但脑膜炎时易进入，可达有效浓度。青霉素G几乎全部以原型迅速经肾排泄，10%经肾小球滤过，90%经肾小管分泌。无尿患者可延长其体内作用时间。

知识链接

青霉素的发现

1928 年，英国微生物学家弗莱明意外发现青霉菌可抑制葡萄球菌生长。这个偶然发现深深吸引了他，他通过实验证实，青霉菌可以在几小时内将葡萄球菌全部杀死。遗憾的是，弗莱明一直未能找到提取高纯度青霉素的方法，于是他将青霉菌菌株代代培养，并于 1939 年将菌种提供给准备系统研究青霉素的英国病理学家弗洛里和生物化学家钱恩。钱恩负责青霉菌的培养和青霉素的分离、提纯和强化，使其抗菌力提高了几千倍，弗洛里负责进行动物实验。至此，青霉素的抗菌效果得到了证明。青霉素的发现和生产，拯救了千百万肺炎、脑膜炎、败血症患者的生命。为了表彰这一造福人类的贡献，弗莱明、钱恩、弗洛里于 1945 年共同获得了诺贝尔生理学或医学奖。

（2）抗菌谱　青霉素 G 抗菌作用强，抗菌谱较窄，对下列细菌有高度抗菌活性：①大多数革兰阳性球菌，如肺炎链球菌、溶血性链球菌、草绿色链球菌、葡萄球菌等；②革兰阳性杆菌，如白喉棒状杆菌、炭疽杆菌、破伤风梭菌、产气荚膜梭菌、乳酸杆菌等；③革兰阴性球菌，如脑膜炎奈瑟菌、淋病奈瑟菌等；④少数革兰阴性杆菌，如流感杆菌、百日咳杆菌等；⑤螺旋体，如梅毒螺旋体、钩端螺旋体、回归热螺旋体、放线菌等。对大多数革兰阴性杆菌作用较弱，对肠球菌不敏感，对真菌、原虫、立克次体、病毒等无作用。

（3）临床应用　青霉素 G 由于高效、低毒、价廉，仍为治疗敏感菌所致感染的首选药。临床主要用于下列感染。①革兰阳性球菌感染：肺炎链球菌感染，如大叶性肺炎、脓胸、支气管肺炎等；溶血性链球菌引起的感染，如咽炎、扁桃体炎、心内膜炎、丹毒、猩红热、疏松结缔组织炎等；草绿色链球菌引起的心内膜炎；葡萄球菌感染，如痈、疖脓肿、败血症等。②革兰阴性球菌感染：淋病奈瑟菌感染引起的淋病；脑膜炎奈瑟菌引起的流行性脑脊髓膜炎。③革兰阳性杆菌感染：如白喉、气性坏疽、破伤风等。但因青霉素 G 对细菌产生的外毒素无效，故必须加用抗毒素血清。④其他：如放线菌病、钩端螺旋体病、梅毒、回归热的治疗。

（4）不良反应　青霉素不良反应少，主要是过敏反应，也是青霉素类最常见的不良反应。可出现荨麻疹、药热和血清病样反应，发生率为 1%～10%，停药后可消失。严重者出现过敏性休克，发生率占用药人数的（0.5～1.0）/万。呼吸道阻塞症状，如胸闷、呼吸窘迫、喉头阻塞等，由喉头水肿、肺水肿、支气管痉挛引起；循环衰竭症状，如血压下降、脉搏微弱、心悸、畏寒等，由微血管扩张引起；中枢神经系统症状，如抽搐、昏迷、意识丧失、大小便失禁等，由脑组织缺氧、缺血所致，抢救不及时导致死亡。

可采取以下预防措施：①详细询问过敏史，对青霉素过敏者禁用；②初次使用、用药间隔 3 天以上或换批号者必须做皮肤过敏试验，反应阳性者禁用；③青霉素水溶液不稳定，易降解而增强抗原性，故使用时应新鲜配制；④避免在饥饿时用药，避免局部用药；⑤使用青霉素前及过敏试验时都应备好急救药品（如肾上腺素、糖皮质激素、抗组胺药、呼吸兴奋药等），不在没有急救药物和抢救设备的条件下使用；⑥患者每次用药后需观察 30 分钟，无反应者方可离去。一旦发生过敏性休克，应立即注射 0.1% 肾上腺素 0.5～1.0mg，严重者应稀释后缓慢静脉注射或滴注，必要时加入氢化可的松等糖皮质激素药物、抗组胺药，同时用其他急救措施，如呼吸困难者给予氧气吸入或做气管切开。

青霉素 G 在治疗不同疾病或者不同给药途径时，还可能出现以下特殊反应。①赫氏反应：应用青霉素 G 治疗梅毒、钩端螺旋体病或炭疽等感染时，可有症状加剧现象，表现为全身不适、寒战、发热、咽痛、肌痛、心率加快等症状，这可能与病原体释放的热原有关。②青霉素脑病：青霉素 G 鞘内注射或剂量过大或静脉给药过快时可对大脑皮质产生直接刺激作用，引起神经刺激症状，出现肌肉痉挛、抽搐、昏迷，偶可致精神失常。③肌内注射青霉素 G 可产生局部疼痛、红肿或硬结。④大剂量青霉素钾盐或钠盐静脉滴注，可引起明显的水、电解质紊乱，特别是在肾功能下降的患者可引起高钾血症或高钠血症，甚至引起心脏功能抑制。

2. 其他青霉素类药物

（1）氨苄西林（ampicillin） 又名氨苄青霉素，耐酸，达峰时间为 0.5～1.0 小时。体内分布广尤以肝肾浓度最高，在胆汁中的浓度为平均血药浓度的 9 倍。80% 以原型从肾脏排出。对革兰阳性菌以及螺旋体作用不及青霉素，但对肠球菌敏感；对革兰阴性杆菌有较强的抗菌作用，但对铜绿假单胞菌无效。用于治疗敏感菌所致的呼吸道感染、尿路感染、消化道感染、胆道感染、软组织感染、脑膜炎、败血症、心内膜炎以及伤寒、副伤寒等。严重感染应与氨基糖苷类抗生素合用。与青霉素 G 有交叉过敏反应，尚可引起胃肠反应、二重感染等。

（2）阿莫西林（amoxicillin） 又名羟氨苄青霉素，口服迅速吸收，生物利用度大于 90%，抗菌谱、抗菌活性及临床应用与氨苄西林相似，但对肺炎链球菌、肠球菌、沙门菌属、幽门螺杆菌的杀菌作用比氨苄西林强。不良反应以恶心、呕吐、腹泻等消化道反应和皮疹为主。少数患者的血清转氨酶升高，偶有嗜酸性粒细胞增多、白细胞降低和二重感染。对青霉素 G 过敏者禁用。

即学即练 5 - 2

阿莫西林与青霉素 G 相比，有哪些特点？

答案解析

（3）羧苄西林（carbenicillin） 又名羧苄青霉素，不耐酸，仅能注射给药；不耐酶，对耐药的金黄色葡萄球菌无效，常用于治疗烧伤继发铜绿假单胞菌感染，也可用于治疗铜绿假单胞菌、大肠埃希菌、变形杆菌引起的其他部位的感染。需与庆大霉素联合应用，有协同作用，但不能相互配伍，以免降低药效。与青霉素 G 有交叉过敏反应，大剂量注射时应注意防止电解质质紊乱、神经系统毒性及出血。

（二）头孢菌素类

1. 作用特点及分类 头孢菌素类抗生素具有抗菌谱广、杀菌力强、对 β - 内酰胺酶较稳定以及过敏反应少等特点。根据头孢菌素的抗菌谱、抗菌强度、对 β - 内酰胺酶的稳定性及对肾脏毒性可分为四代（表 5 - 1）。

表 5 - 1　头孢菌素类抗生素分类及代表药物

分类	代表药物
第一代	头孢噻吩（先锋霉素 I）、头孢氨苄（先锋霉素 IV）、头孢唑林（先锋霉素 V）、头孢拉定（先锋霉素 VI）等
第二代	头孢呋辛、头孢孟多、头孢呋辛酯、头孢克洛等
第三代	头孢噻肟、头孢唑肟、头孢曲松、头孢哌酮等
第四代	头孢匹罗、头孢吡肟、头孢利定等

头孢菌素类抗生素分布广，在滑囊液、心包积液中均可获得较高浓度。第三代头孢菌素多能分布至前列腺、房水和胆汁中，并可透过血 - 脑脊液屏障，在脑脊液中达到有效浓度。头孢菌素类一般经肾排

泄，凡能影响青霉素排泄的药物同样能影响头孢菌素类的排泄。

2. 抗菌谱 对革兰阳性菌抗菌作用是第一代＞第二代＞第三代；对革兰阴性菌抗菌作用是第一代＜第二代＜第三代＜第四代；第三代头孢菌素对铜绿假单胞菌及厌氧菌有较强的抗菌作用；第四代头孢菌素对革兰阳性菌、革兰阴性菌均有高效抗菌作用，对 β-内酰胺酶高度稳定。

3. 临床应用 第一代头孢菌素主要用于敏感菌所致呼吸道和尿路感染、皮肤及软组织感染；第二代可用于治疗敏感菌所致肺炎、胆道感染、菌血症、尿路感染和其他组织器官感染等；第三代可用于危及生命的败血症、脑膜炎、肺炎、骨髓炎及尿路严重感染的治疗，能有效控制严重的铜绿假单胞菌感染；第四代可用于治疗对第三代头孢菌素耐药的细菌感染。

4. 不良反应 头孢菌素类药物不良反应较少。过敏反应多为皮疹、荨麻疹等，过敏性休克罕见，但与青霉素类有交叉过敏现象，青霉素过敏者有 5%～10% 对头孢菌素类发生过敏。肾脏毒性第一代头孢菌素大剂量使用时可损害近曲小管，而出现肾脏毒性，肾功能不全者禁用。口服给药可发生胃肠反应，静脉给药可发生静脉炎，偶可致二重感染。

(三) 新型 β-内酰胺类

1. 碳青霉烯类和单环 β-内酰胺类

(1) 亚胺培南 碳青霉烯类抗生素抗菌谱极广，对革兰阴性杆菌、革兰阳性球菌及厌氧菌，包括对其他抗生素耐药的铜绿假单胞菌、金黄色葡萄球菌、粪链球菌、脆弱拟杆菌均有极强的抗菌活力，对多数耐药菌的活性超过第三代头孢菌素。对各种 β-内酰胺酶高度稳定。亚胺培南与西司他丁合用的制剂称为泰能。

(2) 氨曲南 单环 β-内酰胺类抗生素，对革兰阴性菌有强大的抗菌作用，对革兰阳性菌、厌氧菌作用弱；耐酶，低毒，与青霉素无交叉过敏反应；该药分布广，临床用于革兰阴性杆菌和铜绿假单胞菌等所致的下呼吸道、尿路、软组织感染及脑膜炎、败血症的治疗。不良反应少而轻。

2. β-内酰胺酶抑制剂

(1) 克拉维酸 又名棒酸，抗菌谱广、活性低、毒性低，与多种 β-内酰胺类抗生素合用可增强物菌作用。与阿莫西林合用的口服制剂称为奥格门汀。

(2) 舒巴坦 又名青霉烷砜，抗菌作用略强于克拉维酸。与氨苄西林的合用的注射剂为优立新，与头孢哌酮合用的注射剂称为舒普深，与头孢噻肟合用的注射剂称为新治菌。

二、大环内酯类抗生素

大环内酯类包括红霉素 (erythromycin)、罗红霉素 (roxithromycin)、克拉霉素 (clarithromycin)、阿奇霉素 (azithromycin)、麦迪霉素 (medecamycin)、乙酰螺旋霉素 (acetylspiramycin)。除克拉霉素和阿奇霉素外，其他大环内酯类抗生素抗菌作用均与红霉素相似。可选择性与细菌核糖体 50s 亚基结合，抑制细菌蛋白质合成。抗菌谱较窄，为抑菌剂；细菌核糖体为 70s，由 50s 和 30s 亚基构成，而哺乳动物核糖体为 80s，由 60s 和 40s 亚基构成，对哺乳动物核糖体几乎无影响。

(一) 红霉素

红霉素不耐酸，口服易被破坏，一般制成肠溶片或酯化物盐类使用。红霉素能广泛分脑脊液以外的各种体液和组织，主要在肝脏代谢，多数以活性形式随胆汁排泄，少数经肾脏排泄。

抗菌谱及临床应用：①红霉素对青霉素敏感的革兰阳性菌以及革兰阴性球菌作用强，疗效不如青霉素，但对耐出的金黄色葡萄球菌有效；②对革兰阴性杆菌，如流感杆菌、百日咳杆菌、布氏杆菌、军团菌等敏感；③对某些螺旋体、肺炎支原体、立克次体和螺杆菌也有抗菌作用。

胃肠反应不能耐受时应停药，少数患者可发生肝脏损害，表现为转氨酶升高、肝大、黄疸等，一般停药后数日可自行恢复。个别可有药疹、耳鸣、暂时性耳聋等。

（二）阿奇霉素

口服吸收快，生物利用度高于红霉素，分布广，大部分以原型经胆汁排泄，少部分经尿排泄。抗菌谱较红霉素广，抗菌活性与其相当，对革兰阴性菌的抗菌作用明显强于红霉素。用于各种敏感菌所致的呼吸道感染、生殖系统感染等的治疗。绝大多数患者均能耐受胃肠反应，偶见肝肾功能异常与轻度中性粒细胞减少症。

三、氨基糖苷类抗生素 微课2

氨基糖苷类抗生素主要包括链霉素、庆大霉素、卡那霉素、妥布霉素、大观霉素、新霉素、小诺米星、西索米星、阿司米星、奈替米星、卡那霉素B、阿米卡星等。

（一）氨基糖苷类抗生素的共性

1. 药动学性质 口服难吸收，多采用肌内注射，吸收迅速。血浆蛋白结合率在10%以下。氨基糖苷类抗生素穿透力很弱，主要分布于细胞外液，如胸、腹腔液及心包液，治疗胸膜炎；药物在肾皮质内蓄积，造成肾脏毒性；药物进入内耳外淋巴液，高浓度蓄积造成耳毒性；不能渗入细胞内，也不能透过血-脑脊液屏障，甚至脑膜炎时也难在脑脊液达到有效浓度。主要以原型经肾排泄，其排泄速率可随年龄的增加而逐渐减慢。

2. 抗菌谱 氨基糖苷类抗生素在碱性环境中抗菌作用增强。对各种需氧革兰阴性杆菌具有强大抗菌活性；对沙雷菌属、沙门菌属、产碱杆菌属、不动杆菌属和嗜血杆菌属也有一定抗菌作用；对金黄色葡萄球菌（包括耐青霉素菌株）敏感；铜绿假单胞菌对庆大霉素、阿米卡星、妥布霉素敏感，其中妥布霉素作用最强；结核杆菌对链霉素、卡那霉素、阿米卡星敏感；对革兰阴性球菌，如淋病奈瑟菌、脑膜炎奈瑟菌作用较差；对厌氧菌和链球菌无效。氨基糖苷类抗生素的抗菌机制主要是与核糖体的30s亚基结合，抑制细菌蛋白质合成，影响蛋白质合成全过程，同时破坏细菌胞浆膜的完整性，使其通透性增加，胞质内大量重要物质外漏，导致细菌死亡。所以氨基糖苷类抗生素为杀菌剂，对静止期细菌也有较强作用。

3. 耐药性产生机制 耐药性主要是病原菌可产生乙酰转移酶、磷酸转移酶和核苷转移酶等钝化酶，使氨基糖苷类抗生素失去抗菌活性。其次是通过改变细胞膜通透性或使细胞转运功能异常，阻止抗生素进入。此外，基因突变使菌株核糖体靶位蛋白改变，影响进入细胞内的抗生素与核糖体的结合。细菌在各药间存在部分或完全交叉耐药性。

4. 不良反应

（1）**肾毒性** 是由药物在肾皮质部蓄积及对肾近曲小管细胞高亲和性所致，临床可见蛋白尿、管型尿，肾小球滤过减少，严重者可致氮质血症及无尿等。一般是可逆的，连续用药较间歇给药发生率高。常用剂量肾毒性的大小顺序为庆大霉素和阿米卡星＞妥布霉素＞链霉素，奈替米星肾毒性很低。肾毒性易发生于老年、休克、脱水及原有肾病的患者，以及并用多黏菌素、两性霉素B、呋塞米等肾毒性药物的患者，并与用量、疗程密切相关。

（2）**耳毒性** 包括前庭神经和耳蜗神经损伤作用，但程度不一。前庭神经功能损伤表现为头昏、视力减退、眼球震颤、眩晕、恶心、呕吐和共济失调，其发生率依次为新霉素＞卡那霉素＞链霉素＞阿米卡星≥庆大霉素≥妥布霉素＞奈替米星。耳蜗神经功能损伤表现为耳鸣、听力减退和永久性耳聋，其发生率依次为新霉素＞卡那霉素＞阿米卡星＞西索米星＞庆大霉素＞奈替米星＞链霉素。孕妇用药可损害胎儿耳蜗功能，值得警惕。

（3）**神经－肌肉麻痹** 与药物使用的剂量和给药途径有关，大剂量或静脉滴注速度过快或与肌松药、全麻药合用时尤易发生，重症肌无力者可致呼吸停止。氨基糖苷类抗生素引起神经－肌肉阻断作用的机制是与突触前膜"钙结合部位"结合，而阻止乙酰胆碱的释放，阻断神经－肌肉接头处传递，可引起心肌抑制、血压下降、肢体瘫痪和呼吸衰竭。

（4）**其他不良反应** 可出现皮疹、发热、血管神经性水肿、口周发麻等常见过敏反应。接触性皮炎是局部应用新霉素最常见的反应。链霉素可引起过敏性休克，其发生率仅次于青霉素，防治措施同青霉素。

（二）**典型药物**

1. 链霉素 从链霉菌培养液中提取，临床常用其硫酸盐。为最早应用的氨基糖苷类抗生素，也是第一个用于治疗结核病的药物。通常与其他抗生素联合应用。作为治疗鼠疫和兔热病的首选药物；与四环素联合用治疗布氏杆菌感染；与青霉素合用治疗溶血性链球菌、草绿色链球菌及肠球菌等引起的心内膜炎。链霉素最易引起过敏反应，以皮疹、发热、血管神经性水肿较为多见。也可引起过敏性休克，通常于注射后10分钟内出现，死亡率较青霉素高。毒性反应与用药剂量大小和疗程长短有关。

2. 庆大霉素 从小单胞菌的培养液中提取，为目前临床最为常用的氨基糖苷类抗生素。临床用途包括：①治疗各种革兰阴性杆菌感染的首选药物，如败血症、骨髓炎、肺炎、腹腔感染等；②与羧苄西林合用治疗铜绿假单胞菌的感染，但不宜混合配伍，因可降低庆大霉素的疗效；③治疗病因不明的革兰阴性杆菌的混合感染，与半合成广谱青霉素或头孢菌素合用；④可用于术前预防和术后感染；⑤局部用于皮肤、黏膜表面感染和眼、耳、鼻部感染。

3. 阿米卡星 又名丁胺卡那霉素，为卡那霉素的半合成衍生物。阿米卡星是抗菌谱最广的氨基糖苷类抗生素，对革兰阴性杆菌和金黄色葡萄球面均有较强的抗菌活性，但作用较庆大霉素弱。对肠道革兰阴性杆菌和铜绿假单胞菌所产生的多种氨基糖苷类灭活酶稳定，故对一些氨基糖苷类耐药菌感染仍能有效控制，常作为首选药。当粒细胞缺乏或其他免疫缺陷患者合并严重的革兰阴性杆菌感染时，合用药比阿米卡星单独使用效果更好。不良反应中耳毒性强于庆大霉素，肾毒性低于庆大霉素。

四、四环素类抗生素

四环素可分为天然品和半合成品，天然品有四环素（tetracycline）、土霉素（oxytetracycline）。半合成品有多西环素（doxycycline）、美他环素（metacycline）和米诺环素（minocycline）。

（一）**四环素**

口服吸收不完全，食物可显著减少四环素吸收，应空腹给药；合用药物中的金属离子可与四环素络合而影响吸收；酸性药物如维生素C可促进四环素吸收；碱性药H_2受体阻断药或抗酸药降低药物的溶解度影响吸收。四环素在各组织中广泛分布，可进入胎儿血循环及乳汁中，可沉积在新形成的牙齿和骨骼中，可用于泌尿系统感染，碱化尿液增加药物排泄。

四环素属广谱抗生素。对革兰阳性菌的抑制作用强于阴性菌，但不如青霉素类和头孢菌素类；对革兰阴性菌的作用不如氨基糖苷类及氯霉素类；对伤寒杆菌、副伤寒杆菌、铜绿假单胞菌、结核分枝杆菌、真菌和病毒无效。与细菌核糖体30s亚基特异性结合，阻止蛋白质的合成，属抑菌药。尚可使细胞膜通透性改变，导致胞内核苷酸及其他重要成分外漏，抑制细菌DNA的复制。高浓度也具有杀菌作用。

对于支原体肺炎、立克次体感染（斑疹伤寒、恙虫病等），四环素类为首选药物；口服可引起恶心、呕吐、腹泻等症状，静脉滴注易引起静脉炎。较常见的二重感染有两种：真菌感染，由白假丝酵母菌引起的鹅口疮、肠炎，可用抗真菌药治疗；由难辨梭菌感染所致的假膜性肠炎，病情急剧，有死亡危险，一旦发现应立即停药，口服万古霉素、甲硝唑等治疗。对骨骼和牙齿生长的影响四环素类药物与新形成的骨骼和牙齿中沉积的钙离子结合，造成恒齿永久性棕色色素沉着（俗称牙齿黄染），牙釉质发育不全，还可抑制婴儿骨骼发育。长期大剂量使用可引起严重肝损害，也可加重原有的肾功能不全；偶见过敏反应。

（二）多西环素

口服吸收迅速且完全，不易受食物影响。大部分药物随胆汁进入肠腔排泄，少量药物经肾脏排泄，肾功能减退时粪便中药物的排泄增多，故肾衰竭时也可使用。由于显著的肝肠循环，属长效半合成四环素类，每日1次用药即可。抗菌谱与四环素相同，抗菌活性强，具有强效、速效、长效的特点。对土霉素或四环素耐药的金黄色葡萄球菌对本药仍敏感，但与其他同类药物有交叉耐药。

本药是四环素类药物中的首选药，特别适合肾外感染伴肾衰竭者以及胆道系统感染；也可用于酒糟鼻、痤疮、前列腺炎和呼吸道感染如慢性气管炎、肺炎。常见有胃肠反应和光敏反应。

五、其他抗生素

（一）林可霉素类抗生素

林可霉素类抗生素包括林可霉素（lincomycin）和克林霉素（clindamycin）。林可霉素口服吸收较克林霉素差，易受食物影响，可分布到全身各组织和体液中，尤其在骨组织中浓度很高；正常时不能透过血-脑脊液屏障，但炎症时可在脑组织中达到有效治疗浓度；乳汁中的浓度与血药浓度相当。主要在肝脏代谢，经胆汁排泄，少部分经肾脏排泄。

两药的抗菌谱与红霉素类似，主要特点是对各类厌氧菌和革兰阳性球菌有强大抗菌作用，对革兰阳性杆菌有显著活性，对革兰阴性菌不敏感。作用机制与大环内酯类相同。大多数细菌对林可霉素和克林霉素存在完全交叉耐药性，与大环内酯类存在交叉耐药性，耐药机制相同。

临床上主要用于厌氧菌引起的口腔、腹腔和妇科感染，治疗革兰阳性球菌引起的呼吸道、骨及软组织、胆道感染及败血症、心内膜炎等。对金黄色葡萄球菌引起的骨髓炎为首选药。

胃肠道不良反应表现为恶心、呕吐、腹泻，口服或肌内注射给药均可出现。假膜性肠炎与难辨梭状芽孢杆菌大量繁殖产生的外毒素有关，可用万古霉素和甲硝唑治疗。偶见皮疹、药热、中性粒细胞减少、血小板减少和肝功能异常。

（二）去甲万古霉素

去甲万古霉素属于多肽类抗生素，是对甲氧西林耐药金黄色葡萄球菌（MRSA）有效的抗生素。抗菌谱窄，主要通过阻碍细胞壁合成，对革兰阳性菌呈现强大的杀菌作用，对耐青霉素的金葡菌尤为显著。一般不易产生耐药性，并与其他抗生素无交叉耐药。静脉滴注用于金黄色葡萄球菌（包括耐甲氧西林和多重耐药菌株）引起的严重感染、其他抗菌药无效的厌氧菌感染、其他抗生素耐药或对青霉素过敏而不能用青霉素或头孢菌素类的严重感染。口服不吸收，仅用于金葡菌或肠球菌引起的肠炎，尤其可有效治疗抗生素引起的假膜性肠炎。

大剂量应用时，肾功能不全和老年人易发生耳、肾毒性；偶可致过敏反应；对血管有刺激性，滴注药液浓度不宜过高，速度不宜过快。听力减退或耳聋、肾功能不全者禁用。

（三）多黏菌素 E

多黏菌素 E 为多肽类抗生素，口服不易吸收，常用肌内注射。因遇血清可损失 50% 活性，实际血药浓度很低。在儿童体内血药浓度较高。不易进入胸腔、腹腔、关节腔，即使脑膜炎症时也不易透入脑脊液中。药物经肾缓慢排出。

多黏菌素 E 能与革兰阴性菌细胞膜的磷脂相结合，使细菌细胞膜通透性增加，胞内营养物外漏而呈现出杀菌作用。临床主要用于对其他抗生素耐药而难以控制，但仍对本药敏感的铜绿假单胞菌感染。口服用于治疗肠炎和肠道手术前准备，局部用于敏感铜绿假单胞菌所致皮肤、黏膜感染及烧伤感染。

对肾及神经系统的毒性较大，因此，肾有病变的患者，宜减量使用或间歇用药；静脉注射或快速静滴时可因神经－肌肉阻滞而导致呼吸抑制。

（四）氯霉素

氯霉素脂溶性强，口服吸收好，分布于各组织与体液中，90% 在肝脏代谢，10% 以原型药物由尿中排泄，在泌尿系统达到有效抗菌浓度治疗泌尿系感染。

对革兰阳性、阴性菌均有抑制作用，对革兰阴性菌作用强。对伤寒和副伤寒杆菌、流感嗜血杆菌、脑膜炎奈瑟菌、肺炎链球菌作用强。氯霉素为抑菌药，与细菌核糖体 50s 亚基结合，阻碍蛋白质合成。耐药性产生较慢。由于氯霉素可对造血系统产生严重的毒性反应，一般不作为首选药物。临床用于治疗伤寒和副伤寒、无法使用青霉素类药物的脑膜炎患者以及多药耐药的流感嗜血杆菌感染患者。

氯霉素最严重的毒性反应是抑制骨髓造血功能。可逆性血细胞减少较为常见，发生率和严重程度与剂量、疗程有关，表现为贫血、白细胞减少症或血小板减少症，及时停药可以恢复。再生障碍性贫血发病率与剂量、疗程无关，发生率为 1/30000，但病死率很高。早产儿和新生儿肝药酶缺乏，肾排泄功能不完善所致。表现为循环衰竭呼吸困难、进行性血压下降、皮肤苍白和发绀，称"灰婴综合征"。一般发生于治疗的第 2~9 天症状出现，2 天内病死率高达 40%。口服用药时可能出现恶心、呕吐、腹泻等症状，少数出现皮疹药热、血管神经性水肿等过敏反应。神经系统反应包括视神经炎、视力障碍、神经性耳聋等。此外，还可能引起二重感染。

答案解析

一、选择题

A 型题

1. 关于青霉素类的描述哪项是正确的（   ）

  A. 青霉素类的抗菌谱相同　　　　　　　　B. 各种青霉素类药物均可口服

C. 广谱青霉素完全可以取代青霉素 G   D. 青霉素只对繁殖期细菌有杀灭作用

E. 青霉素对繁殖期和静止期均有杀菌作用

2. 下列哪项不是氨基糖苷类抗生素的共同特点 （　　　）

     A. 由氨基糖分子和非糖部分的苷元结合而成   B. 水溶性好、性质稳定

     C. 对革兰阳性菌具有高度抗菌活性   D. 对革兰阴性需氧杆菌具有高度抗菌活性

     E. 与核蛋白体30s亚基结合，是抑制蛋白质合成的杀菌剂

3. 林可霉素类可能发生的最严重的不良反应是 （　　　）

     A. 过敏性休克   B. 肾功能损害   C. 永久性耳聋

     D. 胆汁淤积性黄疸   E. 假膜性肠炎

X 型题

4. 下列属于大环内酯类药物的是 （　　　）

     A. 红霉素   B. 林可霉素   C. 克拉霉素

     D. 阿奇霉素   E. 罗红霉素

5. 四环素的抗菌谱中包括 （　　　）

     A. 真菌   B. 金黄色葡萄球菌   C. 大肠埃希菌

     D. 立克次体   E. 支原体

6. 氨基糖苷类抗生素产生耐药性主要是由于 （　　　）

     A. 细菌产生修饰氨基糖苷类的钝化酶   B. 细菌细胞膜通透性的改变

     C. 药物作用靶位的修饰   D. 细菌产生了大量 PABA（对氨苯甲酸）

     E. 细菌代谢途径的改变

二、简答题

1. 简述氨基糖苷类抗生素的共同特点。

2. 简述广谱抗生素引起二重感染的原因及表现。

书网融合……

知识回顾   微课1   微课2   习题

（李　超）

第六章　氨基酸、多肽和蛋白质类药物

学习引导

　　氨基酸、多肽和蛋白质是人体内的重要组成成分及具有重要生物活性的物质。氨基酸是治疗蛋白质代谢紊乱、蛋白质缺损所引起的一系列疾病的重要生化药物，同时也是具有高度营养价值的蛋白质补充剂，有着广泛的生化和临床功效。多肽和蛋白质是生物体内广泛存在的生化物质，具有多种生理功能，是一大类非常重要的生化药物。随着生物技术和基因工程技术的日新月异，多肽和蛋白质类药物的应用日渐广泛。

　　基于多肽和蛋白质药物在人类疾病防治过程中的重要作用，本章主要介绍该类药物的基本概念和常见种类的应用等生产知识，旨在让学习者掌握药物的性质和临床应用。

📖 学习目标

思政素养目标

通过胰岛素发现的案例，让学生感受到科学家为人类健康做出的贡献，树立对医药卫生事业的职业认同感和爱岗敬业的职业精神。

知识目标

1. **掌握**　氨基酸、多肽、蛋白质的基本性质；常见氨基酸、多肽和蛋白质类药物的种类、临床应用、剂型、特点。

2. **熟悉**　各类氨基酸、多肽和蛋白质类药物的发展历史和前景。

3. **了解**　常见氨基酸、多肽和蛋白质类药物的质量标准。

技能目标

能尝试阐述常见类型药物的应用范围和临床使用方法。

第一节　概　述 🅔微课

一、概念及组成

(一) 氨基酸

　　氨基酸是指含有氨基的羧酸，通常由 5 种元素组成，即碳、氢、氧、氮、硫。在自然界中，已经发现的氨基酸种类非常多，但其中常见的组成蛋白质的氨基酸只有 20 种，除甘氨酸外均为 L-α-氨基

酸，其中脯氨酸是一种 L－α－亚氨基酸。

甲硫氨酸、缬氨酸、赖氨酸、异亮氨酸、苯丙氨酸、亮氨酸、色氨酸、苏氨酸人体不能合成或合成速度不足以满足人体需要，必须由体外补充，称为必需氨基酸。另外，精氨酸和组氨酸人体虽能合成，但通常不能满足正常需要，或疾病时也需额外供给，因此，又被称为半必需氨基酸或条件必需氨基酸。婴幼儿生长期精氨酸和组氨酸是必需氨基酸。人体对必需氨基酸的需要量随着年龄的增加而下降，成人比婴儿显著下降。

（二）多肽及蛋白质

多肽是 α－氨基酸以肽键连接在一起而形成的化合物，也是蛋白质水解的中间产物。由两个氨基酸分子脱水缩合而成的化合物叫作二肽，同理类推还有三肽、四肽、五肽等，一直到九肽。通常由 10～100 个氨基酸分子脱水缩合而成的化合物叫多肽；也有文献把由 2～10 个氨基酸组成的肽称为寡肽（小分子肽），10～50 个氨基酸组成的肽称为多肽，由 50 个以上的氨基酸组成的肽就称为蛋白质。通常来说蛋白质具有更复杂的空间结构，蛋白质由一条或两条以上多肽组成的大分子，其结构分为一级、二级、三级、四级。而多肽只能是一条肽链，通常也就是二级结构。习惯上将胰岛素（51 个氨基酸组成，分子量 5733）视为多肽和蛋白质的界限。

目前生物医学在人体中已发现了 1000 多种具有活性的多肽，仅脑中就存在近 40 种，它们在生物体内的浓度很低，但生理活性很强，在神经、内分泌、生殖、消化、运动等系统中发挥着不可或缺的生理调节作用。人们比较熟悉的有谷胱甘肽（3 肽）、催产素（9 肽）、加压素（9 肽）、脑啡肽（5 肽）、β－内啡肽（31 肽）、P 物质（10 肽）等。

蛋白质的相对分子质量非常大，但是在酸、碱或酶的作用下可以被逐渐降解，最终生成 α－氨基酸，因此 α－氨基酸是多肽和蛋白质分子组成的基本单位。蛋白质是一切生命的物质基础，是生物体的重要组成成分之一。无论是病毒、细菌、寄生虫等简单的低等生物，还是植物、动物等复杂的高等生物，均含有蛋白质。蛋白质占人体重量的 16%～20%，约达人体固体总量的 45%，肌肉、血液、毛发、韧带和内脏等都以蛋白质为主要成分的形式存在。细菌中的蛋白质含量一般为 50%～80%，病毒除少量核酸外几乎都由蛋白质组成。这些不同种类的蛋白质，具有独特的生物学功能，几乎参与了所有的生命现象和生理过程，可以说一切生命现象都是蛋白质功能的体现。

不同来源的蛋白质其分子大小可能不同，但是其元素组成、数量却大致相似。除了含有碳、氢、氧、氮元素外，大部分还含有硫。有些蛋白质还含有其他元素，特别是磷、铁、锌及铜。多数蛋白质含氮量相对固定，约为 16%，这是蛋白质的一个重要特点。因为氮元素容易通过凯氏定氮法进行测定，故蛋白质的含量可以由氮的含量乘以 6.25（100/16）计算得到。

即学即练 6－1

假设测得某蛋白质的含氮量为 0.67%，则该蛋白质的含量为多少？

答案解析

二、作用

（一）氨基酸

1. 合成蛋白质　蛋白质在胃肠道经多种消化酶作用，分解为低分子的多肽或氨基酸后，在小肠内被吸收，沿肝门静脉进入肝脏。一部分氨基酸在肝脏内进行分解或合成蛋白质；另一部分氨基酸继续伴随血液分布到各个组织器官，合成各种特异性的组织蛋白。在正常情况下，氨基酸进入血液速度与其输出速度几乎相等，正常人血液中动态氨基酸含量相当恒定。

2. 氮平衡作用　每日膳食中蛋白质的质和量适宜时，摄入的氮量与由粪、尿和皮肤排出的氮量相等，称之为氮总平衡，实际上是蛋白质和氨基酸之间不断合成与分解的平衡。

3. 转变为糖或脂肪　氨基酸分解代谢后的 α-酮酸，可以再次合成氨基酸、转化为糖或脂肪，或者进入三羧酸循环彻底氧化分解。

4. 参与酶、激素及部分维生素的组成　酶的本质是蛋白质（氨基酸构成），如淀粉酶、胃蛋白酶、胆碱酯酶、碳酸酐酶、转氨酶等。含氮激素的成分是蛋白质或其衍生物，如生长激素、促甲状腺激素、肾上腺素、胰岛素、促肠液激素等。有的维生素是由氨基酸转变或与蛋白质结合存在。

（二）多肽及蛋白质

1. 生物催化作用　作为生命体新陈代谢的催化剂——酶，是被认识最早和研究最多的一大类蛋白质，它的特点是催化生物体内的几乎所有的化学反应。生物催化作用是蛋白质最重要的生物功能之一。正是这些酶类决定了生物的代谢类型，从而才有可能表现出不同的各种生命现象。

2. 结构功能　第二大类蛋白质是结构蛋白，它们构成动、植物体的组织和细胞。在高等动物中，纤维状胶原蛋白是结缔组织及骨骼的结构蛋白，α-角蛋白是组成毛发、羽毛、角质、皮肤的结构蛋白。丝心蛋白是蚕丝纤维和蜘蛛网的主要组成成分。膜蛋白是细胞各种生物膜的重要成分，它与带极性的脂类组成膜结构。

3. 运动收缩功能　另一类蛋白质在生物的运动和收缩系统中执行重要功能。肌动蛋白和肌球蛋白是肌肉收缩系统的两种主要成分。细菌的鞭毛或纤毛蛋白同样可以驱动细胞做相应的运动。

4. 运输功能　有些蛋白质具有运输功能，属于运载蛋白，它们能够结合并且运输特殊的分子。如脊椎动物红细胞中的血红蛋白和无脊椎动物的血蓝蛋白起运输氧的功能，血液中的血清蛋白运输脂肪酸，β-脂蛋白运输脂类。许多营养物质（如葡萄糖、氨基酸等）的跨膜输送需要载体蛋白的协助，细胞色素类蛋白在线粒体和叶绿体中担负传递电子的功能。

5. 代谢调节功能　执行该功能的主要是激素类蛋白质，如胰岛素可以调节糖代谢。细胞对许多激素信号的响应通常由 GTP 结合蛋白（G 蛋白）介导。

6. 保护防御功能　细胞因子、补体和抗体等是参与机体免疫防御和免疫保护最为直接和最为有效的功能分子，其化学本质大都为蛋白质，免疫细胞因子、补体和抗体等目前也已用于免疫性疾病和一些非免疫性疾病的预防和治疗。

7. 其他功能　在动、植物中有些蛋白质主要是作为营养贮藏物，如植物种子中的谷蛋白、动物的卵清蛋白及牛奶中的酪蛋白等。还有一些蛋白质具有特殊的功能，如一种非洲植物中产生的蛋白质具有浓郁的甜味，称为应乐果甜蛋白；一些南极鱼类的血浆中含有抗冻蛋白，可以防止血液在极低温度下冻结。

第二节　氨基酸

一、概述

（一）氨基酸的结构

氨基酸是组成蛋白质的基本单位。按照氨基酸中氨基与羧基的位置，可将氨基酸分为 α、β、γ、

δ-氨基酸。参与蛋白质合成的二十多种氨基酸都是α-氨基酸（脯氨酸除外），其相邻的α碳原子上连接着氨基，因此称为α-氨基酸，其结构通式为见图6-1。

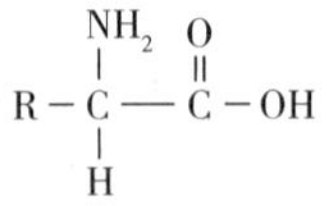

$$
\begin{array}{c}
\overset{\displaystyle NH_2}{\underset{\displaystyle H}{R-\overset{|}{\underset{|}{C}}}}-\overset{\displaystyle O}{\overset{\|}{C}}-OH
\end{array}
$$

R为脂肪烃基或其他基团残基

图6-1　氨基酸的结构通式

（二）氨基酸的分类

α-氨基酸（包括脯氨酸）按照组成蛋白质侧链R基团的性质不同可分为以下四类。

1. 非极性R基氨基酸　丙氨酸、亮氨酸、异亮氨酸、缬氨酸、脯氨酸、苯丙氨酸、色氨酸、甲硫氨酸等八种，其在水中溶解度比极性R基氨基酸小。

2. 不带电荷的极性R基氨基酸　甘氨酸、丝氨酸、苏氨酸、半胱氨酸、酪氨酸、天冬酰胺、谷氨酰胺等七种，因它们的侧链中含有不解离的极性基团，能与水形成氢键，因此比非极性R基氨基酸更易溶于水。

3. 带正电荷的R基氨基酸　即碱性氨基酸，包括赖氨酸、精氨酸和组氨酸，在pH 7.0时，这类氨基酸带正电荷。

4. 带负电荷的R基氨基酸　即酸性氨基酸，包括谷氨酸和天冬氨酸，它们都含有两个羧基，在pH 7.0时，第二个羧基也完全解离，因此带负电荷。

此外，氨基酸还可以按照营养功能分为必需氨基酸、半必需氨基酸和非必需氨基酸；按R基团的化学结构可分为脂肪族、芳香族、杂环族三类；按其在体内代谢途径可分为成酮氨基酸和成糖氨基酸；按其酸碱性质可分为中性、酸性和碱性氨基酸。

氨基酸在医药上主要用来制备复方氨基酸输液，也用作治疗药物和用于合成多肽药物。目前用作药物的氨基酸有100多种，其中包括构成蛋白质的氨基酸有20种和构成非蛋白质的氨基酸有100多种。

由多种氨基酸组成的复方制剂在现代静脉营养输液以及"要素饮食"疗法中占有非常重要的地位，对维持危重患者的营养，抢救患者生命起积极作用，成为现代医疗中不可少的医药品种之一。

谷氨酸、精氨酸、天门冬氨酸、胱氨酸、L-多巴等氨基酸单独作用治疗一些疾病，主要用于治疗肝疾病、消化道疾病、脑病、心血管疾病、呼吸道疾病以及用于提高肌肉活力、儿科营养和解毒等。此外，氨基酸衍生物在癌症治疗中出现了希望。

二、典型药物

（一）甲硫氨酸

甲硫氨酸是构成人体的必需氨基酸之一，参与蛋白质合成。因其不能在体内自身生成，所以必须由外部获得。如果甲硫氨酸缺乏就会导致体内蛋白质合成受阻，造成机体损害。本品可用酪蛋白经水解、精制而得或由甲硫醇与丙烯醛经斯特雷克合成反应制备。

1. 药理作用及临床应用　本品为体内胆碱生物合成的甲基供体，能放出活性甲基，促进磷脂酰胆碱合成，磷脂酰胆碱与积存在肝内的脂肪作用，变为易于吸收的卵磷脂，故可防治肝脂肪蓄积；具有保肝、解毒的作用。能阻断自由基的连锁反应，保护抗氧化酶的活性，还可增加谷胱甘肽过氧化物的活性，增加机体抗氧化能力。

临床上有以下应用：①肝脏保护，甲硫氨酸可以促进肝细胞膜磷脂甲基化，加强解毒作用，促进黄疸消退和肝功能恢复；②心肌保护，保护心肌细胞线粒体免受损伤等；③抗抑郁症；④降血压；⑤防毒祛毒，预防和治疗有毒金属、非金属对人体的伤害；⑥人体代谢，可以促进人体的代谢功能。

2. 用法及不良反应 本品不同剂型、不同规格的用法用量可能存在差异。如甲硫氨酸片为口服，一次 0.25~0.5g（1~2片），一日3次。可引起恶心、呕吐及精神障碍等不良反应。

（二）胱氨酸片

1. 药理作用及临床应用 胱氨酸协助皮肤的形成，且对解毒作用很重要，借由减低身体吸收铜的能力，胱氨酸保护细胞免于铜中毒。当它被代谢时，会释放硫酸，而硫酸会与其他物质产生化学作用，增加整个代谢系统的解毒功能。此外，它辅助胰岛素的供给，胰岛素是人体利用糖和淀粉所必需的。也能促进细胞氧化还原，使肝功能旺盛，促进白细胞增殖，阻止病原菌繁殖。临床用于病后和产后继发性脱发症、慢性肝炎的辅助治疗。

2. 用法及不良反应 本品为口服剂型，一次1~2片，一日3次。其不良反应也是比较轻微的，偶见恶心、呕吐、口干、胃痛、大便干燥等，多数患者都够耐受，不影响继续治疗。

（三）谷丙甘氨酸胶囊

1. 药理作用及临床应用 本品可调节体内氨基酸代谢平衡，使前列腺产生消炎、消肿、回缩的作用。临床应用于尿频、尿急、尿痛、尿等待、滴沥不尽、腰膝酸软、会阴不适和睾丸、腰骶、腹股沟疼痛，以及性欲下降、早泄、阳痿等症。

2. 用法及不良反应 本品为口服剂型，一次2粒，一日3次，或根据病情适当增减。一般无不良反应，对本品过敏者禁用，当药品性状发生改变时禁止使用。

（四）组氨酸

1. 药理作用及临床应用 组氨酸的咪唑基能与 Fe^{2+} 或其他金属离子形成配位化合物，促进铁的吸收，因而可用于防治贫血。组氨酸能降低胃液酸度，缓和胃肠手术的疼痛，减轻妊娠期呕吐及胃部灼热感，抑制由植物神经紧张而引起的消化道溃疡，对过敏性疾病，如哮喘等也有功效。此外，组氨酸可扩张血管，降低血压，临床上用于心绞痛、心功能不全等疾病的治疗。类风湿关节炎患者血中组氨酸含量显著减少，使用组氨酸后发现其握力、走路与血沉等指标均有好转。本品为氨基酸输液及综合氨基酸制剂的极重要成分，临床上用于治疗胃溃疡、贫血、过敏反应等。

2. 用法及不良反应 用于营养不良时，可静脉滴注复方氨基酸注射液，一般剂量为500ml，或遵医嘱，滴速为每分钟30~40滴。用于外科手术前后时，可静脉滴注复方氨基酸注射液，一般剂量为1500ml，或遵医嘱，滴速为每分钟30~40滴。

复方氨基酸注射液输注过快可引起恶心、呕吐、胸闷、心悸、发热、头痛、面部潮红、多汗、给药部位疼痛等不良反应。从周围静脉输注时，可能导致血栓性静脉炎。肝肾功能不全患者可能出现氮质血症和血浆尿素氮升高。长期大量输注可能导致胆汁淤积、黄疸。大量快速给药，可引起酸中毒。由于含有抗氧化剂焦亚硫酸钠，偶尔会诱发疹样过敏反应（尤其哮喘患者），应中止给药。

第三节 多肽及蛋白质药物

一、胸腺肽

胸腺肽（thymosin）又名胸腺素，是胸腺组织分泌的具有生理活性的一组多肽。临床上常用的胸腺肽是从小牛胸腺发现并提纯的有非特异性免疫效应的小分子多肽。

（一）生理功能

胸腺激素可诱导造血干细胞发育为 T 淋巴细胞，具有增强细胞免疫功能和调节免疫平衡的作用。T 淋巴细胞来源于骨髓的多能干细胞（胚胎期则来源于卵黄囊和肝）。在人体胚胎期和初生期，骨髓中的一部分多能干细胞或前 T 细胞迁移到胸腺内，在胸腺激素的诱导下分化成熟，成为具有免疫活性的 T 细胞。成熟的 T 细胞经血流分布至外周免疫器官的胸腺依赖区定居，并可经淋巴管、外周血和组织液等进行再循环，发挥细胞免疫及免疫调节等功能。T 细胞分化、成熟经历的三个阶段。

1. 感应阶段 T 细胞特异性识别抗原。

2. 反应阶段 T 细胞活化，增殖分化形成效应 T 细胞和记忆 T 细胞。

3. 效应阶段 细胞发挥效应，杀死宿主细胞或者抗原细胞。

多能干细胞转变为淋巴样前体细胞迁移至胸腺，在胸腺素的诱导下，经历一系列有序的分化过程，逐渐在胸腺发育成熟为识别各种抗原的 T 细胞库。

胸腺肽在我国临床应用已 20 余年，过去因各种制剂制备方法和质量控制不统一，临床观察不规范，疗效难以肯定。胸腺肽主要活性成分是由 28 个氨基酸组成的胸腺肽 α1（Tα1），现已有化学合成的商品。

（二）作用机制

有多样生物学活性的胸腺肽主要是诱导 T 细胞分化成熟、增强细胞因子的生成和增强 B 细胞的抗体应答。

（三）临床应用

早期用于治疗少数病例的结果表明，病情改善、HBeAg 阴转均较对照组为高。各次临床试验患者均能耐受，未发现重要不良反应。

（四）剂量与疗效

推荐使用 Tα1，1.6mg 或 900μg/m²，2 次/周，共 6 个月。

1. 延迟效应 治疗结束时对 Tα1 的效应率很低，超出对照组不多。但随访观察中完全效应的病例逐渐增加。提示 Tα1 直接抑制病毒，血清病毒水平下降是其免疫调节的结果。Tα1 可能激活病毒特异的 Th 细胞功能，通过分泌 IFN-γ、IL-2 和 TNFα 诱导细胞毒性 T 淋巴细胞（CTL）。延迟效应表现在大多数效应病例清除病毒前并无 ALT 增高（经细胞因子的不损伤细胞清除病毒）；少数病例可能是 CTL 的杀伤作用。

2. 完全效应率 慢性乙型肝炎单一用 Tα1 治疗的效应率可能不高，大体比对照组高 15%。与抗病毒药物联合治疗的临床试验正在进行中。

3. 肝组织学持续效应 肝活体组织治疗前后配对检查显示有显著进步。

（五）药理毒理

本品为免疫调节药。具有调节和增强人体细胞免疫功能的作用，能促使有丝分裂原激活后的外周血中的 T 淋巴细胞成熟，增加 T 细胞在各种抗原或有丝分裂原激活后各种淋巴因子（如 IFN-α、IFN-γ、IL-2 和 IL-3）的分泌，增加 T 细胞上淋巴因子受体的水平。它同时通过对 T4 辅助细胞的激活作用来增强淋巴细胞反应。此外，本品可能影响 NK 前体细胞的趋化，该前体细胞在暴露于干扰素后变得更有细胞毒性。因此，本品具有调节和增强人体细胞免疫功能的作用。

（六）适应证

用于治疗各种原发性或继发性 T 细胞缺陷病，某些自身免疫性疾病，各种细胞免疫功能低下的疾病及肿瘤的辅助治疗。包括各型重症肝炎、慢性活动性肝炎、慢性迁延性肝炎及肝硬化等；带状疱疹、生殖器疱疹、尖锐湿疣等；支气管炎、支气管哮喘、肺结核、预防上呼吸道感染等；各种恶性肿瘤前期及与化疗、放疗合用；红斑狼疮、风湿性及类风湿疾病、强直性脊柱炎、格林-巴利综合征等；再生障碍性贫血、白血病、血小板减少症等；病毒性角膜炎、病毒性结膜炎、过敏性鼻炎等；老年性早衰、妇女围绝经期综合征等；多发性疖肿及面部皮肤痤疮等，银屑病、扁平苔藓、鳞状细胞癌及上皮角化症等；儿童先天性免疫缺陷症等。

（七）用法用量

皮下或肌内注射：一次 10~20mg，一日 1 次或遵医嘱。溶于 2ml 灭菌注射用水或 0.9% 氯化钠注射液。静脉滴注：一次 20~80mg，一日 1 次或遵医嘱。溶于 500ml 0.9% 氯化钠注射液或 5% 葡萄糖注射液。

（八）不良反应

本品耐受性良好，偶见恶心、发热、头晕、胸闷、无力等不良反应，少数患者偶有嗜睡感。慢性乙型肝炎患者使用时可能 ALT 水平短暂上升，如无肝衰竭预兆出现，仍可继续使用。

二、胰岛素

（一）糖尿病

糖尿病是以慢性血糖水平增高为主要症状群的代谢性疾病。常见症状有多饮、多食以及消瘦。糖尿病因长期糖、蛋白质及脂肪代谢紊乱，可引起多系统损害，导致重要器官如眼、肾、心血管及神经系统病变。目前无根治糖尿病的方法。合理应用药物，可以在一定程度上控制血糖水平，减轻症状，预防并发症，提高生活质量。

按照 WHO 的分类标准，糖尿病可分为 1 型糖尿病和 2 型糖尿病。1 型糖尿病是由于胰岛 B 细胞严重或完全破坏，胰岛素分泌不足引起，也称胰岛素依赖型糖尿病（insulin dependent diabetes mellitus，IDDM）。2 型糖尿病主要是由于胰岛素相对缺乏和机体对胰岛素的敏感性下降即胰岛素抵抗引起的，也称非胰岛素依赖型糖尿病（non-insulin dependent diabetes mellitus，NIDDM）。临床上 90% 以上患者属 2 型糖尿病。

答案解析

实例分析 6-1

案例 李某，女性，58岁，患糖尿病10余年，长期用胰岛素治疗。某清晨突感心悸、出冷汗、震颤，继而出现昏迷，入院后查血糖为 3.2mmol/L。

问题 1. 患者为何出现该反应？

2. 应采取什么治疗措施？

（二）胰岛素

1. 来源 胰岛素（insulin）是由胰腺中胰岛 B 细胞分泌的。药用胰岛素可由猪、牛胰腺提取。目前主要通过重组 DNA 技术利用大肠埃希菌合成。还可将猪胰岛素 B 链第 30 位的丙氨酸用苏氨酸代替而获得人胰岛素。

胰岛是分散在胰腺腺泡之间的细胞团。胰岛细胞按其形态和染色特点主要可分为五种。其中最重要的有 A 和 B 细胞。A 细胞分泌胰高血糖素；B 细胞分泌胰岛素；D 细胞数量较少，分泌生长抑素。胰岛素是一种小分子量蛋白质，由 51 个氨基酸残基组成，人胰岛素分子量为 6000，有 A、B 两个肽链。

 知识拓展

胰岛素的发现

1921 年，加拿大医生 Banting 和生理学家 Best 在多伦多大学著名生理学教授 J. J. R. Mcleod 实验室里，从胰岛中提取分离得到了胰岛素，并确定它有抗糖尿病的作用。由于这个贡献，Banting 和 J. J. R. Mcleod 获得了 1923 年"诺贝尔生理学或医学奖"。胰岛素的发现挽救了无数糖尿病患者的生命。也因此世界卫生组织和国际糖尿病联合会确定每年 11 月 14 日为"世界糖尿病日"，旨在纪念胰岛素发明人 Banting 的生日。

2. 作用机制和药理作用 胰岛素受体具有酪氨酸激酶的活性，故称为酪氨酸激酶受体，这一类受体由三部分构成，位于细胞外侧与配体结合的部位，与之相连的是一段跨膜结构，细胞内侧为酪氨酸激酶活性部位，含有可被磷酸化的酪氨酸残基。当配体与受体结合后，受体构象发生改变，酪氨酸残基被磷酸化，激活酪氨酸激酶，诱发一系列细胞内信息的传递，进而产生降血糖效应。胰岛素的药理作用如下。

（1）糖代谢 促进糖的去路，减少糖的来源。

（2）脂肪代谢 促进脂肪的合成，减少分解。

（3）蛋白质代谢 促进蛋白质的合成，减少分解。

（4）促进 K^+ 转运 促进 K^+ 进入细胞内，增加细胞内 K^+ 浓度。

3. 临床应用

（1）治疗糖尿病 胰岛素替代疗法是治疗糖尿病的最合理措施。适用于 1 型糖尿病患者；重度 2 型糖尿病患者；轻、中度糖尿病患者合并发热、感染、甲状腺功能亢进、消耗性疾病，或者分娩、手术、创伤等情况时；发生酮症酸中毒或高渗性糖尿病昏迷时。

（2）纠正细胞内缺钾 与葡萄糖、氯化钾组成极化液，可防治心肌梗死时的心律失常。

4. 用法用量 目前应用于临床的主要有两类。一类是速效胰岛素类似物，在模拟餐时胰岛素分泌模式上获得了重大进展。主要制剂有门冬胰岛素、赖脯胰岛素。另一类是超长效胰岛素类似物，与速效胰岛素类似物联合应用，能很好地模拟正常人的生理性胰岛素分泌，使糖尿病患者的血糖水平在24小时内得到理想控制。

长效胰岛素一天1次皮下注射，固定一个时间；短效胰岛素一天3次皮下注射，分别于三餐前；混合胰岛素一天2次皮下注射，分别于早晚餐前；中效胰岛素早、晚餐前皮下注射。所有胰岛素的用量，应根据血糖数值，由临床医生给出具体使用剂量。

如精蛋白锌胰岛素注射液，为含有鱼精蛋白与氨化锌的胰岛素的无菌混悬液，每100单位中含有鱼精蛋白1.0～1.5mg与锌0.2～0.25mg。使用时冷处保存，避免冷冻。

胰岛素笔式注射器是近些年出现的新型注射方式，由笔帽、笔芯架和机械装置组成，配合胰岛素笔芯一同使用。该注射器可免去从胰岛素药瓶中抽取胰岛素的过程，避免在公共场合注射胰岛素的尴尬，也为视力不佳甚至失明的病友注射胰岛素带来方便。胰岛素笔式注射器使使用剂量更加精确，可以按1个单位进行剂量调整。

5. 不良反应　胰岛素使用不当会导致血糖过低、过敏反应、胰岛素抵抗、脂肪萎缩。

三、胰高血糖素样肽-1受体激动剂

（一）胰高血糖素样肽-1的发现

胰高血糖素样肽-1（GLP-1）是回肠内分泌细胞分泌的一种脑肠肽，目前主要作为2型糖尿病药物作用的靶点。由于GLP-1可抑制胃排空，减少肠蠕动，故有助于控制摄食，减轻体重。临床试验显示，GLP-1皮下注射给药可增加患者餐后的饱腹感，并使每餐的饮食量平均减少15%。

早在20世纪60年代，麦金太尔和埃尔里克等人就发现，口服葡萄糖对胰岛素分泌的促进作用明显高于静脉注射，这种额外的效应被称为"肠促胰素效应"，而珀利等人进一步研究证实，这种"肠促胰素效应"所产生的胰岛素占进食后胰岛素总量的50%以上。1986年，瑙克等人发现2型糖尿病患者肠促胰素作用减退，这提示肠促胰素系统异常可能是2型糖尿病的发病机制之一。随着细胞和分子生物学的发展，肠促胰素这层神秘的面纱被慢慢揭开，研究证实，肠促胰素是人体内一种肠源性激素，在进食后，该类激素可促进胰岛素分泌，发挥葡萄糖浓度依赖性降糖作用。肠促胰素主要由GLP-1和糖依赖性胰岛素释放肽（GIP）组成，其中GLP-1在2型糖尿病的发生发展中起着更为重要的作用。

GLP-1由胰高血糖素原基因表达，在胰岛A细胞中，胰高血糖素原基因的主要表达产物是胰高血糖素，而在肠黏膜的L细胞中，前激素转换酶（PC1）将胰高血糖素原剪切为其羧基端的肽链序列，即GLP-1。GLP-1有2种生物活性形式，分别为GLP-1和GLP-1酰胺，这两者仅有一个氨基酸序列不同，GLP-1约80%的循环活性来自GLP-1酰胺。

（二）药理作用

肠促胰素以葡萄糖浓度依赖性方式促进胰岛B细胞分泌胰岛素，并减少胰岛A细胞分泌胰高血糖素，从而降低血糖。正常人在进餐后，肠促胰素开始分泌，进而促进胰岛素分泌，以减少餐后血糖的波动。但对于2型糖尿病患者，其"肠促胰素效应"受损，主要表现为进餐后GLP-1浓度升高幅度较正常人有所减小，但其促进胰岛素分泌以及降血糖的作用并无明显受损，因此GLP-1及其类似物可以作为2型糖尿病治疗的一个重要靶点。

GLP-1受体激动剂类药物从以下几方面发挥降糖作用：一是GLP-1具有保护B细胞的作用，GLP-1可作用于胰岛B细胞，促进胰岛素基因的转录、胰岛素的合成和分泌并可刺激胰岛B细胞的增殖和分化，抑制胰岛B细胞凋亡，增加胰岛B细胞数量；二是GLP-1可作用于胰岛A细胞，强烈地抑制胰高血糖素的释放；三是作用于胰岛 D 细胞，促进生长抑素的分泌，生长抑素又可作为旁分泌激素参与抑制胰高血糖素的分泌。GLP - 1 通过以上机制明显改善 2 型糖尿病动物模型或患者的血糖情况，其中促进胰岛 B 细胞的再生和修复，增加胰岛 B 细胞数量的作用尤为显著，这使得 GLP - 1 在 2 型糖尿病治疗方面具有非常好的前景。

GLP - 1 受体激动剂类药物的降血糖作用呈现葡萄糖浓度依赖性。作为一种肠源性激素，GLP - 1 是在营养物质特别是碳水化合物的刺激下释放入血，其促胰岛素分泌作用呈葡萄糖浓度依赖性，即只有在血糖水平升高的情况下才发挥降糖作用，在血糖水平正常后，即使继续使用 GLP - 1，胰岛素水平却不会再升高，血糖水平也维持稳定，不再进一步下降。GLP - 1 这种葡萄糖浓度依赖性降糖特性是其临床应用安全性的基础与保障，减少了对现有糖尿病治疗药物及方案可能造成患者严重低血糖的担心。

此外，GLP - 1 受体激动剂类药物还具有减轻体重和降脂、降压等多重作用。它通过抑制胃肠道蠕动和胃液分泌、抑制食欲及摄食、延缓胃内容物排空等作用来减轻体重，同时可作用于中枢神经系统（特别是下丘脑），使人体产生饱胀感和食欲下降；通过降脂、降压对心血管系统产生保护作用；还可通过作用于中枢增强学习和记忆功能保护神经。

（三）GLP - 1 受体激动剂类药物的不足

GLP - 1 极易被体内的二肽基肽酶Ⅳ（DPP - Ⅳ）降解，其血浆半衰期不足 2 分钟，必须持续静脉滴注或持续皮下注射才能产生疗效，这大大限制了 GLP - 1 受体激动剂类药物的临床应用。目前已上市的 GLP - 1 受体激动剂类药物主要是以注射给药为主，其中包括缓释微球等长效注射制剂。

四、生长激素（重组生长激素）

（一）生长激素的来源和临床作用

生长激素（human growth hormone，hGH）是由人体脑垂体前叶分泌的一种肽类激素，由 191 个氨基酸组成，能促进骨骼、内脏和全身生长，促进蛋白质合成，影响脂肪和矿物质代谢，在人体生长发育中起着关键性作用。

重组生长激素是通过基因重组大肠埃希菌分泌型表达技术生产的，在氨基酸含量、序列和蛋白质结构上与人垂体生长激素完全一致。在儿科领域，采用生长激素进行替代治疗，可以明显促进儿童的身高增长，并改善其全身各器官组织的生长发育。同时，生长激素在生殖领域、烧伤领域及抗衰老领域也有着重要的作用。目前已经广泛应用于临床。

主要的临床适应证为：儿童生长激素缺乏症（GHD）；慢性肾功能不全肾移植前；HIV 感染相关性衰竭综合征；Turner 综合征身材矮小；成人 GHD 替代治疗；Prader - Willi 综合征；小于胎龄儿（SGA）；特发性矮身材（ISS）；短肠综合征；SHOX 基因缺少但不伴 GHD 患儿。

（二）用法用量

《中国药典》收载的剂型品种包括：注射用重组人生长激素、重组人生长激素注射液、聚乙二醇重组人生长激素注射液三种。通常推荐从低剂量开始，生长激素的使用剂量是需要根据体重来计算的，不同体重用量不同。

（三）不良反应与禁忌

生长激素是蛋白类药物，少数患者使用后会产生抗体。有研究显示，未使用过生长激素治疗的患者，在使用生长激素治疗6个月后，有少数患者产生了生长激素特异性抗体，但抗体浓度未超过2mg/L。长期注射重组人生长激素，虽然产生了抗体，但抗体结合力低，无确切临床意义。但如果抗体结合力超过2mg/L，则可能会影响疗效。任何对生长激素治疗无反应的患者，除了评估其依从性和甲状腺功能，均应进行生长激素抗体检测。生长激素使用的禁忌证或禁忌人群包括：骨骺已完全闭合后禁用于促生长治疗；严重全身性感染等危重患者在机体急性休克期内；已知对生长激素或其保护剂过敏者；存在活动性恶性肿瘤的患者；心脏直视手术、腹部手术或多重意外创伤等急性危重疾病患者发生并发症；急性呼吸衰竭；增生性或严重非增生性糖尿病视网膜病变患者。

五、降钙素

（一）降钙素的来源和临床作用

降钙素为参与钙剂骨质代谢的一种多肽类激素，哺乳动物的降钙素来源于甲状腺，但鱼类降钙素却产生于其后部腮腺。所有降钙素结构上相似，具有单链、排列顺序不同的32个氨基酸，氨基酸的排列顺序取决于物种，其作用基本相似。鱼降钙素与哺乳动物降钙素受体的结合能力超过哺乳动物的降钙素。基于这一原因，目前临床应用的均为鱼降钙素。

降钙素的药理学作用包括以下三点：①抑制骨的吸收，又能抑制骨自溶作用，使骨髓释放钙减少，同时骨骼不断摄取血浆中的钙，导致血钙降低，降钙素还可抑制骨盐的溶解与转移，抑制骨基质分解，提高骨的更新率，增加尿钙、尿磷排泄，引起低钙血症或低磷血症。在体内的降低血钙作用很短暂，降钙素可对抗甲状旁腺激素对骨髓的作用。②抑制肾小管对钙、磷、钠的重吸收，从而增加它们在尿中的排泄，但对钾和氢影响不大。③抑制肠道转运钙以及胃酸、胃泌素和胰岛素等的分泌。

口服降钙素后，在胃液内迅速降解。肌内或皮下注射后0.5~1小时血中浓度达到高峰，12小时后从血中消失。半衰期约为10分钟，消除率为每分钟（8.4±1.1）mg/kg。鼻腔喷雾给药的生物利用度约为注射给药的50%。

（二）用法用量

1. 变形性骨炎 可使骨痛缓解，X线及组织学可改善。用法为隔日皮下或肌内注射1次或每周肌内注射3次，每次50~100单位，12周后骨痛减轻，3~6个月骨痛消失。

2. 老年性骨质疏松症 此症的骨吸收障碍可用降钙素治疗，每周皮下或肌内注射3次，每次50~100单位。

3. 高钙血症 骨转移性肿瘤的高钙血症应用本品治疗后，一般只降低血钙及尿钙，骨痛大多数不减轻。高钙血症危象的急症治疗，静脉滴注，一日5~10单位/kg，加入500ml生理盐水中，缓慢滴注，6小时滴完，或将上述剂量分2~4次缓慢静脉滴注。对维生素D中毒引起的高钙血症，对小儿较成人疗效好。对甲状旁腺功能亢进、甲状旁腺癌和甲状腺功能亢进症引起的高钙血症，开始剂量为每12小时4单位/kg，皮下或肌内注射，如效果不好，可适当增加剂量。

4. 痛性神经营养不良症 皮下或肌内注射，每日100IU，持续2~4周；然后每次100IU，每周3次，维持6周以上。鼻内给药每日200IU，分2~4次给药，持续2~4周；然后每次200IU，每周3次，维持6周以上。

5. 其他 口服降钙素后，可直接抑制胃壁细胞分泌胃酸，对胃及十二指肠溃疡产生治疗作用。亦可用于高磷酸血症及早期诊断甲状腺髓样癌等。

（三）不良反应与禁忌

（1）不能用常规雌激素/钙联合治疗的早期和晚期停经后骨质疏松症。

（2）可出现恶心、呕吐、腹泻、食欲不振、胃灼热、头痛、眩晕、步态不稳、低钠血症、局部疼痛、血清氨基转移酶升高等；偶见腹痛、口渴、手足抽搐、耳鸣、哮喘发作、发汗、指端麻木、多尿及寒战等，必要时可暂时性减少药物剂量。

（3）本药系多肽制剂，有引起休克的可能性，故对有过敏患者，应详细问诊，注意观察，若出现症状，应停药并给予适当处置。罕见局部或全身性过敏反应，出现皮疹、荨麻疹时应停药。有过敏体质、支气管哮喘或有其既往史的患者慎用。

（4）在动物实验中，对大鼠进行大剂量皮下注射1年后，可见垂体肿瘤发生率增加，故不得长期用药。

（5）动物生殖研究证明本品不能透过胎盘，无致畸作用，但对妊娠妇女的作用尚无资料。本品可进入乳汁，哺乳期妇女应避免使用。

（6）对儿童因缺乏长期使用本品的经验，故治疗期不应超过数周。

（7）长期使用本品可出现抗体，但通常并不影响药的疗效。另外，长期用药亦可见药物失效，即出现"逃逸"现象。这可能是药物的受体结合部位饱和所致，与抗体的产生无关，停止用药后，降钙素的治疗反应可恢复。

六、细胞色素C

（一）细胞色素C的来源和临床作用

细胞色素C还原型为分散的针状结晶，氧化型系花瓣状结晶，二者均易溶于水及酸性溶液，前者水溶液呈桃红色，后者呈深红色。对热都较稳定。而前者较后者更稳定些，分子量为11000～13000Da。临床上用于各种组织缺氧急救的辅助治疗，如一氧化碳中毒、催眠药中毒、氰化物中毒、新生儿窒息、严重休克期缺氧、脑血管意外、脑震荡后遗症、麻醉及肺部疾病引起的呼吸困难和各种心脏疾患引起的心肌缺氧的治疗。

本品为生物氧化过程中的电子传递体，来自三羧酸循环中产生的琥珀酸辅酶A，其肽链仅有104个氨基酸，体内大量存在，一般无需外源补充，且外源补充与体内含量相比甚微。其作用原理为在酶存在的情况下，对组织的氧化、还原有迅速的促酶作用。通常外源性细胞色素C不能进入健康细胞，但在缺氧时，细胞膜的通透性增加，细胞色素C便有可能进入细胞及线粒体内，增强细胞氧化，能提高氧的利用。细胞色素C是生物氧化的一个非常重要的电子传递体，在线粒体嵴上与其他氧化酶排列成呼吸链，参与细胞呼吸过程。

临床上有以下应用：一是细胞呼吸激活药，对组织中细胞的氧化、还原过程具有迅速的酶促作用，用于急救或辅助治疗中因各种原因引起的组织缺氧（如一氧化碳中毒、安眠药中毒、初生儿假死、不可逆休克期缺氧、麻醉前的处理；肺炎、肺癌、硅肺、肺气肿、支气管扩张所引起的呼吸困难；高山病缺氧；脑血管障碍、脑外伤、脑出血、脑动脉硬化症、脑震荡后遗症；乙型脑炎后遗症；百日咳脑病等引起的脑缺氧），对抗癌药物引起的白细胞降低、四肢循环障碍、肝疾患、肾炎亦有一定的治疗作用。二是用于治疗由脑缺氧、心肌缺氧和其他组织缺氧引起的一系列症状。三是促进受损肝细胞再生、骨髓造血功能修复，显著减轻由放疗引起的白细胞减少症。

（二）用法用量

同种药品可由于不同的包装规格有不同的用法用量。静脉注射或滴注，一次 15 ~ 30mg，每日 30 ~ 60mg。静脉注射时，加 25% 葡萄糖 20ml 混匀后缓慢注射。也可用 5% ~ 10% 葡萄糖液或 0.9% 氯化钠注射液稀释后静脉滴注。

（三）不良反应与禁忌

细胞色素 C 的不良反应主要是过敏反应，用药前应做过敏试验，阳性反应者禁用。当停用后再用时，应再做过敏试验，阳性者禁用。治疗中若一经停药，再用药时易发生休克，如发生休克，用升压药、强心药、抗组织胺药、肾上腺皮质激素处理。对缺氧治疗应采取综合措施。

七、生殖激素

生殖激素六项是指女性的生殖激素六项，主要包括促卵泡生成素、黄体生成素、催乳素、雌二醇、孕酮、睾酮等。

（一）促卵泡生成素

促卵泡生成素（FSH）是垂体前叶嗜碱性细胞分泌的一种糖蛋白激素，其主要功能是促进卵巢的卵泡发育和成熟。血 FSH 的浓度，在排卵前期为 1.5 ~ 10mIU/ml，排卵期为 8 ~ 20mIU/ml，排卵后期为 2 ~ 10mIU/ml。一般以 5 ~ 40mIU/ml 作为正常值。FSH 值低见于雌孕激素治疗期间、席汉综合征等。FSH 高见于卵巢早衰、卵巢不敏感综合征、原发性闭经等。FSH >40mIU/ml，则对氯米芬之类的促排卵药无效。

（二）黄体生成素

黄体生成素（LH）是垂体前叶嗜碱性细胞分泌的一种糖蛋白激素，主要是促使排卵，在 FSH 的协同作用下，促黄体形成并分泌孕激素。血 LH 的浓度，在排卵前期为 2 ~ 15mIU/ml，排卵期为 30 ~ 100mIU/ml，排卵后期为 4 ~ 10mIU/ml。一般在非排卵期的正常值是 5 ~ 25mIU/ml。LH <5mIU/ml 提示促性腺激素功能不足，见于席汉综合征，高 FSH 如再加高 LH，则卵巢功能衰竭已十分肯定，不必再做其他检查。LH/FSH≥3 则是诊断多囊卵巢综合征的依据之一。

（三）催乳素

催乳素（PRL）由垂体前叶嗜酸性细胞之一的泌乳滋养细胞分泌，是一种单纯的蛋白质激素，主要功能是促进乳腺的增生、乳汁的生成和排乳。在非哺乳期，血 PRL 正常值为 0.08 ~ 0.92nmol/L。PRL >1.0nmol/L 即为高催乳素血症，过多的催乳素可抑制 FSH 及 LH 的分泌，抑制卵巢功能，抑制排卵。

（四）雌二醇

雌二醇（E2）由卵巢的卵泡分泌，主要功能是促使子宫内膜转变为增殖期和促进女性第二性征的发育。血 E2 的浓度在排卵前期为 48 ~ 521pmol/L，排卵期为 70 ~ 1835pmol/L，排卵后期为 272 ~ 793pmol/L，低值见于卵巢功能低下、卵巢功能早衰、席汉综合征。

（五）孕酮

孕酮（P）由卵巢的黄体分泌，主要功能是促使子宫内膜从增殖期转变为分泌期。血 P 浓度在排卵前为 0 ~ 4.8nmol/L，排卵后期为 7.6 ~ 97.6nmol/L，排卵后期血 P 低值，见于黄体功能不全、排卵型功能失调性子宫出血等。

（六）睾酮

女性体内睾酮（T），50% 由外周雄烯二酮转化而来，肾上腺皮质分泌的约 25%，仅 25% 来自卵巢。主要功能是促进阴蒂、阴唇和阴阜的发育。对雌激素有拮抗作用，对全身代谢有一定影响。女性血 T 正常浓度为 0.7 ~ 3.1nmol/L。血 T 值高，称高睾酮血症，可引起不孕。患多囊卵巢综合征时，血 T 值也增高。根据临床表现，必要时再测定其他激素。

答案解析

目标检测

一、选择题

A 型题

1. 细胞色素 C 的不良反应主要是（　　）

　　A. 过敏反应　　　　　　B. 抽搐反应　　　　　　C. 神经反应　　　　　　D. 耳毒性

2. 体内胆碱生物合成的甲基供体是（　　）

　　A. 谷氨酸　　　　　　　B. 精氨酸　　　　　　　C. 胱氨酸　　　　　　　D. 甲硫氨酸

3. 临床用于病后和产后继发性脱发症、慢性肝炎的辅助治疗的氨基酸类药物是（　　）

　　A. 谷氨酸　　　　　　　B. 精氨酸　　　　　　　C. 胱氨酸　　　　　　　D. 甲硫氨酸

X 型题

4. 氨基酸按照营养功能分为（　　）

　　A. 必需氨基酸　　　　　B. 半必需氨基酸　　　　C. 非必需氨基酸　　　　D. 自身合成氨基酸

5. 氨基酸按照 R 基团的化学结构分为（　　）

　　A. 脂肪族　　　　　　　B. 芳香族　　　　　　　C. 杂环族　　　　　　　D. 脂溶性

6. 生殖激素六项包括（　　）

　　A. 促卵泡生成素　　　　B. 黄体生成素　　　　　C. 孕酮　　　　　　　　D. 雌二醇

7. 糖尿病常见的症状包括（　　）

　　A. 多饮　　　　　　　　B. 多食　　　　　　　　C. 消瘦　　　　　　　　D. 畏寒

二、简答题

1. 甲硫氨酸的药理作用是什么？

2. 胱氨酸片的临床应用是什么？

书网融合……

知识回顾　　　　　微课　　　　　习题

（路　希）

第七章　酶类药物

学习引导

20 世纪后半叶，生物科学和生物工程飞速发展，酶在医药领域的用途越来越广泛，酶制剂作为药物已成为生物制药领域的一个热点。世界各国药典中含有越来越多的酶制剂，其中大部分已成为治疗各种重大疾病的有效药物。

本章主要介绍酶类药物的分类和应用、临床应用的有效性、适应证、禁忌证等知识；旨在让学习者掌握酶类药物的性质、常用药品及用法、用药注意。

学习目标

思政素养目标

1. 通过对酶类药物的学习，激发学生对酶类药物积极的学习态度和浓厚的学习兴趣，培养学生自主学习、终身学习的意识和能力。

2. 通过酶的本质的研究案例，培养学生求实、创新的科研态度和不畏困难、坚持不懈的探索精神，能大胆尝试，积极寻求有效的问题解决方法。

知识目标

1. **掌握**　常见酶类药物的作用机制、临床应用、注意事项和药物配伍等。

2. **熟悉**　典型酶类药物的通用名、药品名和剂型。

3. **了解**　酶的特性。

技能目标

1. 能正确阐述酶类药物的应用范围和使用方法。

2. 能对顾客合理使用酶类药物进行咨询帮助。

第一节　概　述

一、酶的概念和特点

（一）酶的概念

酶（enzyme）是一类由活细胞产生、具有催化活性的生物大分子。人们对酶的认识最初来源于生产与生活实践。早在几千年以前，我们的祖先就开始利用酶，但长久以来不知酶为何物。直到 1878 年才提出"酶"这个名称。

20世纪初，酶学研究得到了迅速发展，并对酶的本质进行深入的探讨。1926年，美国化学家Sumner第一次从刀豆中提取出脲酶结晶，并提出酶的本质是蛋白质。1930年后，Northop等连续获得胃蛋白酶、胰蛋白酶和胰凝乳蛋白酶的结晶，并证实其均为蛋白质。

知识拓展

酶化学本质的确定

在阐明酶的化学本质过程中，美国科学家Sumner功不可没。1917年，他决定分离酶，并选择脲酶（urease）作为分离对象，但起初并不成功，然后他选择富含脲酶的刀豆来提取脲酶。有人认为他分离脲酶的想法荒唐可笑，但他一直都坚持研究下去。1922年，他放弃以往用水、甘油和乙醇提取脲酶的方法，改用30%丙酮。当他取出一滴丙酮抽提液放在显微镜下观察时，发现液体中长出许多小晶体。离心收集这些晶体后，发现它有很高的脲酶活性，分离后的脲酶纯度一下子增加了700～1400倍，这是其他纯化方法难以比拟的。之后他又做了一系列实验，证明了脲酶是蛋白质。1930年，Northrop从胃蛋白酶商品制剂中分离到了结晶的胃蛋白酶，并用更严谨的方法证明酶是蛋白质。酶本质的揭示为现代酶学的发展奠定了基础。1946年，Sumner和Northrop一起荣获诺贝尔化学奖。

目前，已鉴定出生物体内4000多种酶，并有数百种酶已得到结晶，这为研究酶的化学本质、分子结构及作用机制提供了条件。近年来，发现某些RNA分子也具有催化活性（核酶），打破了酶是蛋白质的传统观念。本书仅对化学本质属于蛋白质的酶类药物进行探讨。

（二）酶的催化特点

酶作为生物催化剂与一般催化剂相比有其共性及特性。一方面，酶和一般催化剂一样，仅能催化或加速热力学上可能进行的反应，不能改变反应的平衡常数；酶本身在反应前后也不发生变化。另一方面，酶又具有许多不同于一般催化剂的特点。

1. 易失活　酶的主要成分是蛋白质，极易受外界条件的影响，例如对热非常敏感，容易变性失去催化活性。因此，酶所催化的反应往往都是在比较温和的常温、常压、pH接近中性的条件下进行。例如，生物固氮在植物中是由固氮酶催化的，通常在27℃和中性pH条件下进行，每年可从空气中将1亿吨左右的氮固定下来。而在工业上合成氨，需要在500℃、几百个大气压下才能完成。

2. 催化效率高　酶的催化效率非常高，酶促反应比相应的非酶促反应要快10^3～10^7倍，如刀豆酶催化尿素水解的反应比非催化反应速率大10^{14}倍。据报道，如果在人的消化道中没有各种酶类参与作用，在体温37℃的情况下，要消化一餐简单的午餐大约需要50年。经过实验分析，动物吃下的肉食，在消化道内只要几小时就可完全消化分解。再如，将唾液淀粉酶稀释100万倍后，仍具有催化能力。由此可见酶的催化效率是极高的。

3. 高度专一性　酶对所作用的物质（substrate，底物）有严格的选择性，通常一种酶只能作用于某一类或某一种特定的物质，这也说明酶对底物的化学结构和空间结构有高度严格要求。

二、酶类药物的分类 微课

早期酶类药物主要用于治疗消化道疾病、烧伤及感染引起的炎症，现在国内外已将酶类药品应用于多种疾病的治疗，其制剂品种已超过700余种。药物研发及生物技术在过去20年的进步，极大地促进了治疗用酶在治疗一系列罕见和常见疾病中的应用。目前，治疗用酶被广泛应用于遗传性疾病、心血管疾病、胃肠道疾病、肿瘤等疾病的治疗。根据酶对疾病的防治，可将酶类药物分为以下几个方面。

（一）治疗心血管疾病酶类

心血管疾病是由冠心病、外周动脉疾病、脑血管疾病、风湿性心脏病、先天性心脏病、深静脉血栓形成和肺栓塞等重要疾病组成的一类疾病，导致该类疾病的其中一个原因是血管内血栓的形成。抗凝剂、血小板抑制剂、外科治疗或溶栓酶治疗是主要的治疗方法。常见药物有尿激酶、链激酶、纤溶酶及蛇毒溶栓酶等。

（二）抗肿瘤酶类

治疗酶在癌症中的应用涉及两种主要类型：肿瘤所需氨基酸代谢酶和前体药物转化酶。代谢酶被用来消耗肿瘤细胞所必需的氨基酸，从而抑制肿瘤生长；转化酶，如精氨酸脱亚胺酶（arginine deiminase，ADI）是一种能将精氨酸分解成瓜氨酸和氨的酶。正常情况下，体内精氨酸可由细胞自身的尿素循环酶即精氨酸代琥珀酸合成酶和精氨酸琥珀酸裂解酶合成，但某些具有代谢缺陷的恶性肿瘤，如黑色素瘤、肺癌、前列腺癌和肝细胞癌则经常缺乏这些酶。由于上述肿瘤细胞的生长依赖于环境中的精氨酸，所以ADI可用于治疗这些精氨酸营养缺陷型肿瘤。

（三）治疗消化道疾病酶类

利用酶作为消化促进剂是治疗性酶的最早应用。这类酶的作用是水解和消化食物中的成分，如蛋白质、糖类和脂类等，常用作促进消化作用的助消化剂，多是含有蛋白酶、淀粉酶、脂肪酶和纤维素酶的复合制剂。胰酶制剂是含脂肪酶、蛋白酶和淀粉酶的复合酶制剂，用于治疗吸收障碍和胰液分泌不足，尤其是胆囊纤维变性患者。胰酶制剂替代治疗是纠正胰源性消化不良的主要措施，可以有效治疗胰腺外分泌功能不全，缓解胰源性疼痛。

（四）消炎酶类

临床上常应用胰蛋白酶、糜蛋白酶、菠萝蛋白酶等治疗炎症和水肿以清除坏死的组织、增加组织通透性、抑制水肿、促进病灶附近组织液的排出并抑制肉芽的形成。实验证明，口服大剂量这些酶的肠溶片可有很强的除消水肿作用，因此常用于治疗软组织损伤、椎间盘脱出所致的坐骨神经痛和缓解背部疼痛及牙科手术等。此外，胶原酶可用于烧伤清疮，且去除结痂效果明显；硫酸软骨素酶可用于治疗脊椎损伤，能有效地促进脊索损伤的修复。

（五）其他酶类

还有一些酶类药物在临床治疗上发挥着重要的作用，如细胞色素C可用于组织缺氧急救；青霉素酶可治疗青霉素过敏；阿糖苷酶（ceredase）用来治疗戈谢病（gaucher disease，GD）。

即学即练 7-1

酶类药物在临床治疗上有哪些方面的应用？

答案解析

第二节 典型药物

一、尿激酶

尿激酶（uronase）系从新鲜人尿中提取的一种能激活纤维蛋白溶酶原的酶。它是由高分子量尿激酶（Mw 54000）和低分子量尿激酶（Mw 33000）组成的混合物，高分子量尿激酶含量不得少于90%，每1mg蛋白中尿激酶活力不得少于12万单位。尿激酶生产过程应符合现行版GMP要求，生产过程中需经60℃加热10小时，以使病毒灭活。

（一）药理作用和临床应用

尿激酶为溶栓药，能直接激活纤维蛋白溶酶原转变为纤维蛋白溶酶，后者不仅能降解纤维蛋白凝块，亦能降解血循环中的纤维蛋白原、凝血因子V和凝血因子Ⅷ等，而起溶解血栓的作用，对新鲜血栓效果较好。静脉滴注后，患者体内纤溶酶活性明显提高。本品还能提高血管ADP酶活性、抑制ADP诱导的血小板聚集、预防血栓形成。静脉注射后迅速由肝脏代谢，$t_{1/2}$约15分钟。用于急性心肌梗死、肺栓塞、脑血管栓塞、周围动脉或静脉栓塞、视网膜动脉或静脉栓塞等；也可用于眼部炎症、创伤性组织水肿、血肿等。因无抗原性，不引起过敏反应，可用于对链激酶过敏者。

（二）用法用量

临床使用制剂为注射用尿激酶，规格有5000单位、1万单位、5万单位、10万单位、20万单位、25万单位、50万单位、100万单位、150万单位。

临用前，加灭菌注射用水适量使溶解。①急性心肌梗死：静脉滴注，1次50万~150万单位，溶于0.9%氯化钠注射液或5%葡萄糖注射液50~100ml中，30分钟内静脉滴注；冠状动脉内溶栓治疗目前已不主张应用，仅造影或者冠状动脉介入治疗时在冠状动脉发生血栓栓塞患者于梗死相关动脉内缓慢注射本品20万~100万单位，先溶于0.9%氯化钠注射液或5%葡萄糖注射液20~60ml中，按每分钟1万~2万单位的速度滴入。②重症肺栓塞：近有采用大剂量冲击疗法的案例。重症肺栓塞者尽早经静脉导管插至右心房，在10分钟内滴入1.5万单位/kg，随即改用肝素。静脉注射，开始时（最初2~3天）每天3万~4万单位，分2次静脉注射，以后每天1万~2万单位，维持7~10天。③儿童静脉滴注：开始2~3天1次200~400单位/kg，每天1次；3天后每天1万~2万单位；维持7~10天后改为肌内注射维持，每天5000单位。④眼科应用：其剂量按病情作全身静脉滴注或静脉注射，眼科局部注射，1次150~500单位，每天1次，前房冲洗液为每1ml含1000单位。

本品溶液必须在临用前新鲜配制，溶解后应立即应用。不得用酸性溶液稀释，以免药效下降。肝功能损害者$t_{1/2}$延长。

（三）不良反应与禁忌

本品毒性很低，小鼠静脉注射半数致死量大于100万IU/kg体重。亦无明显抗原性、致畸性、致癌性和致突变性，临床应用罕有过敏反应报道。一般不良反应包括头痛、恶心、呕吐、食欲缺乏、疲倦、ALT升高、皮疹、支气管痉挛等。使用剂量较大时，少数患者可能有出血现象，轻度出血如皮肤、黏膜出血，肉眼及镜下血尿，血痰或少量咯血、呕血等；严重出血可见大量咯血或消化道大出血，腹膜后出血及颅内、脊髓、纵隔内或心包出血等。在使用过程中需测定凝血情况，如发现有出血倾向，应立即停药，并给予抗纤维蛋白溶酶药氨甲苯酸对抗。本品禁忌如下。

（1）近期（14天内）有活动性出血、手术后活体组织检查、心肺复苏、不能实施压迫部位的血管穿刺及创伤、控制不满意的高血压或不能排除主动脉夹层动脉瘤、出血性疾病或有出血倾向、低纤维蛋白原血症及出血性素质、有出血性脑卒中病史（包括一过性缺血发作）、对扩容和血管加压药无反应的休克、细菌性心内膜炎二尖瓣病变伴心房颤动且高度怀疑左心腔内有血栓、糖尿病合并视网膜病变、严重肝肾功能障碍、意识障碍者禁用。

（2）除非明确需要，否则不应用于孕妇及哺乳期妇女。

（3）肝素和口服抗凝血药不宜与大剂量本品同时使用，以免加重出血。

二、组织纤溶酶原激活剂

组织纤溶酶原激活剂（tissue-type plasminogen activator，t-PA）是体内纤溶系统的生理性激动剂，在人体纤溶和凝血的平衡调节中发挥着关键性作用。

（一）药理作用和临床应用

本品是一种新型的血栓溶解剂，主要成分是糖蛋白，含526个氨基酸残基。可通过其赖氨酸残基与纤维蛋白结合，并激活与纤维蛋白结合的纤溶酶原，使之转变为纤溶酶而溶解血块，这一作用较其激活循环中的纤溶酶原更强，有明显的部位选择性和特异性。因本品选择性地激活血栓部位的纤溶酶原，故不容易引起应用链激酶时常见的出血并发症，不具抗原性。此外，本品可抑制血小板活性。临床用于：①急性心肌梗死的溶栓治疗；②血流不稳定的急性大面积肺栓塞的溶栓疗法；③急性缺血性脑卒中的溶栓治疗，必须在脑梗死症状发生的3小时内进行，且需经影像检查（如CT扫描）排除颅内出血的可能。

（二）用法用量

t-PA临床使用的制剂是注射用阿替普酶，规格有20mg和50mg。本品有两种给药方式：一是静脉注射，50mg溶于灭菌注射用水中，浓度为1mg/ml；二是静脉滴注，100mg溶于0.9%氯化钠注射液500ml中，在3小时内按以下方式滴完，即前2分钟先注入10mg，以后60分钟内滴入50mg，最后120分钟滴完余下的40mg。

应在症状发生后尽快给药。①心肌梗死：对于发病后6小时内给予治疗的患者应采取90分钟加速给药法，即15mg静脉推注，其后30分钟内静脉滴注50mg，剩余35mg在60分钟内静脉滴注，最大剂量达100mg；对于发病后6~12小时内给予治疗的患者应采取3小时给药法，即10mg静脉推注，其后1小时内静脉滴注50mg，剩余40mg在2小时内静脉滴注，最大剂量达100mg。②肺栓塞：应在2小时内给予100mg，即10mg在1~2分钟内静脉推注，90mg在2小时内静脉滴注。③缺血性脑卒中：推荐剂量为18mg/kg，最大剂量为90mg，即先将10%剂量静脉推入，剩余剂量在超过60分钟的时间内静脉滴注。

（三）不良反应与禁忌

本品不良反应较少，可有凝血功能障碍和出血、血细胞比容及血红蛋白降低，如发现严重出血迹象应停药，可发生注射部位出血但不影响继续用药，偶见心律失常、体温升高。治疗急性心肌梗死血液再通时，可能发生再灌注性心律失常，可采用常规抗心律失常治疗。不能与其他药物配伍静脉滴注，也不能与其他药共用同一静脉滴注器具。用药期间应监测心电图。本品禁忌和注意事项如下。

（1）出血性疾病、近 10 天内进行过大手术或发生严重创伤、颅内肿瘤、动静脉畸形或动脉瘤、未能控制的严重原发性高血压、急性缺血性脑卒中可能伴有蛛网膜下腔出血或癫痫发作、脑出血或 2 个月内曾进行过颅脑手术者禁用。

（2）妊娠期及产后 2 周、高龄（70 岁以上）患者慎用。

（3）与其他抗凝血药合用或曾服用口服抗凝剂者用本品会增加出血危险性，与其他纤溶药物合用时应酌情减量。

（4）硝酸甘油可加快本品的消除率，使血药浓度下降，冠状动脉的再灌注减少、再灌注时间延长、血管再闭塞的可能性增加。

 实例分析 7-1

案例　男性，45 岁，突发胸痛、呼吸困难 3 小时，根据患者的临床表现、体征、实验室检查结果和影像结果，诊断为高危（大面积）肺栓塞。

问题　此时应采取的主要治疗措施是什么？

A. 静脉滴注 rt - PA
B. 静脉滴注多巴胺
C. 皮下注射低分子肝素
D. 手术治疗

答案解析

三、门冬酰胺酶

门冬酰胺酶（L-Asparaginase，L-ASP）是从大肠埃希菌等培养液中分离提取而得到的一种酶制剂类抗肿瘤药物。

（一）药理作用和临床应用

门冬酰胺是重要的氨基酸之一，某些肿瘤细胞不能自行合成，需从细胞外摄取（即必须依赖宿主供给）。本品可将血清门冬酰胺水解而使肿瘤细胞缺乏门冬酰胺供应，生长受抑制。正常细胞能合成门冬酰胺，受影响较少。因此，本品是一种对肿瘤细胞具有选择性抑制作用的药物，且与常用的巯嘌呤、阿糖胞苷等无交叉耐药性现象。本品口服后在胃肠道被破坏，肌内注射后血中浓度为静脉注射的 1/10。静脉注射后酶活力维持的时间因产品来源不同而异，一般在 3~24 小时后活力消失一半，3~10 天后即降至微量或不能测出。本品主要由血清的蛋白酶分解和单核-吞噬细胞系统清除，从尿中排出极微，体内无蓄积。临床用于：①急性白血病，对急性淋巴细胞白血病的疗效最好，缓解率在 50% 以上，缓解期为 1~9 个月，尤其是对儿童急性淋巴细胞白血病的诱导缓解疗效较好，对急性粒细胞白血病和急性单核细胞白血病也有一定疗效；②恶性淋巴瘤、黑色素瘤，其优点是对于常用药物治疗后复发的病例也有效，由于单用时缓解期较短，且易产生耐药性，多与其他化疗药物联合应用，以提高疗效。

（二）用法用量

门冬酰胺酶的制剂为注射用门冬酰胺酶，规格有 5000 单位和 1 万单位两种。可静脉滴注、静脉注射或肌内注射、鞘内注射。根据不同病种、不同的治疗方案，本品的用量有较大差异。一般剂量为 1 万~1.5 万单位/m²，1 周 3~7 次，也可 1 周用 1 次。一般 3~4 周为 1 疗程。总剂量应根据所用药物的纯度和毒性而定。静脉注射以 0.9% 氯化钠注射液 20~40ml 稀释，静脉滴注用 5% 葡萄糖注射液或

0.9%氯化钠注射液500ml稀释。儿童肌内注射或静脉注射：6000~10000单位/m²，每2~3天1次。本品溶解后不宜长时间放置，以免丧失活力。药液不澄清者不能使用。

（三）不良反应与禁忌

本品可引起过敏反应，胃肠反应（食欲缺乏、恶心、呕吐腹泻等），骨髓抑制（白细胞和血小板减少，有的患者可有贫血、凝血功能障碍、局部出血、感染等），神经系统反应（头痛、头晕、嗜睡、精神错乱等），血中清蛋白降低，凝血因子和纤维蛋白原下降，肝功能异常，氮质血症等，极少数患者可发生胰腺炎。本品禁忌和注意事项如下。

（1）胰腺炎或患过胰腺炎，尤其是急性出血性胰腺炎，肝、肾、造血、神经功能严重损害，患水痘、广泛带状疱疹等严重感染性疾病患者及妊娠早期妇女禁用。

（2）有过敏史的患者应十分小心或不用。用药前须先做皮试（一般用10~15单位/0.1ml做皮内注射），观察3小时，如有红斑或风团，则为阳性反应，皮试阴性才能用药。用药前须备有抗过敏反应的药物。不同药厂、不同批号的本品，其纯度和过敏反应均有差异。

（3）糖尿病、有痛风或尿酸盐肾结石史、肝功能不全、曾用细胞毒性药物或曾接受放疗及感染患者慎用。本品可增高血尿酸浓度，当与别嘌醇等抗痛风药合用时，应调节抗痛风药的剂量。

（4）泼尼松或促皮质素、长春新碱与本品同用时，会增强本品致高血糖的作用，并可增加本品引起的神经病变及红细胞生成紊乱的危险性。但有报道，如先用前述各药后用本品，则毒性似较先用本品或同时用两药者为轻。

（5）本品与甲氨蝶呤合用时，可抑制后者的抗肿瘤作用，有研究显示如本品在给甲氨蝶呤前9~10天应用或在给甲氨蝶呤后24小时内使用可以避免，并可减少甲氨蝶呤对胃肠道和血液系统的不良反应。

即学即练7-2

门冬酰胺酶和门冬酰胺有何区别？

答案解析

四、胰酶

（一）药理作用和临床应用

胰酶（pancreatin）主要含胰蛋白酶、胰淀粉酶和胰脂肪酶。在中性或弱碱性条件下活性较强，在肠液中可消化蛋白质、淀粉和脂肪，从而起到促进消化和增进食欲的作用。用于各种原因引起的胰腺外分泌不足（糖尿病，肝、胰腺疾病引起的消化障碍）的替代治疗，以缓解消化不良或食欲缺乏等症状。

（二）用法用量

胰酶的制剂包括胰酶胶囊和胰酶肠溶胶囊（规格：0.15g）；胰酶肠溶片（规格：0.3g和0.5g）。本品的给药方式为口服，1次0.3~0.6g，一天3次，餐前或进餐时服。口服时肠溶片不可嚼碎，应整片吞服，肠溶胶囊不得剥开胶囊壳服用。与等量碳酸氢钠合用可增加疗效。在酸性条件下易被破坏，不宜与酸性药物同服。

（三）不良反应与禁忌

胰酶制剂与药物相关的不良反应发生率很低，接受胰酶替代治疗的患者中，偶有腹泻、便秘、胃部不适、恶心和皮肤反应的报道，但不良反应与疾病的相关性有待确认。急性胰腺炎早期患者禁用。对猪源性胰酶制剂过敏者禁用。

五、抑肽酶

（一）药理作用和临床应用

抑肽酶（trasylol）具有广谱蛋白酶抑制作用，能抑制胰蛋白酶、糜蛋白酶，阻止胰腺中纤维蛋白酶原及胰蛋白酶原自身的激活；能抑制纤维蛋白溶酶和纤维蛋白溶酶原的激活因子，阻止纤维蛋白溶解所致的急性出血；能抑制激肽释放酶，从而抑制其舒张血管、增加毛细血管通透性、降低血压的作用。但本品的蛋白酶抑制作用是可逆的，并且与各种蛋白酶结合后的解离常数也是不同的。本品与胰蛋白酶的结合最牢固，与血管舒缓素结合的复合体不牢固，但仍能显示出治疗作用。临床用于预防和治疗急性胰腺炎、纤维蛋白溶解所引起的弥散性血管内凝血；也用于抗休克治疗；腹腔手术后，直接注入腹腔可预防术后肠粘连。

（二）用法用量

本品的制剂为注射用抑肽酶，规格包括28单位（5万KIU）、56单位（10万KIU）、112单位（20万KIU）、278单位（50万KIU）。用法为静脉注射及滴注：第1~2天，每天8万~12万KIU，首剂用量应大些，缓慢静脉注射（每分钟不超过2ml）。维持剂量宜采用静脉滴注，每天2万~4万KIU。由纤维蛋白溶解引起的出血，应立即静脉注射8万~12万KIU，以后每2小时1万KIU，直至出血停止。若以预防为主，手术前一天开始，每天2万KIU，共3天。治疗肠瘘及连续渗血也可局部应用。预防术后肠粘连，在手术切口闭合前腹腔直接注入2万~4万KIU，注意勿与伤口接触。

（三）不良反应与禁忌

少数过敏体质患者用药后可有过敏反应，故使用前应进行过敏反应试验。使用中如出现过敏反应，应立即停药。注速过快时偶见恶心、荨麻疹、发热、瘙痒、血管痛等；多次注射可能产生静脉炎及脉搏加快、青色症、多汗、呼吸困难、休克等。

六、玻璃酸酶

（一）药理作用和临床应用

玻璃酸酶（hyaluronidase）又名透明质酸酶，是存在于人体组织间基质中的黏多糖，它能使透明质酸等水解和解聚，从而降低体液黏度，使细胞间液易流动扩散，局部潴留的药液、渗出液或血液扩散，加速药物吸收，减轻局部组织张力，并有利于水肿、炎性渗出物的吸收消散。本品还是关节软骨的基本成分之一，对关节软骨具有营养和保护作用，维持其功能。临床用于：预防结膜化学烧伤后的睑球粘连，治疗创伤性眼眶内出血、创伤性视网膜水肿等；促进玻璃体浑浊及出血的吸收；促使结膜下出血或球后血肿的吸收；骨关节炎的治疗；提高其他注射药物（如局部麻醉药、胰岛素等）的吸收与分布速度。

（二）用法用量

本品的制剂为注射用玻璃酸酶，规格包括 150 单位和 1500 单位。①滴眼给药时，剂量 150U/ml，每 2 小时 1 次。②结膜下注射时，每次 50 ~ 150U/0.5ml，每日或隔日 1 次。③球后注射时，1 次 100 ~ 300U，每日 1 次。④关节腔内注射时，每次 300U（2ml），连续 3 ~ 5 周。⑤局部注射时，视需要而定，每次不超过 1500U。本品不能静注，且应现配现用。

（三）不良反应与禁忌

个别情况下可致过敏反应，包括瘙痒、荨麻疹以及其他较严重的过敏反应，用前应做皮肤敏感试验（以氯化钠注射液溶解配制成 150U/ml 溶液，皮内注射 0.02ml）。本品禁忌和注意事项包括：①对本品过敏、已知或可疑恶性肿瘤、心力衰竭或休克患者禁用。②机体存在感染者、孕妇及哺乳期妇女慎用。③不可直接涂敷角膜，也不能用于咬伤和刺伤肿胀的消肿。④禁用于感染局部，以防引起扩散。

七、胃蛋白酶

（一）药理作用和临床应用

胃蛋白酶（pepsin）为消化酶，在胃酸参与下促进蛋白质分解成蛋白胨和䏖，但不能进一步使之分解成氨基酸。本品消化力以含 0.2% ~ 0.4% 盐酸（pH 1.6 ~ 1.8）最强，故常与稀盐酸合用。用于因食蛋白性食物过多所致的消化不良、病后恢复期消化功能减退以及慢性萎缩性胃炎、胃癌、恶性贫血所致的胃蛋白酶缺乏。

（二）用法用量

本品的制剂有胃蛋白酶片（规格：120 单位）、胃蛋白酶颗粒（规格：480 单位）和含糖胃蛋白酶（1g：120 单位、1g：1200 单位）。胃蛋白酶片口服时，每次 2 ~ 4 片，每日 3 次，餐前或餐时服，同时服稀盐酸（0.1mol/L）0.5 ~ 2ml。含糖胃蛋白酶口服，1 次 0.2 ~ 0.4g（1g 1200 单位），每日 3 次，饭前或饭时服。

（三）不良反应与禁忌

对本品过敏者禁用，过敏体质者慎用。本品在碱性环境中活性降低，故不宜与抗酸药配伍，也不宜与铝制剂同服。吸潮、变性不宜用。

八、辅酶 Q_{10}

（一）药理作用和临床应用

辅酶 Q_{10}（coenzyme Q_{10}）具有保肝、增强免疫力的作用。临床用于肝炎、心血管疾病、恶性肿瘤等多种疾病的辅助治疗；对病毒性肝炎、剂型肝坏死有较好的疗效；慢性 HBsAg（乙肝表面抗原）血症、重症肝炎及慢性活动性肝炎亦可应用。

（二）用法用量

辅酶 Q_{10} 的制剂包括辅酶 Q_{10} 片（规格：5mg、10mg、15mg），辅酶 Q_{10} 软胶囊（规格：5mg、10mg、

15mg）和辅酶 Q_{10} 注射液（2ml∶5mg）。注射液采用肌内或静脉注射，每次 5～10mg，每日 1 次。口服给药时，每次 10mg，每日 3 次，疗程一般 1 个月以上。

（三）不良反应与禁忌

偶有厌食、恶心、胃部不适、荨麻疹及一过性心悸等不良反应。

 知识链接

α-分泌酶在阿尔茨海默病中的应用研究

阿尔茨海默病（Alzheimer disease，AD）是一种起病隐匿的进行性发展的神经系统退行性疾病，主要是由于患者脑内 β-淀粉样蛋白（β-amyloid，Aβ）代谢失衡、异常聚集并最终导致神经损伤。体内 Aβ 是由 β-淀粉样前体蛋白经 β-分泌酶和 γ-分泌酶水解而来。因此，α-分泌酶可以作为 AD 的治疗靶点之一。一类属于解聚素和金属蛋白酶（ADAM）家族成员的蛋白质（主要指 ADAM10、ADAM17 和 ADAM9），被认为具有 α-分泌酶的生物学功能；这类分子是具有多结构域的跨膜蛋白，其金属蛋白酶结构域是发挥 α-分泌酶活性的关键部位。流行病学研究显示，因高血脂服用他汀类药物、绝经后服用雌激素及因关节炎服用非甾体抗炎药的人群 AD 发病率低，研究显示这些药都能够通过不同的途径使 α-分泌酶的活性发生改变；α-分泌酶作为各种物质影响 β-淀粉样前体蛋白分解代谢调节的最后通路，提示其有可能作为治疗 AD 的新的药物靶点。

 **目标检测**

答案解析

一、选择题

A 型题

1. 与胰蛋白酶结合牢固，可用于防治急性胰腺炎的酶类药物是（　　）

    A. 抑肽酶　　　　　　　　　B. 尿激酶　　　　　　　　　C. t-PA

    D. 玻璃酸酶　　　　　　　　E. 胃蛋白酶

2. 下列可用于治疗骨关节炎的酶类药物是（　　）

    A. 抑肽酶　　　　　　　　　B. 尿激酶　　　　　　　　　C. t-PA

    D. 玻璃酸酶　　　　　　　　E. 胃蛋白酶

3. 下列能作为溶栓药是（　　）

    A. 抑肽酶　　　　　　　　　B. 尿激酶　　　　　　　　　C. t-PA

    D. 胰酶　　　　　　　　　　E. 胃蛋白酶

X 型题

4. 胰酶的主要成分有（　　）

    A. 胰蛋白酶　　　　　　　　B. 胰淀粉酶　　　　　　　　C. 胰脂肪酶

    D. 胰溶解酶　　　　　　　　E. 胃蛋白酶

5. 辅酶 Q_{10} 片的临床应用包括（　　）

    A. 保肝　　　　　　　　　　B. 溶栓　　　　　　　　　　C. 抗肿瘤

D. 增强免疫力 　　　　E. 降低体液黏度

二、简答题

简述门冬酰胺酶抗肿瘤的作用机制。

书网融合……

知识回顾　　　　微课　　　　习题

（刘晓珊）

第八章 细胞因子类药物

学习引导

细胞因子类药物是生物技术药物的重要类型之一。作为机体免疫应答效应分子和各细胞间信息传递网络的中介，具有广泛生物活性的细胞因子在机体受到内外环境刺激时，可发挥多种生物学效应，包括调节免疫、抗炎、抗病毒、抗肿瘤及调节细胞增殖、分化等。细胞因子类药物在我国的发展状况良好，自 20 世纪 80 年代末基因工程药物的开发研究兴起后，基因工程细胞因子类药物也进入研制开发阶段。重点研制和开发的基因工程细胞因子药物有干扰素（IFN）、白细胞介素（IL）、肿瘤坏死因子（TNF）、集落刺激因子（CSF）、表皮生长因子（EGF）等。

基于细胞因子类药物的重要作用，本章在概述中讲述了细胞因子的概念和种类；细胞因子基本特性包括多效性、重叠性、拮抗性和协同性。细胞因子的作用方式包括自分泌、旁分泌和内分泌。本章对几种重要的细胞因子进行了介绍，包括干扰素、白细胞介素、肿瘤坏死因子、集落刺激因子和生长因子的结构与性质、生物学活性与临床应用。

学习目标

思政素养目标

1. 通过对细胞因子类药物临床应用及不良反应的学习，使学生认识到医药卫生工作的严谨性，树立高度的职业责任感和使命感。

2. 通过我国干扰素研发过程中的案例学习，使学生感受科学家为人类健康做出的贡献，学习科学工作的严谨性，树立职业认同感和爱岗敬业的精神。

知识目标

1. **掌握** 细胞因子的概念、基本特性和主要种类；几种主要细胞因子药物的来源、生物学活性。

2. **熟悉** 各类细胞因子的分泌细胞及其临床应用。

3. **了解** 各类细胞因子类药物的结构特点及细胞因子受体家族特点。

技能目标

1. 能尝试阐述常见类型细胞因子类药物的生物学活性及临床应用。

2. 熟知各类细胞因子药物的结构特点。

第一节　概　述 <small>微课1</small>

一、细胞因子的概念

细胞因子（cytokine，CK）是免疫原、丝裂原或其他刺激剂诱导机体各种细胞分泌的多肽类或蛋白质分子，绝大多数细胞因子为分子量小于 25kDa 的糖蛋白，通过结合细胞表面的相应受体发挥调节免疫、抗炎、抗病毒、抗肿瘤及调节细胞增殖、分化等多种作用，是除免疫球蛋白和补体之外的另一类免疫分子。

细胞因子已经广泛应用于疾病的预防、诊断和治疗过程中。随着分子生物学、细胞生物学及基因重组等各项生物工程技术的飞速发展，目前大多数细胞因子的制备均可利用基因工程技术而获得。自干扰素成为第一个得到美国 FDA 批准上市细胞因子药物以来，多种细胞因子的应用在临床特别是肿瘤生物治疗领域取得了较好的成果，其以低剂量、高疗效的特点受到了人们的广泛关注。有理由相信，在不久的将来，会有更多的细胞因子类药物在临床治疗中得到更广泛的应用。

二、细胞因子的分类

细胞因子的产生主要由活化免疫细胞和非免疫细胞完成，其合成和分泌的细胞因子种类繁多，生物学作用多样。根据细胞因子的功能不同，可将细胞因子分为以下几类。

（一）干扰素

干扰素（interferon，IFN）是最先被发现的细胞因子。根据其来源和结构，可分为 IFN - α、IFN - β 和 IFN - γ，分别由白细胞、成纤维细胞和活化的 T 细胞产生。IFN - α 为多基因产物，存在 23 种不同的亚型，但它们的生物活性基本相同；IFN - β 和 IFN - γ 只有单一亚型。IFN 除具有抗病毒作用外，还有抗肿瘤、免疫调节、控制细胞增殖、引起发热等作用。

（二）白细胞介素

白细胞介素（interleukin，IL）是由多种细胞分泌的一类具有免疫调节活性的细胞因子。由于这类药物主要由白细胞合成，且主要介导白细胞间的相互作用，故将这一类细胞因子统一命名为白细胞介素，简称白介素，并以阿拉伯数字排列，如 IL - 1、IL - 2 等。由于白介素具有广泛的生物学功能，且用量极小就可以起到重要的介导效应，因此，目前有多种重组白介素已经或即将用于临床。

（三）肿瘤坏死因子

肿瘤坏死因子（tumor necrosis factor，TNF）是一类能直接造成肿瘤细胞死亡的细胞因子。根据其来源和结构可分为两种：TNF - α 和 TNF - β，前者由单核 - 巨噬细胞产生，后者由活化的 T 细胞产生。除有杀肿瘤作用外，TNF 还可引起发热和炎症反应，大剂量 TNF - α 可引起恶病质，使患者表现出进行性消瘦，因此 TNF - α 又被称为恶病质素。

（四）生长因子

对机体不同细胞具有促生长作用的细胞因子称为生长因子（growth factor，CF），包括胰岛素样生长因子（insulin - like growth factor，IGF）、表皮生长因子（epidermal growth factor，EGF）、血小板衍生生长因子（platelet – derived growth factor，PDGF）、成纤维细胞生长因子（fibroblast growth factor，TGF）、神经生长因子（nerve growth factor，NGF）、转化生长因子（transforming growth factor，TGF）、抑制素（inhibin）、骨形态形成蛋白（bone morphogenetic protein，BMP）等。

（五）集落刺激因子

在进行造血细胞的体外研究中，发现一些细胞因子可刺激不同的造血干细胞在半固体培养基中形成细胞集落，因此命名为集落刺激因子（colony stimulating factor，CSF）。根据作用的靶细胞不同，可将CSF 分为以下几类：①刺激白细胞的 CSF，又可分为粒细胞集落刺激因子（granulocyte colony stimulating factor，G – CSF）、巨噬细胞集落刺激因子（macrophage colony stimulating factor，M – CSF）、粒细胞 – 巨噬细胞集落刺激因子（granulocyte – macrophage colony stimulating factor，GM – CSF）、多潜能集落刺激因子（multipotential – colony stimulating factor，Multi – CSF）。②刺激红细胞的促红细胞生成素（erythropoietin，EPO）。③刺激造血干细胞的干细胞因子（stem cell factor，SCF）。④刺激胚胎干细胞的白血病抑制因子（leukemia inhibitory factor，LIF）。⑤刺激血小板的血小板生成素（thrombopoietin，TPO）。这些细胞因子均有集落刺激活性，不同的 CSF 对不同发育阶段的造血干细胞和造血祖细胞起促增殖分化作用，是血细胞发生必不可少的刺激因子。

即学即练 8 – 1

细胞因子是一类怎样的药物？有哪些种类？

答案解析

三、细胞因子的作用方式和基本特性

细胞因子由抗原、丝裂原或其他刺激物激活的细胞分泌，通过旁分泌、自分泌或内分泌的方式发挥作用。若某种细胞因子作用的靶细胞即是其产生细胞，则该细胞因子对靶细胞表现出的生物学作用称为自分泌效应，如图 8 – 1 所示，T 淋巴细胞产生的白细胞介素 – 2（IL – 2）可刺激 T 淋巴细胞本身生长。若细胞因子的产生细胞不是靶细胞，但两者邻近，则该细胞因子对靶细胞表现出的生物学作用称为旁分泌效应，如树突细胞产生的 IL – 12 可支持近旁的 T 淋巴细胞增殖及分化。少数细胞因子如 TNF、IL – 1 在高浓度时也可通过进入血液（体液）途径作用于远处的靶细胞，则表现内分泌效应。

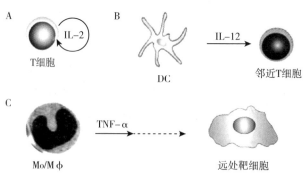

图 8 – 1　细胞因子的作用方式

A. 自分泌；B. 旁分泌；C. 内分泌

体内各种细胞因子之间并不是孤立存在的，而是有着复杂的相互作用，它们之间通过合成和分泌的相互调节、受体表达的相互调节及生物学效应的相互影响组成一个复杂的细胞因子调节网络。细胞因子发挥生物学作用表现出一些基本的特性：①多效性。一种细胞因子作用于多种靶细胞，产生多种生物学效应。如 IFN‑γ 既可上调有核细胞表达 MHC Ⅰ 类分子也可激活巨噬细胞。②重叠性。几种不同的细胞因子作用于同一种靶细胞，产生相同或相似的生物学效应的累加效应，如 IL‑6 和 IL‑13 均可刺激 B 淋巴细胞增殖。③拮抗性。某种细胞因子抑制其他细胞因子发挥的生物学作用，如 IL‑4 可抑制 IFN‑γ 刺激 Th 细胞向 Th1 细胞分化的功能。④协同性。一种细胞因子强化另一种细胞因子的功能，两者表现协同性，如 IL‑32 和 IL‑11 共同刺激造血干细胞的分化成熟。

四、细胞因子受体

细胞因子发挥广泛多样的生物学功能是通过与靶细胞膜表面的受体相结合并将信号传递到细胞内部，启动复杂的细胞内分子间相互作用，最终引起细胞基因转录的变化。随着对细胞因子受体广泛而深入的研究，发现细胞因子受体的不同亚单位中有共享链现象。这从受体水平上为阐明各种细胞因子生物学活性的相似性和差异性提供了分子依据。绝大多数细胞因子受体存在可溶性形式，探明可溶性细胞因子受体产生的规律及其生理和病理意义，有助于扩展人们对细胞因子网络作用的认识。检测细胞因子及其受体水平已成为基础和临床免疫学研究中的一个重要方面。

根据细胞因子受体（cytokine receptor，CK‑R）cDNA 序列以及受体胞膜外区氨基酸序列的同源性和结构性，可将细胞因子受体主要分为四种类型：免疫球蛋白超家族（IGSF）、造血细胞因子受体超家族、神经生长因子受体超家族和趋化因子受体。

细胞因子受体中的共享链：大多数细胞因子受体是由两个或两个以上的亚单位组成的异源二聚体或多聚体，通常包括一个特异性配体结合 α 链和一个参与信号的 β 链。α 链构成低亲和力受体；β 链一般不能单独与细胞因子结合，但参与高亲和力受体的形成和信号转导。通过配体竞争结合试验、功能相似性分析以及分子克隆技术证明，在细胞因子受体中存在不同细胞因子受体共享同一种链的现象。

在自然状态下，细胞因子受体主要以膜结合细胞因子受体（mCK‑R）和存在于血清等体液中可溶性细胞因子受体（sCK‑R）两种形式存在。细胞因子复杂的生物学活性主要是通过与相应的 mCK‑R 结合后所介导的，而 sCK‑R 却具有独特的生物学意义。sCK‑R 水平的变化与某些疾病的关系日益受到学者们的重视。

 知识链接

sCK‑R 与临床

检测某些 sCK‑R 水平可辅助临床对某些疾病的早期诊断，了解病程的发展与转归，并可对患者免疫功能状态及预后进行评估，对临床治疗也有一定指导意义。大多数 sCK‑R 与细胞因子结合后阻断细胞因子与膜受体结合，从而抑制细胞因子的生物学活性，应用 sCK‑R 为减轻或防止炎性细胞因子造成的病理损害提供了新的治疗途径。动物实验结果表明，局部注射 sIL‑1R 可抑制 IL‑1 介导的炎症反应。sIL‑1R 可降低小鼠同种异体心脏移植的排异反应以及大鼠实验性关节炎和过敏性大脑炎。在体外，sIL‑1R 可明显抑制急性髓样白血病患者骨髓细胞的增殖。应用 IL‑1R 基因工程产品治疗关节炎、糖尿病以及防治器官移植排斥等进入临床验证。动物体内注射 sIL‑4R 可延长同种异体移植物的存活时间，抑制 GVHR，降低 Ⅰ 型超敏反应。应用 sTNFR 可减轻 TNF 在自身免疫性疾病中所介导的病理损害，并可减轻败血症休克症状。

第二节　典型药物 ^e微课2

一、干扰素

（一）概述

干扰素（IFN）是由病毒或其他 IFN 诱生剂刺激单核细胞和淋巴细胞所产生的一组具有多种功能的分泌性蛋白质（主要是糖蛋白），它们在同种细胞上具有广谱的抗病毒、影响细胞生长与分化，以及调节免疫功能等多种生物活性。干扰素是一种广谱抗病毒剂，但并不直接杀伤或抑制病毒，而主要是通过细胞表面受体作用使细胞产生抗病毒蛋白，从而抑制病毒复制。干扰素的产生其实是人体细胞对病毒的防御反应结果。同时干扰素还可增强自然杀伤细胞（natural killer cell，NK 细胞）、巨噬细胞和 T 淋巴细胞的活力，从而起到免疫调节作用。干扰素可分为 α-（白细胞）型、β-（成纤维细胞）型、γ-（淋巴细胞）型。干扰素分子小，对热较稳定，4℃可保存很长时间，-20℃可长期保存其活性。经近 30 年的临床研究和临床应用，干扰素已成为一种重要的广谱抗病毒、抗肿瘤治疗药物。

IFN 可以从来源分为两大类。第一类是天然 IFN，种类繁多，分子量不同，抗原性亦不同。按动物来源可分为人 IFN、牛 IFN 等；第二类是指基因工程 IFN，即以基因重组技术生产的 IFN。这类重组 IFN 具有与天然 IFN 完全相同的生物学活性。根据 IFN 蛋白质的氨基酸结构、抗原性和细胞来源，将人细胞所产生的几种 IFN 分为 IFN-α、IFN-β 和 IFN-γ。在此 3 型 IFN 中又因其氨基酸顺序不同，可分为若干亚型，IFN-α 至少有 20 个以上的亚型，而 IFN-β 则有 4 个亚型，IFN-γ 只有 1 个亚型。IFN-α 的亚型有 IFN-α_1、IFN-α_2、IFN-α_3 等或 IFN-α_{1b}、IFN-α_{2a}、IFN-α_{2b}、IFN-α_{2c} 等。

（二）干扰素的性质与结构

IFN-α 主要由人白细胞产生，IFN-β 主要由人成纤维细胞产生，均表现出较强的抗病毒作用。IFN-γ 由 T 细胞产生，表现出较强的免疫调节作用。用仙台病毒刺激白细胞可以产生 IFN-α，用多聚核苷酸刺激成纤维细胞则可以产生 IFN-β，而用抗原刺激淋巴细胞则会产生 IFN-γ。

1. IFN-α 和 IFN-β　人源 IFN-α 分子由 165/166 个氨基酸组成，无糖基，分子量约为 19kDa，IFN-β 分子含 166 个氨基酸，有糖基，分子量为 23kDa。两型 IFN 的氨基酸序列有 60%～70% 的相似性，基因的碱基序列有 30%～40% 的相似性。现代研究表明，IFN-α 和 IFN-β 具有相同的受体，分布相当广泛，如结合相同的受体，将发挥相似的生物学效应。

人 α 和 β 型 IFN 位于人 9 号染色体，并连锁在一起。IFN-α 基因至少有 20 个，成串排列在同一个区域，无内含子，同种属 IFN-α 不同基因产物其氨基酸同源性≥80%。IFN-β 基因只有 1 个，无内含子。

2. IFN-γ　人 IFN-γ 成熟分子由 143 个氨基酸组成，糖蛋白以同源双体形式存在，其生物学作用有严格的种属特异性。IFN-γ 基因定位于第 12 号染色体，与 α 和 β 型 IFN 基因完全不同，在氨基酸序列上与 α 和 β 型 IFN 也无同源性，而且三者的理化性质也大不相同。IFN-α/β 在 pH 2～10 以及热（56℃）条件下仍稳定，而 IFN-γ 则很易丧失活性。人 IFN-γ 受体基因位于 6 号染色体，IFN-γ 受体分布也相当广泛，其 N 末端与 IFN-α/β 受体有一定的同源性，具有种属特异性。

IFN-α、β 和 γ 的种属特异性不同，IFN-α 和 IFN-β 的种属特异性并不严格，如人 IFN-α 不仅

对猴有效，对家兔也有效，且对牛肾细胞也有较高的感受性，但 IFN - β 对牛肾细胞感受性较低。与此相对应，IFN - γ 则具有严格的种属特异性，如人的 IFN - γ 对猴则无效。

即学即练 8 - 2

查阅文献，说说怎样用基因工程方法制备重组人干扰素？

答案解析

（三）IFN 的生物学活性与临床应用

不同类型的 IFN 因其性质、结构等差异，其生物学活性及临床应用也有所不同。

1. 抗病毒作用　IFN 作为一种广谱抗病毒的细胞因子药物，其抗病毒作用机制并不是直接杀伤或抑制病毒，而是首先作用于细胞的 IFN 受体，经信号转导等一系列过程，激活细胞基因表达多种抗病毒蛋白，从而实现对病毒的抑制作用。

IFN 抗病毒的作用特点：①间接性，通过诱导细胞产生抗病毒蛋白等效应分子发挥抗病毒作用。②广谱性，抗病毒蛋白属于广谱性酶类，对多数病毒均有一定抑制作用。③种属特异性，一般在异种细胞中无活性，而在同种细胞中活性较高。④发挥作用迅速，IFN 既能限制病毒扩散又能中断受染细胞的病毒感染。在感染初期，即体液免疫和细胞免疫发生作用之前，干扰素发挥重要的抗感染作用。此外，IFN 还可增强自然杀伤细胞（NK 细胞）、巨噬细胞和 T 淋巴细胞的活力，从而起到免疫调节作用，并提高机体抵抗力。

由于干扰素几乎能抵抗所有病毒引起的感染，如水痘、肝炎、狂犬病等，因此它是一种抗病毒特效药。目前，IFN - α 用于治疗乙型、丙型肝炎疗效是肯定的。利巴韦林联合 IFN - α 治疗丙型肝炎，对于 40% 慢性丙型肝炎患者具有不同程度的疗效。而且，基因重组技术为保障 IFN 的临床推广应用提供了广阔的天地。例如，新开发的一种药物聚乙二醇干扰素，由于其独特的药动学特点，在机体内耐受性要优于普通干扰素，临床试验中显示出比普通干扰素更好的疗效。聚乙二醇干扰素联合利巴韦林治疗慢性丙型肝炎被证明是目前的最佳疗法，也是中国市场上第一个长效 IFN 类药物，可以在丙肝病毒基因分型基础上进行抗病毒治疗。此外，IFN - α 还可以用来治疗尖锐湿疣、流行性感冒、带状疱疹、病毒性角膜炎等常见病毒性疾病。

》》实例分析 8 - 1

案例　尖锐湿疣是一种由乳头瘤病毒感染所致的性传播疾病，该病易于复发，临床缺乏特效疗法，研究人员用激光治疗联合皮损内注射干扰素治疗尖锐湿疣取得了满意疗效。将 68 例患者（男 48 例，女 20 例）随机分为 2 组，治疗组 40 例，用激光加干扰素 100 万 IU 皮损内注射；对照组 28 例，用激光加干扰素 100 万 IU 肌内注射（全身性用药）。其他治疗如酌用药物防止创面感染、促进创面愈合等措施相同。治疗组 40 例，半年内复发 4 例，复发率 10%；对照组 28 例，半年内复发 10 例，复发率 36%。两组疗效有显著性差异（$P < 0.005$）。干扰素皮损内注射组的复发率明显低于对照组，说明干扰素治疗尖锐湿疣可降低复发率。

讨论　皮损内注射干扰素的作用是什么？

答案解析

2. 抗肿瘤作用　IFN 有明显的抗肿瘤作用，早在 IFN 发现后不久就已经被证明，IFN 可以抑制某些

RNA 或 DNA 肿瘤病毒在试管内的细胞转化作用。在动物实验中也已被证实，IFN 不论对由肿瘤病毒引起的动物肿瘤，还是对动物移植肿瘤均有明显的抑制作用。此外，IFN 不仅能抑制细胞 DNA 合成，还能减慢细胞有丝分裂速度。而且，这种抑制作用有明显的选择性，对肿瘤细胞的作用比对正常细胞的作用强 500 ~ 1000 倍。

现代研究表明，IFN 抗肿瘤机制如下：①直接抑制肿瘤细胞增殖；②通过调节免疫应答间接抗肿瘤。如 IFN – α/β 杀伤肿瘤细胞主要是通过促进机体免疫功能，提高巨噬细胞、NK 和 CTL 的杀伤水平。还能促进主要组织相容性抗原（MHC）的表达，使肿瘤细胞易于被机体免疫识别和攻击。

IFN 对部分肿瘤疗效确切，尤其在肿瘤负荷小鼠作用明显。抗肿瘤 IFN 已应用于乳腺癌、骨髓癌等多种癌症的临床治疗。目前多主张 IFN – α 长期低剂量使用，同时配合采用瘤内或区域内给药，并与放疗、化疗合用效果更佳。IFN – γ 单独应用对抗肿瘤无效，但与一些细胞因子合用则有抗肿瘤活性。如 IFN – γ + TNF 配合其他化疗药物治疗胃肠道肿瘤、黑色素瘤和肉瘤有一定的治疗作用。

3. 免疫调节作用　IFN 对于整个机体的免疫功能（包括免疫监视、免疫防御、免疫稳定）均有不同程度的调节作用。

（1）对巨噬细胞的作用　IFN – γ 可促进巨噬细胞吞噬免疫复合物、抗体包被的病原体和肿瘤细胞。并可使巨噬细胞表面 MHC Ⅱ类分子的表达增加，从而增强其抗原提呈能力。

（2）对淋巴细胞的作用　IFN – γ 对淋巴细胞的作用可受剂量和时间等因素的影响而产生不同的效应。应用低剂量 IFN 或者在抗原致敏之后加入 IFN 能产生免疫增强的效果，而在抗原致敏之前使用大剂量 IFN 或将 IFN 与抗原同时投入则会产生明显的免疫抑制作用。

（3）对其他细胞的作用　研究表明，IFN – γ 有刺激中性粒细胞，从而增强其吞噬能力的作用；IFN – γ 也可以使某些正常不表达 MHC Ⅱ类分子的细胞（如血管内皮细胞、某些上皮细胞和结缔组织细胞）表达 MHC Ⅱ类分子，从而发挥抗原提呈作用。

临床研究表明，通过观察接受 IFN 治疗的肿瘤患者，其周围血淋巴细胞的 NK 活力有明显增加，甚至在每日注射 IFN 长达 9 个月的患者，这一增加现象仍然持续。在用大剂量人 IFN – α 制剂治疗病毒性疾病的过程中，也发现接受 IFN 治疗患者的周围血淋巴细胞对植物血凝素（PHA）的反应受到抑制。此外，IFN 可用于治疗多发性硬化病；IFN 可以治疗慢性肉芽肿；利用 IFN 的免疫调节作用还可用于脓毒性休克、类风湿关节炎的治疗等。

4. IFN 临床应用的不良反应

（1）发热，初次用药时常出现高热现象，以后逐渐减轻或消失。

（2）感冒样综合征，多在注射后 2 ~ 4 小时出现。有发热、寒战、乏力、肝区痛、背痛和消化系统症状，如恶心、食欲不振、腹泻及呕吐。治疗 2 ~ 3 次后逐渐减轻。对感冒样综合征可于注射后 2 小时给予对乙酰氨基酚等解热镇痛药对症处理，不必停药；或将注射时间安排在晚上。

（3）骨髓抑制，出现白细胞及血小板减少，一般停药后可自行恢复。治疗过程中白细胞及血小板持续下降，要严密观察血象变化。

（4）神经系统症状，如失眠、焦虑、抑郁、兴奋、易怒、精神病。出现抑郁及精神病症状应停药。

（5）出现癫痫、肾病综合征、间质性肺炎和心律失常等这些疾病和症状时，应停药观察。

（6）诱发自身免疫性疾病，如风湿性关节炎、甲状腺炎、血小板减少性紫癜、溶血性贫血和血管炎综合征等，停药后可减轻症状。

 **知识拓展**

"中国干扰素之父"侯云德

自1957年英国病毒学家 Alick Isaacs 等发现干扰素以来,干扰素一直受到医学界和生物学界的极大重视。20世纪80年代,国外科学家以基因工程的方式,把干扰素制成治疗药物,该类药物很快成为国际公认的治疗肝炎、肿瘤等疾病的首选药。但当时干扰素价格极为昂贵,每克价值数万美元。我国科学家侯云德与吴淑华等同事们克服了设备落后、资金人手不足、参考资料匮乏等困难,埋头苦干,几经挫折,终于在1976年找到了能诱生干扰素的高产病毒株和最佳诱生条件,并发现人脐血白细胞诱生干扰素的能力明显地高于成人血白细胞。接着,又制定了人白细胞干扰素的分离、提取和纯化流程,从而在国内首次研制成功了临床级人白细胞干扰素,并将此技术推广,使干扰素得以批量生产。侯云德成功研发出具有自主知识产权、国际独创的国家Ⅰ类新药——重组人干扰素 – α_{1b},打破了以往国内基因工程原创药品为零的尴尬局面。它比国外的重组人干扰素 – α_{2a}、重组人干扰素 – α_{2b} 等副作用更小,对治疗乙肝、丙肝、慢性宫颈炎、疱疹性角膜炎等常见病有明显疗效。

"中国干扰素之父"是业内不少人对侯云德的尊称。在岁月的长河里,为了守卫人民的生命健康,侯云德集毕生精力奉献于病毒学。侯云德说:"认识世界的目的应当是要改变世界,学习病毒学、研究病毒学,目的应当是预防和控制病毒,为人类做出更加切身的贡献。"

二、白细胞介素

(一)概述

白细胞介素(IL)简称白介素,是由多种细胞产生并作用于多种细胞的一类细胞因子。由于最初发现是由白细胞产生又在白细胞间发挥调节作用,所以由此得名。IL现在是指一类分子结构和生物学功能已基本明确,具有重要调节作用统一命名的细胞因子。IL在传递信息,激活与调节免疫细胞,介导T细胞和B细胞活化、增殖与分化及在炎症反位中起重要作用,是淋巴因子家族中的成员,由淋巴细胞、巨噬细胞等产生。

研究者在对免疫应答的研究过程中,发现在各种刺激物处理的细胞培养上清中存在许多具有生物活性分子,就以测得的活性进行命名,十几年陆续报道了近百种因子。后来通过分子生物学技术进行比较研究发现,以往许多以生物活性命名的因子实际上是能发挥多种生物学效应的同一物质。为了避免命名的混乱,1979年第二届国际淋巴因子专题会议将免疫应答过程中白细胞间相互作用的细胞因子统一命名为白细胞介素,在名称后加阿拉伯数字编号以示区别,如IL – 1、IL – 2……,新确定的因子依次命名。从20世纪70年代发现IL – 1起,到目前有30多种白介素相继被发现,多数白介素的基本特性与生物学功能已经明确。

(二)生物学作用

白介素的生物学功能极为广泛,且十分复杂。不同的白介素在不同个体和不同条件下,既可表现出相似性,也可表现出特殊性;既能产生协同作用,又能产生拮抗作用。因而,在白介素参与的生命活动中,常可发现它具有维系健康和参与致病的双重性。

1. 参与免疫应答与免疫调节 在免疫应答过程中,IL – 1、IL – 2、IL – 4、IL – 5、IL – 6、IL – 10、IL – 13、IL – 15、IL – 18、IL – 21、IL – 22 等白介素可促进抗原呈递细胞和T、B等免疫细胞的活化与

增殖，并能调节细胞免疫和体液免疫的发生强度。

2. 刺激造血细胞发育、分化和参与损伤组织的修复　在造血细胞发生过程中，髓系干细胞的发育与分化依赖于 IL-1、IL-3、IL-5、IL-6、IL-8、IL-9、IL-11 等；而 IL-1、IL-2、IL-3、IL-5、IL-7、IL-8、IL-9、IL-11、IL-12、IL-13、IL-14 等是淋巴干细胞分化和增殖不可缺少的细胞因子。同时，任何组织损伤的修复，也必须有相关白介素成员的参与。

3. 参与神经-内分泌系统和免疫系统间的信号传递　在神经系统和免疫系统的细胞表面相互存有细胞因子或神经递质的受体。IL-1β、IL-2、IL-6、IL-8 等可由脑内胶质细胞或神经元合成，而内分泌细胞也可合成和分泌多种类型的白介素，如此，白介素与其他细胞因子、激素和神经递质构成了细胞间相互作用的分子网络。

4. 参与细胞凋亡和抗肿瘤　某些白介素成员如 IL-2、IL-3、IL-4、IL-5 等可直接参与和调节细胞凋亡的诱导过程。而 IL-4 可抑制多种肿瘤细胞的生长，IL-1、IL-2 还可诱导 CTL、NK 细胞和淋巴因子激活的杀伤细胞（lympholine-activated killer cell，LAK）对肿瘤细胞的杀伤。

5. 参与炎症和免疫病理性损伤　某些白介素成员激活炎症细胞，引起机体发热和组织损伤，如 IL-1、IL-6、IL-8 等；同时，IL-2、IL-4、IL-5、IL-6 等还可参与超敏反应和类风湿关节炎以及系统性红斑狼疮等自身免疫性疾病的发病过程及组织、器官移植排斥反应等。

（三）白细胞介素类药物

1. 重组人白介素-2　IL-2 是由 Morgan 等人于 1976 年发现的，最初被称为 T 细胞生长因子（T cell growth factor，TCGF），它是负责 T 细胞 G_1 期向 S 期过渡的主要细胞因子，可刺激人 T 细胞增殖，在体外培养条件下，能够使 T 细胞持续生长。IL-2 还是诱导免疫应答、激活抗原特异性应答的关键成员。它主要由活化的 Th 细胞分泌，并可诱导其他细胞因子的产生，因而 IL-2 既是一种自分泌因子，也是一种旁分泌因子。

（1）IL-2 及其基因结构　人 IL-2 的基因为单拷贝基因，定位于染色体 4q26~28 区，长约 5000bp，由 4 个外显子和 3 个内含子组成。基因产物为由 153 个氨基酸组成的 IL-2 前体多肽，在 IL-2 的分泌过程中，N 端的 20 个氨基酸信号肽被切除，故成熟的 IL-2 是由 133 个氨基酸组成的多肽。

人 IL-2 为糖蛋白，多肽链中含有等量的酸性氨基酸和碱性氨基酸，等电点为 6.2~8.2，对蛋白酶敏感，对核酸酶和神经氨酸酶不敏感，对热、尿素和 SDS 较稳定。在人 IL-2 的肽链中含有一个链内二硫键，对保持 IL-2 的生物学活性起关键作用。3 个半胱氨酸分别位于第 58、第 105 和第 125 位上，其中 58 位和 105 位的半胱氨酸残基形成链内二硫键。

（2）IL-2 的产生与诱导　IL-2 主要由活化的 T 细胞（CD4$^+$ 细胞和 CD8$^+$ 细胞）合成和分泌，一些前 T 细胞和前 B 细胞也可产生。另外，大颗粒淋巴细胞（LGL），包括 NK 细胞、LAK 细胞和 T 细胞也可产生 IL-2。能在体外诱导细胞产生 IL-2 的因素很多，包括各种丝裂原、多种细胞因子（IL-1、IL-2 和 IL-7 等）、单克隆抗体（如抗 CD28、抗 CD2 和抗 CD3 等）、某些药物（如西咪替丁、吲哚美辛、黄芪多糖、香菇多糖、商陆多糖、刺五加多糖和沙棘总黄酮等）、抗原呈递细胞和其他因素如钙离子载体、二酰基甘油及其类似物和葡萄球菌肠毒素 A、B 等。

（3）IL-2 的生物学活性　IL-2 是机体免疫调节网络中的核心物质，与其他细胞因子有协同和拮抗作用，共同调节机体免疫功能的平衡。除此之外还有其他重要功能：①促 T 细胞增殖。IL-2 的生物学作用主要是刺激 T 细胞增生，故又称 T 细胞生长因子。当 T 细胞受到丝裂原或抗原刺激后，表面出现 IL-2 受体并与 IL-2 特异结合，从而激活 T 细胞进行大量繁殖。受体只有在受到抗原等刺激后，才能在辅助性 T 细胞表面表达，静止的辅助性 T 细胞表面没有 IL－2 受体。②促进 NK 细胞活化、分化和增殖。NK 细胞是机体一种极其重要的杀伤细胞，具有很强的清除肿瘤细胞和被感染细胞的功能。整个 NK 细胞的活化、分化和增殖均离不开 IL－2，只有存在一定剂量的 IL－2 和 INF，才能保持 NK 细胞的自然杀伤活性。③诱导 CTL 产生和繁殖。CTL 能特意地识别肿瘤相应抗原，并特异地杀伤肿瘤细胞。在 IL－2 存在时，CTL 迅速繁殖，使其杀伤肿瘤细胞的活性明显增强。④诱导 LAK 产生。在一定量 IL－2 的存在下，淋巴细胞可能转化成具有杀伤肿瘤细胞（自身新鲜肿瘤细胞、同种异体瘤细胞、对 NK 细胞敏感和不敏感的瘤细胞）能力的细胞。Rosenberg 称此种淋巴细胞为淋巴因子活化的杀伤细胞（LAK）。IL－2 可以维持 LAK 细胞的长期增殖。⑤促进 B 细胞增殖分化。IL－2 能直接和间接地促进 B 细胞的增殖分化，使之成为能够产生免疫球蛋白的活化细胞。⑥与其他细胞因子协同作用。IL－2 可以和 IL－1、IL－4、IL－5、IL－6、IL－7 以及肿瘤坏死因子、克隆刺激因子等协同作用，而转化生长因子－β（TGF－β）可拮抗 IL－2 的促细胞增殖作用。因此，对 IL－2 与各种细胞素的正负调节作用的研究将对免疫学基本理论和肿瘤治疗学的发展起重要作用。

（4）IL－2 的临床应用　第一个被批准上市的基因工程白介素类药物就是重组人 IL－2（rhIL－2），它的研制成功为细胞免疫的基础理论及临床治疗奠定了基础。在临床上，IL－2 可用于以下疾病的治疗：①抗病毒感染。在慢性活动性乙型肝炎患者的治疗中已显示出明显的效果。IL－2 能增强体内的 NK 细胞、CTL、LAK 等杀伤细胞的活性，清除被病毒感染的肝细胞。②抗细菌感染。IL－2 可治疗由分枝杆菌引起的慢性感染，如麻风病、慢性肺结核等，提高机体清除细菌的能力。③抗寄生虫感染。可用于治疗疟疾。IL－2 能增强疟原虫感染者的 T 细胞对疟原虫（抗原）刺激的反应。④艾滋病（AIDS）的治疗。AIDS 系受 HIV 感染、CD4＋细胞遭大量破坏所致，所以 IL－2 的产生、IL－2 受体的表达、NK 细胞的活性、INF－γ 的产生都明显降低，注射 IL－2 后，上述细胞的数目及活性均明显提高。所以用 IL－2 治疗艾滋病，能增加患者抗肿瘤和抗其他病毒感染的能力，可以改善机体的功能状态。⑤抗肿瘤治疗。在恶性肿瘤的发病机制中，非常关键的问题是机体免疫功能失调和免疫监视功能低下，肿瘤患者体内的 NK 细胞、CTL、LAK 等杀伤细胞不能正常地清除肿瘤细胞。这些杀伤性细胞的活化和增殖，均是以 IL－2 为基础的。而肿瘤（黑色素瘤、卵巢癌、乳腺癌等）患者体内的 IL－2 含量较正常人低，且肿瘤患者的淋巴细胞受到抗原或丝裂原刺激后，IL－2R 产量也低（仅是正常人的 25％，当肿瘤切除后，可增至正常人的 65％，而在肿瘤复发时又下降至低水平），说明肿瘤患者的瘤体变化和 IL－2 的产生与含量相关。人工提供外源性 IL－2，帮助患者完成免疫监视功能，是 IL－2 治疗肿瘤的免疫学基础。⑥抗高血压作用。给高血压大白鼠注射 5000U/kg 体重 IL－2，大白鼠血压下降，一年之内不再表现高血压症状。⑦免疫佐剂作用。对接种乙肝疫苗无抗体产生反应的幼儿，先接种 8000U 的 IL－2，几天后再接种乙肝疫苗，则抗－HbsAg 很快出现阳性，说明 IL－2 有很强的佐剂活性。

我国生产的注射用重组人 IL－2 是由含有高效表达人 IL－2 基因的大肠埃希菌，经发酵、分离和高度纯化后冻干制成的。制品除进行常规的物理、化学检定和无菌试验外，其外源 DNA 残留量、残余抗生素活性和残余宿主菌蛋白含量均应符合药典要求。

2. 重组人白介素－11　IL－11 是 Paul 于 1990 年首先发现的，主要作用于髓系干细胞、B 细胞、巨核细胞、浆细胞、瘤细胞和脂肪细胞，又名脂肪细胞生长抑制因子（adipocyte growth inhibiting factor, AGIF）。

（1）IL－11 的结构与性质　IL－11 基因位于第 19 号染色体上，由 5 个外显子和 4 个内含子组成，编码 199 个氨基酸的前体蛋白，含 21 个氨基酸的前导序列。因此，成熟的 IL－11 含有 178 个氨基酸，链内无二硫键和糖基化位点。

IL-11 对热稳定性，在中性 PBS 中可耐受 80℃ 处理，等电点为 11.7。IL-11 受体（IL-11R）由两条肽链组成，IL-11Rα 链属于造血生长因子受体超家族，是受体与 IL-11 特异结合的部分。另一条肽链是与 IL-6R、白血病抑制因子受体（leukemia inhibitory factor receptor，LIFR）、肿瘤抑制素 M 受体（OSMR）和睫状神经营养因子受体（ciliary neurotrophic factor receptor，CNTFR）所共有的 gp130。因此，IL-11 与这些细胞因子有相似的生物学活性。

（2）IL-11 的生物学活性和临床应用　IL-11 由骨髓基质细胞、肺成纤维细胞、滋养层细胞、骨肉瘤细胞、关节软骨细胞和滑膜细胞等合成与分泌，可与多种细胞因子协同支持造血前体细胞的持续生长和增殖。IL-11 与 IL-3 等细胞因子一起可协同刺激多能造血前体细胞、淋巴造血前体细胞、髓样造血前体细胞和红细胞系前体细胞的增殖，支持巨核细胞集落形成。IL-11 能抑制脂肪细胞分化，抑制脂蛋白酶的活性，并可诱导肝细胞表达和分泌急性期蛋白质，如纤维蛋白原、α1 抗胰蛋白酶、α2 巨球蛋白和补体 C3 等。IL-11 还能促进小肠黏膜上皮细胞增殖，诱导多核成骨样细胞的形成和神经元的分化。

临床上利用重组人 IL-11 治疗以下疾病：①肿瘤患者放化疗引起的血小板低下症，可有效促进化疗后外周血小板恢复；②骨髓造血功能障碍引起的血小板减少症，可缩短血小板减少的持续时间；③类风湿关节炎等。

三、肿瘤坏死因子

（一）概述

1975 年 Carswell 等人发现接种卡介苗的小鼠注射细菌脂多糖后，血清中出现一种能使多种肿瘤发生出血性坏死的物质，将其命名为肿瘤坏死因子（TNF）。TNF 是由激活的巨噬细胞、NK 细胞及 T 淋巴细胞产生的一种能直接杀伤肿瘤细胞的糖蛋白，是具有广泛生物学功能的一种可溶性细胞因子。由单核-巨噬细胞产生的 TNF 是一种单核因子，被称为 TNF-α；由 T 淋巴细胞产生的 TNF 是一种淋巴因子，被称为 TNF-β。TNF-α 的生物学活性占 TNF 总活性的 70%~95%，因此目前常说的 TNF 多指 TNF-α。

TNF-α 与 TNF-β 氨基酸水平仅有约 36% 的相似性，但拥有共同的受体。存在于细胞上的 TNF 受体主要有 TNFR Ⅰ 和 TNFR Ⅱ 两种，血清中存在的是可溶性 TNFR（sTNFR Ⅰ 和 sTNFR Ⅱ）。TNF 与其相应受体的相互作用不仅对多种肿瘤细胞有细胞毒作用，还与炎症、发热反应、关节炎、败血症以及多发性硬化等疾病有密切关系。20 世纪 80 年代因为发现晚期肿瘤患者发生的恶病质（表现为进行性消瘦、脂肪重新分布等）与 TNF 的作用有关，故 TNF 还被称为"恶病质素"（cachectin）。最近还发现了 TNF 家族的一些新成员，包括 LTβ、TRAIL（TNF-related apoptosis-inducing ligand）等。目前已经能用基因工程的方法大量生产 TNF，并发现除能杀伤瘤细胞外，TNF 还有多种生物学作用。TNF 是第一个用于肿瘤生物疗法的细胞因子，但因其缺少靶向性且有严重的副作用，目前仅用于局部治疗。

（二）肿瘤坏死因子的性质与结构

1. **TNF-α**　人 TNF-α 基因长约 2.76kb，由 4 个外显子和 3 个内含子组成，与 MHC 基因群密切连锁，定位于第 6 对染色体上。人 TNF-α 前体由 233 个氨基酸组成（26kDa），其中包含由 76 个氨基酸残基组成的信号肽，在 TNF 转化酶 TACE 的作用下，切除信号肽，形成成熟的 157 个氨基酸残基的 TNF – α（17kDa）。由于没有蛋氨酸残基，故不存在糖基化位点，其中第 69 位和 101 位两个半胱氨酸形成分子内二硫键。

天然型 TNF – α 分子为三聚体，其立体结构同生物学活性紧密相关。人 TNF – α N 末端与 TNFR 结合，产生生物学活性。通过基因工程技术表达 N 端少 2 个氨基酸（Val、Arg），即 155 个氨基酸的人 TNF – α，这种突变的 TNF – α 具有更好的生物学活性和抗肿瘤效应。此外，还有用基因工程方法，使 TNF – α 分子氨基端 7 个氨基酸残基缺失，再将 Pro^8、Ser^9 和 Asp^{10} 改为 Arg^8、Lys^9 和 Arg^{10}，或者再同时将 Leu^{157} 改为 Phe^{157}，改构后的 TNF – α 比天然 TNF 体外杀伤 L929 细胞的活性增加 1000 倍左右，在体内肿瘤出血坏死效应也明显增加。

2. TNF – β　又名淋巴毒素 α（LT – α）。人 TNF – β 基因位于第 6 号染色体，由 1.4kb mRNA 编码。TNF – β 分子由 205 个氨基酸残基组成，含 34 个氨基酸残基的信号肽，成熟型人 TMF – β 分子为 171 个氨基酸残基，分子量为 25kDa。TNF – β 与 TNF – α DNA 同源序列达 56%，氨基酸水平上相似性约为 36%。

（三）肿瘤坏死因子的生物学活性与临床应用

TNF – α 与 TNF – β 的生物学作用极为相似，这可能与其受体的同一性有关。TNF 在体内的效应呈剂量依赖性，低剂量时主要通过自分泌和旁分泌作用于局部白细胞和内皮细胞，参与局部炎症反应；中等剂量 TNF 可进入血液循环，参与全身抗感染，可导致发热、抑制骨髓、激活凝血系统等；极高剂量 TNF（如内毒素性休克）可导致明显的全身毒性反应，引起循环衰竭，甚至弥散性血管内凝血、多脏器功能衰竭而导致死亡。TNF 的生物学活性似无明显的种属差异性。

1. 杀伤或抑制肿瘤细胞　TNF 在体内、体外均能杀死某些肿瘤细胞，或抑制增殖作用。肿瘤细胞株对 TNF – α 敏感性有很大差异，TNF – α 对极少数肿瘤细胞甚至有刺激作用。体内肿瘤对 TNF – α 的反应也有很大差异，与其体外细胞株对 TNF – α 的敏感性并不平行。TNF 杀伤肿瘤的机制还不十分清楚，与补体或穿孔素（perforin）杀伤细胞相比，TNF 杀伤细胞没有穿孔现象，而且杀伤过程相对比较缓慢。TNF 杀伤肿瘤组织细胞可能与以下机制有关。

（1）直接杀伤或抑制作用　TNF 与受体结合后向细胞内移，被靶细胞溶酶体摄取，导致溶酶体稳定性降低，各种酶外泄，引起细胞溶解。也有人认为，TNF 激活磷脂酶 A_2，释放超氧化物，引起 DNA 断裂，磷脂酶 A_2 抑制剂可降低 TNF 的抗病效应。TNF 可改变靶细胞糖代谢，使细胞内 pH 降低，导致细胞死亡。用放线菌素 D、丝裂霉素 C、放线菌酮等处理肿瘤细胞，可明显增强 TNF 杀伤肿瘤细胞活性。

（2）免疫调节作用　TNF 的免疫调节作用旨在促使 IL – 1、粒细胞 – 巨噬细胞集落刺激因子和 IFN 的释放，增强 T 细胞、巨噬细胞、NK 细胞和粒细胞等杀伤肿瘤的活性作用。TNF 作用于内皮细胞，能诱发实验肿瘤结节的出血坏死，促进血小板和中性粒细胞聚集。

（3）血管损伤和血栓形成　TNF 作用于血管内皮细胞，损伤内皮细胞或导致血管功能紊乱，使血管损伤和血栓形成，造成肿瘤组织的局部出血、缺血、缺氧而坏死。

应用 TNF 在治疗肿瘤等方面大多尚处于临床试验阶段，其也可与 IL – 2 联合治疗肿瘤，目前认为全身用药的疗效不及局部用药，后者如病灶内注射，局部浓度高且副作用也较轻。2003 年，国内也是世界上第一例突变体新型人重组肿瘤坏死因子（nrhTNF）获得批准生产。

2. 提高中性粒细胞的吞噬能力　通过增加过氧化物阴离子产生，增强 ADCC 功能，刺激细胞脱颗粒和分泌髓过氧化物酶。预先将 TNF 与内皮细胞共培养可诱使其增加 MHC Ⅰ 类抗原、ICAM – 1 的表达以及 IL-1、GM-CSF 和 IL-8 的分泌，并促进中性粒细胞黏附到内皮细胞上，从而刺激机体局部炎症反应，TNF-α 的这种诱导作用比 TNF-β 强。TNF 刺激单核细胞和巨噬细胞分泌 IL-1，并调节 MHCⅡ类抗原的表达。

3. 抗感染　TNF 具有类似 IFN 抗病毒作用，阻止病毒蛋白合成、病毒颗粒的产生和感染性，从而抑制病毒的复制，并与 IFN-α 和 IFN-γ 协同抗病毒作用。如抑制疟原虫生长，抑制腺病毒Ⅱ型、疱疹病毒Ⅱ型病毒复制。TNF 抗病毒机制还不十分清楚。

4. 促进细胞增殖和分化　TNF 促进 T 细胞 MHCⅠ类抗原表达，增强 IL-2 依赖的胸腺细胞、T 细胞增殖能力，促进 IL-2、CSF 和 IFN-γ 等淋巴因子产生，增强有丝分裂原或外来抗原刺激 B 细胞的增殖和 Ig 分泌。TNF-α 对某些肿瘤细胞具有生长因子样作用，并协同 EGF、PDGF 和胰岛素的促增殖作用，促进 EGF 受体表达。TNF 也可促进 c-myc 和 c-fos 等与细胞增殖密切相关原癌基因的表达，引起细胞周期由 G_0 期向 G_1 期转交。

在类风湿关节炎患者的关节滑液中可以检测到 TNF，认为其与关节炎的发病有关。多种抗炎药物可以降低 TNF 的产生。目前已有 TNF 的拮抗剂上市，可用于活动性类风湿关节炎、活动性强直性脊柱炎等的治疗。

（四）肿瘤坏死因子的制备

人 TNF-α 真核表达系统的构建是应用 RT-PCR 方法，从足月妊娠期高血压疾病患者的胎盘组织中扩增出 TNF-α cDNA，连接至载体 pMD18-T 载体中，经酶切与测序鉴定证实后，以亚克隆法构建真核表达载体 pcDNA3.1（-）/myc-his，通过 RT-PCR 检测其在体外转导绒癌耐药细胞后 hTNF 基因的表达。

在原核表达系统中制备人 TNF-α 的主要目的是通过 PCR 技术，将 TNF-α 基因的 5′端 17 个氨基酸的编码序列敲除，将基因中 Pro[8]-Asp[9]-Arg[10] 的编码序列用 Arg-Lys-Arg 取代，同时 Leu[158] 的密码子用 Phe 的密码子取代。之后，将该突变基因插入原核高效表达载体 pBV220 中，构建表达工程菌株。对连续 3 批制备的新型 nrhTNF-α，按人用"重组 DNA 制品质量控制要点"检定要求进行鉴定，并纯化表达产物。

在表达产物的鉴定中，生物学活性分析应用 L929 细胞进行杀伤实验，并以中国药品生物制品检定所提供的 hTNF-α 标准品为对照。

四、生长因子

（一）概述

生长因子（GF）是一大类相对分子质量不大的可溶性多肽，因而又叫多肽生长因子（polypeptide growth factor，PGF），通过旁分泌、自分泌和内分泌等途径对靶细胞的增殖、运动、收缩、分化和组织改造起调控作用。生长因子种类繁多，它们来源于不同细胞，行使着不同的功能。

（二）胰岛素样生长因子（IGF）

IGF 是一种多功能细胞增殖调控因子，因其化学结构与胰岛素原类似而得名。IGF 系统主要有 IGF-1 和 IGF-2。IGF-1 与胰岛素原有 60% 同源性，IGF-2 与胰岛素原有 40% 的同源性。肝脏是 IGF 合成的主要部位，合成后以内分泌形式进入血流。骨髓、脑及多种肿瘤等局部组织细胞也能产生和分泌 IGF-1。

IGF-1 的普通形式为具有 70 个氨基酸残基的多肽，有 3 对二硫键，分子质量为 7.6kDa。IGF-2 由 67 个氨基酸残基组成，相对分子质量为 7471Da，也有 3 对二硫键。IGF-1 与 IGF-2 有 60% 的同源性。

1. IGF 的生物活性 IGF 具有广泛的生理效应。IGF-1、IGF-2 与胰岛素一起，对启动胚胎生长和发育起重要作用。早期胚胎（在双细胞阶段，甚至在植入子宫壁之前）就表达 IGF-2 及其受体。随后，发育的胚胎也开始合成 IGF-1 与胰岛素。

IGF-1 介导生长激素的大多数生长启动效应。直接对切除垂体的动物注射 IGF-1，可刺激纵向骨生长及一些器官和腺体（如肾、脾和胸腺等）的生长。转基因动物实验证实，IGF 在刺激身体增高和增重方面具有重要作用。过度表达 IGF-1 的转基因小鼠生长得更快更大，提示 IGF 制剂可用来治疗由于 GH-IGF 功能丧失而造成的各种侏儒症。IGF 对成人的组织更新和修复也起重要作用。IGF 能提高细胞对葡萄糖的摄入能力，提示其在治疗某些糖尿病，特别是非胰岛素依赖糖尿病方面的价值。

IGF 通常能提高肾功能，包括提高肾小球滤过速率、提高肾血浆流速及提高肾的大小和重量。由于 IGF 的这些作用，IGF-1 已被确定为各种肾病的潜在治疗剂。IGF 及其受体及结合蛋白在雌、雄性生物体生殖组织中都有广泛表达。IGF-2 可通过内分泌（亦可通过旁分泌和自分泌）而影响机体的生殖功能。

2. IGF 的临床应用 rhIGF-1 制剂已研究成功，用于治疗糖尿病、胰岛素抵抗综合征、侏儒症及神经系统疾病等。IGF-1 制剂可治疗 2 型胰岛素受体紊乱（胰岛素糖尿病）。与胰岛素合用，可减少 1 型糖尿病患者的胰岛素用量，并使血糖水平保持平稳。IGF-1 较胰岛素能更有效地促进周围糖的利用，减少低血糖的发生。rhIGF-1 通过对生长激素的调节作用，刺激细胞增殖，增加身高和体重，从而治疗由于 GH-IGF 功能丧失而引起的侏儒症。rhIGF-1 对肾功能衰竭、艾滋病、肿瘤等也有一定疗效，且对肥胖症和不排卵、雄性激素过高等卵巢功能紊乱引起的不孕症也有独特的疗效，有望成为治疗肥胖症和不孕症的新药。

（三）表皮生长因子（EGF）

EGF 是最早（1960 年）发现的一种生长因子，是人体内分泌的一种重要生长因子，广泛存在于汗液、唾液、胃肠道液等组织分泌物和体液中，可刺激上皮细胞、肝细胞、成纤维细胞的生长，主要由单核细胞、外胚层以及肾脏和十二指肠合成。

1. EGF 的结构与功能 人 EGF 是由 53 个氨基酸残基组成的单链多肽，分子质量为 6045Da，等电点为 4.5，分子内不含糖基，链内有 3 个二硫键，对稳定 EGF 的空间构型、保持生物活性十分重要。

EGF 能刺激皮肤和中胚层细胞生长，对乳腺上皮细胞、成纤维细胞、呼吸道及胃肠道上皮、平滑肌细胞、肝细胞、血管内皮细胞及卵巢颗粒细胞等均有促生长和增殖活性。EGF 还能增加神经细胞在培养中的存活时间，促进轴突生长，加速胶质细胞的增殖。在 EGF 作用下，K^+ 和葡萄糖等小分子物质进入细胞的速度加快，并加速糖分解，使乳糖增加。EGF 还能促进新血管形成及 RNA、DNA 和蛋白质合成。此外，EGF 能刺激细胞外一些大分子（如透明质酸和糖蛋白等）的合成和分泌，滋润皮肤，因此它可作为化妆品添加剂及用于面部整形手术，促进人皮肤新陈代谢，减少皮肤畸形，也可治疗皮肤外伤、术后创口。压疮、口腔溃疡和坏疽以及放射性治疗引起的皮炎等，加速伤口溃疡面的愈合。

2. EGF 的临床应用 目前已有基因重组人 EGF 产品，主要用于各种外伤、手术伤、烧灼伤、腐蚀伤、慢性溃疡等创伤的修复治疗。我国生产的 EGF 产品主要有两种：①外用重组人表皮生长因子（recombinant human epidermal growth factor for external use），由含有高效表达人表皮生长因子基因的大肠埃希菌经发酵、分离和高度纯化后制成。②重组人表皮生长因子外用溶液（recombinant human epidermal growth factor derivative for external use，liquid），由含有高效表达人表皮生长因子衍生物基因的大肠埃希菌经发酵、分离和高度纯化后制成。

（四）血小板衍生生长因子（PDGF）

PDGF 主要由血液内单核 - 吞噬细胞合成，储存于血小板的 α 颗粒内，当血小板被激活时释放，其他细胞如内皮细胞、平滑肌细胞、成纤维细胞、胶质细胞及很多肿瘤细胞均可合成 PDGF。目前已可以通过基因重组方法生产 rhPDGF。

PDGF 为相对分子质量 $2.7 \times 10^4 \sim 3.2 \times 10^4$ 的碱性糖蛋白，等电点为 $9.8 \sim 10.2$，耐热，耐酸碱。有活性的 PDGF 是一种二聚体，其组成的多肽有两种，A 肽和 B 肽。存在 3 种活性的 PDGF 异构形式：AA、BB 和 AB。肽链间通过链间二硫键相连。A 链和 B 链有高度同源性，但它们是由不同基因编码的。两基因的转录调节机制不同，造成不同细胞中 A 链和 B 链的比例有差异，并导致二聚化产生不同的二聚体。血小板中的 PDGF 含有约 70% AB、20% BB 和 10% AA。

PDGF 是一种存在于血清中的结缔组织细胞有丝分裂促进剂，以自分泌、旁分泌的方式发挥作用，可刺激平滑肌细胞、成纤维细胞和单核细胞的增生、分裂和运动。

在临床上，rhPDGF 主要作用于促进伤口愈合和糖尿病性或压疮性溃疡的愈合治疗。

（五）转化生长因子（TGF）

TGF 是一类异质性多肽，相对分子质量为 $6 \times 10^3 \sim 25 \times 10^3$，分为 TGF - α 和 TGF - β，两者在结构上无任何联系，生物学特性也相差甚远。

TGF - α 是表皮生长因子受体的配体，它以自分泌方式刺激细胞，发挥广泛的生物学作用，在不同病理和正常组织中具有诱导肿瘤发生、参与发囊和眼的正常发育、促进创伤愈合和组织修复等多种生物活性，在胚胎发育和胚泡着床过程中亦有重要生物学功能。许多肿瘤（如鳞状癌、肾癌、乳腺癌、胃癌、黑色素瘤和胶质瘤等）细胞和正常组织细胞（如角质细胞、垂体细胞、上皮细胞、激活的巨噬细胞等）均可分泌 TGF - α。TGF - α 为一种分泌蛋白，常存在于肿瘤患者的血、尿、脑脊髓和培养细胞的培养液中。TGF - α 是由 50 个氨基酸残基组成的多肽，分子中有 6 个半胱氨酸残基，形成 3 个二硫键。TGF - α 与 EGF 高度同源，因此与 EGF 共用 EGFR。其分子耐热、耐酸，非常稳定。

TGF - β 因能使正常成纤维细胞的表型发生转化而得名。集体多种细胞均可分泌非活性状态的 TGF - β，经过修饰后成为活化的 TGF - β。TGF - β 包括 TGF - β_1、TGF - β_2 和 TGF - β_3，三者功能相似，均具有刺激生长和抑制生长两方面功能。对上皮细胞生长有抑制活性，而对成纤维细胞、平滑肌细胞的生长，在低浓度下具有促进作用，在高浓度下具有抑制作用。

rhTGF - α 在临床上可替代 EGF，用于伤口愈合及肿瘤的诊断和预后，检测 TGF - α 在血、尿中的水平，可诊断或检测肿瘤的复发及手术预后。还可应用 TGF - α 抗体，阻断 TGF - α 在肿瘤组织中的作用，从而用于临床肿瘤治疗。

rhTGF - β 在临床上可用于骨伤愈合、慢性创伤和抗肿瘤治疗。

（六）神经生长因子（NGF）

NGF 由三种多肽链（α、β、γ）组成，以 $\alpha_2\beta\gamma_2$ 的形式由非共价键结合，其生物学活性集中表现在 β 亚基上，即 β - NGF 是 NGF 的活性部分。β - NGF 由 118 个氨基酸残基组成。

NGF 能促进神经元的生长、发育、分化和成熟，维持神经元存活，并能促进损伤的神经元修复和再生，防止退行性神经系统病变，阻滞神经瘤、神经鞘瘤、神经胶质瘤的生长，已成为治疗多种神经性疾病药物的重要开发对象。现在使用的神经生长因子有两种来源：一种是直接从成年雄性小鼠颌下腺和蛇毒腺等组织中提取纯化的天然神经生长因子；另一种是采用基因重组方法获得基因重组神经生长因子（rhβ-NGF）。

rhβ-NGF 对治疗糖尿病周围神经病变、周围神经损伤、周围神经病的面神经炎和格林-巴利综合征、周围神经中毒性疾病、阿尔茨海默病、帕金森病、脑外伤以及视神经萎缩、弱视、青光眼等有效。此外，rhβ-NGF 对受损坐骨神经愈合有促进作用。

（七）成纤维细胞生长因子（FGF）

FGF 是一类细胞分裂原，其家族中已发现 14 种结构相似的生长因子，其中研究较清楚的有两种：等电点为 5.6 的酸性成纤维细胞生长因子（acidic fibroblast growth factor，aFGF）和等电点为 9.6 的碱性成纤维细胞生长因子（basic fibroblast growth factor，bFGF）。

FGF 可由多种正常和转化的细胞产生，在创伤愈合和慢性炎症中，对新生血管的形成及成纤维细胞、上皮细胞、血管内皮细胞的分裂、移动具有刺激作用，对胚胎横纹肌的发育和肺的成熟也起调控作用。已有相应的基因重组药物用于治疗创伤和烧伤、神经萎缩和神经损伤、脑梗死和急性脑出血、骨折及肝炎等多种疾病。

我国目前生产的成纤维细胞生长因子有三种制剂：①重组牛碱性成纤维细胞生长因子外用溶液，是由含有高效表达牛碱性成纤维细胞生长因子基因的大肠埃希菌，经发酵、分离和高度纯化后制成的溶液。②外用重组牛碱性成纤维细胞生长因子，由含有高效表达牛碱性成纤维细胞生长因子基因的大肠埃希菌，经发酵、分离和纯化后冻干制成。③重组牛碱性成纤维细胞生长因子滴眼液，由含有高效表达牛碱性成纤维细胞生长因子基因的大肠埃希菌，经发酵、分离和高度纯化后制成的溶液。

五、集落刺激因子

（一）概述

集落刺激因子（CSF）是指可刺激骨髓未成熟细胞分化成熟并在体外可刺激集落形成的造血调控生长因子。CSF 根据作用范围不同分为很多种类，它们对不同发育阶段的造血干细胞起促增殖、分化及成熟的作用，并增强其成熟细胞功能。广义上，凡是刺激造血的细胞因子都可统称为 CSF。此外，CSF 也作用于多种成熟细胞，促进其功能具有多相性的作用。重组 DNA 技术的发展，使利用基因工程方法大量生产细胞因子成为可能。目前，G-CSF、GM-CSF 基因重组产品已广泛应用于临床。在血液病的治疗、造血干细胞移植及恶性实体瘤的放化疗支持治疗等方面发挥着重要作用。

（二）粒细胞集落刺激因子的性质与结构

1. 粒细胞集落刺激因子（G-CSF） 人类有两种不同的 G-CSF 基因 cDNA，均有 30 个氨基酸的先导序列，分别编码含 207 和 204 个氨基酸的前体蛋白，成熟蛋白分子分别为 177 和 174 个氨基酸；人 G-CSF 基因全长 2.5kb，含 5 个外显子和 4 个内含子，分子量为 19.6kDa，对酸碱（pH 2~10）、热以及变性剂等相对较稳定。人 G-CSF 基因位于第 17 号染色体，与 IL-6 无论在基因水平还是氨基酸水平上都有很高同源性，与小鼠 G-CSF 基因也约有 73% 同源性。

2. 粒细胞和巨噬细胞集落刺激因子（GM-CSF） T 细胞、B 细胞等均可产生 GM-CSF。其中内皮细胞、成纤维细胞可能通过 IL-1 和 TNF 诱导而产生。而 T 细胞和巨噬细胞一般在免疫应答或炎症介质刺激过程中直接产生。1984 年和 1985 年，小鼠和人 GM-CSF 的 cDNA 分别克隆成功。人 GM-CSF 位于第 5 号染色体长臂，在 IL-3 基因下游 9kb 处，基因组约 2.5kb 长，含 4 个外显子和 3 个内含子。人和鼠 GM-CSF 基因 DNA 序列有高度同源性。

（三）粒细胞集落刺激因子的生物学活性与临床应用

G-CSF 主要作用于中性粒细胞系造血细胞的增殖、分化和活化。GM-CSF 作用于造血祖细胞，促进其增殖和分化，其重要作用是刺激粒、单核-巨噬细胞成熟，促进成熟细胞向外周血释放，并能促进巨噬细胞及嗜酸粒细胞的多种功能。

1. 治疗白血病　G-CSF 用于治疗慢性、特发性中性粒细胞减少症，GM-CSF 则在治疗艾滋病伴发的白细胞减少症的临床治疗中取得切实的疗效。G-CSF、GM-CSF 在白血病治疗中的辅助作用也逐渐被人们所认识。临床应用结果显示，G-CSF、GM-CSF 可促进白血病化疗后中性粒细胞减少的恢复，并降低中性粒细胞减少的持续时间。

2. 干细胞移植　近年来自体或异基因外周血干细胞移植已渐渐代替自体骨髓移植，成为癌症、造血系统疾病等的重要治疗手段。G-CSF、GM-CSF 可促使外周血中造血干祖细胞数量增加，减少同时应用细胞毒性干细胞动员剂所带来的骨髓抑制不良反应，在骨髓移植后应用既能明显加速粒细胞的恢复，又能增强粒细胞的功能。

3. 恶性实体瘤　放化疗临床应用 G-CSF、GM-CSF 显示，在恶性实体瘤化疗结束 24 小时或 48 小时后应用，可显著缩短化疗后中性粒细胞减少的程度，从而可以保证化疗如期进行。

（四）粒细胞集落刺激因子的不良反应

G-CSF 不良反应一般较轻，常见的为髓性骨痛，发生率为 15%～39%。血清中碱性磷酸酶及乳酸脱氢酶也常见升高，一般认为是由于白细胞酶的大量释放所致，而非肝脏或肌肉毒性。另外，药物可加重原已存在的炎性改变，如湿疹、牛皮癣、血管炎等。

（五）粒细胞集落刺激因子的制备

基因重组人 G-CSF（rhG-CSF）系利用基因工程技术构建人 G-CSF 基因的重组质粒，然后转化到大肠埃希菌工程菌中，使其高效表达人 G-CSF，经发酵、分离、纯化制成。1991 年美国 FDA 批准重组人 rhG-CSF 应用于临床，1995 年我国首次批准国产 rhG-CSF 产品进入临床试验。目前国内已有十几家公司的 rhG-CSF 制剂用于临床。rhG-CSF 的结构与天然人 G-CSF 略有不同，但其生物活性相似。

基因重组人 GM-CSF（rhGM-CSF）已在大肠埃希菌、酵母、植物细胞、昆虫细胞、家蚕细胞和哺乳动物中表达。各种体系所表达的重组 GM-CSF 与天然 GM-CSF 略有差异。在大肠埃希菌中一般以包涵体形式表达，先后经过包涵体提取、变性裂解、复性和纯化等步骤得到 rhGM-CSF。这种方式的生产和加工步骤虽较为繁琐，但具有成本低、产量高等优点。

临床试验证明，酵母体系表达和大肠埃希菌体系表达的 rhGM-CSF 相比，前者的毒性较低、不良反应较少；植物细胞体系表达 rhGM-CSF 水平高；昆虫细胞表达的 rhGM-CSF 具有生物活性好、表达水平较高等优点；哺乳动物体系表达的 rhGM-CSF 虽与天然 rhGM-CSF 的生物学活性相同，但成本较高。

目标检测

答案解析

一、选择题

A 型题

1. 关于细胞因子，下列叙述错误的是（　　）

    A. 一般是小分子蛋白质

    B. 与 CK – R 结合后才能发挥作用

    C. 主要以内分泌方式发挥作用

    D. 生物学效应具有拮抗性、重叠性、多效性、协同性

2. 能直接杀伤肿瘤细胞的细胞因子是（　　）

    A. IFN　　　　　　　B. TGF　　　　　　　C. TNF　　　　　　　D. CSF

3. 关于细胞因子的作用特点，下列叙述错误是（　　）

    A. 作用具有多效性　　　　　　　　　B. 合成和分泌是一种自我调控的过程

    C. 主要参与免疫反应和炎症反应　　　D. 以特异性方式发挥作用

二、问答题

1. 举例说明细胞因子的临床应用。

2. 请简述细胞因子的基本特性。

书网融合……

知识回顾　　　　　微课 1　　　　　微课 2　　　　　习题

（卓微伟）

第九章　糖类药物

学习引导

糖与人类息息相关。无论在食品饮料方面，还是在医药工业、临床疾病防治方面，糖都有重要应用。特别是在生理上，糖不但能提供能量，还是构成组织和保护肝脏功能的重要物质，同时在疾病的发生和发展中，如炎症及自身免疫性疾病、老化、癌细胞异常增殖及转移、病原体感染、植物与病原菌相互作用等过程中都有糖的重要参与。因此，糖类药物如葡萄糖、右旋糖酐、肝素、甘露醇、硫酸软骨素、山梨醇等可广泛应用于临床疾病的防治。

基于糖在人类疾病防治过程中的重要作用，本章主要介绍糖类药物的基本概念和常见药物的生产、应用等知识，旨在让学习者掌握糖类药物的分类、结构特点、性质、生产制备、临床应用等，了解糖类药物的发展历史。

学习目标

思政素养目标

1. 通过讲解常见糖类药物的生产制备过程，特别是关键工艺、方法和要点，培养学生科学严谨、实事求是、精益求精、敢于创新的工匠精神，同时使学生树立药品质量第一的意识。

2. 通过讲解糖类药物的临床应用及特点，培养学生良好的合理用药意识、为人民群众健康保驾护航的责任意识和服务意识。

知识目标

1. **掌握**　糖类药物的概念、分类、结构特点和性质；典型药物的临床应用及其特点等。

2. **熟悉**　常见糖类药物的生产制备工艺、方法和制备要点。

3. **了解**　糖类药物的发展历史和发展前景。

技能目标

1. 能尝试阐述常见糖类药物的临床应用及其特点。

2. 熟知常见糖类药物的生产制备过程、关键工艺。

第一节　概　述

糖类广泛存在于自然界，与人类密切相关，几乎参与了生命的全部过程。研究表明，无论是基本的生命过程中，如受精、受精卵细胞的分裂增殖、发生、发育、分化细胞的合理立体配制、组织形成和控制机制、神经系统和免疫系统稳态的维持方面，还是在疾病的发生和发展中，如炎症及自身免疫性疾病、老化、癌细胞异常增殖及转移、病原体感染、植物与病原菌相互作用等过程，都涉及糖链的参与，糖链在这些生命和疾病过程中起特异性识别和调控作用。

一、糖类药物的概念和种类

（一）糖类药物的概念

从化学结构看，糖类是一类多羟基醛（酮）或通过水解能产生多羟基醛（酮）的化合物。如葡萄糖（$C_6H_{12}O_6$）是多羟基醛，果糖（$C_6H_{12}O_6$）是多羟基酮，而淀粉与纤维素则是由葡萄糖分子通过不同方式失水而成的葡萄糖缩聚物（它们水解的最终产物都是多羟基醛）。

糖类药物（carbohydrate drug）是指药物分子中包含有糖分子骨架、源于糖类化合物及其衍生物或其作用靶点与糖有关的一类药物，如葡萄糖、果糖 – 1,6 – 二磷酸、右旋糖酐铁、壳聚糖、猪苓多糖、硫酸软骨素等。

（二）糖类药物的种类

根据糖类药物是否水解以及水解以后产物的不同，将糖类药物分为单糖类、低聚糖类和多糖类等三类。单糖（monosaccharide）是最简单的糖，它不能再被水解成更小的分子，如葡萄糖、果糖；低聚糖（oligosaccharide）是由几个（一般为 2~9 个）单糖分子脱水缩聚而成的低聚物，根据它水解后所生成单糖的数目，再分成双糖、三糖、四糖等；多糖（polysaccharide）是由多个（一般 10 个以上）单糖分子脱水缩合而成，它可被水解成许多个单糖分子，如淀粉、纤维素等都属于多糖。

糖参与了生命的几乎全部过程，因此糖类药物对治疗免疫系统疾病、感染性疾病、癌症等各种疾病都显示了巨大的前景。目前使用的糖类药物已超过 500 种，包括多糖、糖脂、抗生素、核苷等，几乎用于所有疾病的治疗。常见的糖类药物见表 9 – 1。

表 9 – 1　常见糖类药物

类型	品名	来源	作用与用途
单糖类及其衍生物	甘露醇	由海藻提取或葡萄糖电解	降低颅内压、抗脑水肿
	山梨醇	由葡萄糖氢化或电解还原	降低颅内压、抗脑水肿、治青光眼
	葡萄糖	由淀粉水解制备	制备葡萄糖输液
	葡萄糖醛酸内酯	由葡萄糖氧化制备	治疗肝炎、肝中毒、解毒、风湿性关节炎
	葡萄糖酸钙	由淀粉及葡萄糖发酵	钙补充剂
	植酸钙（菲汀）	由玉米、米糠提取	营养剂、促进生长发育
	肌醇	由植酸钙制备	治疗肝硬化、血管硬化、降血脂
	果糖 – 1,6 – 二磷酸	由酶转化法制备	治疗急性心肌缺血休克、心肌梗死
多糖类	右旋糖酐	微生物发酵	血浆扩充药、改善微循环、抗休克
	右旋糖酐铁	由右旋糖酐与铁络合	治疗缺铁性贫血
	糖苷酯钠	由右旋糖酐水解酯化	降血脂、防治动脉硬化
	猪苓多糖	由真菌猪苓提取	抗肿瘤转移、调节免疫功能
	海藻酸	由海带或海藻提取	增加血容量抗休克、抑制胆固醇吸收、消除重金属离子
	透明质酸	由鸡冠、眼球、脐带提取	化妆品基质、眼科用药
	肝素钠	由肠黏膜和肺提取	抗凝血、防肿瘤转移
	肝素钙	由肝素制备	抗凝血、防治血栓
	硫酸软骨素	由喉骨、鼻中隔提取	治疗偏头痛、关节炎
	硫酸软骨素 A	由硫酸软骨素制备	降血脂、防治冠心病
	冠心舒	由猪十二指肠提取	治疗冠心病
	甲壳素	由甲壳动物外壳提取	人造皮肤、药物赋形剂
	壳聚糖	由甲壳素制备	降血脂、金属解毒、止血、消炎

实例分析 9 - 1

案例　2019 年 2 月底，浙江省金华市市场监管局发现有人通过网络平台销售一款声称来自马来西亚的进口糖果（名为"悍马糖"），声称具有保健功效，能有效提升男性功能。金华市市场监管局通过多种渠道购买样品并开展检测。经检验，确定含有他达拉非及其衍生物去甲基他达拉非的西药成分，为有毒有害食品。随后，金华市市场监管局联合公安机关成立专案组，依法刑拘 10 人，捣毁生产、销售窝点 6 处，现场查获 10 个品种共计 200 余箱，总计 2 吨多的非法添加药物成分的有毒有害食品（糖果类）。

问题　什么是糖类药物？添加了有毒有害药物成分的糖果还是糖类药物吗？

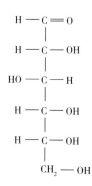

答案解析

二、糖类药物的结构和性质

（一）单糖

1. 葡萄糖（glucose）　结构式见图 9 - 1，分子式为 $C_6H_{12}O_6$，是一种多羟基醛糖，是自然界分布最广且最为重要的一种单糖。纯净的葡萄糖为无色晶体，有甜味但甜味不如蔗糖，易溶于水，微溶于乙醇，不溶于乙醚。天然葡萄糖水溶液具有右旋性，故属于"右旋糖"。葡萄糖在生物学领域具有重要地位，是活细胞的能量来源和新陈代谢中间产物，为生物的主要供能物质。

图 9 - 1　葡萄糖

 知识链接

血糖与糖尿病 🅴微课

血中的葡萄糖称为血糖（Glu）。葡萄糖是人体的重要组成成分，也是能量的重要来源。正常人体每天需要很多的糖来提供能量，为各种组织、脏器的正常运作提供动力。所以血糖必须保持一定的水平才能维持体内各器官和组织的需要。正常人血糖的产生和利用处于动态平衡的状态，维持在一个相对稳定的水平，这是由于血糖的来源和去路大致相同的结果。血糖的正常值参考范围为：空腹：3.92 ~ 6.16mmol/L（氧化酶法或己糖激酶法）；餐后：5.1 ~ 7.0mmol/L（氧化酶法或己糖激酶法）。

糖尿病是一组以高血糖为特征的代谢性疾病。高血糖则是由于胰岛素分泌缺陷或其生物作用受损，或两者兼有引起。长期存在的高血糖可导致各种组织，特别是眼、肾、心脏、血管、神经的慢性损害和功能障碍。

 实例分析 9 - 2

案例　老王今年 53 岁，有 5 年糖尿病史。最近，他常常在夜里做噩梦，醒来后往往是一身汗，把衣服都湿透了，且早上起来总感觉头痛、浑身没力气。为弄清病因，老王到医院找到了内分泌科的李医生。经诊断后，李医生告知老王：因为夜间低血糖，老王才出现了噩梦、多汗等症状。

问题　什么是低血糖？葡萄糖对人体有什么作用？

答案解析

2. 果糖（fructose） 结构式见图 9-2，分子式与葡萄糖相同，是葡萄糖的同分异构体，常以游离状态大量存在于水果浆汁和蜂蜜中，并能与葡萄糖结合生成蔗糖。纯净果糖是无色晶体，为最甜的单糖，熔点为 103～105℃，易溶于水、乙醇和乙醚。其水溶液具有左旋性，故其亦曾被称为"左旋糖"。

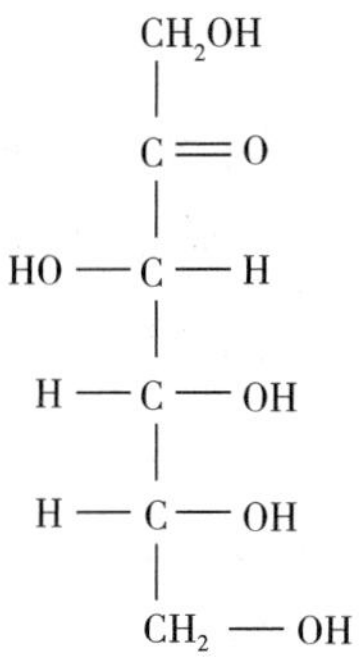

3. 氨基糖（aminosugar） 是单糖分子中某个羟基被氨基取代的化合物，如葡萄糖 α-位羟基被氨基取代的 β-D-氨基葡萄糖。

（二）低聚糖

与人类关系密切的低聚糖是双糖。双糖广泛存在于自然界，可由两个相同或不同的单糖分子脱水形成。常见的双糖如蔗糖、麦芽糖、乳糖等。

1. 蔗糖 又称食糖，可从甘蔗或制糖甜菜的汁液中分离得到，是由一分子 α-D-葡萄糖和一分子 β-D-果糖通过 1→2 苷键连接而成。蔗糖有甜味，无气味，易溶于水和甘油，微溶于醇。蔗糖本身是右旋性的，无变旋作用，但其水解后的水解产物的溶液变成了左旋，因此蔗糖的水解混合物又称为转化糖。转化糖大量存在于蜂蜜中，其甜度与蔗糖相近。

2. 麦芽糖 也是一种双糖，是由两个葡萄糖单位经由 α-(1→4) 苷键连接而成的二糖，又称为麦芽二糖。麦芽糖是无色晶体，甜度为蔗糖的 40%，易溶于水。有 α-型和 β-型两种异构体，可发生变旋现象，在水溶液中 α-型和 β-型麦芽糖的比例为 42：58，二者可相互转化。

3. 乳糖 存在于哺乳动物的乳汁中，人乳中约含 7% 左右，牛乳中含 5% 左右。乳糖是由一分子 β-D-半乳糖与一分子 D-葡萄糖，通过 β-(1→4) 苷键连接而成。结构式见图 9-3。

乳糖为白色晶体或结晶粉末，甜度约为蔗糖的 70%，微溶于乙醇，溶于乙醚和氯仿。有还原性和右旋光性，可水解成等分子的葡萄糖和半乳糖。在婴幼儿生长发育过程中，乳糖不仅可以提供能量，还参与大脑发育过程。乳糖主要用于制造婴儿食品和配制药物时作稀释剂。

4. 环糊精 是一种低聚糖，是淀粉经环糊精葡萄糖基转移酶（GT 酶）处理得到的一种混合物。从结构上看，环糊精是由 6～8 个或更多个葡萄糖单位通过 1→4 苷键连接而成的环状化合物，其中由 6、7、8 个 D（+）-吡喃型葡萄糖组成的环状低聚物分别称为 α、β、γ-环糊精。环糊精分子呈上宽下窄、两端开口、中空的桶状物（图 9-4），其"桶"内部由 C—H 键和构成糖苷的氧原子组成，呈相对疏水性，而所有羟基则在分子外部（"桶"上下两端开口处）从而呈现亲水性。

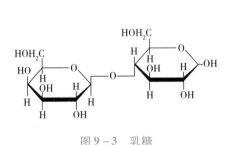

图 9-3 乳糖

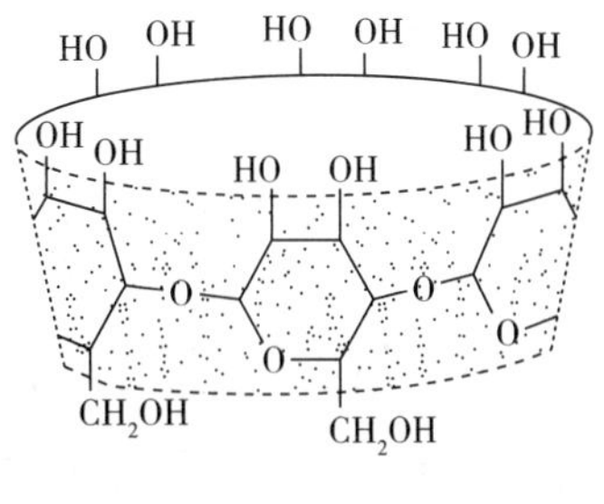

图 9-4 α-环糊精结构

环糊精的特殊结构使其具有许多特殊性质，许多非极性有机分子或有机分子的非极性端可进入环糊精内腔，形成环糊精包结物，从而改变被包结化合物的理化性质，如挥发性、溶解度、气味、颜色等，因此环糊精被广泛应用于食品、医药、农药、化学分析等方面。

图 9-2 果糖

（三）多糖

在自然界存在的多糖中，最重要的是淀粉、糖原及纤维素，它们都是由 D‑葡萄糖通过 1→4 苷键和 1→6 苷键连接而成的大分子化合物（图 9‑5）。

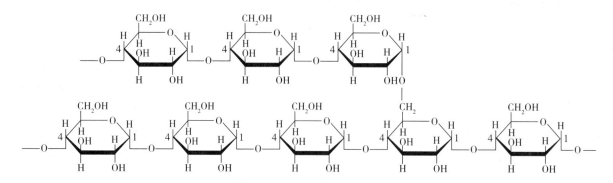

图 9‑5　淀粉和糖原中葡萄糖的连接方式

1. 淀粉　是绿色植物光合作用的主要产物，是由 α‑D‑葡萄糖单位组成的多聚体，是植物中 D‑葡萄糖的主要贮存形式。天然淀粉是直链和支链淀粉的混合物，其中直链淀粉占 10%～30%。直链淀粉微溶于水，溶于热水，遇碘显紫色。支链淀粉不溶于水，但可吸收水分膨胀成糊状，遇碘显紫红色。

2. 糖原　又称肝糖或动物淀粉，是动物细胞中 D‑葡萄糖的主要贮存形式，是由 α‑D‑葡萄糖通过 1→4 苷键和 1→6 苷键连接而成的多糖。糖原的相对分子质量在 120000 以上，结构与支链淀粉相似，但比支链淀粉具有更多的支链。糖原能够溶于沸水，遇碘显棕红色。

3. 纤维素　是另一种重要的多糖，是植物细胞支撑物质的材料。纤维素类似直链淀粉，是由 D‑葡萄糖单位组成的线状多聚体，通常可由 300～15000 个葡萄糖单位经 β‑（1→4）苷键连接而成，其结构中没有分支。纤维素的单链结构片段见图 9‑6。

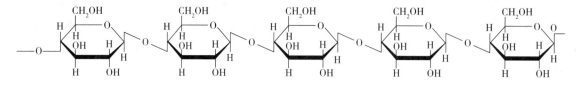

图 9‑6　纤维素单链结构片段

纤维素可被纤维素酶水解为葡萄糖。人体中没有纤维素酶，因此人类不能利用纤维素水解得到葡萄糖，而食草动物胃中的某些微生物能产生纤维素酶，故食草动物可以利用纤维素作为食物。

纤维素是白色、无臭无味的物质。不溶于水、稀酸、稀碱和一般的有机溶剂，但能溶于浓硫酸和氢氧化铜的氨溶液。

4. 果胶酸　是以 α‑D‑半乳糖醛酸为单体经过 α‑（1→4）苷键连接的聚合物，是植物细胞壁间的粘连物质。纯果胶酸单体大概有 100 个，有一定的水溶性。半乳糖醛酸羧基常与钙或镁结合形成果胶酸钙和果胶酸镁，通过钙盐把果胶酸进行交联后，其几乎不溶于水。

果胶酸、果胶酸钙及果胶酸甲酯通常混合在一起，难以准确划分，这种混合物称之为果胶。当果实成熟或器官衰老时，会产生多聚半乳糖醛酸酶和果胶酸酶使果胶分解，导致细胞黏结松弛，引起果实显著变软或器官脱落。

5. 壳多糖　又叫几丁质、甲壳质、甲壳素，是以 N‑乙酰‑β‑D‑葡糖胺为单体通过 β‑（1→4）

苷键相连形成的多糖。几丁质是甲壳动物及昆虫体壁物质，不溶于水，化学性质相当稳定（图9-7）。

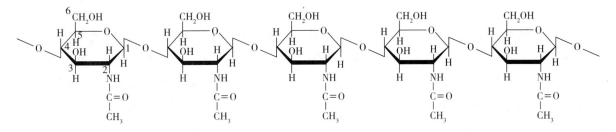

图9-7　壳多糖

6. 透明质酸　又称黏多糖，是以 β-D-葡萄糖醛酸和 N-乙酰-β-D-葡糖胺为单体，经过 β-（1→3）苷键和 β-（1→4）苷键交替重复相连形成的多糖类物质，也被称作糖胺聚糖。透明质酸结构片段见图9-8。

图9-8　透明质酸

透明质酸主要存在于人和动物的结缔组织中，如关节腔、滑膜腔内液等均含有透明质酸，可起到缓冲、润滑作用。细菌含有透明质酸酶，感染后可引起透明质酸解聚，造成关节水肿、囊肿、发炎等症状。

7. 硫酸软骨素　属于黏多糖，结构与透明质酸有相似之处，是以 β-D-葡萄糖醛酸和 N-乙酰-β-D-半乳糖胺硫酸酯为单体，通过 β-（1→3）苷键和 β-（1→4）苷键交替重复相连形成的杂聚多糖类物质。其中，硫酸基的位置可在 β-D-半乳糖胺的 C_6 位或 C_4G 位，形成硫酸酯。因此，硫酸软骨素可分为软骨素-6-硫酸（图9-9）和软骨素-4-硫酸两种。

图9-9　硫酸软骨素（软骨素-6-硫酸）

硫酸软骨素中的软骨素-6-硫酸来源于动物软骨等组织，软骨素-4-硫酸以前称之为硫酸软骨素 B，多来源于皮肤、胃肠、黏膜及肌腱，因此又称之为硫酸皮肤素。

8. 肽聚糖　是细菌细胞壁主要成分，含有短肽链，结构较为复杂，是由多糖和短肽两类物质相互交织形成的网状结构的杂聚多糖。其中多糖组分是以 N-乙酰-β-D-葡糖胺和 N-乙酰胞壁酸 β-（1→4）苷键交替相连形成的杂聚多糖。

溶菌酶能够作用于肽聚糖多糖链，使多糖链断裂致使菌体吸水膨胀后破裂而杀死细菌。青霉素类抗生素可通过抑制肽聚糖短肽之间的交联，使细菌无法完成完整的细胞壁，从而起到抑菌效果。

三、糖类药物的发展

1963 年，从 Canavalliaensiformis 分离出的一种蛋白能够与红细胞上的糖进行结合，糖作为药物概念开始出现。1982 年，第一个能与凝集素蛋白（lectins）结合的动物糖类化合物被分离、鉴定。20 世纪 80 年代以后，随着现代分析、分离技术的发展，基于糖类化合物的药物得到飞速的发展。据统计，目前市售糖类药物约有 500 多种，其中主要以糖蛋白药物为主，且糖类药物在全球市场率以较高比例增长。

近年来，有关糖类药物的专著、研究文章、专利等数以万计，基于糖分子的药物研究和开发成为实验室和制药企业的热点领域。其中多糖类药物具有极好的发展和研究前景。多糖类药物的进展可分为两方面：一是根据多糖本身在消化道药理与药动学原理发展新型的抗血脂、抗脂肪肝、抗高血糖、促进免疫功能等的治疗研究，以及利用多糖在消化道稳定悬浮、成膜、纳水、凝聚、润滑和延效等剂型的作用，所发展的新型多糖复合药物，用于消化道多种疾病的防治，国内市场上的口服多糖类药物大多属于此类；二是根据多糖分子结构为基础而阐明的生物学现象，合成与模拟体内多糖分子或相应配体，或比自然多糖分子更有效的衍生物或类似物做体内治疗。国外基于先进的基础研究，大力发展此类药物，在抗炎、抗肿瘤与抗病毒感染等方面有较瞩目的进展。其中，关于多糖在肿瘤方面的作用及机制研究，为研究的热点。来源于中蒙药的多糖，在对不同肿瘤的增殖抑制及提高肿瘤患者机体免疫功能方面有较好的作用，且具有较小的毒性反应及较好的整体调节作用，进一步研究仍在进行。

第二节　典型药物

本节主要介绍右旋糖酐、肝素、低分子肝素、硫酸软骨素、香菇多糖、山梨醇、甘露醇等典型药物。

一、右旋糖酐

右旋糖酐（dextran）也叫葡聚糖、右聚糖，是葡萄糖的聚合物，是微生物产生的一种类似淀粉和糊精的黏性物质。由于聚合的葡萄糖分子数目不同，产生不同分子量的产品，包括高分子右旋糖酐（平均分子量 10 万~20 万）、中分子右旋糖酐（即右旋糖酐 70，平均分子量 6 万~8 万）、低分子右旋糖酐（即右旋糖酐 40，平均分子量 2 万~4 万）、小分子右旋糖酐（即右旋糖酐 20，平均分子量 1 万~2 万）。其中，右旋糖酐 40、右旋糖酐 70 已被收入农村牧区合作医疗基本药物目录。

右旋糖酐主要有直接发酵法和酶合成法两种制备方法，工业生产以直接发酵法为主。发酵培养基以蔗糖为主，加少量酵母膏和蛋白胨以及适量无机盐类。目前生产菌种主要为肠膜状明串珠菌，一般培养 8~20 小时，发酵温度 25℃左右，发酵周期 20~24 小时，发酵液中多糖产量达最高。然后再经沉淀和水解两道工序，按其分子量大小进行分级，用离子交换树脂除去各种无机离子，喷雾干燥为成品。

右旋糖酐为白色或类白色无定型粉末，无臭，无味。易溶于热水，不溶于乙醇。其水溶液为无色或微带乳光的澄明液体。

右旋糖酐为血容量扩充药，有提高血浆胶体渗透压、增加血浆容量和维持血压的作用，同时还具有阻止红细胞及血小板聚集，降低血液黏滞性，从而有改善微循环的作用。

本品主要通过肾脏排出体外，其排泄速度与分子量大小有关。用药1小时后，中、低、小分子右旋糖酐分别自尿中排出为30%、50%、70%左右，24小时后分别排出60%、70%、80%左右。

二、肝素

肝素因首先从肝脏中发现而得名，是由葡萄糖胺、L-艾杜糖醛苷、N-乙酰葡萄糖胺和D-葡萄糖醛酸交替组成的黏多糖硫酸脂，平均分子量为15kDa，呈强酸性。肝素还存在于肺、血管壁、肠黏膜等组织中，是动物体内的一种天然抗凝血物质，现在主要从牛肺或猪小肠黏膜提取。

肝素为白色或类白色结晶粉末，具有吸湿性，应保存在阴凉、干燥、密封和避光的容器中。其钠盐可以在室温下保存至少12个月。

（一）肝素的生产制备

肝素可以采用酶解-树脂法、盐解-树脂法、CTAB提取法（十六烷基三甲基溴化铵提取法）三种方法生产制备。

1. 酶解-树脂法 生产工艺流程见图9-10。

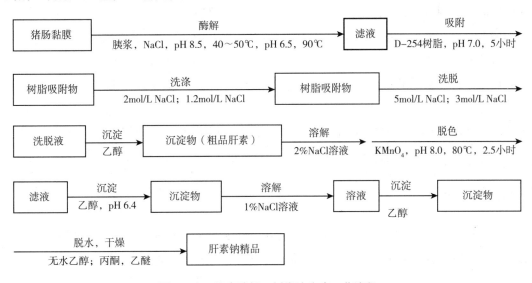

图9-10 肝素酶解-树脂法生产工艺流程

2. 盐解-树脂法 此法生产制备肝素主要包括以下三步。

第一步：取新鲜猪肠黏膜投入反应锅中，按30g/L加入氯化钠，加入NaOH调至pH 9.0，逐步升温至50~55℃，保温2小时，后继续升温至95℃并维持10分钟，冷却至50℃以下，用30目双层纱布过滤，收集滤液。

第二步：取冷却至50℃以下的滤液，加入714型（强碱性）Cl-型树脂（新树脂用量为2%），搅拌8小时后静置过夜。次日虹吸除去上层液，收集树脂，用水冲洗至洗液澄清，滤干。用2倍量1.4mol/L氯化钠搅拌2小时，滤干；再用1倍量1.4mol/L氯化钠搅拌2小时，滤干；继续改用2倍树脂量的3mol/L氯化钠搅拌洗脱8小时，滤干；再用1倍量3mol/L氯化钠搅拌洗脱2小时，滤干。合并滤液，加入等量的95%乙醇沉淀，过夜，虹吸除去上清液，收集沉淀。丙酮脱水干燥，得粗品。

第三步：粗品溶于15倍10g/L氯化钠溶液中，加入6mol/L盐酸调至pH 1.5左右，过滤至清，随即用5mol/L氢氧化钠调节pH至11.0，按3%加入过氧化氢（浓度为30%）25℃放置。开始不断调整

pH 至 11.0，第 2 天再按 1% 加入过氧化氢，调整 pH 至 11.0，继续放置，共 48 小时。过滤，用 6mol/L 盐酸调节 pH 至 6.5，加入等量的 95% 乙醇沉淀，过夜。次日虹吸除去上清液，沉淀用丙酮洗涤脱水，干燥，即得肝素钠精品。

3. CTAB 提取法

第一步：取新鲜猪小肠黏膜投入反应罐中，搅拌下加入硫酸钠，溶解后，用碱液调节 pH 至 11.0 ~ 11.5，升温至 50℃，保温搅拌 2 小时，再加硫酸铝，溶解后，用氢氧化钠调节 pH 至 7.5 ~ 8.0，升温至 95℃，保温 10 分钟，趁热过滤，待滤液冷却至 60℃ 以下时，缓缓加入 CTAB 和硅藻土，搅拌吸附 1 小时，静置过夜，滤饼用 40℃ 热蒸馏水洗至无色，抽干即得络合物。

第二步：取络合物溶于适量氯化钠溶液中，以冰醋酸调 pH 至 4.0，升温 60℃，保温 30 分钟，静置过滤，干燥，即得肝素钠精品。

（二）肝素的应用

肝素主要有以下药理作用。

（1）抗凝血：增强抗凝血酶Ⅲ与凝血酶的亲和力，加速凝血酶的失活；抑制血小板的黏附聚集；增强蛋白 C 的活性，刺激血管内皮细胞释放抗凝物质和纤溶物质。

（2）抑制血小板，增加血管壁的通透性，调控血管新生。

（3）具有调血脂作用。

（4）可作用于补体系统的多个环节，以抑制系统过度激活。与此相关，肝素还具有抗炎、抗过敏的作用。

肝素临床上主要用于血栓栓塞性疾病、心肌梗死、心血管手术、心脏导管检查、体外循环、血液透析等。随着药理学及临床医学的进展，肝素的应用不断扩大。

三、低分子肝素

低分子肝素是由普通肝素解聚制备而成的一类分子量较低的肝素的总称。其药效学及药动学特性与普通肝素不同。普通肝素虽然在预防和治疗静脉血栓方面取得了良好的效果，但存在出血、血小板减少症、过敏反应等较多的不良反应。而低分子肝素具有注射吸收好、半衰期长、生物利用度高、出血副作用少、无需实验室监测等优点，其在临床的应用不断扩大。

低分子肝素是经 UFH 裂解而得到的片段。NMR 研究证明，不同低分子肝素在分子量、分子量分布、末端结构及硫酯化的类型等方面也不相同，而这些差异会导致相应生物活性的异样，包括与 ATⅢ 的结合能力、抗 Ⅹa 因子活性和抗 Ⅱa 因子活性。因此，低分子肝素制备方法的不同，导致其生化与药理性质有明显的区别，体内抗栓活性和出血不良反应也不一样。

即学即练 9 - 1

低分子肝素的药理作用有哪些优点？

答案解析

（一）低分子肝素的生产制备

低分子肝素的制备方法包括过氧化物裂解、亚硝酸裂解、肝素酶裂解及苯甲基化后碱水解等。

1. 生产工艺　低分子肝素的生产工艺流程见图 9 – 11。

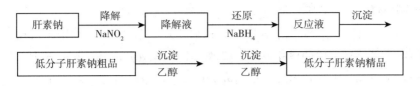

图 9 – 11　低分子肝素钠的生产工艺流程

2. 工艺过程

第一步，降解。取肝素以蒸馏水溶解，用 6mol/L HCl 调 pH 至 2.8，加 $NaNO_2$ 反应，反应温度为 18 ~ 25℃，用 KI 试纸控制终点。

第二步，还原。以 20% 的 NaOH 调节 pH 至 9.8，反应温度为 18 ~ 25℃，加 $NaBH_4$ 反应 2 小时。

第三步，沉淀。调节 pH 至 5.5 ~ 6.6，95% 乙醇沉淀，得低分子肝素粗品。

第四步，纯化。低分子肝素粗品用蒸馏水溶解，以 20% 的 NaOH 调节 pH 至 10.0 ~ 10.5，加 1% 的 H_2O_2，18 ~ 25℃ 反应 24 小时，用 6mol/L HCl 调 pH 至 5.5 ~ 6.6，95% 乙醇沉淀。

第五步，精制。沉淀用蒸馏水溶解，加 95% 的乙醇沉淀，得低分子肝素精品。

（二）低分子肝素的应用

低分子量肝素具有抗 Ｘa 因子活性，药效学研究表明低分子量肝素能够对体内、外血栓及动静脉血栓的形成产生一定的抑制作用，但对凝血和纤溶系统影响不大。产生抗栓作用时，出血可能性小。低分子肝素皮下注射后可全部吸收，生物半衰期长，大约是肝素的 2 倍。尽管各种本品的抗 FＸa 效价与抗 FⅡa 效价比值不同，但吸收模型十分相似，其生物利用度为 87% ~ 98%，而肝素只有 10% ~ 30%。低分子量肝素诱导血小板聚集的能力比肝素弱，在抗血栓效果相同条件下比肝素的出血副作用少。低分子肝素在体内主要分布于肝和肾，此外心脏、脑、肺、血液内也有少量分布，没有积蓄性。

1. 治疗不稳定性心绞痛　低分子肝素可与抗凝血酶Ⅲ结合，导致抗凝血酶Ⅲ的结构改变，从而加快对因子Ｘa 的抑制作用，产生较强抗凝效果，有助于解除和减轻冠状动脉管腔阻塞，改善心肌缺血状况。而且还具有在体内不易消除，作用时间长；很少影响血小板功能，不减少其数目，灭活血小板表面凝血因子Ｘa 的作用较强；几乎不与血管内皮细胞结合等特点。因此，在使用阿司匹林的基础上加用肝素能减少冠状动脉阻塞，改善冠状动脉血流，减少心肌缺血发生，最终减少不稳定性心绞痛患者心肌梗死的发生率和病死率。

2. 治疗深静脉血栓（DVT）　DVT 多发部位为下肢深静脉，常见于老年人骨科大手术如全髋或全膝关节置换术后，也是老年患者致残致死的重要原因之一。低分子肝素是预防 DVT 的常用药物。低分子肝素抑制血小板的功能降低，微血管的通透性增加减少，使出血的不良反应减少 40%；与血浆蛋白、血管内皮细胞和血细胞结合少，半衰期约为普通肝素的 4 倍。这些特性使低分子肝素无需改变剂量，每天 1 ~ 2 次，无需实验室监测。据国外多组临床研究报道，低分子肝素类药物可降低 DVT 的发生率至少 70%，同时并不增加出血的发生率。

3. 治疗进展型脑梗死　低分子肝素主要成分是 D - 葡萄糖、胺残基、葡萄胺，具有抗血小板、抗 FＸa 和 FⅡa 活性、促纤溶、延长抗血栓和神经保护作用，较低出血倾向及较少血小板减少等不良反应，从而被多数神经内科医生作为治疗和预防脑卒中可选药物。低分子肝素明显抗因子Ｘa 活性、轻微抗凝活性、促进纤溶作用，可促进血管内皮细胞释放纤维蛋白溶解酶原激活剂和缩短优球蛋白溶解时间，抗栓作用强，增强内皮细胞抗血栓作用而不干扰血管内皮细胞其他功能，故低分子肝素治疗进展型脑梗死能更有效抑制血栓形成和扩展。

4. 低分子肝素在介入治疗中的应用 在经皮冠状动脉介入（PCI）治疗中常规使用肝素，可减少动脉损伤部位及因使用手术器械造成的血栓形成，但普通肝素对患者抗凝效果差异大，需监测活化部分凝血活酶时间及活化凝血时间（ACT）以减少出血并发症，PCI每超过1小时需追加普通肝素，且PCI术后4~6小时才能拔除股动脉鞘管，卧床时间长，增加了迷走反应及周围血管并发症的发生率等。目前，低分子肝素无论有效性还是安全性均高于肝素，并且在经皮冠状动脉介入后可立即拔除导管，因此在介入治疗中越来越多地使用低分子肝素。

5. 低分子肝素的抗炎作用 低分子肝素已在非临床试验中展现了其有效的抗炎作用。

四、硫酸软骨素

硫酸软骨素（chondroitin sulfate，CS）广泛分布于动物组织的细胞外基质和细胞表面，是共价连接在蛋白质上形成蛋白聚糖的一类糖胺聚糖。其糖链由交替的葡萄糖醛酸和 N - 乙酰半乳糖胺（又称 N - 乙酰氨基半乳糖）二糖单位组成，通过一个似糖链区连接到核心蛋白的丝氨酸残基上。

硫酸软骨素为动物软骨中提取制备的酸性黏多糖，是硫酸软骨素 A、C 及各种硫酸软骨素的混合物。硫酸软骨素一般含有 50~70 个双糖单位，链长不均一，相对分子质量在 1 万~3 万。

硫酸软骨素为白色粉末，无臭无味，吸水性强，易溶于水而成黏度大的溶液，不溶于乙醇、丙酮和乙醚等有机溶剂，其盐对热较稳定，受热 80℃ 亦不被破坏。游离硫酸软骨素水溶液遇较高温度或酸即不稳定，主要是脱乙酰基，或降解成单糖或相对分子质量较小的多糖。

（一）硫酸软骨素的生产制备

硫酸软骨素广泛存在于动物的软骨、喉骨、鼻骨（猪含 41%），牛、马鼻中隔和气管（含 36% ~ 39%）中，在骨腱、韧带、皮肤、角膜等组织中也有。鱼类软骨中含量也很高，如鲨鱼骨中含 50% ~ 60%。在软骨中，硫酸软骨素与蛋白质结合成蛋白多糖，并与胶原蛋白结合在一起。其提取分离方法有稀碱 - 酶解法、浓碱水解法、稀碱 - 浓盐法、酶解 - 树脂法等。本节主要介绍稀碱 - 浓盐法、稀碱 - 酶解法及制剂方法。

1. 稀碱 - 浓盐法

第一步，提取。取经处理的洁净软骨，粉碎，置于提取罐中，加入 3~3.5mol/L NaCl 浸没软骨，用 50% NaOH 调 pH 至 12.0~13.0，室温搅拌提取 10~15 小时，过滤。滤渣重复提取一次，合并提取液。

第二步，盐解。提取液用 2mol/L HCl 调 pH 至 7.0~8.0，升温至 80~90℃，保温 20 分钟，冷却后过滤，得清液。

第三步，除酸性蛋白。将盐解液调 pH 至 2.0~3.0，搅拌 10 分钟，静置后再滤至澄清，调 pH 至 6.5，加 2 倍去离子水调整溶液中的 NaCl 浓度为 1mol/L 左右。

第四步，沉淀。在清液中加入 95% 乙醇，使乙醇浓度为 60%，沉淀过夜。

第五步，干燥。收集沉淀，用乙醇脱水，60~65℃，真空干燥，得成品硫酸软骨素

2. 稀碱 - 酶解法

第一步，提取。取洁净干燥软骨 40kg，加 250kg 2% NaOH 于室温，搅拌提取 4 小时，待提出液密度达 5 波美度时，过滤，滤渣再以 2 倍量 2% NaOH 提取 24 小时，过滤，合并滤液。

第二步，酶解。提取清液用 HCl 调 pH 至 8.8~8.9，升温至 50℃，加入 1/25 量的胰酶（1300g），于 53~54℃保温水解 6~7 小时。水解终点检查：取水解液 10ml 加 10% 三氯乙酸 1~2 滴，应仅呈现轻微浑浊，否则需酌情增加胰酶用量。

第三步，吸附。以 HCl 调节水解液 pH 至 6.8~7.0，加入活性白陶土 7kg、药用炭 200g，保持 pH 在 6.8~7.0，搅拌吸附 1 小时，再用 HCl 调 pH 至 6.4，停止加热，静置过滤，得清液。

第四步，沉淀、干燥。用 10% NaOH 调节 pH 至 6.0，加入清液体积 1% 量的氯化钠，溶解，过滤至澄明。加入 95% 乙醇至乙醇含量达 75%，偶加搅拌，使细粒聚集成大颗粒沉淀，静置 8 小时以上。收集沉淀，无水乙醇脱水，60~65℃真空干燥。

3. 制剂　按配方（2% 硫酸软骨素、0.85% NaCl），称取标示量 107% 的硫酸软骨素干粉（以纯品计），撒入注射用水中，使其溶胀，搅拌溶解，再加入 NaCl，调 pH 至 5.5 左右，加热煮沸，用布氏漏斗过滤。滤液加至 0.3%~0.5% 药用炭，加热至微沸，保持 15 分钟，用砂棒包扎滤纸趁热过滤。滤液冷却后，补加注射用水至全量，用 3 号垂熔漏斗过滤至澄清，按每支 2ml 灌封，灭菌，即得硫酸软骨素注射液。

（二）硫酸软骨素的应用

硫酸软骨素，尤其是硫酸软骨素 A 能增强脂肪酶的活性，使乳糜微粒中的三酰甘油分解，使血中乳糜微粒减少而澄清，还具有抗凝血和抗血栓作用，可用于冠状动脉硬化、血脂和胆固醇增高、心绞痛、心肌缺血和心肌梗死等症。硫酸软骨素还用于防治链霉素引起的听觉障碍症以及偏头痛、神经痛、老年肩痛、腰痛、关节炎与肝炎等。

1. 药理作用

（1）可以清除血液中的脂质和脂蛋白，清除周围血管的胆固醇，防治动脉粥样硬化，并增加脂质和脂肪酸在细胞内的转换率。

（2）能有效地防治冠心病。对实验性动脉硬化模型具有抗动脉粥样硬化及抗致粥样斑块形成作用；增加动脉粥样硬化的冠状动脉分支或侧支循环，并能加速实验性冠状动脉硬化或栓塞所引起的心肌坏死或变性的愈合、再生和修复。

（3）能增加细胞的信使核糖核酸（mRNA）和脱氧核糖核酸（DNA）的生物合成，并具有促进细胞代谢的作用。

（4）低抗凝血活性。硫酸软骨素具有缓和的抗凝血作用，每毫克硫酸软骨素 A 相当于 0.45U 肝素的抗凝活性。这种抗凝活性并不依赖于抗凝血酶Ⅲ而发挥作用，它可以通过纤维蛋白原系统而发挥抗凝血活性。

（5）对角膜胶原纤维具有保护作用，能促进基质中纤维的增长，增强通透性，改善血液循环，加速新陈代谢，促进渗透液的吸收及炎症的消除；其聚阴离子具有强的保水性，能改善眼角膜组织的水分代谢，对角膜有较强的亲和力，能在角膜表面形成一层透气保水膜，促进角膜创伤的愈合及改善眼部干燥症状。

（6）硫酸软骨素还具有抗炎，加速伤口愈合和抗肿瘤等作用。

即学即练 9-2

硫酸软骨素可以用于防治动脉粥样硬化吗？为什么？

答案解析

2. 适应证

（1）硫酸软骨素应用于防治冠心病、心绞痛、心肌梗死、冠状动脉粥样硬化、心肌缺血等疾病，无明显毒性反应，能显著降低冠心病患者的发病率和死亡率。长期临床应用发现，在动脉和静脉壁上沉积的脂肪等脂质可以被有效地去除或减少，能显著降低血浆胆固醇，从而防止动脉粥样硬化形成。

（2）硫酸软骨素用于治疗神经痛、神经性偏头痛、关节痛、关节炎，以及肩胛关节痛、腹腔手术后疼痛等。

（3）预防和治疗链霉素引起的听觉障碍，以及各种噪声引起的听觉困难、耳鸣症等，效果显著。

（4）对慢性肾炎、慢性肝炎、角膜炎及角膜溃疡等有辅助治疗作用。

（5）近年来报道，鲨鱼软骨中的软骨素有抗肿瘤作用。此外，硫酸软骨素还应用于化妆品以及外伤伤口的愈合剂等。

（6）硫酸软骨素还用于滴眼剂。硫酸软骨素为一种酸性黏多糖，是眼组织中的重要成分之一，具有促进角膜水分代谢和改善眼部干燥症状的作用，适用于视疲劳、干眼症。

五、香菇多糖

香菇多糖（Lentinan，LNT）是从优质香菇子实体中提取的有效活性成分，是香菇的主要有效成分，是一种宿主免疫增强剂。临床药理研究表明，香菇多糖具有抗病毒、抗肿瘤、调节免疫功能和刺激干扰素形成等作用。

香菇多糖中的活性成分是具有分支的 $\beta-(1-3)-D-$葡聚糖，主链由 $\beta-(1-3)$ 连接的葡萄糖基组成，沿主链随机分布着由 $\beta-(1-6)$ 连接的葡萄糖基，呈梳状结构。

（一）香菇多糖的生产制备

第一步，提取。香菇子实体经冲洗、破碎后，用蒸馏水于 $80\sim100℃$ 温度下，提取 2 次，每次 8 小时，加水量分别为投料量的 5 倍和 3 倍，所得悬浮液经离心去除滤渣，滤液浓缩至原体积的 1/4。

第二步，沉淀。加入等量乙醇进行沉淀，收集沉淀物，用乙醇洗涤，得粗品。

第三步，去蛋白。将粗品研成细粉，加蒸馏水匀浆，水量逐渐增至投料量的 100 倍，膨胀一昼夜，再加 100 倍水稀释，搅拌 2 小时，静置沉淀后，滴加 0.2mol/L 的 CTA-OH 试剂至 pH 12，离心分离，收集沉淀物。

第四步，洗涤。沉淀物依次用乙醇、稀酸（10% 醋酸）、浓酸（50% 醋酸）和碱液（6% NaOH）进行洗涤，醇洗、碱洗各 2 次，用量每次 10 倍，稀酸洗 2 次，浓酸洗 1 次，用量为 5 倍。

第五步，沉淀。碱洗后的滤液以 5 倍量乙醇进行沉淀，沉淀用乙醇 5 倍量洗涤 2 次，最后用乙醚洗涤，得成品。

（二）香菇多糖的应用

1. 药理作用　香菇多糖是一种具有免疫调节作用的抗肿瘤辅助药物，能促进 T、B 细胞增殖，提高自然杀伤细胞活性。其在体内虽无直接杀伤肿瘤细胞作用，但可通过增强机体的免疫功能而发挥抗肿瘤活性。在体内能使脾和腹腔的自然杀伤细胞活性增强，诱生干扰素与本品剂量相关，其活性与白细胞介素类或干扰素诱导剂有协同作用。此外，香菇多糖还能使肿瘤部位的血管扩张和出血，导致肿瘤出血坏死和完全退化。另有证明，在体外本品可增强脱氧胸腺嘧啶核苷的抗艾滋病毒的活性。动物实验显示，本品对动物肿瘤（如 S-180 肉瘤及 EC 实体瘤）有一定抑制作用。

香菇多糖在治疗胃癌、结肠癌、肺癌等方面具有良好疗效。作为免疫辅助药物，香菇多糖主要用来抑制肿瘤发生、发展与转移，提高肿瘤对化疗药物的敏感性，改善患者身体状况，延长寿命。香菇多糖与化疗药物联合使用，有减毒、增效的作用。化疗药物杀伤肿瘤细胞的选择性较差，对正常细胞也具有杀伤作用，产生毒性作用，造成化疗不能按期按量进行；由于化疗剂量不足，常引起肿瘤细胞的耐药性，成为难治性癌症，影响疗效。化疗过程中服用香菇多糖，可以增强化疗疗效，并减轻化疗的毒性反应；同时，化疗过程中患者白细胞下降的发生率、胃肠毒性、肝功能损害及呕吐的发生率明显降低。这充分说明了香菇多糖与化疗并用可以增效、减毒，并增强患者机体的免疫功能。

2. 适应证

（1）抗肿瘤　香菇多糖临床上常与替加氟（FT207）、多柔比星（ADR）、丝裂霉素（MMC）合用，治疗不能手术或复发的胃肠道肿瘤。本品联合放疗化疗，可用于肺癌、乳腺癌、急慢性白血病等的治疗，也可用于癌性胸腔积液和腹水的治疗。对已有远处脏器转移的晚期癌症患者，在化疗时合用本品可改善患者的全身情况，提高疗效，延长生存期。

（2）抗病毒　由于香菇多糖能诱生干扰素产生，因此有抗病毒作用，可用于慢性乙型病毒性肝炎及艾滋病的治疗。

（3）抗感染　香菇多糖应用于具有抗药性的肺结核，可使菌痰停止，使患者症状改善，且中性粒细胞对结核杆菌的吞噬及调理作用均加强。香菇多糖还可用于治疗老年性慢性支气管炎。

六、山梨醇

山梨醇又名山梨糖醇，是蔷薇科植物的主要光合作用产物。为白色吸湿性粉末或晶状粉末、片状或颗粒，无臭。易溶于水，微溶于乙醇和乙酸。有清凉的甜味，甜度约为蔗糖的一半，热值与蔗糖相近。

（一）山梨醇的合成制备方法

（1）将配制好的53%葡萄糖水溶液加入高压釜，加入葡萄糖重量0.1%的镍催化剂。经置换空气后，在约3.5MPa、150℃、pH 8.2～8.4条件下加氢，终点控制残糖在0.5%以下。沉淀5分钟后，将所得山梨糖醇溶液通过离子交换树脂精制即得。原料消耗定额：盐酸19kg/t、液碱36kg/t、固碱6kg/t、铝镍合金粉3kg/t、口服糖518kg/t、活性炭4kg/t。

（2）采用淀粉糖化所得精制葡萄糖，中压连续或间歇加氢制得。

（3）将53%葡萄糖水溶液（事先用碱液调pH至8.2～8.4）和葡萄糖质量0.1%的镍铝催化剂加入高压釜，排尽空气后进行反应，控制温度150℃、压力3.5MPa，当葡萄糖含量达0.5%以下，反应即达终点。静置沉淀、过滤。滤液用强酸性苯乙烯系阳离子交换树脂001×7及强碱性系铵Ⅰ型阴离子交换树脂201×7进行精制，去除镍、铁等杂质，即得成品D-山梨醇。

（二）山梨醇的应用

（1）山梨醇可作为生产维生素C的原料，经发酵和化学合成可制得维生素C。也可用于工业表面活性剂的原料，用于生产司盘和吐温类表面活性剂。山梨醇具有保湿性能，可以代替甘油，应用于牙膏、卷烟和化妆品生产中。以山梨醇和环氧丙烷为原料，可以生产具有一定阻燃性能的聚氨酯硬质泡沫塑料。在医药工业中，山梨醇经过硝化生成的失水山梨醇酯是治疗冠心病的药物。食品添加剂、化妆品原料、有机合成原料、保湿剂、溶剂等。

（2）在食品工业中，山梨醇可用作营养性甜味剂、湿润剂、螯合剂、稳定剂和组织改良剂，是一种具有保湿功能的特殊甜味剂。在人体内不转化为葡萄糖，不受胰岛素的控制，适合糖尿病患者使用。可用于糕点，最大使用量 5.0g/kg；在鱼糜及其制品中最大使用量 0.5g/kg。还可作消泡剂，用于制糖工艺、酿造工艺和豆制品工艺，按生产需要适量使用。也可用于葡萄干保湿，酒类、清凉饮料的增稠、保香，以及糖果和口香糖。

（3）可用作气相色谱固定液，用于低沸点含氧化合物、胺类化合物、氮或氧杂环化合物的分离分析。

（4）还可作为利尿脱水剂，用于治疗脑水肿及颅内压增高、青光眼的眼内压增高，也可用于治疗心肾功能正常的水肿、少尿等。

七、甘露醇

甘露醇是一种糖醇，是山梨糖醇的同分异构体。本品易溶于水，为白色结晶性粉末，有类似蔗糖的甜味。

（一）甘露醇的合成制备方法

工业生产甘露醇的工艺主要有两种，一种是以海带为原料，在生产海藻酸盐的同时，将提碘后的海带浸泡液，经多次提浓、除杂、离交、蒸发浓缩、冷却结晶而得；另一种是以蔗糖和葡萄糖为原料，通过水解、差向异构与酶异构，然后加氢而得。

我国利用海带提取甘露醇已有几十年历史，这种工艺简单易行，但受到原料资源、提取收率、气候条件、能源消耗等限制，长期以来，其发展受到制约。20 世纪，我国甘露醇年产量始终未超过 8000 吨。我国的合成法工艺在 20 世纪 80 年代开始试验、90 年代问世，时间不长，但由于其具有不受原料限制、适合大规模生产等优点，已经取得了长足的发展。

（二）甘露醇的应用

1. 医药领域　甘露醇在医药上是良好的利尿剂，用于降低颅内压、眼内压和治疗肾病的药物、脱水药、食糖代用品，也用作药片的赋形剂及固体、液体的稀释剂。

甘露醇注射液（injection mannitou）作为高渗降压药，是临床抢救特别是脑部疾患抢救常用的一种药，具有降低颅内压药物所要求的降压快、疗效准确的特点。甘露醇进入体内后能提高血浆渗透压，使组织脱水，可降低颅内压和眼内压，从肾小球滤过后，不易被重吸收，使尿渗透压增高，带走大量水分而脱水，用于颅脑外伤、脑瘤、脑组织缺氧引起的水肿，大面积烧伤后引起的水肿，肾功能衰竭引起的腹水及青光眼。并可防治早期急性肾功能不全。

作为片剂用赋形剂，甘露醇无吸湿性，干燥快，化学稳定性好，而且具有爽口、造粒性好等特点，用于抗癌药、抗菌药、抗组胺药以及维生素等大部分片剂。因甘露醇溶解时吸热，有甜味，对口腔有舒服感，故更广泛用于醒酒药、口中清凉剂等咀嚼片的制造，其颗粒型专作直接压片的赋形剂。

甘露醇虽可被胃肠所吸收，但在体内并不蓄积。被吸收后，一部分在体内被代谢，另一部分从尿中排出。

2. 食品领域　在食品方面，该品在糖及糖醇中的吸水性最小，并具有爽口的甜味，用于麦芽糖、口香糖、年糕等食品的防粘，以及用作一般糕点防粘粉。也可用作糖尿病患者用食品、健美食品等低热值、低糖的甜味剂。

3. 工业生产　以甘露醇为起始剂加压而制成的聚甘露醇－氧化丙烯醚广泛应用于塑料行业中，以聚甘露醇－氧化丙烯醚为基的硬质聚氨酯泡沫塑料耐油性、耐热氧化性以及尺寸稳定性均较好，耐热度更是高达180℃。

在精细化工行业中，由硬脂酸与甘露醇酯化反应制得硬脂酸甘露醇酯用途广泛：作为食品乳化剂、分散剂，可广泛用于糕点、糖果、饮料等，同时亦作涂料、纺织、日化及医药等工业的乳化剂和分散剂。

甘露醇还用于制松香酸酯及人造甘油树脂、炸药、雷管（硝化甘露醇），在塑料工业中用作聚氯乙烯的增塑剂，在化妆品中作保湿剂等。在化学分析中用于硼的测定，在生物检测上用作细菌培养剂等。

甘露醇（约7%）经常用来防止制酸剂氢氧化铝悬浮液的增稠，亦有建议将它用作软胶囊的增塑料。颗粒甘露醇流动性好，加入其他不易流动的物质内，可改进其流动性，但加入量不能超过其他物质浓度25%（重量）。

4. 甘露醇的临床应用

（1）组织脱水药。用于治疗各种原因引起的脑水肿，降低颅内压，防止脑疝。

（2）降低眼内压。可有效降低眼内压，应用于其他降眼内压药无效时或眼内手术前准备。

（3）渗透性利尿药。用于鉴别肾前性因素或急性肾功能衰竭引起的少尿。亦可应用于预防各种原因引起的急性肾小管坏死。

（4）作为辅助性利尿措施治疗肾病综合征、肝硬化腹水，尤其是当伴有低蛋白血症时。

（5）对某些药物逾量或毒物中毒（如巴比妥类药物、锂、水杨酸盐和溴化物等），本药可促进上述物质的排泄，并防止肾毒性。

（6）作为冲洗剂，应用于经尿道内前列腺切除术。

（7）术前肠道准备。

目标检测

答案解析

一、选择题

A 型题

1. 以下属于低聚糖的是（　　　）

　　A. 淀粉　　　　　　　B. 环糊精　　　　　　　C. 糖原　　　　　　　D. 透明质酸

2. 右旋糖酐为（　　　）

　　A. 降压药　　　　　　B. 降血脂药　　　　　　C. 抗过敏药　　　　　　D. 血容量扩充药

3. 肝素呈（　　　）

　　A. 强碱性　　　　　　B. 强酸性　　　　　　　C. 弱酸性　　　　　　D. 弱碱性

4. 肝素的药理作用不包括（　　　）

　　A. 抗凝血　　　　　　B. 抑制血小板　　　　　C. 强心作用　　　　　D. 抗炎抗过敏

5. 以下属于免疫增强剂的是（　　　）

　　A. 香菇多糖　　　　　B. 硫酸软骨素　　　　　C. 肽聚糖　　　　　　D. 透明质酸

X型题

6. 香菇多糖的主要适应证包括 (   )

    A. 抗感染　　　　　　　　B. 抗凝血　　　　　　　　C. 抗肿瘤

    D. 抗病毒　　　　　　　　E. 抗血栓

7. 以下属于多糖类药物的是 (   )

    A. 右旋糖酐铁　　　　　　B. 猪苓多糖　　　　　　　C. 透明质酸

    D. 肝素钠　　　　　　　　E. 硫酸软骨素

8. 甘露醇的应用包括 (   )

    A. 医药领域　　　　　　　B. 食品领域　　　　　　　C. 工业生产

    D. 临床应用　　　　　　　E. 航空领域

9. 肝素的生产制备方法包括 (   )

    A. 酶解－树脂法　　　　　B. 乙醇沉淀法　　　　　　C. 盐解－树脂法

    D. CTAB 提取法　　　　　E. 水蒸气蒸馏法

二、简答题

1. 低分子肝素与肝素在药理作用上有哪些差异?

2. 硫酸软骨素的生产制备方法有哪些?

3. 请简述香菇多糖抗肿瘤的药理作用机制。

4. 甘露醇有哪些临床应用?

书网融合……

知识回顾　　　　微课　　　　习题

(钟辉云)

第十章　核苷、核苷酸和核酸类药物

学习引导

核酸是重要的生物大分子物质，是生物体遗传变异的物质基础。在生命活动中核酸发挥着重要作用，随着对核酸研究的不断深入，科学家发现核酸结构及功能的改变是疾病产生的重要因素，可以将核酸作为药物对生物体的正常代谢进行调控，从而发挥治疗疾病的作用。

本章主要介绍核酸类药物的基本概念和典型药物的性质、应用等知识，旨在让学习者掌握核酸类药物的分类、性质、应用、不良反应、制剂与规格等内容，并了解基因治疗与核酸药物相关知识。

学习目标

思政素养目标

通过介绍我国首个反义核酸药物的案例，使学生了解我国现代生物制药技术的自主创新能力不断增强，引导学生弘扬精益求精的工匠精神，激励广大青年走技能成才、技能报国之路。

知识目标

1. **掌握**　核苷、核苷酸和核酸类药物的概念、分类、性质和应用。

2. **熟悉**　典型核酸类药物的性质、临床应用、用法用量、不良反应、药物相互作用、制剂与规格等。

3. **了解**　基因治疗与核酸药物。

技能目标

1. 熟练掌握典型核酸类药物的贮藏方法。

2. 熟知典型核酸类药物的禁忌和注意事项。

第一节　概　述 e 微课

核酸是重要的生物大分子物质，是生物体遗传变异的物质基础。鉴于核酸在生物体生命活动过程中发挥的重要作用，以及对多种核酸作用机制的揭示，在核酸水平进行药物设计已成为当前药物研究的主要任务之一。核酸类药物是指具有预防、诊断和治疗作用的碱基、核苷、核苷酸、核酸及其衍生物的统称。核酸类药物可以通过帮助恢复正常代谢或干扰某些异常代谢来达到治疗疾病的目的。

一、核酸类药物的分类

根据核酸类药物化学结构和组成的不同，核酸类药物可分为以下四类。

（一）碱基类

碱基类包括氟尿嘧啶、氟胞嘧啶、巯嘌呤、氯嘌呤、别嘌呤醇、硫代鸟嘌呤等主要经过人工化学修饰的碱基衍生物。

（二）核苷类

按照化学结构中核糖或碱基的不同，核苷类又可细分为：①腺苷类，主要有腺苷、阿糖腺苷、腺苷甲硫氨酸等。②尿苷类，主要有尿苷、氟苷、碘苷、乙酰氮杂尿苷等。③胞苷类，主要有阿糖胞苷、氟环胞苷、环胞苷等。④肌苷类，主要有肌苷、肌苷二醛、异丙肌苷等。⑤脱氧核苷类，主要有脱氧硫鸟苷、氮杂脱氧胞苷、三氟胸苷等。

（三）核苷酸类

1. **单核苷酸类**　主要有腺苷酸、尿苷酸、肌苷酸、环磷腺苷、双丁酰环腺苷酸、辅酶 A 等。

2. **二磷酸核苷类**　主要有胞磷胆碱、尿二磷葡萄糖等。

3. **三磷酸核苷类**　主要有三磷酸腺苷二钠、鸟三磷、胞三磷、尿三磷等

4. **核苷酸类混合物**　主要有脱氧核苷酸、5′-核苷酸、2′,3′-核苷酸等。

（四）多核苷酸类

多核苷酸类主要包括黄素腺嘌呤二核苷酸、聚腺尿苷酸、聚肌胞苷酸等。

即学即练 10 - 1

核酸类药物的分类依据是什么？

答案解析

二、核酸类药物的性质

（一）理化性质

DNA 为白色纤维状物，RNA 和核苷酸是白色粉末或结晶。核酸和核苷酸呈酸味，肌苷酸、鸟苷酸具有鲜味。DNA、RNA 和核苷酸是极性化合物，一般溶于水，不溶于乙醇、三氯甲烷等溶剂，其钠盐较游离酸易溶于水。

（二）核酸的解离性质

核酸有碱性基团和酸性的磷酸基团，属于两性电解质，在特定 pH 条件下可解离而带有电荷。核酸分子上可解离的基团有磷酸基、氨基和烯醇基。

（三）核酸的颜色反应

核酸的水解产物与酚类、苯胺类化合物可结合成有色物质。

（四）核酸的紫外吸收

在核酸分子结构中，嘌呤碱基和嘧啶碱基都具有共轭双键，对波长260nm的紫外光具有强烈吸收作用。在一定pH溶液中，各种核酸类物质都有特定的紫外吸收，利用这一特性，可用紫外分光光度法对核酸类药物进行分析测定。

（五）核酸的变性

在某些物理和化学因素影响下核酸会发生变性，导致核酸空间结构发生改变，引起核酸的理化性质改变和生物学功能降低或丧失。

三、核酸类药物的应用

核酸类药物主要作用于基因水平，因具有多种药理作用，已被广泛应用于临床。

（一）抗病毒作用

代表药物有阿昔洛韦、利巴韦林和阿糖腺苷等，临床用于抗肝炎病毒、疱疹病毒及其他病毒。

（二）抗肿瘤作用

核酸类药物中的嘌呤化合物和嘧啶化合物能阻断核酸、蛋白质的生物合成，抑制肿瘤细胞增殖，因而具有较好的抗肿瘤作用。代表药物有氟尿嘧啶、盐酸阿糖胞苷等，临床用于治疗消化道癌、妇科肿瘤和各类急性白血病等。

（三）干扰素诱导作用

代表药物为聚肌胞苷酸，临床上用于抗肝炎病毒、疱疹病毒等。

（四）免疫增强作用

主要用于抗病毒及抗肿瘤的辅助治疗，如免疫核糖核酸。

（五）供能作用

用于肝炎、心脏病等多种疾病的辅助治疗，如三磷酸腺苷二钠。

四、基因治疗与核酸药物

基因治疗是指将外源性正常基因整合或转移到靶细胞内，以代替、置换致病或变异基因，达到预防及治疗疾病的一种治疗方法。随着分子生物学技术的快速发展，利用核酸分子的主动和被动调控来作为干预疾病过程的工具和药物已成为现实。利用这些与疾病相关的核酸分子，抑制相关疾病基因，使其不能表达为病理性蛋白，或引入能正常表达的基因，从而发挥正向调控作用。其中反义核酸、脱氧核酶、核酶、小干扰RNA、微小RNA等已在感染、肿瘤、心血管系统疾病、神经系统疾病、炎症、代谢失调、免疫治疗及罕见病等治疗中表现出较好的应用价值。

此类核酸药物能靶向阻断分子信息传递及对应功能基因表达，可高效特异性地作用于致病靶mRNA或致病靶基因。核酸药物与传统抗体药物和小分子药物相比，可调控致病基因的表达，并可达到单碱基水平上的序列特异性，具有"标本兼治"的特点。此外，核酸药物具有治疗效率高、药物毒性低、不产生抗药性、特异性强和应用领域广等优点。第一个核酸药物福米韦生钠于1998年上市，此后米泊美生钠、依特立生等药物陆续上市，为核酸药物的发展奠定了基础。

 知识拓展

我国首个反义核酸药物

2018 年，我国首个反义核酸药物"注射用 CT102"被批准进入临床试验研究。我国是肝癌高发国家，但肝癌的治疗手段非常有限，"注射用 CT102"有望为肝癌患者提供一种全新的基因靶向治疗手段。该药研究团队专家介绍，反义核酸药物为一类基因精准靶向治疗药物，具有抑制效率高、特异性好等特点，可用于多种类型的肿瘤、病毒感染性疾病、代谢性疾病及血管性疾病的治疗。CT102 是以 *IGF1R* 基因为靶向的反义核酸药物，具有自主知识产权。该药研究团队自 1990 年起从零开始致力于反义核酸药物研究，先后在国家自然科学基金、"863"计划、重大新药创制专项等资助下，攻克了药物设计、规模化制备、质控等临床前研发关键技术瓶颈。

党的十九大报告提出"建设知识型、技能型、创新型劳动者大军，弘扬劳模精神和工匠精神，营造劳动光荣的社会风尚和精益求精的敬业风气。"目前，我国现代生物制药技术蓬勃发展，自主创新能力不断提升，包括基因治疗等生物制药技术多个领域已在国际上处于先进水平，具有广阔的发展前景。

第二节 典型药物

一、肌苷

1. 生产来源 本品可通过发酵生产变枯草芽孢杆菌、短小芽孢杆菌等发酵液中提取获得。

2. 成分 本品为 $9-\beta-D-$核糖次黄嘌呤，按干燥品计算，含 $C_{10}H_{12}N_4O_5$ 应为 98.0% ~ 102.0%。

3. 性状 本品为白色结晶性粉末；无臭。本品在水中略溶，在乙醇中不溶，在稀盐酸和氢氧化钠试液中易溶。

4. 作用与用途 肌苷为细胞代谢改善药。肌苷为人体正常成分，参与体内核酸代谢、蛋白质合成和能量代谢，可提高辅酶 A 与丙酮酸氧化酶的活性，从而使细胞在缺氧状态下能继续进行代谢。肌苷有助于受损肝细胞功能的恢复。

本品临床用于各种原因所致的白细胞减少症和血小板减少症、心力衰竭、心绞痛、肝炎等的辅助治疗。也可用于视神经萎缩、中心性视网膜炎的辅助治疗。

5. 用法用量

（1）肌苷片、肌苷胶囊 成人一次 200 ~ 600mg，儿童一次 200mg，每日 3 次，必要时剂量可加倍（如肝病）。

（2）肌苷口服溶液 成人一次 200 ~ 600mg，儿童一次 100 ~ 200mg，每日 3 次。

（3）肌苷注射液 肌内注射，每次 100 ~ 200mg，每日 1 ~ 2 次；静脉注射或滴注，每次 200 ~ 600mg，每日 1 ~ 2 次。

（4）注射用肌苷 用前稀释，加入 100ml 0.9% 氯化钠注射液或 5% 葡萄糖注射液中，一次 200 ~ 600mg，每日 1 ~ 2 次。

（5）肌苷葡萄糖注射液、肌苷氯化钠注射液 静脉滴注，每次 200 ~ 600mg，每日 1 ~ 2 次。

6. 不良反应 偶见胃部不适。静脉注射偶有恶心、颜面潮红、胸部灼热感等。

7. 禁忌 对本品过敏者禁用。

（1）孕妇及哺乳期妇女用药 注射用肌苷、肌苷葡萄糖注射液、肌苷氯化钠注射液，孕妇及哺乳期妇女使用本品时应慎重。

（2）儿童用药 注射用肌苷、肌苷葡萄糖注射液、肌苷氯化钠注射液，儿童用药应慎重。

8. 注意事项

（1）肌苷注射液不能与乳清酸、氯霉素、双嘧达莫、硫喷妥钠等注射液配伍。

（2）注射用肌苷、肌苷氯化钠注射液、肌苷葡萄糖注射液禁与下列注射液配伍：乳清酸、氯霉素、双嘧达莫、盐酸山梗菜碱、硫酸阿托品、氢溴酸东莨菪碱、盐酸氯丙嗪、盐酸异丙嗪、马来酸麦角新碱、盐酸普鲁卡因、硫喷妥钠、苯妥英钠、氯氮䓬、盐酸去甲肾上腺素、盐酸丁卡因、利血平、硝普钠、二氮嗪、呋塞米、利尿酸钠、促皮质素、维生素 B_{12}、盐酸苯海拉明、马来酸氯苯那敏、细胞色素 C、盐酸万古霉素、盐酸四环素、二盐酸奎宁、盐酸阿糖胞苷、硫酸长春新碱以及所有菌苗和疫苗。盐酸多巴胺、酚磺乙胺和维生素 C 注射液应稀释后再与本品混合。需要限钠患者应慎用。

（3）注射用肌苷、肌苷氯化钠注射液、肌苷葡萄糖注射液应用时缓慢滴注并严密观察生命指征变化及有无过敏反应。

9. 贮藏 原料及肌苷片、肌苷胶囊、肌苷口服溶液，遮光、密封保存。肌苷注射液、肌苷葡萄糖注射液、肌苷氯化钠注射液、注射用肌苷，遮光、密闭保存。有效期 24 个月。

10. 制剂与规格

（1）肌苷片 0.2g。

（2）肌苷胶囊 0.2g。

（3）肌苷口服溶液 10ml：0.1g；10ml：0.2g；10ml：0.1g；20ml：0.2g；20ml：0.4g。

（4）肌苷注射液 2ml：50mg；2ml：100mg；5ml：100mg；5ml：200mg；10ml：500mg。

（5）注射用肌苷 0.2g，0.3g，0.4g，0.5g，0.6g。

（6）肌苷葡萄糖注射液 100ml：肌苷 0.2g 与葡萄糖 5.0g；250ml：肌苷 0.6g 与葡萄糖 5.0g；200ml：肌苷 0.6g 与葡萄糖 5.0g；250ml：肌苷 0.6g 与葡萄糖 12.5g。

（6）肌苷氯化钠注射液 100ml：肌苷 0.2g 与氯化钠 0.87g；100ml：肌苷 0.2g 与氯化钠 0.9g；100ml：肌苷 0.3g 与氯化钠 0.9g；100ml：肌苷 0.5g 与氯化钠 0.9g；100ml：肌苷 0.6g 与氯化钠 0.9g；200ml：肌苷 0.4g 与氯化钠 1.8g；250ml：肌苷 0.5g 与氯化钠 2.25g。

即学即练 10－2

请说出肌苷的药物制剂类型有哪些？

答案解析

二、盐酸阿糖胞苷

1. 生产来源 本品以环胞苷为原料，通过水解、开环、成盐等步骤制得。

2. 成分 本品为 1－β－D－阿拉伯呋喃糖基－4－氨基－2（1H）－嘧啶酮盐酸盐，按干燥品计算，

含 $C_9H_{13}N_3O_5 \cdot HCl$ 应为 98.0%~102.0%。

3. 性状 本品为白色或类白色细小针状结晶或结晶性粉末。本品在水中极易溶解,在乙醇中略溶,在乙醚中几乎不溶。

4. 作用与用途 盐酸阿糖胞苷为抗肿瘤药。是主要作用于细胞增殖期(S期)的嘧啶类抗代谢药物,通过抑制细胞 DNA 的合成,干扰细胞的增殖。阿糖胞苷进入人体后经激酶磷酸化后转为阿糖胞苷三磷酸及阿糖胞苷二磷酸,前者可能抑制 DNA 聚合酶的合成,后者能抑制二磷酸胞苷转变为二磷酸脱氧胞苷,从而抑制细胞 DNA 聚合及合成。本品为细胞周期特异性药物,对处于 S 期的细胞作用最为敏感,对抑制 RNA 及蛋白质合成的作用较弱。

本品临床适用于急性白血病的诱导缓解期及维持巩固期。对急性非淋巴细胞性白血病效果较好,对慢性粒细胞白血病的急变期、恶性淋巴瘤也有效。

5. 用法用量

(1) 静脉注射或滴注 一次按体重 2mg/kg (或 1~3mg/kg),一天 1 次,连用 10~14 天,如无明显不良反应,剂量可增大至一次按体重 4~6mg/kg。

(2) 皮下注射 按体重 1mg/kg,一天 1~2 次,皮下注射,连用 7~10 天。

(3) 鞘内注射 阿糖胞苷为防治脑膜白血病的二线药物,剂量为 25~75mg/次,联用地塞米松 5mg,用 2ml 0.9% 氯化钠注射液溶解,鞘内注射,每周 1~2 次,至脑脊液正常。如为预防性使用则每 4~8 周一次。

6. 不良反应 造血系统的不良反应主要是骨髓抑制,白细胞及血小板减少,严重者可发生再生障碍性贫血或巨幼红细胞贫血。白血病、淋巴瘤患者治疗初期可发生高尿酸血症,严重者可发生尿酸性肾病。较少见的不良反应有口腔炎、食管炎、肝功能异常、发热反应及血栓性静脉炎。阿糖胞苷综合征多出现于用药后 6~12 小时,有骨痛或肌痛、咽痛、发热、全身不适、皮疹、眼睛发红等表现。

7. 禁忌 孕妇及哺乳期妇女禁用。老年人对化疗药物的耐受性差,用药需减量并注意根据体征等及时调整药量。

8. 注意事项

(1) 使用本品时,应适当增加患者液体的摄入量,使尿液保持碱性,必要时同用别嘌醇以防止血清尿酸增高及尿酸性肾病的形成。

(2) 快速静脉注射虽引起较严重的恶心、呕吐,但对骨髓的抑制较轻,患者亦更能耐受较大剂量的阿糖胞苷。

(3) 使用本品时可引起血清丙氨酸氨基转移酶、血及尿中尿酸量升高。

(4) 下列情况应慎用:骨髓抑制、白细胞及血小板显著减低、肝肾功能不全、有胆道疾患、有痛风病史、尿酸盐肾结石病史、近期接受过细胞毒药物或放射治疗的患者。

(5) 用药期间应定期检查周围血象、血细胞和血小板计数、骨髓涂片以及肝肾功能。

9. 药物相互作用 四氢尿苷可抑制脱氨酶,延长阿糖胞苷血浆半衰期,提高血中浓度,起增效作用。阿糖胞苷可使细胞部分同步化,继续应用柔红霉素、阿霉素、环磷酰胺及亚硝脲类药物可以增效。阿糖胞苷不应与 5-氟尿嘧啶并用。

10. 贮藏 原料遮光,密封,在冷处保存。注射用盐酸阿糖胞苷遮光,密闭,在冷处保存。有效期 24 个月。

11. 制剂与规格 注射用盐酸阿糖胞苷:50mg,100mg,0.3g,0.5g。

实例分析 10-1

案例 某患者经医生确诊为单纯疱疹病毒性脑炎，主治医生处方为静脉滴注 400mg 阿糖腺苷，实习医生记录处方时错记为静脉滴注 400mg 阿糖胞苷，患者用药四天后，化验报告显示，患者白细胞及血小板严重减少，出现骨髓抑制。经及时妥善治疗后患者病情好转。阿糖胞苷和阿糖腺苷同属核酸类药物，两种药物名称一字之差，但作用却大相径庭。阿糖腺苷是抗病毒药物，阿糖胞苷是抗肿瘤药物。

问题 阿糖胞苷的不良反应有哪些？

答案解析

三、巯嘌呤

1. 生产来源 本品用相应的卤代嘌呤与硫氢化钠在溶液中反应制得。

2. 成分 本品为 6-嘌呤硫醇一水合物。按无水物计算，含 $C_5H_4N_4S$ 应为 97.0% ~ 103.0%。

3. 性状 本品为黄色结晶性粉末；无臭。本品在水或乙醇中极微溶解，在乙醚中几乎不溶。

4. 作用与用途 巯嘌呤为抗肿瘤药，属于抑制嘌呤合成途径的细胞周期特异性药物，化学结构与次黄嘌呤相似，因而能竞争性地抑制次黄嘌呤的转变过程。巯嘌呤进入体内，在细胞内必须由磷酸核糖转移酶转为 6-巯基嘌呤核糖核苷酸后，方具有活性。巯嘌呤对处于 S 增殖周期的细胞较敏感，除能抑制细胞 DNA 的合成外，对细胞 RNA 的合成亦有轻度的抑制作用。用巯嘌呤治疗白血病常产生耐药现象，其原因可能是体内出现了突变的白血病细胞株，因而失去了将巯嘌呤变为巯嘌呤核糖核苷酸的能力。

本品临床适用于绒毛膜上皮癌、恶性葡萄胎、急性淋巴细胞白血病及急性非淋巴细胞白血病、慢性粒细胞白血病的急变期。

5. 用法用量

（1）绒毛膜上皮癌 成人常用量，每日 6mg ~ 6.5mg/kg，分两次口服，以 10 天为一疗程，疗程间歇为 3 ~ 4 周。

（2）白血病 ①开始，每日 2.5mg/kg 或 80 ~ 100mg/m²，一日 1 次或分次服用，一般于用药后 2 ~ 4 周可见显效，如用药 4 周后，仍未见临床改进及白细胞数下降，可考虑在仔细观察下，加量至每日 5mg/kg。②维持，每日 1.5 ~ 2.5mg/kg 或 50 ~ 100mg/m²，一日 1 次或分次口服。

（3）小儿常用量 每日 1.5 ~ 2.5mg/kg 或 50mg/m²，一日 1 次或分次口服。

6. 不良反应 较常见的为骨髓抑制，可有白细胞及血小板减少。肝脏损害表现为可致胆汁郁积出现黄疸。消化系统表现为恶心、呕吐、食欲减退、口腔炎、腹泻，但较少发生，可见于服药量过大的患者。高尿酸血症多见于白血病治疗初期，严重的可发生尿酸性肾病。间质性肺炎及肺纤维化少见。

7. 禁忌 已知对本品高度过敏的患者禁用。本品有增加胎儿死亡及先天性畸形的危险，故孕期禁用。老年患者对化疗药物的耐受性差，服用本品时，需加强支持疗法，并严密观察症状、体征及周围血管等的动态改变。

8. 注意事项

（1）对诊断的干扰 白血病时有大量白血病细胞破坏，在服本品时则破坏更多，致使血液及尿中尿酸浓度明显增高，严重者可产生尿酸盐肾结石。

（2）下列情况应慎用　骨髓已有显著的抑制现象（白细胞减少或血小板显著降低）或出现相应的严重感染或明显的出血倾向；肝功能损害、胆道疾患者、有痛风病史、尿酸盐肾结石病史者；4～6周内已接受过细胞毒药物或放射治疗者。

（3）用药期间应注意　定期检查外周血象及肝、肾功能，每周应随访白细胞计数及分类、血小板计数、血红蛋白1～2次，对血细胞在短期内急骤下降者，应每日观察血象。

9. 药物相互作用　巯嘌呤与别嘌呤醇同时服用时，由于后者抑制了巯嘌呤的代谢，明显地增加巯嘌呤的效能与毒性。巯嘌呤与对肝细胞有毒性的药物同时服用时，有增加对肝细胞毒性的危险。巯嘌呤与其他对骨髓有抑制的抗肿瘤药物或放射治疗合并应用时，会增强巯嘌呤效应，因而必须考虑调节巯嘌呤的剂量与疗程。

10. 贮藏　原料及巯嘌呤片遮光，密封保存。有效期36个月。

11. 制剂与规格　巯嘌呤片：25mg，50mg，100mg。

四、氟尿嘧啶

1. 生产来源　本品通过氟乙酸乙酯经缩合、环合、水解制得。

2. 成分　本品为5 - 氟 - 2,4（$1H,3H$）- 嘧啶二酮。按干燥品计算，含 $C_4H_3FN_2O_2$ 应为97.0%～103.0%。

3. 性状　本品为白色或类白色的结晶或结晶性粉末。本品在水中略溶，在乙醇中微溶，在三氯甲烷中几乎不溶；在稀盐酸或氢氧化钠溶液中溶解。

4. 作用与用途　氟尿嘧啶为抗肿瘤药。氟尿嘧啶在体内先转变为5 - 氟 - 2 - 脱氧尿嘧啶核苷酸，后者抑制胸腺嘧啶核苷酸合成酶，阻断脱氧尿嘧啶核苷酸转变为脱氧胸腺嘧啶核苷酸，从而抑制DNA的生物合成。此外，通过阻止尿嘧啶和乳清酸渗入RNA，达到抑制RNA合成的作用。本品为细胞周期特异性药，主要抑制S期细胞。

本品的抗瘤谱较广，主要用于治疗消化道肿瘤，或较大剂量氟尿嘧啶治疗绒毛膜上皮癌。亦常用于治疗乳腺癌、卵巢癌、肺癌、宫颈癌、膀胱癌及皮肤癌等。

5. 用法用量

（1）注射给药　单药静脉注射的剂量一般为按体重一天10～20mg/kg，连用5～10天，每疗程5～7g（甚至10g）。静脉滴注时，通常按体表面积一天300～500mg/m²，连用3～5天，每次静脉滴注时间不得少于6～8小时；静脉滴注时可用输液泵连续给药维持24小时。用于原发性或转移性肝癌，多采用动脉插管注药。腹腔内注射时按体表面积一次500～600mg/m²。每周1次，2～4次为1疗程。

（2）外用　5～10%乳膏局部涂抹。

6. 不良反应　常见恶心、食欲减退、呕吐，一般不严重，偶见口腔黏膜炎或溃疡、腹部不适或腹泻。周围血白细胞减少常见（大多在疗程开始后2～3周内达最低点，3～4周后恢复正常），血小板减少罕见。极少见咳嗽、气急或小脑共济失调等。长期应用可导致神经系统毒性。偶见用药后心肌缺血，可出现心绞痛和心电图的变化。如经证实心血管不良反应（心律失常、心绞痛、ST段改变）则停用。

7. 禁忌　当伴发水痘或带状疱疹时禁用本品。氟尿嘧啶禁忌用于衰弱患者。对本品过敏者禁用。

（1）孕妇及哺乳期妇女用药　人类有极少数由于在妊娠初期三个月内应用本品而致先天性畸形者，并可能对胎儿产生远期影响。故在妇女妊娠初期三个月内禁用本药。由于本品潜在的致突、致畸及致癌性和可能在婴儿中出现的毒副反应，因此在应用本品期间不允许哺乳。

（2）老年用药 老年患者慎用氟尿嘧啶，年龄在 70 岁以上及女性患者，曾报告对氟尿嘧啶为基础的化疗有个别的严重毒性危险因素。密切监测和保护脏器功能是必要的。

8. 注意事项

（1）本品在动物实验中有致畸和致癌性，但在人类，其致突、致畸和致癌性均明显低于氮芥类或其他细胞毒性药物，长期应用本品导致第二个原发恶性肿瘤的危险性比氮芥等烷化剂为小。

（2）除单用本品较小剂量作放射增敏剂外，一般不宜和放射治疗同用。

（3）其他有下列情况者慎用本品。①肝功能明显异常；②周围血白细胞计数低于 $3500/mm^3$、血小板低于 5 万 $/mm^3$ 者；③感染、出血（包括皮下和胃肠道）或发热超过 38℃ 者；④明显胃肠道梗阻；⑤脱水或（和）酸碱、电解质平衡失调者。

（4）开始治疗前及疗程中应定期检查周围血象。

（5）用本品时不宜饮酒或同用阿司匹林类药物，以减少消化道出血的可能。

9. 药物相互作用 多种药物可在生物化学上影响氟尿嘧啶的抗癌作用或毒性，常见的药物包括甲氨蝶呤、甲硝唑及四氢叶酸。与甲氨蝶呤合用，应先给甲氨蝶呤 4～6 小时后再给予氟尿嘧啶，否则会减效。先给予四氢叶酸，再用氟尿嘧啶可增加其疗效。本品能生成神经毒性代谢产物——氟代柠檬酸而致脑瘫，故不能作鞘内注射。别嘌呤醇可以减低氟尿嘧啶所引起的骨髓抑制。

10. 贮藏 原料遮光，密封保存。氟尿嘧啶注射液遮光，密闭保存。氟尿嘧啶乳膏密封，在阴凉处保存。有效期 24 个月。

11. 制剂与规格 氟尿嘧啶乳膏有 4g：20mg、4g：100mg 两种，氟尿嘧啶注射液有 5ml：0.125g、10ml：0.25g 两种。

五、腺苷

1. 生物来源 本品通过降解酵母细胞中的 RNA 而制得。

2. 成分 本品为 6－氨基－9－β－D－呋喃核糖基－9H－嘌呤。按干燥品计算，含 $C_{10}H_{13}N_5O_4$ 不得少于 99.0%。

3. 性状 本品为白色或类白色结晶性粉末。本品在热水中溶解，在水中微溶，在乙醇中极微溶解，在稀盐酸中易溶。

4. 作用与用途 腺苷为阵发性室上性心动过速治疗及冠状动脉疾病诊断药。腺苷是一种强血管扩张剂，通过激活嘌呤受体松弛平滑肌和调节交感神经传递减少血管张力而产生药理作用。腺苷明显增加正常冠状动脉血流，而对狭窄动脉血流增加很小或没有增加，造成心肌供血重新分布，与核素显像或超声心动图等方法相结合，可用于冠心病诊断，具有较高的敏感性和特异性。腺苷是一种存在于身体细胞中的内源性核苷，毒性较低，其注射液无过敏性、溶血性、血管刺激性等作用。

本品临床用于治疗阵发性室上性心动过速。供诊断用制剂用于超声心动图药物负荷试验，辅助诊断冠心病。

5. 用法用量 快速静脉注射（1～2 秒内完成），成人初始剂量 3mg，第二次给药剂量 6mg，第三次给药剂量 12mg 每次间隔 1～2 分钟，若出现高度房室阻滞不得再增加剂量。腺苷注射液（供诊断用）：本品仅限在医院使用，供静脉输液用。成人 140μg/（kg·min），输注时间 6 分钟，总剂量 0.8mg/kg。

6. 不良反应 面部潮红，呼吸困难，支气管痉挛，胸部紧压感，恶心和头晕等较常见。

7. 禁忌

（1）腺苷在下列患者中禁止使用 ①二度或三度房室传导阻滞（使用人工起搏器的患者除外）。②病态窦房结综合征（使用人工起搏器的患者除外）。③已知或估计有支气管狭窄或支气管痉挛的肺部疾病的患者（例如哮喘）。④已知对腺苷有超敏反应的患者。

（2）孕妇及哺乳期妇女用药 尚不明确；除非特殊需要，应慎用腺苷。

（3）儿童用药 尚不明确 除非特殊需要，应慎用腺苷。

（4）老年用药 可以使用。

8. 注意事项 房颤、房扑及有旁路传导的患者可能增加异常旁路的下行传导。由于可能有引起尖端扭转型室速的危险，对 Q－T 间期延长的患者，不管是先天性、药物引起的或代谢性的，应慎用腺苷。慢性阻塞性肺疾病，腺苷可能促使或加重支气管痉挛。由于在室上性心动过速转复为窦性心律时可出现暂时的电生理现象，故必须在医院心电监护下给药。由于外源性腺苷既不在肾脏也不在肝脏降解，故腺苷的作用不受肝或肾功能不全的影响。

9. 药物相互作用 其他作用于心脏的药物（如 β 肾上腺素受体阻断剂、强心苷、钙通道阻滞剂）、腺苷受体拮抗剂（如咖啡因、茶碱）、腺苷作用增强剂（如双嘧达莫），一般不宜在至少 5 个半衰期内使用。

10. 贮藏 原料密封保存。腺苷注射液密闭保存。有效期 24 个月。

11. 制剂与规格 腺苷注射液，2ml：6mg，30ml：90mg（供诊断用）。

🔗 **知识链接** ··

小核酸药物

小核酸药物又称 RNA 干扰技术药物，即 RNAi。所谓 RNAi，是指长链双 RNA（dsRNA）被剪切为 siRNA（小干扰 RNA）后，与蛋白质结合形成 siRNA 诱导干扰复合体（RISC），RISC 再与碱基互补配对的 mRNA 结合，使靶基因 mRNA 降解，最终剔除或关闭特定基因表达。狭义的小核酸是指介导 RNAi 的短双链 RNA 片断，即 siRNA；广义的小核酸范围包括 siRNA、miRNA（微小 RNA）和反义核酸等。与以蛋白质为靶点的传统药物相比，小核酸药物以 RNA 为靶点，因此具有明显的技术优势：一是设计简便，研发周期短；二是基因靶向特异性强；三是有丰富的候选靶点。目前，小核酸药物重点治疗肿瘤、罕见病、囊性纤维化等疾病。

六、环磷腺苷

1. 生产来源 本品通过 5′－AMP 为原料合成。

2. 成分 本品为 6－氨基－9－β－D－呋喃核糖基－9H－嘌呤－4′,5′－环磷酸氢酯。按干燥品计算，含 $C_{10}H_{12}N_5O_4P$ 不得少于 97.0% ~ 103.0%。

3. 性状 本品为白色或类白色粉末，无臭。本品在水中微溶，在乙醇或乙醚中几乎不溶。

4. 作用与用途 环磷腺苷为血管舒张药。它是蛋白激酶致活剂，系核苷酸的衍生物，是在人体内广泛存在的一种具有生理活性的重要物质，由三磷酸腺苷在腺苷环化酶催化下生成，能调节细胞的多种功能活动。作为激素的第二信使，在细胞内发挥激素调节生理机能和物质代谢作用，能改变细胞膜的功能，促使网织肌浆质内的钙离子进入肌纤维，从而增强心肌收缩，并可促进呼吸链氧化酶的活性，改善心肌缺氧，缓解冠心病症状及改善心电图。此外，对糖、脂肪代谢、核酸、蛋白质的合成调节等起着重要的作用。

本品临床用于心绞痛、心肌梗死、心肌炎及心源性休克。对改善风湿性心脏病的心悸、气急、胸闷等症状有一定的作用。对急性白血病结合化疗可提高疗效，亦可用于急性白血病的诱导缓解。此外，对老年慢性支气管炎、各种肝炎和银屑病也有一定疗效。

5. 用法用量 肌内注射：一次 20mg，溶于 2ml 0.9% 氯化钠注射液中，一日 2 次。静脉注射：一次 20mg，溶于 20ml 0.9% 氯化钠注射液中推注，一日 2 次。静脉滴注：本品 40mg 溶于 250～500ml 5% 葡萄糖注射液中，一日 1 次。冠心病以 15 天为一疗程，可连续应用 2～3 疗程；白血病以一个月为一疗程；银屑病以 2～3 周为一疗程，可延长使用到 4～7 周，每日用量可增加至 60～80mg。

6. 不良反应 偶见发热和皮疹。大剂量静脉注射（按体重每分钟达 0.5mg/kg）时，可引起腹痛、头痛、肌痛、睾丸痛、背痛、四肢无力、恶心、手脚麻木、高热等。

7. 禁忌 对本品任何成分过敏者禁用。

8. 注意事项 运动员慎用。

9. 药物相互作用 尚无本品与其他药物相互作用的信息。

10. 贮藏 原料严封，在阴凉处保存。注射用环磷腺苷密封，在阴凉处保存。有效期 24 个月。

11. 制剂与规格 注射用环磷腺苷有 20mg，40mg 和 60mg。

目标检测

答案解析

一、选择题

A 型题

1. 氟尿嘧啶属于（ ）核酸药物

    A. 核苷类   B. 碱基类   C. 核苷酸类   D. 多核苷酸类

2. 阿糖胞苷属于（ ）核酸药物

    A. 碱基类   B. 核苷类   C. 核苷酸类   D. 多核苷酸类

3. （ ）为血管舒张药

    A. 肌苷   B. 巯嘌呤   C. 环磷腺苷   D. 腺苷

4. （ ）为细胞代谢改善药

    A. 肌苷   B. 盐酸阿糖胞苷   C. 环磷腺苷   D. 氟尿嘧啶

5. 肌苷主要用于治疗（ ）

    A. 绒毛膜上皮癌   B. 白细胞减少症和血小板减少症

    C. 消化道肿瘤   D. 心绞痛

6. 盐酸阿糖胞苷的不良反应主要是（ ）

    A. 胃部不适   B. 口腔炎   C. 骨髓抑制   D. 高尿酸血症

7. 注射用盐酸阿糖胞苷的贮藏方法是（ ）

    A. 遮光，密封保存   B. 遮光，密闭保存

    C. 遮光，密闭，在冷处保存   D. 密闭保存

8. 巯嘌呤临床可用于治疗 (　　)

    A. 心力衰竭　　　　　B. 绒毛膜上皮癌　　　　C. 肺癌　　　　　D. 心肌梗死

9. 腺苷注射液可辅助诊断 (　　)

    A. 肝炎　　　　　　　B. 恶性淋巴瘤　　　　　C. 冠心病　　　　D. 乳腺癌

10. (　　) 可防治脑膜白血病

    A. 肌苷　　　　　　　B. 别嘌呤醇　　　　　　C. 氟尿嘧啶　　　　D. 盐酸阿糖胞苷

二、简答题

1. 核酸类药物有哪些药理作用？

2. 什么是核酸类药物？根据化学结构和组成的不同，可分为哪些类型？

书网融合……

知识回顾　　　　　　微课　　　　　　习题

（韩　勇）

第十一章　脂类药物

学习引导

从 19 世纪卵磷脂发现至今，人类开发和利用脂类药物已有近两百年历史，其间不断加入类似结构的化学合成物质和天然提取药物，目前脂类药物包括脂肪类、磷脂类、糖苷脂类、固醇及类固醇类、萜式脂类等多类药物。这些脂类药物在各领域临床上起到了降血脂、预防心脑血管疾病、治疗烧伤、肿瘤辅助治疗、治疗急慢性肝炎等重要治疗作用，成为生物药物中的重要一员。

本章主要介绍脂类药物的基本概念、性质、分类及常见典型脂类药物的临床应用、生产工艺流程等知识，旨在让学习者掌握脂类药物的概念、性质、组成和分类，熟悉常见脂类药物应用、发展和前景及脂类药物的生产工艺等。

学习目标

思政素养目标

1. 通过常用脂类药物生产工艺流程的讲解，使学生理解药物生产管理的严格性，树立高度的职业责任感，培养学生的工匠精神。

2. 通过类固醇类药物在体育比赛中应用的案例，使学生充分理解药品的双重性，认识到药品滥用的危害，树立学生在临床用药选择上的科学性、严谨性。

知识目标

1. **掌握**　脂类药物的概念、性质、组成和分类；常见脂类药物剂型、特点等。

2. **熟悉**　脂类药物的应用、发展和前景；脂类药物的生产工艺。

技能目标

1. 能尝试阐述常见脂类药物的分类和临床应用。

2. 具有从事脂类药物的生产及相关工作的能力。

第一节　概　述

一、脂类药物的概念和分类

（一）脂类药物的概念

脂类是脂肪、类脂及其衍生物的总称，其中具有生理、药理效应者称为脂类药物。脂类药物在体内以游离或结合形式存在于组织细胞中，可通过生物组织抽提、微生物发酵、动植物细胞培养、酶转化及化学合成等途径制取。脂类物质是广泛存在于生物体中的脂肪及类似脂肪的能够被有机溶剂提取出来的化合物，由于分子中的碳氢比例都较高，易溶于氯仿、乙醚、苯、石油醚等有机溶剂（脂溶性），微溶或不溶于水。脂类化合物的这种性质，被称为脂溶性，利用这一性质，将脂类物质用有机溶剂从生物体中提取出来。实际上，脂类药物往往是互溶在一起的，依据脂溶性这一共同特点归为一大类称为脂类，而不是一个准确的化学名词。

（二）脂类药物的分类

1. 依据脂类药物的化学结构分类

（1）脂肪类　主要有亚油酸、亚麻酸、花生四烯酸（ARA）、二十碳五烯酸（EPA）、二十二碳六烯酸（DHA）。

（2）磷脂类　主要有卵磷脂、脑磷脂、豆磷脂等。

（3）糖苷脂类　主要有神经节苷脂等。

（4）萜式脂类　主要有鲨烯。

（5）固醇及类固醇类　主要有胆固醇、谷固醇、麦角固醇、胆酸和胆汁酸、蟾毒配基等。

（6）其他　主要有胆红素、辅酶 Q_{10}、人工牛黄、人工熊胆等。

2. 依据脂类在生物化学上的分类来分类

（1）单纯脂　简单脂类药物为脂肪酸与醇类构成的脂，如亚油酸、亚麻酸、花生四烯酸、甾体化合物（胆固醇、谷固醇、胆酸、胆汁酸等）、前列腺素，以及其他如胆红素、辅酶 Q_{10}、人工牛黄等。

（2）复合脂　复合脂类包括脂肪酸结合的脂类药物，酰基甘油（如卵磷脂、脑磷脂、豆磷脂等）磷酸甘油酯类、鞘脂类、蜡等。

（3）异戊二烯系脂　也称萜式脂，如多萜类、固醇和类固醇。

二、脂类药物的化学结构和性质

（一）单纯脂

单纯脂类药物为脂肪酸与醇类构成的脂。脂肪是脂肪酸的三酰基甘油酯，天然脂肪大多数是混酸甘油酯，具有不对称结构而存在异构体。不饱和脂肪酸组分主要为十八碳烯酸，其中有 1 个双键的称为油酸，有 2 个双键的称为亚油酸，有 3 个双键的是亚麻酸。不饱和键超过 2 个以上的，又称为多不饱和脂肪酸。

通式 R—COOH，可用一条锯齿形的碳氢链来表示其构型。脂肪酸分子中，非极性的碳氢链是"疏水"的，极性基团是"亲水"的。由于疏水的碳氢链占有分子体积的绝大部分，因此决定了分子的脂溶性，在水中不溶解的脂肪酸，由于分子中极性基团的存在，仍能被水润湿。脂肪酸均能溶于乙醚、氯仿、苯及热的乙醇中，分子比较小（十六碳以下）的，也能溶解于冷的乙醇中。

（二）复合脂

复合脂是指除脂肪酸、醇类化合物外还含有其他成分的醇酯、酸酯，如各种不同的磷脂（图 11−1 和图 11−2）及各种醇类（图 11−3 和图 11−4）。狭义的卵磷脂仅指磷脂酰胆碱（PC）。

磷脂 { 甘油磷脂 { 磷脂酰乙醇胺（PE）
磷脂酸（PA）
磷脂酰胆碱（PC）
磷脂酰肌醇（PI） } 神经鞘磷脂 }

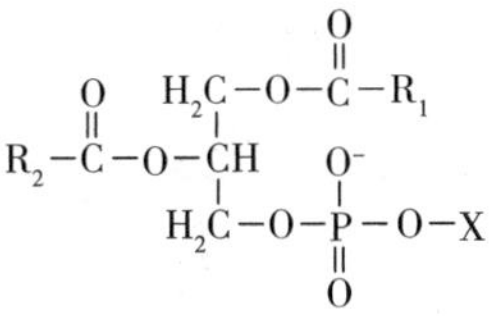

R_1，R_2＝脂肪酸烷基链；
X＝H 　　　　　　　磷脂酸；
＝$CH_2CH_2N(CH_3)_3$　磷脂酰胆碱；
＝$CH_2CH_2NH_3$　　磷脂酰乙醇胺；
＝$C_6H_6(OH)_5$　　磷脂酰肌醇

图 11-1　磷脂的组成　　　　　　　　　　图 11-2　L-磷脂的结构式

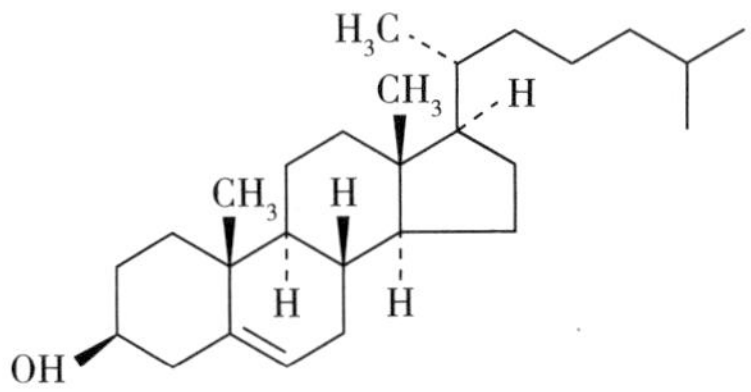

图 11-3　胆烷（甾）醇结构式 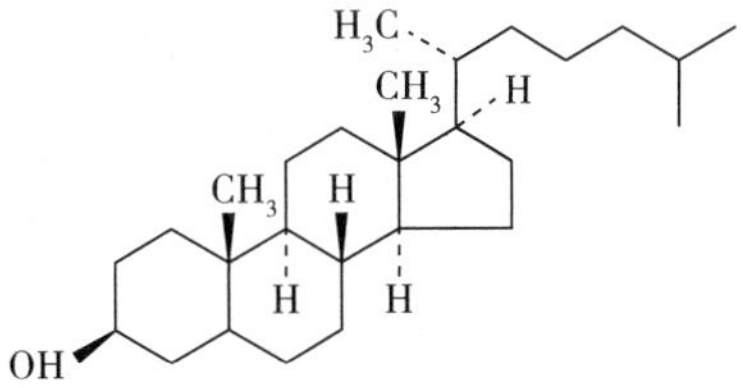　　　　　　图 11-4　胆固醇的结构式

麦角固醇经紫外线照射后，转化成维生素 D_2，7-脱氢胆固醇经紫外线或阳光照射后，转变成维生素 D_3。图 11-5 为二者的转化过程。

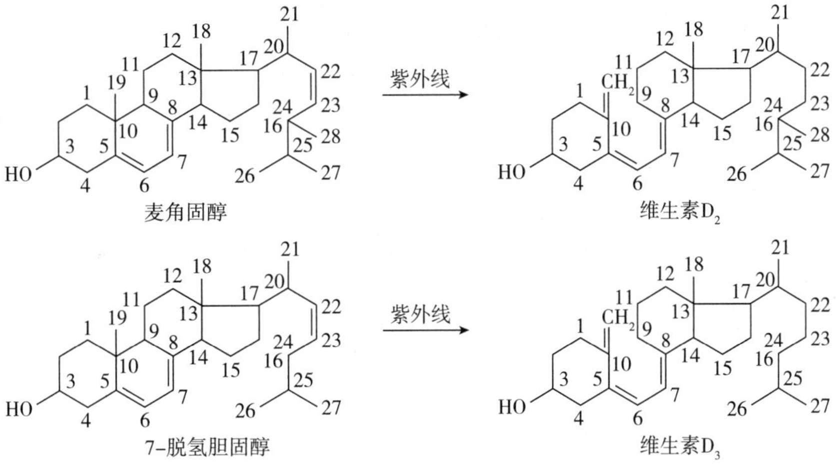

图 11-5　麦角固醇和 7-脱氢胆固醇的转化过程

类固醇与固醇比较，甾体上的氧化程度比较高，含有两个以上的含氧基团。主要化合物有胆酸、鹅去氧胆酸、熊去氧胆酸等。图 11-6 至图 11-8 列出几种胆酸的化学结构。

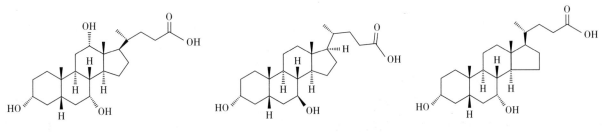

图 11-6　胆酸的结构式　　　图 11-7　鹅去氧胆酸的结构式　　　图 11-8　熊去氧胆酸的结构式

三、脂类药物的应用

脂类药物种类较多，且各种药物成分间化学结构和性质差异较大，导致生物活性及临床应用各不相

同，临床上常用脂类药物的来源及主要临床作用见表 11 - 1。

表 11 - 1　脂类药物的来源及临床应用

品名	来源	主要用途
脑磷脂	酵母及脑中提取	止血，防治动脉粥样硬化及神经衰弱
卵磷脂	脑、大豆及卵黄中提取	防治动脉粥样硬化、肝疾病及神经衰弱
卵黄油	蛋黄提取	抗铜绿假单胞菌及治疗烧伤
亚油酸	玉米胚及豆油中分离	降血脂
亚麻酸	自亚麻油中分离	降血脂，防治动脉粥样硬化
花生四烯酸	自动物肾上腺中分离	降血脂，合成前列腺素 E_2 原料
鱼肝油脂肪酸钠	自鱼肝油中分离	止血，治疗静脉曲张及内痔
前列腺素 E_1、E_2	羊精囊提取或酶转化	中期引产、催产或降血压
辅酶 Q_{10}	心肌提取、发酵、合成	治疗亚急性重型肝炎及高血压
胆红素	胆汁提取或酶转化	抗氧化剂、抗炎、人工牛黄原料
原卟啉	自动物血红蛋白中分离	治疗急性及慢性肝炎
血卟啉及其衍生物	由原卟啉合成	肿瘤激光疗法辅助剂及诊断试剂
胆酸钠	由牛羊胆汁提取	治疗胆汁缺乏、胆囊炎及消化不良
胆酸	由牛羊胆汁提取	人工牛黄原料
α - 猪去氧胆酸	由猪胆汁提取	降胆固醇，治疗支气管炎，人工牛黄原料
去氢胆酸	胆酸脱氢制备	治疗胆囊炎
鹅去氧胆酸	禽胆汁提取或半合成	治疗胆结石
熊去氧胆酸	由胆酸合成	治疗急性和慢性肝炎，溶胆石
牛磺熊去氧胆酸	化学半合成	治疗炎症，退热
牛磺鹅去氧胆酸	化学半合成	抗艾滋病、流感及副流感病毒感染
牛磺去氢胆酸	化学半合成	抗艾滋病、流感及副流感病毒感染
胆固醇	脑或脊髓提取	人工牛黄原料
麦角固醇	酵母提取	维生素 D_2 原料，防治小儿软骨病
β - 谷固醇	蔗渣及米糠提取	降低血浆胆固醇
人工牛黄	由胆红素、胆酸等配制	清热解毒及抗惊厥

（一）磷脂类药物的应用

该类药物主要有卵磷脂及脑磷脂，二者具有增强神经元功能、调节高级神经元活动的作用。磷脂还可乳化脂肪、促进胆固醇的转运。卵磷脂另可用于肝炎、脂肪肝及其引起的营养不良、贫血消瘦。磷脂类也可作为增溶剂、乳化剂和抗氧化剂。

该类药物中除神经磷脂等少数成分外，其结构中大多含有甘油基团，如磷脂酸、磷脂酰胆碱、磷脂酰乙醇胺等。代表性药物主要有卵磷脂及脑磷脂，二者皆有增强神经功能及调节高级神经活动作用，又是血浆脂肪良好的乳化剂，可增加脑乙酰胆碱的利用及发挥抗衰老的作用，有促进胆固醇及脂肪运输作用，临床上用于治疗神经衰弱、防治老年性痴呆及防止动脉粥样硬化等，也可防止肝脂肪性病变与肝硬化。其中，卵磷脂还可用于防治脂肪肝、慢性肝炎、肝硬化、动脉粥样硬化及神经衰弱等，也可治疗婴儿湿疹，同时是一种良好的药物辅料用来制备静脉注射乳化剂和脂质体。

（二）不饱和脂肪酸类药物的应用　ℯ微课

不饱和脂肪酸是构成体内脂肪的一种脂肪酸，是人体不可缺少的脂肪酸。临床上常用的代表性药物包括前列腺素、亚油酸、亚麻酸、花生四烯酸，二十碳五烯酸（EPA）及二十二碳六烯酸（DHA）等。

1. 前列腺素（PG）　是二十碳五元环前列腺烷酸的一族衍生物之总称，共分 A、B、C、D、E、F、G、H 八类。生理作用较为广泛，其中前列腺素 E_1（PGE_1）和前列腺素 E_2（PGE_2）等应用较为广泛，有收缩平滑肌作用。临床上用于心肌梗死、血栓性脉管炎、闭塞性动脉硬化症等，可用于抑制胃液分泌，治疗胃溃疡、出血性胃炎等疾病，也可用于催产、早中期妊娠引产、抗早孕及抗男性不育症等。

2. 亚油酸和亚麻酸　可用于动脉粥样硬化的辅助治疗和预防，或者用于辅助降血脂等。

3. 花生四烯酸　是人体大脑和视神经发育的重要物质，对提高智力和增强视敏度具有重要作用，同时具有酯化胆固醇、增加血管弹性、降低血液黏度、调节血细胞功能等一系列生理活性。因此，花生四烯酸对预防心血管疾病、糖尿病和肿瘤等具有重要功效。但要注意，过量的花生四烯酸会导致免疫力低下。

4. 二十碳五烯酸（EPA）和二十二碳六烯酸（DHA）　研究表明，二者主要有以下几种药理作用。

（1）抗衰老。

（2）增强大脑功能　DHA 可用于健脑补脑，提高记忆力及思维能力，对阿尔茨海默症、记忆力减退有一定疗效。此外尚可用于婴幼儿的营养保健。

（3）改善血液循环　EPA、DHA 能抑制血小板聚集，使血栓形成受阻、血液黏度下降、血液循环改善，并使血压下降。此功能 EPA 优于 DHA，两者均可用于防治脑血栓、下肢闭塞性动脉硬化症。

（4）降血脂　EPA、DHA 能降低血清总胆固醇及低密度脂蛋白胆固醇，增加高密度脂蛋白胆固醇，可治疗高脂血症、动脉粥样硬化等。

（5）其他　EPA、DHA 能拮抗变态反应，可防治过敏性皮炎、支气管哮喘，缓解类风湿关节炎等；有抗癌作用，能防治乳腺癌等癌症；能提高视网膜反射功能，防止视力减弱；能降低肝中性脂肪，防治脂肪肝；能降低血糖，缓解糖尿病症状。

▶▶　实例分析 11-1

案例　在保健食品市场上，有一类市场巨大、长销不衰的"黄金制品"，在世界各个国家都广受欢迎，这就是鱼油制品。我国从 20 世纪 90 年代开始，也在此领域有若干个耳熟能详的品牌产品，从"多灵多鱼脑精""海力生脑元神""小聪聪母液""精灵鱼""忘不了""生命源""海盗鱼精"一直到创造了营销经典的"巨人脑黄金"，这些保健品均含有 DHA 等主要营养成分，可称为新型健脑功能食品。

问题　上述鱼油制品为什么能起到保健作用？

答案解析

（三）色素类药物应用

色素类药物有胆红素、胆绿素、血红素、原卟啉、血卟啉及其衍生物。胆红素是由四个吡咯环构成的线性化合物，是胆汁的主要色素，主要作用为抗氧化剂，有清除氧自由基功能，用于抗炎，也是人工牛黄的重要成分，它还可治疗血清肝炎、肝硬化等病，此外，胆红素具有镇静、镇惊、解热、降压、促红细胞生成等作用。胆绿素药理效应尚不清楚，但胆南星、胆黄素及胆荚片等抗炎类中成药均含该成分。血红素的功效主要有：补血，清除体内有害物质；防治心血管疾病，防治动脉硬化；延缓衰老，补充能量。原卟啉可促进细胞呼吸，改善肝脏代谢功能，临床上用于治疗肝炎。血卟啉及其衍生物为光敏化剂，可在癌细胞中潴留，为激光治疗癌症的辅助剂，临床上用于治疗治疗口腔、膀胱等部位癌症和表浅癌症。

（四）胆酸类药物的临床应用

胆酸类化合物是人及动物肝脏产生的甾体类化合物，集中于胆囊，排入肠道，可乳化肠道，促进脂肪消化吸收，同时促进肠道正常菌群繁殖，维持肠道菌群平衡，抑制致病菌生长，保持肠道正常功能。但不同胆酸衍生物，有不同药理效应及临床应用。

胆酸钠用于治疗胆囊炎、胆汁缺乏症及消化不良等。鹅去氧胆酸主要作用于胆固醇性胆石症，能促进胆石逐渐溶解，并有降血脂作用。熊去氧胆酸也有溶胆石作用，用于治疗胆石症，还用于中毒性肝病、胆囊炎、胆道炎和胆汁性消化不良等，也用于治疗高血压。猪去氧胆酸可降低血浆胆固醇，用于治疗高脂血症、动脉粥样硬化；对百日咳杆菌、白喉杆菌、金黄色葡萄球菌等有一定的抑菌作用，因此可用作抗菌药，治疗慢性支气管炎、小儿病毒性上呼吸道感染等；同时能降低血中胆固醇，治疗和预防冠心病、高血压等，也是人工牛黄的原料。去氢胆酸有较强利胆作用，用于治疗胆道炎、胆囊炎及胆石症，并可加速胆囊造影剂排出肝脏，有助于显影。牛磺鹅去氧胆酸、牛磺去氢胆酸及牛磺去氧胆酸均有抗病毒作用，用于防治艾滋病、流感及副流感病毒感染引起的传染性疾病等。牛磺熊去氧胆酸有解热、降温及抗炎作用，用于解热、抗炎及溶胆石。

（五）固醇类药物的临床应用

该类药物包括胆固醇、麦角固醇及 β–谷固醇。胆固醇为人工牛黄原料，是机体细胞膜不可缺少的成分，也是机体多种类固醇激素及胆酸原料。7–脱氢固醇是机体合成维生素 D_3 的原料，而麦角固醇是机体合成维生素 D_2 的原料。β–谷固醇可降低血浆胆固醇，常用于 II 型高脂血症及预防动脉粥样硬化，还可抗炎、解热、抗肿瘤及免疫调节功能。

 知识拓展

奥运史上最大的兴奋剂丑闻——约翰逊事件

兴奋剂主要用于田径、游泳、自行车、举重等运动项目，而合成代谢类药物包括类固醇等因其显著的效果排列榜首，是最常见的兴奋剂种类。加拿大短跑运动员本杰明·约翰逊在 1987 年世界田径锦标赛获得 100 米冠军，并以 9 秒 83 的成绩打破世界纪录，举世震惊，成为世界第一飞人。在 1988 年的汉城奥运会上再次夺得 100 米冠军，并以 9 秒 79 再次打破世界纪录。在人们的钦佩声中，国际奥委会召开新闻发布会：约翰逊药检不合格，收回金牌，取消记录。药物是双刃剑，用好了可以治病救人，使用不当却可能与职业道德相悖。"约翰逊事件"使奥林匹克运动和世界体育界把兴奋剂问题提高到严重损害体育道德和违反奥林匹克精神的高度来对待。

（六）人工牛黄的临床应用

本品是根据天然牛黄（牛胆结石）的组成以人工配制的脂类药物，其主要成分为胆红素、胆酸、猪胆酸、胆固醇及无机盐等，是上百种中成药的重要原料药。具有清热、解毒、祛痰及抗惊厥作用，临床上用于治疗热盛动风、神昏谵语、高热抽搐、小儿惊风及咽喉肿胀等，也用于肝经郁热、痰火上扰之头晕目眩，外用治疗疔疮及口疮等。

（七）辅酶 Q 类药物临床应用

辅酶 Q 是一类生物体中广泛存在的脂溶性醌类化合物，来源不同其侧链异戊烯单位的数目不同。人类和其他哺乳动物都是 10 个异戊烯单位，故称辅酶 Q_{10}。一般用于轻、中度充血性心力衰竭所致的水肿、肺瘀血、肝肿大和心绞痛等症，能够增加心血排量，促使心肌氧化磷酸化恢复正常，改善心力衰竭及瘀血等症状。该药与强心苷、利尿药合用，改善心力衰竭的效果更佳。临床用于治疗病毒性亚急性重型肝炎、慢性肝炎、持续抗原症及暴发型肝炎。还用于降血压，延长癌症患者的寿命，胃及十二指肠溃疡、牙周炎等疾病的辅助治疗。

四、脂类药物提取及制备工艺

脂类药物是一类非常复杂的混合物，以游离或结合形式广泛存在于生物体的组织细胞中，要获得较纯的脂质，在目前情况下，主要从天然资源中提取、分离制备，可通过生物组织抽提、微生物发酵、动植物细胞培养、酶转化及化学合成等途径制得，供医药及其他方面的应用。经以上方法提取的脂类物质分别可以用溶解度法、吸附分离法和超临界提取法等进行分离纯化；同时在脂类药物的制备和分离纯化过程中上述的方法都是相互交叉、结合使用的。

（一）脂类药物制备方法

工业生产中脂类药物的制备方法主要依其存在形式及各组分性质而定，有直接提取法、水解法、化学合成或半合成法、生物转化法。

1. 直接提取法　指根据脂类的种类、理化特性及其在细胞中存在的状态，选择适宜的提取溶剂、工艺路线和操作条件，把脂类物质提取出来的方法。是工业生产中的主要方法。

在生物体内，有些脂类药物是以游离形式存在的，如卵磷脂、脑磷脂、亚麻油、花生四烯酸及前列腺素等。因此通常根据各种成分的溶解性质，采用相应溶剂系统从生物组织或反应体系中直接抽提出粗品，再经过各种分离纯化技术和精制方法，得到纯品。

提取法现在多用组合溶剂，以醇为组合溶剂的必需部分，因其可使生物组织中的脂类降解酶失活。

实际操作中，应注意的问题如下。

（1）提取温度一般在室温下进行，防止其氧化与水解反应，如有必要，可低于室温。提取不稳定的脂类，应尽量避免加热。对较稳定的酶，可将材料在热乙醇或沸水中浸泡 1~2 分钟，使酶失活。

（2）提取溶剂要用新鲜蒸馏过的，不含氧化物。

（3）提取高度不饱和的脂类，溶剂中要通入氮气去除空气，操作也应置于氮气下进行。

（4）脂类具有氧化与水解等不稳定性质，提取物不宜长期保存。如要保存可溶于新鲜蒸馏的氯仿：甲醇（V/V）=2：1 的溶剂中，于 -15~0°C 保存；时间较长者（1~2 年），必须加入抗氧化剂，保存于 -40°C。

（5）不要使脂类提取物完全干燥或在干燥状态下长时间放置，应尽快溶于适当的溶剂中。

2. 水解法　自然界中，脂类的形态是以与其他成分构成复合物的结合形式存在的，组织需经水解或适当处理后再水解，然后采用适当方法分离纯化制得脂类药物。

中性和非极性脂类通过分子间引力与其他脂类分子或蛋白质分子的疏水区相结合；极性脂类通过氢键或静电力与蛋白质分子相结合；脂肪酸类通过酯、酰胺、糖苷键等方式与多糖分子共价相结合。

选择提取溶剂时，疏水结合的脂类，一般用非极性溶剂提取，如乙醚、氯仿、苯等；与生物膜结合的脂类，要用极性相对较强的溶剂提取，以断开蛋白质分子与脂类分子之间的氢键或静电力达到提取分离效果；共价结合的脂类不能用溶剂直接提取，多采用酸或碱水解，使脂类分子从复合物中分裂出来再提取。如原卟啉以血红素形式与球蛋白通过共价结合形成血红蛋白，后者在氯化钠饱和的冰醋酸中加热水解得血红素，血红素于甲酸中加铁粉回流还原后除铁，经分离纯化得到原卟啉。辅酶 Q_{10} 与动物细胞内线粒体膜蛋白结合成复合物，因此，从猪心提取辅酶 Q_{10} 时，需将猪心绞碎后用氢氧化钠水解，然后用石油醚抽提再纯化制得。在胆汁中，胆红素大多与葡萄糖醛酸结合成共价化合物，故提取胆红素需先用碱水解胆汁，之后用有机溶剂抽提。胆汁中胆酸大都与牛磺酸或甘氨酸形成结合型胆汁酸，要获得游离胆酸，需将胆汁用 10% 氢氧化钠加热水解后再分离纯化获得纯品。

3. 化学合成或半合成法 来源于生物的某些脂类药物可以用相应有机化合物或来源于生物体的某些成分为原料，采用化学合成或半合成法制备。如胆汁是脊椎动物特有的、从肝脏分泌出来的分泌液，其苦味来自所含胆汁酸，黏稠性来自黏蛋白，颜色来自胆色素。胆汁酸结构的基本骨架是甾核，由于甾环上羟基的数量、位置及构型的差异，形成多种胆酸类化合物。胆酸类药物大多为 24 个碳原子构成的胆烷酸。人及动物体内存在的胆酸类物质是由胆固醇经肝代谢产生。通常与甘氨酸或牛磺酸形成结合型胆酸，总称胆汁酸。以胆酸为原料经氧化或还原反应可分别合成猪去氧胆酸、鹅去氧胆酸及熊去氧胆酸，上述三种胆酸分别与牛磺酸缩合，可获得具有特定药理作用的牛磺去氢胆酸、牛磺鹅去氧胆酸和牛磺熊去氧胆酸。另外，用香兰素及茄尼醇为原料可合成辅酶 Q_{10}。

即学即练 11-1

脂类药物的常见制备方法有哪些？

答案解析

4. 生物转化法 微生物发酵、动植物细胞培养及酶工程技术可统称为生物转化法。来源于生物体的多种脂类药物也可采用此法生产。例如微生物发酵法或烟草细胞培养法生产辅酶 Q_{10}；用紫草细胞培养法生产紫草素，产品已商品化；以花生四烯酸为原料，用绵羊精囊、微生物和大豆的类酯氧化酶-2为前列腺素合成酶的酶原，通过酶工程转化合成前列腺素；以牛磺石胆酸为原料，利用某菌细胞羟酶化为酶原，使原料转化生成牛磺熊去氧胆酸等。

（二）分离与精制

脂类生化药物种类繁多，结构多样化，性质各不相同，工业生产中主要的分离方法有溶解度法、吸附分离法。精制方法主要有结晶法、重结晶法及有机溶剂沉淀法。根据脂类药物来源、种类和性质，可以采用相应的分离、精制方法。

1. 溶解度法 是依据脂类药物在不同溶剂中溶解度差异进行分离的方法。如游离胆红素在酸性条件溶于氯仿及二氯甲烷，故胆汁经碱水解及酸化后用氯仿抽提，其他物质难溶于氯仿，而胆红素则可溶出，因此得以分离。又如卵磷脂溶于乙醇而不溶于丙酮，脑磷脂溶于乙醚而不溶于丙酮和乙醇，故脑干丙酮抽提液用于制备胆固醇，不溶物用乙醇抽提得卵磷脂，用乙醚抽提得脑磷脂，从而使三种成分得以分离。再如可利用低温下不同的脂肪酸或脂肪酸盐在有机溶剂中的溶解度不同来进行分离纯化。一般来说，脂肪酸在有机溶剂中的溶解度随碳链长度的增加而减小，随双键数的增加而增加，这种溶解度的差异随着温度降低表现得更为显著。因此，可选择适当的溶剂体系和一定的温度条件分步结晶，达到分离脂肪酸的目的。

2. 吸附分离法　是利用脂类各成分与吸附剂之间吸附力的不同进行分离的方法，也称色谱分离法。通常是利用极性、离子力和分子间引力等把各种化合物结合到固体吸附剂上，再采用适当的洗脱剂将各组分分开。脂类混合物的分离条件是依据单个脂类组分的相对极性而确定的，也受分子中极性基团的数量、类型以及非极性基团的数量、类型的影响。一般通过极性逐渐增大的溶剂进行洗脱，可以从脂类混合物中分离出极性增大的各类物质。常用的固体吸附剂有硅酸、氧化铝、大孔树脂和硅酸镁等。

吸附分离法是脂类药物最常用的分离纯化方法。如从家禽胆汁中提取的鹅去氧胆酸粗品经硅胶柱色谱法（乙醇－氯仿溶液梯度洗脱）即可与其他杂质分离。辅酶 Q_{10} 粗制品也可用硅胶柱色谱（石油醚和乙醚梯度洗脱）将其中杂质分开。胆红素粗品则可通过硅胶柱色谱（氯仿－乙醇梯度洗脱）进行分离。

3. 结晶法　经分离后的脂类药物中常有微量杂质，需用适当方法精制，常用的精制方法有结晶法、重结晶法。饱和脂肪酸在室温下通常呈固态，可在适宜溶剂中于室温或低于室温结晶，过滤，收取晶体制得。不饱和脂肪酸熔点较低而溶解度较高，需在低温（$0 \sim 90℃$）下结晶，并在相应低温下过滤，分离。结晶法是一种温和的分离程序，对于易氧化的多烯酸、饱和脂肪酸与单烯酸的分离，常用溶剂有甲醇、乙醚、石油醚和丙酮等。如柱色谱分离得到的鹅去氧胆酸及自牛羊胆汁中分离的胆酸需分别用醋酸乙酯及乙醇结晶和重结晶进行精制。而半合成的牛磺熊去氧胆酸经分离后可用乙醇－乙醚结晶并重结晶精制。

4. 超临界流体萃取法　近年来超临界流体萃取法也广泛用于脂类药物的分离纯化中。超临界流体具有气体和液体的双重特性，对许多物质有很强的溶解能力，一般选用 CO_2（临界温度为 $31.3℃$，临界压力为 $7.374MPa$）等临界温度低且具化学惰性的物质为萃取剂，不仅可有效用于热敏物质和易氧化物质的分离，而且制得的产品无有机溶剂残留。如用该方法提取番茄素及从蛋黄中分离卵磷脂等。

五、脂类药物发展前景

（一）脂类药物的存在问题

脂类药物是广泛存在于生物体中、具有药用价值的化合物，应用于临床需要获得高纯度、大规模的脂类药物。但我国对一些脂类药物的研究和生产起步较晚，如卵磷脂等，尽管国内一些科研院校在脂类药物的分离技术方面也做了大量的研究、开发工作，但仍存在以下几点问题。

1. 脂类药物的提取和生产　产品纯度低、生产规模小、资源利用率低、功能性欠佳、产品质量检测手段落后等问题，加之一些脂类药物的提取来源于动物组织或植物，来源和产量有限且操作不方便，难以进行自动化大规模生产。

2. 脂类药物的临床应用　临床应用缺乏药理学研究数据支持，因此，脂类药物治疗疾病的作用机制有待进一步研究探讨，以便更好地将脂类药物应用于临床。

（二）脂类药物的发展前景

尽管脂类药物存在很多的问题和困难，但同样有良好的发展前景，主要集中在以下几个方面。

1. 药物来源的多样性　因为脂类药物提取和生产的来源有限，传统的药物研究手段和方式又很难满足社会需求，海洋生物资源将成为医药界关注的新热点。脂类药物的研发已成为新药开发的一个热点，特别是随着化合物结构测定方法的飞速发展及现代功能学检测方法的建立，利用少数可大量获得的海洋天然化合物为基础原料，可以采用定向修饰（半合成）手段，进行药物的研发。而运用生物技术手段（基因工程、细胞工程、发酵工程或生物反应器等技术）来培植新的海洋药源生物，以获得大量海洋天然药物产物，在海洋药物的研究与开发过程中，成为解决药源问题的一个可行的现实途径。

2. 生产工艺不断优化　国内研究大量集中于脂类药物生产工艺的研究，不断优化此类药物的生产工艺，尤其是生物工程技术（基因工程、细胞工程、发酵工程或生物反应器等技术），将是未来脂类药物生产制备的一个研究重点和主要手段。

3. 临床前及临床研究　在临床应用中，可应用现代先进的科学技术和手段（取样手段如微透析技术，检测技术如基因组学、质谱等）进行临床前药理学研究及临床治病机制研究，以便扩大脂类药物的临床应用范围，更好地发挥治病救人的目的。

第二节　典型药物

一、神经节苷脂

1935 年，Erenst Klenk 在患家族黑蒙性痴呆病的小儿大脑中发现有一种含唾液酸的鞘糖脂蓄积，在脑灰质细胞中含量最高，于是将这类糖脂命名为神经节苷脂（gangliosides，GLS）。GLS 存在于细胞膜表面，在神经系统中含量最为丰富。GLS 包括单唾液酸神经节苷脂 GM、双唾液酸神经节苷脂 GD 等多种。外源性单唾液酸四己糖神经节苷脂（monosialotetranexosyl gangliosides，GM1）是迄今研究最为深入的神经节苷脂成分。

（一）GLS 结构与性质

GLS 由一条长链脂肪酸、一分子神经鞘氨醇和寡糖链共同组成；神经鞘氨醇为 18 或 20 碳的多羟基脂肪胺，所以名称相同的神经节苷脂实则是由分子量不同的物质所组成；其中，唾液酸以乙酰化的形式键合于寡糖链上，根据唾液酸的数目不同，分为单唾液酸、双唾液酸和三唾液酸神经节苷脂等。脂肪酸和鞘氨醇是神经节苷脂结构中的疏水部分，而寡糖链和唾液酸组成了神经节苷脂结构中亲水的部分，因此，在水溶液中形成球形聚合体，分子量约为 300kDa。GLS 是拥有最复杂基团的酸性鞘糖脂，根据唾液酸和糖基的数目和连接位置的不同，种类很多，常见的有 GM_1、GD_3、GD_{1a}、GD_{1b}、GT_{1b} 等，分子结构式如图 11 -9。

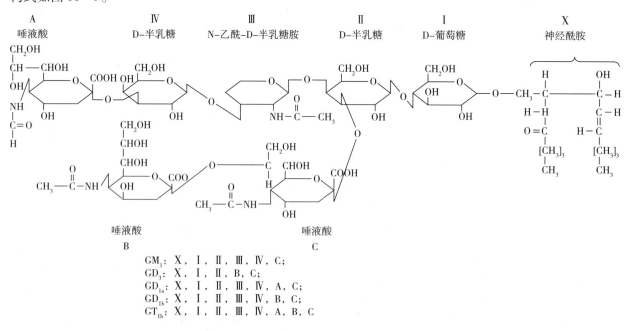

GM₁: X, I, II, III, IV, C;
GD₃: X, I, II, B, C;
GD₁ₐ: X, I, II, III, IV, A, C;
GD₁ᵦ: X, I, II, III, IV, B, C;
GT₁ᵦ: X, I, II, III, IV, A, B, C

图 11 -9　神经节苷脂结构组成

（二）GLS 的功能与应用

GLS 广泛存在于各类组织中，如脊椎动物的细胞膜、神经组织、脾脏与胸腺中。哺乳动物中枢神经系统以脑灰质含 GLS 量最高，其分子主要分布于细胞膜的外侧，也存在于高尔基体、内质网和溶酶体中。不同种类的神经节苷脂分布在组织中的位置也不同，大脑灰质大多为 GM_1、GD_{1a}、GD_{1b}、GT_{1b} 和 GQ_{1b}，其次是 GM_2 和 GD_3，大脑白质以 GM_1 和 GM_4 为主。其中临床上应用较多的 GM_1 主要位于髓鞘、神经元细胞膜和轴突，在脑灰质中含量丰富，外周神经如坐骨神经、股神经中也含有 GM_1。而对于单个神经节苷脂分子而言，GT_{1b}、GQ_{1b} 及 GM_1 集中于突触前后膜，GD_{1b}、GT_{1b} 主要分布在树突上。

GLS 有两个基本功能，一是介导细胞 – 细胞、细胞 – 微生物以及细胞 – 基质间的相互作用；二是调控细胞质膜中蛋白质的功能，如生长因子受体、离体通道的功能。外源性 GLS 可以通过与细胞表面的 GLS 结合蛋白结合，来改变与 GLS 相连的激活酶活性，从而加快或减缓细胞生长速率。GLS 占大脑总重的 1/1000 左右，分子量平均 1800，广泛参与正常细胞的生长、分化、调节以及信息传递过程，尤其在神经元的成熟和损伤神经的再生过程中，其作用备受关注。GM_1 是人类细胞膜的天然成分，安全性高，耐受性良好，临床广泛应用于脑外伤恢复、脊髓损伤恢复、脑出血恢复、新生儿缺氧缺血性脑病、小儿脑瘫、中枢神经系统损伤、神经退行性疾病如帕金森综合征、阿尔茨海默病、亨廷顿病，以及外周神经病变方面的治疗。因此，近年来对包括 CM 在内的 GLS 的应用研究受到广泛重视。

（三）GLS 的生产工艺

目前国内制备总神经节苷脂的原料通常是以狗红细胞、猪脑组织、牛组织等为原料，经过提取、分层、水解、洗脱等步骤获得神经节苷脂浸提液，不同原料采用的生产工艺各有不同。以猪脑组织为原料的生产工艺如下。

1. 猪脑中 GLS 的提取　取冷冻猪脑，置于室温解冻，解冻后制备匀浆。加入 10 倍重量提取液 I（氯仿：甲醇：水 =4：8：3），搅拌过夜。过滤，滤去不溶物，收集上清液，不溶物如此重复提取一次。合并两次的提取液，加水调节提取液 I 中三种溶剂组成为 4：8：5.6，静置分层过夜。收集上层溶液，下层用 0.8 倍体积的提取液 II（甲醇：0.01M KCl 水溶液 =50：33）再次搅拌提取，收集上层溶液。混合两次分液上层备用，下层回收氯仿。上层减压回收甲醇，浓缩至浆状，放置至冷，加 5～8 倍体积冰冻丙酮沉淀，冷冻过夜，过滤，上清回收丙酮，收集沉淀，沉淀减压真空干燥，得 GLS I。

2. GLS I 的酸降解　取已干燥的 GLS I，加入 5 倍量的纯水，用 6M 盐酸调节 pH 至 3.0～3.5，置于水浴中，调节温度至 82～85℃，搅拌孵育 2 小时。取出，待温度降至室温，加入 5～8 倍预先冷冻的丙酮，沉淀过夜，抽滤，真空干燥，得 GLS II。

3. GLS II 超滤除小分子杂质及无机盐　中空纤维柱用超滤柱清洗液彻底清洗，用纯净水冲洗至流出液和透过液 pH 成中性，备用。GLS II 加水溶解，可超声和加热辅助溶解，至浓度为 50mg/ml。上样超滤，不断补加纯净水，测定透过液，至透过液的电导值不再发生变化。停止添加纯净水，超滤浓缩至小体积。转移至旋转蒸发器，继续浓缩至浆状，放出置冷，加 5～8 倍冰冻丙酮沉淀，冷冻过夜，抽滤，上清回收丙酮，沉淀，减压真空干燥，该沉淀即为总 GLS。

二、卵磷脂

卵磷脂又称为蛋黄素，被誉为与蛋白质、维生素并列的"第三营养素"。1844 年，由科学家 Golbley 从蛋黄中分离出来，并于 1850 年按照希腊文 lekithos（蛋黄）命名为 Lecithin（卵磷脂），也自此揭开了其神秘的面纱。卵磷脂存在于各组织及器官中，脑、精液、肾上腺及红细胞含量最多，卵黄中含量高达 8% ~10%，其在植物中唯大豆组织中含量甚高。

（一）卵磷脂的结构

卵磷脂化学名为磷脂酰胆碱，是由甘油、胆碱、磷酸、饱和及不饱和脂肪酸组成的一种磷脂类物质，其中磷酸的两个羟基分别与甘油的一个羟基及胆碱的 β-羟基之间形成磷酸二酯键，且因甘油羟基有 α 位及 β 位之分，固有 α-卵磷脂及 β-卵磷脂之分。它是构成细胞膜、核膜、质体膜等生物膜的基本成分。

（二）卵磷脂的性质

卵磷脂为白色蜡状物质，无熔点，有旋光性，在空气中因不饱和脂肪酸烃链氧化而变色。有吸湿性，极易溶于乙醚及乙醇，不溶于水和丙酮。等电点为 6.7，有两性离子存在，分子中的亲水基团主要是磷酸、胆碱，不解离的甘油部分也有一定的亲水性，故乳化于水，可与蛋白质、多糖、胆汁酸盐、$CaCl_2$、$CdCl_2$ 及其他酸和碱结合，有降低表面张力作用，而与蛋白质及多糖结合后作用更强，因此是较好的乳化剂。而脂肪酸的烃基为疏水基团，故又可溶于有机溶剂。

（三）卵磷脂的应用与发展

卵磷脂具有较好的乳化、润湿、分散、速溶、脱膜、消泡、黏着等特性及生理活性，被广泛地应用于食品、医疗、化工、饲料、化妆品、农业等行业。如在食品行业中用于烘烤食品、奶制品、糖果着色剂等方面，而在油脂工业中卵磷脂的抗油脂氧化作用已得以应用。

临床上卵磷脂具有延缓衰老、促进神经传导、提高大脑活动、增强记忆力、促进脂肪代谢、降低胆固醇及防治慢性肝炎、肝硬化、脂肪肝、动脉粥样硬化、神经衰弱等药理作用，另外，卵磷脂还可用作静脉注射乳化剂和脂质体。卵磷脂的剂型主要有"软胶囊"和"颗粒"两种，也有少部分产品是片剂和粉剂。卵磷脂软胶囊服用较为方便，但有效成分含量低一般少于 60%，需加大服用量。而卵磷脂颗粒主要是以颗粒型卵磷脂产品直接分装而成，或为减少颗粒的黏度加入造粒剂后分装而成，具有高纯度、去油脂、服用方便（咀嚼）等独特的优势，且吸收效率更高，对人体而言更为健康。

（四）卵磷脂的生产工艺

卵磷脂在牛奶，动物的心、脑、肾、肝、脊髓，禽蛋的卵黄以及酵母中含量很丰富，植物组织中唯大豆含量较高，所以制备卵磷脂的原料有动物的脑、豆油脚、酵母等。

1. 以脑干为原料的卵磷脂提取工艺

（1）工艺路线（图 11-10）

图 11-10 以脑干为原料的卵磷脂提取工艺

（2）工艺过程

1）提取与浓缩 取动物脑干加 3 倍体积（*W/V*）丙酮循环浸渍 20~24 小时，过滤的滤液待分离胆固醇。滤饼蒸去丙酮，加 2~3 倍体积（*W/V*）乙醇浸渍抽提 4~5 次，每次过滤后所剩的滤饼用于制备脑磷脂。合并滤液，真空浓缩，趁热放出浓缩液。

2）沉淀与干燥　上述浓缩液冷却至室温，加入0.5倍体积（V/V）乙醚，不断搅拌，放置2小时，令白色不溶物完全沉淀，过滤，取滤液于激烈搅拌下加入粗卵磷脂重量1.5倍体积（W/V）的丙酮，析出沉淀，滤除溶剂，得膏状物，以丙酮洗涤2次，真空干燥后得卵磷脂成品。

2. 以酵母为原料的提取工艺

（1）工艺路线　见图11–11。

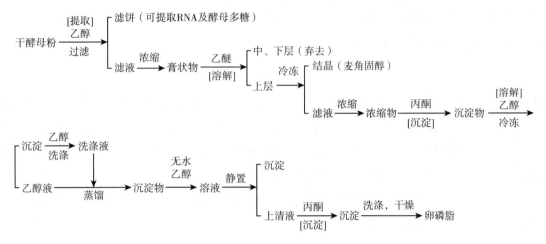

图11–11　以酵母为原料的提取工艺

（2）工艺过程

1）浸提、浓缩　将过60~80目筛的干酵母粉200kg，用82%~84%乙醇600kg在搅拌中浸提18~24小时，在68~70℃保温3小时，不断搅拌，过滤，滤渣反复浸提3次，合并滤液，真空浓缩至结粒膏状物，温度不超过70℃，时间不超过24小时，滤渣可用来提取核糖核酸及酵母多糖。

2）提取、脱水、浓缩　膏状物加5%~10%的水及3~5倍量乙醚，剧烈搅拌2~3小时后静置16~20小时澄清，弃去中层液体；上层醚液放入-5℃冷库内20~24小时，麦角固醇结晶析出，过滤；滤液回收，浓缩除去1/2乙醚，再放入冷库18~22小时，加1~2kg无水硫酸钠，过滤，除去麦角固醇。滤液回收蒸馏除去约2/3乙醚，得浓缩物。

3）沉淀、蒸馏、提取　浓缩物加3~5倍量丙酮，边加边搅拌，加完后放置片刻，倾出醚酮混合液，反复用无水丙酮洗涤3~4次，得沉淀物，加2倍量无水乙醇在70℃保温，搅拌1~2小时至全部溶解，静置冷库中过夜。次日，倾取上层乙醇液，沉淀用乙醇洗涤，上清液与洗涤液合并，蒸馏回收乙醇，得沉淀物，加无水乙醇搅拌至溶解，静置沉淀7天。

4）沉淀、干燥　吸取上清液，加粗制卵磷脂重量1.5倍的丙酮析出沉淀，倾出丙酮，反复洗涤沉淀3~4次，加乙醇保温70℃左右，溶解去掉丙酮气味，烘干，得卵磷脂成品。

三、二十碳五烯酸（EPA）

自Dyerberg等指出二十碳五烯酸（eicosapentaenoie acid，EPA）有益于人类健康以来，国内外关于鱼油、EPA和DHA等的生物学、药理学、制药学及临床应用等方面研究与开发受到广泛的关注，成为研究的热点，研究新进展引人瞩目。DHA和EPA是人体必需的高度不饱和脂肪酸，因为人体不能自行合成，只能从食物中摄取，其天然来源主要是海洋动物，如贝类、甲壳类、鱼等，另外EPA也广泛存在于海洋微藻类和产油微生物中。

（一）EPA 的结构

EPA 别称二零五，系 ω-3 不饱和脂肪酸。其 ω-3 指不论碳链长短和双键的多少，从脂肪酸末端甲基开始，第 3 个碳上出现的双键。ω-3 系列为不饱和脂肪酸，在哺乳动物体内都不能合成，是机体营养必需脂肪酸。不过，ω-3 亚麻酸经脱饱和与碳链延长作用，可转化成 EPA。EPA 通常是顺式，但是在某些异构酶作用下可变成反式。EPA 与一般脂肪酸比较，最大特点是链长和双键多，即含有多个"戊碳双烯"结构，具体分子结构式见图 11-12。

图 11-12　EPA 的分子结构式

（二）EPA 的性质

纯 EPA 无色、无味，常温下呈液态，且具脂溶性，易溶于有机溶剂，不溶于水，熔点为 -54℃ ~ -53℃，所以在低温下仍然保持较高的流动性。因其分子结构中存在多个双键，这些活泼的双键极易发生氧化、酸败、聚合和双键共轭等化学反应，产生以羰基化合物为主的鱼臭物质，在室温下，鱼油数天内氧化酸败便是其中所含的 EPA 发生化学变化之故。另外，双键共轭化，导致紫外吸收波长增加。EPA 沸点和凝点与 DHA 相近，难以分离，两者常混存于鱼油制品中（目前所用的 DHA 实际上多数是与 EPA 的混合物），单独的 EPA 制剂很少见。

（三）EPA 的应用及发展

EPA 的药理作用很多，临床应用也很广泛。一方面可以降低致动脉硬化因子——血清中甘油三酯、总胆固醇、低密度脂蛋白、极低密度脂蛋白的水平，另一方面可以增加抗动脉硬化因子——高密度脂蛋白的水平，因此 EPA 可以防治心血管疾病，预防和治疗动脉粥样硬化。另外，EPA 能明显抑制肿瘤的发生、生长和转移速度，对防治前列腺癌、乳腺癌、结肠癌和子宫癌等有积极作用。EPA 也可以降低致炎因子的活性，在防治炎症和自身免疫性疾病方面有一定作用，如对风湿性关节炎、银屑病、哮喘、溃疡性结肠炎、偏头痛及多发性硬化等也有疗效。EPA 还能促进生长发育、保护视力，具有抑制血小板凝聚作用，在防治糖尿病方面也都有较好的效果。

（三）EPA 的生产工艺流程

EPA 主要来源于鱼油，而我国制备鱼油的原料主要是虹科、鳀科食用鱼或其他鱼种如马面纯鱼等，也有用碎鱼或罐头用鱼下脚料提取鱼油。提取方法有蒸煮法、直接蒸汽法和萃取法等，原料要新鲜，方法要温和，避免双键氧化致使 EPA 和 DHA 含量降低。

1. 鱼油的制备方法

（1）粗制鱼油　取新鲜鱼肝，除去胆囊，洗净切成碎块，置入锅内加水，通蒸汽至 80℃，使肝细胞破裂，流出油质，过滤分离杂质和水，得粗制鱼肝油。再将粗制品冷却至 0℃，析出固体脂肪，加压过滤除去固体脂肪，得含不饱和脂肪酸的粗制鱼油。用碎鱼为原料时，将其绞碎，在 7~10℃ 下与淀粉混合，用己烷提取 15 分钟，过滤，滤液用 NaCl 溶液洗涤，无水 Na_2SO_4 脱水，回收己烷，得粗制鱼油。

（2）精制鱼油　取粗制鱼油，加入 NaOH 的乙醇溶液，皂化，生成的饱和脂肪酸碱金属盐析出结晶，过滤，滤液酸化并用不溶于水的有机溶剂提取，提取物用水洗涤，除去有机溶剂，得高浓度的不饱和脂肪酸混合物，呈淡红色或红棕色的澄清液体，有特异鱼腥臭，无酸败臭，于 10℃ 放置 30 分钟无固体析出，即得精制鱼油。精制鱼油可溶于无水乙醇、四氯化碳、三氯甲烷及乙醚中，不溶于水，相对密度为 0.9097～0.9148，碘价 185 以上，酸价 180 以上。

2. 鱼油中 EPA 和 DHA 的制备方法

（1）尿素加合物法 利用饱和程度不同的脂肪酸与尿素形成加合物的差异而达到分离的目的。将脂肪酸混合物加入尿素醇溶液中，保温搅拌，放置冷却，过滤，除去饱和脂肪酸和低不饱和脂肪酸与尿素生成的结晶，滤液中则含较高浓度的 EPA 和 DHA（总含量达 50% 以上）。本法工艺成熟，成本较低，既适用于工业化生产，又适用于实验室制备，但注意除去尿素。

（2）丙酮冷冻法 是根据碳链长度和饱和程度不同的脂肪酸混合物在过冷的丙酮中溶解度有明显差异来进行分离的方法。将脂肪酸混合物加到预先冷冻至 - 25℃ 以下的丙酮中，搅拌，过滤，除去结晶，滤液浓缩，即得浓度较高的 EPA 和 DHA。本法操作简单，成本低，也适用于脂肪酸甘油三酯的分离。

（3）蒸馏法 根据多不饱和脂肪酸的性质极不稳定，沸点又较高的特点，减压降低沸点，减少热变性，分馏提高分离效果，可得较高浓度的 EPA 和 DHA。该法设备简单，是多年来工业生产不饱和脂肪酸的主要方法。亦可先用尿素加合物法，除去大部分饱和脂肪酸，再用分子蒸馏和减压分馏进一步精制，可减少热变性，缩短蒸馏时间，提高产品质量。

3. EPA 乙酯的制备 采用尿素加合与分馏结合法。1983 年 Fujita 和 Makuta 发明了一种工业化提取 EPA 及其酯的专利，EPA 占总脂肪酸的 93%。具体方法如图 11 - 13。

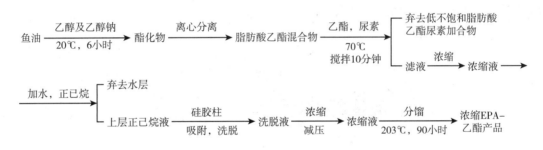

图 11 - 13 EPA 乙酯的制备工艺流程

答案解析

一、选择题

A 型题

1. 哪类脂类药物具有催产及引产作用（　　　）

　　A. 牛磺熊去氧胆酸　　　　B. 血卟啉　　　　　　C. 前列腺素 E_2　　　　D. 人工牛黄

2. 胆固醇不是体内（　　　）的前体药物

　　A. 维生素 D　　　　　　　B. 维生素 E　　　　　C. 固醇类激素　　　　D. 胆酸

3. 脂类生化药物通常用溶解度法和（　　　）进行分离

　　A. 醇提取法　　　　　　　B. 吸附分离法　　　　C. 酸碱沉淀法　　　　D. 酶解法

4. 下列不属于脂类药物精制常用方法的是（　　　）

　　A. 结晶法　　　　　　　　B. 重结晶法　　　　　C. 有机溶剂沉淀法　　D. 回流法

5. 有解热降温及抗炎作用的脂类药物是（　　　）

A. 前列腺素 E_2 B. 牛磺熊去氧胆酸   C. 血卟啉   D. 胆固醇

6. 用于防止肝硬化、肝脂肪性病变及神经衰弱的磷脂类药物是（   ）

     A. 卵磷脂   B. 脑磷脂   C. 二者均是   D. 二者均非

7. 前列腺素、亚油酸、花生四烯酸是（   ）药物

     A. 磷脂酸   B. 固醇类   C. 不饱和脂肪酸类   D. 色素类

X 型题

8. 临床上用人工牛黄治疗（   ）

     A. 神昏不语   B. 小儿惊风   C. 咽喉肿痛

     D. 口疮   E. 降血脂

9. 脂类药物的制备方法有（   ）

     A. 直接抽提法   B. 水解法   C. 化学合成法

     D. 化学半合成法   E. 生物转化法

10. 脂类药物主要包括（   ）

     A. 磷脂类   B. 胆酸类   C. 不饱和脂肪酸类

     D. 饱和脂肪酸类   E. 葡萄糖

二、简答题

简述脂类药物的分类及临床应用。

书网融合……

知识回顾   微课   习题

（苑广志）

第十二章 疫 苗

学习引导

　　人类使用疫苗预防和控制传染病已有两百多年历史，期间经历了三次疫苗革命，使大多数烈性传染病得到控制，一些传染病如天花已经被消灭。目前科学家们已研制和开发出上百种安全有效的疫苗。每一种疫苗的诞生都是人类战胜一种传染病的伟大胜利。至今没有任何一种其他的医疗措施能像疫苗一样对人类健康产生如此重要、持久和深远的影响，也没有任何一种其他治疗药物能像疫苗一样以极其低廉的代价把某一种疾病从地球上消灭。

　　基于疫苗在人类疾病防治过程中的重要作用，本章主要介绍疫苗的基本概念和常见种类疫苗的应用、生产等知识，旨在让学习者掌握疫苗的性质、组成、分类、作用、特点、生产基本流程，了解国家的免疫政策。

学习目标

思政素养目标

1. 通过疫苗性质和疫苗法规的讲解，使学生理解疫苗严格管理的必要性，树立高度的职业责任感。

2. 通过疫苗研发过程中的案例，使学生感受科学家为人类健康做出的贡献，树立对医药卫生事业的职业认同感和爱岗敬业的职业精神。

知识目标

1. **掌握**　疫苗的概念、性质、组成和分类；常见疫苗种类的临床应用、生产流程、质控项目、剂型、特点等；我国实施的计划免疫和联合免疫。

2. **熟悉**　疫苗的历史、发展和前景；疫苗菌毒种的管理；免疫佐剂的发展和应用。

3. **了解**　人体免疫系统。

技能目标

1. 能尝试阐述常见类型疫苗的应用范围和使用方法。

2. 熟知疫苗生产制备过程、关键工艺。

第一节 概 述

一、疫苗的概念、组成和性质

(一)疫苗的概念

疫苗系指为预防、控制疾病的发生、流行,用于人体免疫接种的预防性生物制品。疫苗的英文是 vaccine,最初因牛痘而得名,以病原微生物或其组成成分、代谢产物为起始原料,结合免疫学、生物技术和基因工程技术等,通过注射或其他途径接种,刺激机体产生针对特定致病原的特异性体液和(或)细胞免疫应答,从而使机体获得对相应病原微生物的免疫力。

疫苗与普通药物具有明显的不同:①普通药物一般用于患病人群,主要以缓解症状和治疗疾病为目的,而疫苗一般用于健康人群,主要以预防疾病为目的;②普通药物因疾病种类和进程不同而作用于不同年龄段、不同性别患者,而疫苗的受众范围包括大量婴幼儿和儿童;③普通药物的作用机制各有不相同,有些作用于受体或配体,有些作用于离子通道,有些作用于某些蛋白或酶等,而疫苗主要通过激活免疫系统来预防疾病发生;④普通药物一般情况下只能减轻、缓解或控制病痛,而疫苗可以控制和消灭一类疾病,如天花。

(二)疫苗的组成

疫苗是由性质和作用不同的物质共同组成的复合物,能够有效刺激机体,产生针对病原微生物的特异性免疫反应。疫苗的主要组成包括抗原、佐剂、防腐剂、稳定剂、灭活剂及其他相关成分。

1. 抗原 在机体内能刺激免疫系统发生免疫应答,并能诱导机体产生可与其发生特异性反应的抗体或效应细胞的物质,称为抗原。抗原是疫苗核心有效活性成分,它决定了疫苗的特异免疫原性。免疫原性和反应原性是抗原的两个基本特性。免疫原性(immunogenicity)是指抗原进入机体后引起的免疫细胞间的一系列免疫反应,包括抗原的加工、处理、呈递及被 T、B 淋巴细胞的识别等;抗原的反应原性(reactivity)是指抗原与抗体或效应 T 细胞发生特异性反应的特性。一个疫苗成功与否,最主要取决于疫苗本身的免疫原性和反应原性。不同抗原引起的免疫反应种类、强度以及免疫系统的激活和持续时间都不相同。

(1)构成抗原的基本条件

1)异物性 由于机体自身组织不能刺激机体发生免疫反应,故抗原必须为外来物质。一般来说,物质来源的亲缘关系越远,其化学结构差别越大,抗原性也就越强;反之,抗原性越弱。如器官移植中异种移植物排斥强烈,无法存活;同种移植物排斥较弱,可存活一定期限;而自身移植物不排斥,可长期存活。再如鸭血清蛋白对鸡是弱抗原,而对家兔则是强抗原。

2)理化特性 抗原的理化特性包括相对分子质量、化学结构等。

3)特异性 抗原进入机体后能特异地引起相应抗体或致敏淋巴细胞发生反应,称为抗原的特异性。

(2)可用作抗原的物质 包括灭活病毒或细菌、活病毒或细菌通过实验多次传代得到的减毒株、病毒或菌体提纯物、有效蛋白成分、类毒素、细菌多糖、合成多肽以及近年来发展 DNA 疫苗所用的核酸等。抗原应能有效地激发机体的免疫反应,包括体液免疫或(和)细胞免疫,产生保护性抗体或致敏淋巴细胞,从而对同种细菌或病毒的感染产生有效的预防作用。

实例分析 12-1

案例 2016年3月，山东警方破获案值5.7亿元非法疫苗案，疫苗未经严格冷链存储运输销往24个省市，涉事品种包括12种二类疫苗、2种免疫球蛋白和1种治疗性生物制品细菌溶解物。山东济南非法经营疫苗事件发生后，党中央、国务院高度重视并做出重要批示：依法严厉打击违法犯罪行为，对相关失职渎职行为严肃问责，绝不姑息；同时，抓紧完善监管制度，落实疫苗生产、流通、接种等各环节监管责任，堵塞漏洞，保障人民群众生命健康。

问题 根据疫苗的性质，想一想疫苗为什么需要严格冷链存储运输？

答案解析

2. 佐剂（adjuvant） 能增强抗原的特异性免疫应答，这种加强可表现为增强抗体体液免疫应答或细胞免疫应答或二者兼有，又可称为免疫调节剂。理想的佐剂除了应有确切的增强抗原免疫应答的作用外，还应该是无毒、安全的，且必须在非冷藏条件下保持稳定。影响佐剂质量及能否适用于人用疫苗的主要因素包括：①促进免疫反应的能力；②副作用的大小；③价格和成本。

为了加强疫苗安全性，应该对佐剂本身和佐剂疫苗进行全面的安全性检查，除了必须通过急性和长期毒性试验之外，还应符合以下要求：①能使弱抗原产生满意的效果；②不得引起中等强度以上的全身反应（发热 >38℃）和严重的局部反应（化脓），可在局部储留（硬结）但必须能逐渐被机体吸收；③不应引起自身免疫性疾病；④不应引起对佐剂本身的超敏反应，不应与自然发生的血清抗体结合而形成有害的免疫复合物；⑤不得有致癌作用；⑥佐剂应为化学纯，化学组成确定且稳定；⑦保存1~2年的佐剂疫苗，应该稳定有效。

本节主要介绍铝佐剂、矿物油乳剂、植物油佐剂和其他类型佐剂。

（1）**铝佐剂** 因其对大分子蛋白质和多糖等有很强的吸附能力，安全性好，故被广泛用于疫苗生产过程中。在抗原中加入适量铝佐剂，可以将抗原完全吸附，接种后，佐剂将抗原缓慢释放，起到抗原"储库"的作用，从而延长抗原与吞噬细胞或其他抗原呈递细胞的接触，使抗体的产生呈数倍、数十倍乃至成百倍地增长。Al（OH）$_3$吸附能力强，常用于 pH 中性抗原，是目前最常用的人用佐剂，多年来已被广泛用于多种疫苗，如百白破三联疫苗、霍乱疫苗、流脑菌苗、狂犬疫苗、流感疫苗及乙肝疫苗等。铝佐剂的应用，不仅大大增强了疫苗的免疫原性和免疫持久性，而且可以减轻全身反应，尤其是对提纯的制品如类毒素、亚单位疫苗等，已经成为其不可缺少的组成部分。

（2）**矿物油乳剂** 即弗氏佐剂（freund adjuvant，FA），由液状石蜡和无水羊毛脂加热混溶而成。用时与等量液体抗原充分混匀，形成较稳定的油包水（水/油）乳剂，称不完全弗氏佐剂（incomplete freund adjuvant，IFA）；若在 IFA 中加入死分枝杆菌（如卡介苗）以增强炎性反应，称完全弗氏佐剂（complete freund adjuvant，CFA）。这类佐剂在提高抗体幅度和免疫持久性方面，远高于铝佐剂。可是副反应严重，注射后多引起无菌化脓，且含有的矿物油会长期（或许是终身）留于组织中不能代谢，而且容易引起过敏反应，因此不允许用于人。目前在实验室用动物制备高价抗体或者兽用生物制品中，常常采用这种佐剂，如用 CFA 注射建立类风湿关节炎的动物模型。卡介苗具有佐剂活性的主要成分是海藻糖-6,6二霉菌酸酯，是细胞壁的一种亲脂性糖脂，具有多种食物活性（包括佐剂活性、激活巨噬细胞、抗结核、抗肿瘤、非特异性抗感染和形成肉芽肿等作用），它对吞噬细胞具有趋化作用，并能较强和较长时间地活化巨噬细胞，释放 H_2O_2，杀灭病原体。

（3）**植物油佐剂** 这种佐剂是由高纯度花生油，以二缩甘露醇单油酸酯作乳化剂，与液体疫苗制成的乳剂。由于植物油可被人体缓慢吸收，副反应小于矿物油佐剂，因此可用于人。

（4）其他佐剂　某些细菌脂多糖具有佐剂活性，如含百日咳全菌体的百白破联合疫苗，其中的百日咳噬菌体对白喉和破伤风两种类毒素有免疫促进作用，因此百白破三联疫苗中类毒素产生的抗毒素比单独使用时高。一些人工合成佐剂也正在研究和试验中，如脂质体、MF59、细胞因子、核酸佐剂等。

3. 防腐剂　为了保证疫苗在保存过程中不受微生物污染，疫苗制备过程中一般需添加适量防腐剂。在提高疫苗保质期方面，防腐剂具有重要作用。大多数灭活疫苗都需使用防腐剂，如硫柳汞、2-苯氧乙醇、氯仿、甲醛、苯酚、叠氮化钠等。在选择防腐剂种类时，应注意防腐剂对疫苗效果是否产生负面影响。由于添加剂量比较低，一般情况下疫苗中的防腐剂不会引起人体严重不良反应。但随着近年来人类接种疫苗种类的增加，进入人体的防腐剂累积量大大增加。WHO强调，希望各国加紧研制无防腐剂疫苗和联合疫苗，尽可能减少儿童对防腐剂，尤其是对汞的接触，确保儿童健康。

4. 稳定剂　有效抗原表位是疫苗的作用基础，而某些抗原表位对环境中的温度、湿度等因素非常敏感，极易发生变性而导致疫苗的免疫原性降低。为保证作为抗原的病毒或其他微生物存活并保持免疫原性，疫苗中长需加入适宜的稳定剂或保护剂，如冻干疫苗中常用的乳糖、明胶、山梨醇等。

5. 灭活剂及其他相关成分　灭活剂主要用于疫苗生产过程中对活体微生物的灭杀。活体细胞或病毒的灭活可采用加热、紫外线照射等物理方法，但物理法一般会对抗原的免疫原性造成较大影响。因此在疫苗生产制备中常采用化学方法灭活。常用的化学灭活剂有丙酮、酚、甲醛、去氧胆酸钠等。由于这些物质对人体有一定毒害作用，因此在灭活抗原后必须及时将其从疫苗中除去，并经严格检定后方可使用，以保证疫苗的安全性。

此外，在制备疫苗时还需使用缓冲液、盐类等非活性成分。缓冲液的种类、盐类的含量都影响疫苗的效力、纯度和安全性，因此都有严格的质量标准。

（三）疫苗的性质

根据疫苗的组成和应用，可以得出疫苗应具有免疫原性、安全性和稳定性等性质。

1. 免疫原性　指疫苗接种入机体后引起机体产生免疫应答的强度和持续时间。影响免疫原性强弱的因素包括：①抗原的强弱、大小和稳定性。抗原相对分子质量过小易被机体分解、过滤，不易产生良好的免疫应答，这就是半抗原物质和游离DNA缺乏免疫原性的原因。②抗原的理化性质。颗粒型抗原、不可溶性抗原的免疫原性最强，各类蛋白质的免疫原性较强，多糖次之，类脂则较差。有些较弱的抗原可以通过与佐剂合用来增强免疫应答。

2. 稳定性　疫苗必须具有一定稳定性，以保证经过一定时间的储存和冷链运输后仍能保持其有效的生物活性。

3. 安全性　大多数疫苗主要用于儿童和健康人群，因此其安全性要求极高。疫苗的安全性包括：接种后的全身和局部反应；接种引起免疫应答的安全程度；人群接种后引起的疫苗株散播情况。

二、疫苗的分类

疫苗有多种分类方式。按照行政效力分为免疫规划疫苗和非免疫规划疫苗两类。根据《中国药典》（2020年版）收载的疫苗种类，按照组成成分和生产工艺不同，可分为灭活疫苗、减毒活疫苗、类亚单位疫苗、基因工程疫苗、结合疫苗、联合疫苗等。

（一）灭活疫苗

灭活疫苗（inactivated vaccines）系指病原微生物经培养、增殖，用理化方法灭活后制成的疫苗，如钩端螺旋体疫苗、甲型肝炎灭活疫苗等。该类疫苗通常选择抗原性较全、免疫原性和遗传稳定性良好的细菌或病毒种，用理化方法将病原微生物杀死，使其丧失感染性和毒性但仍保持免疫原性，结合相应的佐剂后制成。接种灭活疫苗后，灭活后的细菌或病毒在机体内可直接引起免疫应答，但不会繁殖，所以也称"死疫苗"。灭活疫苗制造工艺简单、免疫原性好、稳定性好、安全性高。但灭活疫苗也具有缺点和不足，如制备过程中需要严格的灭活操作；免疫力较短暂，一般需接种 2 ~ 3 次；受种者由于反复接受疫苗中异种蛋白的刺激，接种反应较大；获得的免疫力其维持时间也较短。

（二）减毒活疫苗

减毒活疫苗（attenuated live vaccine）系指采用病原微生物的自然弱毒株或经培养传代等方法减毒处理后获得致病力减弱、免疫原性良好的病原微生物减毒株制成的疫苗。该类疫苗是传统疫苗特别是病毒性疫苗研制的主导方向。皮内注射用卡介苗、麻疹减毒活疫苗、脊髓灰质炎疫苗（糖丸型）等均属于该类疫苗。

接种减毒活疫苗后，减毒的病原体在机体内有一定程度的生长繁殖能力或只引起亚临床感染，类似隐性感染产生细胞、体液和局部免疫。接种次数少，受种者接种反应轻微，获得的免疫力较持久。活疫苗稳定性较差，制成冻干疫苗后，其稳定性可有很好改进。研发减毒活疫苗，其关键是选育减毒适宜、毒力低而免疫原性和遗传稳定性均良好的菌、毒种。首先在细菌培养基或动物、鸡胚和细胞培养中适应传代以获得较高量的细菌数或病毒量。细菌可选择敏感培养基，病毒则根据其对动物、鸡胚或细胞培养的敏感性选择培养基。

常用的减毒方法有以下几种。

1. 体外减毒 即将病毒在体外连续传代减毒。

2. 冷适应筛选 即将病毒在低温条件下进行连续或逐步传代，可以诱导产生基因组多处突变或损害的减毒冷变异株，这种冷变异株常伴有毒力减弱和各种特征性标志。

3. 化学诱变 即利用化学试剂对病原体进行诱变得到减毒菌株。

活疫苗可采用黏膜免疫途径。黏膜免疫（mucosal immunity，MI）是指经口或鼻腔引入抗原或疫苗的一种免疫方式。其免疫机制主要是能引起消化道或呼吸道局部的免疫反应，同时抗原激起的活性免疫细胞也转移至全身，引起全身性免疫反应。口服免疫与注射免疫的不同在于，MI 可引起局部和全身免疫；而注射途径的免疫只能引起全身免疫，不产生局部免疫反应。很多病原的感染途径为经消化道或呼吸道感染，因此预防这类传染病的疫苗以 MI 产生免疫效果比注射途径好。口服脊髓灰质炎活疫苗就是黏膜免疫的成功例子。

活疫苗通常是以模拟微生物自然感染状态来刺激机体的免疫应答，在临床上可以为接种者提供长期的保护，它不仅可以刺激机体产生体液免疫（抗体的产生），也可刺激产生细胞免疫（如产生 CTL 应答）。减毒活疫苗在其发展、使用的百余年中对人类的贡献是举世公认的，其中有的已完成历史任务而"退役"，如牛痘苗；有的已经发挥并将继续发挥其良好的防病作用，如脊髓灰质炎、麻疹、甲型肝炎等减毒活疫苗；有的在长期使用后又面临新的挑战，如卡介苗；有的在我国使用时间不长，尚待积累功绩，如水痘减毒活疫苗。目前在国内外使用的减毒活疫苗至少有 17 种，包括 11 种病毒性活疫苗和 6 种细菌性活疫苗，其中登革热、流感、腺病毒、伤寒、霍乱等 5 种活疫苗国内尚未使用，甲型肝炎和乙型脑炎两种减毒活疫苗为国内创制，国外尚未使用。

（三）亚单位疫苗

亚单位疫苗（subunit vaccine）系指病原微生物经培养后，提取、纯化其主要保护性抗原成分制成的疫苗，如 A 群脑膜炎球菌多糖疫苗、流感亚单位疫苗等。这类疫苗不是完整的病原微生物，而是其结构的一部分，故称亚单位疫苗。如将某些产毒细菌的外毒素通过甲醛脱毒制成的类毒素，用化学试剂裂解流感病毒，提取其血凝素和神经氨酸酶制成的亚单位疫苗，以及从细菌荚膜中纯化的多糖疫苗，能诱导机体产生 T 细胞非依赖性抗体反应。

（四）基因工程疫苗

基因工程疫苗（genetic recombinant vaccine）系使用重组技术将编码病原微生物保护性抗原的基因重组到细菌（如大肠埃希菌）、酵母或细胞，经培养、增殖后，提取、纯化所表达的保护性抗原制成的疫苗，如重组乙肝型肝炎疫苗。通常是将对人体无致病性的弱毒株与强毒株（野毒株）混合感染，弱毒株与野毒株间发生基因重组，然后使用特异方法筛选出带有对人体不致病但又含有野毒株强免疫原性基因片段的重组毒株。

（五）结合疫苗

结合疫苗（conjugate vaccine）系指由病原微生物的保护性抗原成分与蛋白载体结合制成的疫苗，如 A 群 C 群脑膜炎球菌多糖结合疫苗。

（六）联合疫苗

联合疫苗（combined vaccine）系指由两个或以上活的、灭活的病原微生物或抗原成分联合配制而成的疫苗，用于预防不同病原微生物或同一病原微生物的不同血清型/株引起的疾病。联合疫苗包括多联疫苗和多价疫苗。前者用于预防不同病原微生物引起的疾病，后者用于同一病原微生物的不同血清型/株引起的疾病，如 23 价肺炎球菌多糖疫苗、流感病毒裂解疫苗。

即学即练 12 - 1

HPV 疫苗（二价、四价、九价）属于哪一种疫苗？

答案解析

三、疫苗菌毒种的筛选与管理

本节所称的菌毒种系指直接用于制造和检定生物制品的细菌、真菌、支原体、放线菌、衣原体、立克次体或病毒等。疫苗的制造和检定离不开菌毒种的使用，菌毒种既是免疫效果的直接保证，又能直接或间接地影响疫苗的安全性。因而在筛选生产用菌毒种时，必须严格把握菌毒种质量，综合考虑各方面因素，使菌毒种使用符合疫苗管理要求（《中国药典》2020 年版）。

（一）筛选生产疫苗用菌毒种的原则

1. 安全性　疫苗主要是用于健康人群预防疾病，因此其安全性应受到重视。灭活疫苗生产使用的菌毒种一般毒力较高，对人有致病性，在生产过程中必须注意彻底灭活，并加强疫苗安全试验，减毒活疫苗通常是选用对易感人群无致病力的弱毒菌毒种，这类菌毒种仍具有一定的"残余毒力"。一般残余毒力高的免疫原性好，但临床反应较大，可能产生其他毒性反应。

2. 免疫原性　用于生产生疫苗的菌毒种应有良好的免疫原性，当注射进人体后能有效地促使机体产生高滴度保护性抗体或激发必要的细胞免疫反应，且有良好的免疫持久性。因此，需要免疫原性和安全性等原因选择减毒适宜的菌毒种。

3. 遗传学稳定性 生产用菌毒种如为无毒或弱毒株，尤应注意其遗传学稳定性。弱毒株的来源一般有两种：一种是天然弱毒株，另一种是采用物理、化学或生物学方法将毒力较强的菌毒株诱变为弱毒株。在选种时要特别注意选择那些变异后在遗传学上稳定的菌毒株，以防止在传代或疫苗生产中发生毒力返祖现象。

4. 无致癌性 生产用菌毒种及其代谢物质都不应有致癌作用，人工诱变毒株时也不应使用有致癌用作的药物来筛选。

5. 生产适用性 生产用菌毒种应易于培养和生产，尽可能使生产工艺和流程简单化，且培养物中含产生足够量的有效成分。

（二）菌毒种的分类和管理

1. 菌毒种分类 以《人间传染的病原微生物名录》为基础，根据病原微生物的传染性、感染后对个体或者群体的危害程度，将菌毒种分为以下四类：第一类病原微生物，系指能够引起人类或者动物非常严重的疾病的微生物，以及中国尚未发现或者已经宣布消灭的微生物。第二类病原微生物，系指能够引起人类或者动物严重疾病，比较容易直接或者间接在人与人、动物与人、动物与动物间传播的微生物。第三类病原微生物，系指能够引起人类或者动物疾病，但一般情况下对人、动物或者环境不构成严重危害，传播风险有限，实验室感染后很少引起严重疾病，并且具备有效治疗和预防措施的微生物。第四类病原微生物，系指在通常情况下不会引起人类或者动物疾病的微生物。表 12-1 和表 12-2 列出了常用疫苗生产用、检定用菌毒种的生物安全分类。

表 12-1 常用疫苗生产用菌毒种生物安全分类

疫苗类型	疫苗品种	生产用菌毒种	分类
细菌活疫苗	皮内注射用卡介苗	卡介菌 BCG D_2PB302 菌株	四类
	皮上划痕用鼠疫活疫苗	鼠疫杆菌弱毒 EV 菌株	四类
	皮上划痕人用布氏菌活疫苗	布氏杆菌牛型 104M 菌株	四类
	皮上划痕人用炭疽活疫苗	炭疽杆菌 A16R	三类
病毒活疫苗	麻疹减毒活疫苗	沪-191，长-47 减毒株	四类
	风疹减毒活疫苗	BRDⅡ减毒株，松叶减毒株	四类
	腮腺炎减毒活疫苗	S_{79}，Wm_{84} 减毒株	四类
	水痘减毒活疫苗	Oka 株	四类
	乙型脑炎减毒活疫苗	SA14-14-2 减毒株	四类
	甲型肝炎减毒活疫苗	H_2，L-A-1 减毒株	四类
	脊髓灰质炎减毒活疫苗	Sabin 减毒株，中Ⅲ$_2$株	四类
	口服轮状减毒活疫苗	LLR 弱毒株	四类
	黄热疫苗	17D 减毒株	四类
	天花疫苗	天坛减毒株	四类
病毒灭活疫苗	乙型脑炎灭活疫苗	P3 实验室传代株	三类
	双价肾综合征出血热灭活疫苗	啮齿类动物分离株（未证明减毒）	二类
	人用狂犬病疫苗	狂犬病病毒（固定毒）	三类
	甲型肝炎灭活疫苗	减毒株	三类
	流感全毒灭活疫苗	鸡胚适应株	三类
	流感病毒裂解疫苗	鸡胚适应株	三类
	森林脑炎活疫苗	森林株（未证明减毒）	二类

表 12 – 2　常用疫苗检定用菌毒种分类

检定用菌毒种	分类	检定用菌毒种	分类
百日咳杆菌 18323	三类	短小芽孢杆菌 CMCC63202	四类
鼠疫杆菌	二类	藤黄微球菌 CMCC28001	四类
炭疽杆菌	二类	啤酒酵母菌	四类
羊布氏菌	二类	缺陷假单胞菌	四类
结核分枝杆菌强毒株	二类	金黄色葡萄球菌 CMCC26003	三类
结核分枝杆菌减毒株（H37Ra）	三类	铜绿假单胞菌 CMCC10104	三类
草分枝杆菌 CMCC	四类	枯草芽孢杆菌 CMCC63501	四类
乙型脑炎病毒 P3 株/SA14 株	二类	生孢梭菌 CMCC64 941	四类
森林脑炎病毒森林株	二类	白色念珠菌 CMCC98001	三类
出血热病毒 76 – 118 株和 UR 株	二类	黑曲霉 CMCC98003	四类
狂犬病毒 CVS – 11 株	二类	大肠埃希菌 CMCC44102/44103	三类
脊髓灰质炎病毒	二类	乙型副伤寒沙门菌 CMCC50094	三类
肺炎支原体	三类	肺炎克雷伯菌 CMCC46117	三类
口腔支原体	三类	支气管炎鲍特菌 CMCC58403	三类
嗜热脂肪芽孢杆菌	四类	蜡样芽孢杆菌 CMCC63301	三类
黏质沙雷菌	三类		

2. 菌毒种的管理　管理内容包括菌毒种的收集、检定、筛选、保存、索取、分发、运输及菌毒种资料档案的保存等。本节主要介绍检定、保存和销毁三个环节。

（1）菌毒种的检定　生产用菌毒种应进行生物学特性、生化特性、血清学试验和分子遗传特性等的检定。生产用菌毒种的检定应符合每种疫苗国家质量标准项下要求。建立生产用菌毒种种子批全基因序列的背景资料，生产用菌毒种主种子批应进行全基因序列测定。应对生产用菌毒种已知的主要抗原表位的遗传稳定性进行检测，并证明在规定的使用代次内其遗传性状是稳定的。减毒活疫苗所含病毒或细菌的遗传性状应与主种子批一致。

①细菌性疫苗生产用菌种主种子批检定：生产用菌种的种、属、型分类鉴定，包括形态、生长代谢特性和遗传特性。细菌性疫苗生产用菌种主种子批检定一般应包括培养特性、革兰染色等方法镜检、生化反应、血清学试验、毒力试验、免疫效价测定、培养物纯度、活菌数测定、16SrRNA 序列测定、全基因序列测定等项目。②病毒性疫苗生产用毒种主种子批检定：一般应包括鉴别试验、病毒滴度、外源污染因子检查（无菌、分枝杆菌、支原体、外源病毒因子检查），主要功能基因和遗传标志物测定，免疫原性检查，动物神经毒力试验，动物组织致病力或感染试验，全基因序列测定等项目。③重组工程菌生产用菌种主种子批检定：一般应包括培养特性、菌落形态大小、革兰等染色方法镜检、对抗生素的抗性、生化反应、培养物纯度、全基因序列测定、目的产物表达量、透射电镜检查、目的基因序列测定、外源基因与宿主基因的检定、外源基因整合于宿主染色体的检定、外源基因拷贝数检定、整合基因稳定性试验、目标产物的鉴别、质粒的酶切图谱等项目。④重组工程毒种生产用主种子批检定：一般应包括全基因序列测定，目的基因序列测定，病毒滴度检测，目的蛋白表达量，细菌、真菌、分枝杆菌、支原体、内外源病毒因子检查等项目。

检定用菌毒种是生物制品（包括疫苗）质量控制的关键因素之一，应确保其生物学特性稳定，并且适用于检定要求。

（2）菌毒种的保存　菌毒种经检定后，应根据其特性，选用冻干、液氮、≤－60℃冻存或其他适当方法及时保存。不能冻干、液氮、≤－60℃冻存的菌毒种，应根据其特性，置适宜环境至少保存2份或保存于2种培养基。保存的菌毒种传代、冻干、液氮≤－60℃冻存均应填写专用记录。保存的菌毒种应贴有牢固的标签，表明菌毒种编号、名称、代次、批号和制备日期等内容。非生产用菌毒种应与生产用菌毒种严格分开存放。工作种子批与主种子批应分别存放，每批种子批应由备份，并应在不同地方保存。

（3）菌毒种的销毁　无保存价值的菌毒种可以销毁。销毁一、二类菌毒种的原始种子、主种子批和工作种子批时，须经本单位领导批准，并报请国家卫生行政主管部门或省、自治区、直辖市卫生行政主管部门认可。销毁三、四类菌毒种须经单位领导批准。销毁后应在账上注销，做出专项记录，写明销毁原因、方式和日期。

四、疫苗的发展历史

从18世纪后叶英国乡村医生Jenner发明牛痘到今天，疫苗在防治疾病中的重要作用已为世人所公认。两百多年以来，疫苗的发展经历了三次革命：第一次革命是19世纪末以Pasteur为代表的霍乱灭活疫苗和狂犬病减毒活疫苗等的发明，第二次疫苗革命是20世纪80年代采用核酸重组技术和蛋白化学技术制备的乙肝亚单位等疫苗，第三次革命是20世纪90年代开发研制的核酸疫苗。

（一）第一次疫苗革命

法国人Pasteur因为在疫苗研制领域贡献最突出而被誉为疫苗之父，他的伟大贡献在于不仅证明有机物的发酵与腐败是由空气中微生物污染引起、传染病的流行是由病原微生物传播引起，而且还开创性地用物理、化学和微生物传代等方法有目的地处理病原微生物，使其减低或失去毒力，并以此作为疫苗给人接种而达到预防传染病的目的。

1877年Pasteur首先获得了减毒鸡霍乱杆菌。他观察到引起鸡霍乱的细菌在培养基上培养两周以后失去了治病的毒力，但免疫原性依然存在，将这种陈旧培养物给鸡接种后不能致病，如果再用新鲜的强毒菌来攻击这些接种后的鸡，它们都没有得病。Pasteur应用此理论将炭疽杆菌在42～43℃培养两周，制成人工减毒炭疽活疫苗，并在牛和羊体内进行了实验，结果表明炭疽减毒活疫苗对动物有保护作用，未接种疫苗的对照组动物死亡或病情严重。在炭疽疫苗和鸡霍乱疫苗成功后，Pasteur将注意力转到狂犬病疫苗的研究中。因为狂犬病毒不能像细菌那样分离培养，但引起狂犬病的病原微生物存在于患病动物的脊髓或脑组织中。Pasteur提取患狂犬病动物的神经组织注射到兔脑膜下，待兔死亡以后，将它的脊髓取出再给另一只兔注射，使狂犬病毒在兔中一代一代传下去，即可获得减毒株，再制成减毒活疫苗。Pasteur的发现和研究在世界上掀起了第一次疫苗革命，从此人工减毒活疫苗的研究不断深入，并获得了长足的进步。如1921年获得的卡介苗，在新生儿预防结核病方面取得了很好的效果，被广泛地用于儿童计划免疫接种。

但是在研制减毒活疫苗过程中人们发现，有些微生物的毒力不易减弱，或毒力减弱后失去了免疫原性，或减弱后有毒性恢复的危险，因此不得不另想办法。例如Salmon Smith发现加热杀死的强毒猪霍乱杆菌仍具有很好的免疫原性，随后鼠疫、霍乱、伤寒、百日咳等死菌疫苗相继问世。19世纪末，新的病原菌一经分离不久后，相应的死疫苗很快就研制出来并用于预防感染。有的细菌如白喉和破伤风等致病因子不再是菌体本身，而是细菌产生的毒素。毒素虽然是很好的抗原，但毒性太强不能注射人体，

Ramon 发现，用甲醛解毒方法可以把白喉和破伤风等毒素变成无毒而有免疫原性的类毒素。Enders 等用人胚胎非神经组织培养脊髓灰质炎获得成功，随后细胞培养病毒技术得到飞速发展，病毒学突飞猛进，培养出多种病毒，病毒性疫苗也不断诞生。

以 Pasteur 研制鸡霍乱疫苗、炭疽疫苗和狂犬病疫苗为标志的第一次疫苗革命拯救了无数生命，一些烈性传染病得到了有效控制，人类平均寿命延长了数十年。

（二）第二次疫苗革命

第一次疫苗革命基本上是在细胞水平上研究和开发疫苗的。从 20 世纪 70 年代中期开始，分子生物学技术、生物化学、遗传学和免疫学的迅速发展，使得疫苗研究得以在分子水平上进行。1986 年用基因工程制备的乙肝表面抗原获得成功并正式制成乙肝疫苗用于临床，采用重组 DNA 技术、蛋白质化学技术开创了疫苗研制的第二次革命。

1. 重组 DNA 技术　用于疫苗的制备是以病毒或细菌为载体，将外源性目的基因插入疫苗株的病毒或细菌或其质粒基因组中使之高效表达，但不影响疫苗株的抗原性。该技术不仅可以获得大量高纯度的抗原，而且对病原微生物的研究者和疫苗接种者更加安全，为疫苗研究开辟了一个广阔的天地。以乙肝疫苗为例，最初乙肝疫苗是从乙肝表面抗原阳性携带者的血浆中提取的，这对接种乙肝疫苗的健康人群来讲，其危险性显而易见。20 世纪 80 年代，将乙肝表面抗原基因克隆到酵母菌或真核细胞中，其表达的抗原分子具有和血源疫苗一样的结构和免疫原性，而且生产过程简单、快速，成本低，安全系数高，也不必像乙肝血源疫苗那样担心阳性血浆来源和供应问题。

2. 化学和蛋白质化学技术　绝大部分疫苗的保护性抗原是蛋白质，分离纯化获得特异蛋白抗原十分关键，因此蛋白质化学技术的发展对疫苗研制有很大影响。例如，用等电聚焦方法可以分离蛋白质，现在已经可以将等电点仅相差 0.01 的两种蛋白质加以区分；高效液相色谱已能将含量极低的蛋白质成分和其他特性相似的蛋白质分离开来；多肽测序技术的敏感性提高了 50～100 倍。在接种疫苗时，为增强疫苗免疫原性需要使用佐剂。长期以来，氢氧化铝是唯一的人用疫苗佐剂。随着化学和生物学技术的发展，现在已经开发出不同类型的人用疫苗佐剂。

3. 单克隆抗体技术　20 世纪 70 年代，单克隆抗体技术对于抗原鉴定和分离产生了极大的促进效应。单克隆技术不仅发现了大量新的和有意义的抗原，而且对它们的分离和提纯也变得切实可行。重组 DNA 技术只适用于蛋白质抗原，单克隆抗体技术可以用来对任何抗原和其表位变异进行探测。表位系指存在于抗原表面的，决定抗原特异性的特殊结构的化学基团（如糖）称为抗原决定簇。抗原通过表位与相应淋巴细胞表面抗原受体结合，从而激活淋巴细胞，引起免疫应答。抗原也借此与相应抗体或致敏淋巴细胞发生特异性结合。因此，表位是被免疫细胞识别的靶结构，也是免疫反应具有特异性的基础。

（三）第三次疫苗革命

核酸疫苗的开发研制标志着第三次疫苗革命的到来。核酸疫苗又称 DNA 疫苗或基因疫苗，该类疫苗在肌内注射时不需要载体和佐剂，因而又称裸核酸疫苗。这种核酸既是载体又能在肌细胞中表达抗原，刺激机体产生抗体、T 细胞增殖和细胞因子释放，尤其能诱导产生具细胞毒杀伤性功能的 T 淋巴细胞，在抗肿瘤、抗病毒及清除细胞内寄生物感染方面起着重要作用。在动物研究中，有两项研究结果具有重要意义：一个是流感病毒核酸疫苗，该疫苗能在小鼠体内产生抗体和细胞毒性 T 细胞，接种后的小鼠获得保护性免疫应答；另一个是乙肝核酸疫苗不仅可以诱导动物产生相应抗体，还可消除转基因动物体内的乙肝表面抗原，从而为核酸疫苗作为一种治疗手段提供了新的思路。

目前，已有用治疗性疫苗治疗麻风、利什曼病、布氏杆菌病、慢性支气管炎、疱疹病毒感染、艾滋病、慢性乙型肝炎等疾病的临床试验报告。其中，艾滋病、慢性乙肝炎的治疗备受瞩目。其他在研的治疗性疫苗包括治疗肿瘤、心血管系统疾病、糖尿病等。肿瘤疫苗的治疗作用是利用肿瘤抗原进行主动免疫，刺激机体对肿瘤的主动特异性免疫反应，以阻止肿瘤的生长、扩散与转移，是治疗性疫苗研究中的一大热点。

（四）疫苗研制工作面临的新挑战

尽管疫苗在控制传染病及降低死亡人数方面发挥了巨大作用，但传染病仍然是危害人类健康的重要疾病，而疫苗的研发仍然面临新的挑战。

1. 新发传染病不断出现　随着经济贸易全球化，新型传染病不断出现，自20世纪70年代以来发现的传染病新病原超过40种。例如，1937年发现造成婴儿腹泻的主要病原轮状病毒，经过多年研究，减毒轮状病毒活疫苗已于1998年经美国 FDA 批准上市。1977年依波拉病毒和肺炎军团菌相继被发现。1981年发现了引起中毒性休克综合征的金黄色葡萄球菌和艾滋病毒。1982年发现了引起出血性结肠炎和溶血性尿毒综合征的 O157∶H7 大肠埃希菌。1983年发现幽门螺杆菌是胃溃疡的病因之一。1988年分离出丙型肝炎病毒。20世纪80年代初期艾滋病最早在美国被识别，并统一命名为人类免疫缺陷病毒。2003年发现 SARS 病毒。2019年出现了一种新型冠状病毒 COVID‑19。由于新型传染病病因具有不确定性且缺乏特异的治疗和预防手段，其对人类造成了不可估量的伤害并给医疗公共卫生机构防控带来了严峻挑战。

2. 某些已基本控制的传染病重新回潮　自19世纪以来，由于抗感染药物研发及疫苗不断发展，部分传染病在一定程度上得到了控制，例如脊髓灰质炎、天花等。但随着病原体变异，生态改变及城市化、全球化等因素，部分已基本控制的传染病再次回归人们视野，发病率在局部地区大幅增加；疫苗接种依从性下降也导致麻疹、百日咳等传染病的发病率再度回升；更重要的是，由于抗菌药物广泛使用，耐药微生物（结核分枝杆菌、疟原虫、HIV 等）导致的传染病发病事件不断增加。

在新回潮的传染病中以结核病最为严重。全球约有1/3人口感染过结核菌，每年有新发病患者1000多万，死亡数达到300多万，这是目前世界上由单一病原引起的最多死亡人数。造成结核病回升的原因是多方面的，有人口增长和迁移、都市化和贫穷等社会因素，但最主要的是疫苗本身问题。几十年来，卡介苗在世界各地现场试验的结果相差很大，效果好的保护率可达到80%，差的甚至为0%。由于卡介苗对肺结核的免疫保护效果很差，因而20世纪80年代以前对结核病的控制主要是靠生活营养条件的改善和特异抗生素的使用。结核病治疗比较特殊，不仅需要同时使用几种抗结核药物，而且疗程长达半年以上，容易造成治疗半途而废，出现严重的结核杆菌抗药性。所以结核新疫苗的研制和开发已成为当前全世界疫苗研究的重点。

3. 重点新发传染病发病态势严峻　WHO 报告了多个全球重点新发传染病，如克里米亚‑刚果出血热、埃博拉病毒病、马尔堡病毒病、拉沙热、中东呼吸综合征、SARS 冠状病毒疾病、Nipah 病毒病、裂谷热、寨卡病毒病、禽流感等。这些传染病普遍具有感染人群庞大、死亡率较高、传播速度快、传播方式多样、不可预测、缺乏特异性治疗/疫苗等特点，不仅对全球健康安全构成重大威胁，而且给全球经济造成了巨大损失。例如，2016年寨卡病毒在拉丁美洲和加勒比海国家大肆流行，导致了35亿美元的经济损失，涉及世界范围内三十多个国家，疫情最严重的巴西感染者多达150万人。

某些慢性传染病的感染和肿瘤发病有密切关系。如肝癌患者中超过一半是由乙肝病毒感染引起的，胃癌患者与感染幽门螺杆菌有密切关系，宫颈癌患者与16型和18型人乳头状瘤病毒（HPV）感染有关。

五、疫苗应用与免疫规划

（一）疫苗的应用意义

接种疫苗是预防和控制传染病的重要手段，通过适宜途径将疫苗接种于人体，使受种者产生针对疾病的特异性免疫力，可抵御病原微生物侵袭而起到预防作用。当受种人数达到人群的一定比例，在人群中可形成免疫屏障，即使有传染源侵入，由于大部分人有免疫保护，传染病传播链被阻断，传播范围受到限制，从而阻止疾病扩散和蔓延。特别是对人为传染源又无动物宿主的一些传染病，如天花、脊髓灰质炎、麻疹和白喉等。疫苗免疫不仅降低了人群对疾病的易感性，同时亦减少和消除了传染源。为更好地发挥疫苗的防病作用，除有安全有效的疫苗外，还需制订相应的免疫规划和免疫策略，并根据疾病的流行特征及疫苗的特性和效能制订免疫程序，合理应用疫苗。

（二）我国的免疫规划

我国自1978年开始实施计划免疫，疫苗接种率逐年提高，计划免疫针对疾病的发病率持续下降，目前已实现以乡镇为单位国家免疫规划疫苗接种率持续保持在90%以上。2000年实现了消灭脊髓灰质炎的目标，2014年，5岁以下儿童乙肝病毒表面抗原携带率降至0.32%。2017年，甲肝报告发病率由纳入国家免疫规划前的5.98/10万降至1.37/10万，降幅为77.1%。多种疫苗针对传染病发病率降至历史最低水平，进一步筑牢了免疫屏障。

为了加强疫苗管理，保证疫苗质量和供应，规范预防接种，促进疫苗行业发展，保障公众健康，维护公共卫生安全，我国于2019年6月29日第十三届全国人民代表大会常务委员会第十一次会议通过了修订版《中华人民共和国疫苗管理法》（以下简称《疫苗管理法》），自2019年12月1日起施行。

《疫苗管理法》规定，由国务院卫生健康主管部门制定国家免疫规划，县级以上地方人民政府卫生健康主管部门指定符合条件的医疗机构承担责任区域内免疫规划疫苗接种工作。接种单位应当加强内部管理，开展预防接种工作应当遵守预防接种工作规范、免疫程序、疫苗使用指导原则和接种方案。医疗卫生人员在实施接种前，应当按照预防接种工作规范的要求，检查受种者健康状况、核查接种禁忌，查对预防接种证，检查疫苗、注射器的外观、批号、有效期，核对受种者的姓名、年龄和疫苗的品名、规格、剂量、接种部位、接种途径，做到受种者、预防接种证和疫苗信息相一致，确认无误后方可实施接种。接种记录应当保存至疫苗有效期满后不少于五年备查。国家对儿童实行预防接种证制度，预防接种实行居住地管理，接种单位接种免疫规划疫苗不得收取任何费用。表12-3是国家免疫规划疫苗儿童免疫程序表（2020年版）。

表12-3　国家免疫规划疫苗儿童免疫程序表（2020年版）

疾病	疫苗	英文缩写	接种起始年龄														
			出生时	1月	2月	3月	4月	5月	6月	8月	9月	18月	2岁	3岁	4岁	5岁	6岁
乙型病毒性肝炎	乙肝疫苗	HepB	1	2					3								
结核病[1]	卡介苗	BCG	1														
脊髓灰质炎	脊灰灭活疫苗	IPV			1	2											
	脊灰减毒活疫苗	bOPV					3									4	
百日咳、白喉、破伤风	百白破疫苗	DTaP				1	2	3				4					
	白破疫苗	DT															5

疾病	疫苗	英文缩写	接种起始年龄														
			出生时	1月	2月	3月	4月	5月	6月	8月	9月	18月	2岁	3岁	4岁	5岁	6岁
麻疹、风疹、流行性腮腺炎[2]	麻腮风疫苗	MMR								1		2					
流行性乙型脑炎[3]	乙脑减毒活疫苗	JE－L								1			2				
	乙脑灭活疫苗	JE－I								1、2			3				4
流行性脑脊髓膜炎	A群流脑多糖疫苗	MPSV－A							1		2						
	A群C群流脑多糖疫苗	MPSV－AC												3			4
甲型病毒性肝炎[4]	甲肝减毒活疫苗	HepA－L										1					
	甲肝灭活疫苗	HepA－I										1	2				

注：1. 主要指结核性脑膜炎、粟粒性肺结核等。

2. 两剂次麻腮风疫苗免疫程序从 2020 年 6 月开始在全国范围实施。

3. 选择乙脑减毒活疫苗接种时，采用两剂次接种程序。选择乙脑灭活疫苗接种时，采用四剂次接种程序；乙脑灭活疫苗第 1、2 剂间隔 7 ~ 10 天。

4. 选择甲肝减毒活疫苗接种时，采用一剂次接种程序。选择甲脑灭活疫苗接种时，采用两剂次接种程序。

 知识链接 ┄┄┄

近几年新上市的疫苗

1. 人乳头瘤病毒疫苗 人乳头瘤病毒（HPV）能引起人体皮肤黏膜的鳞状上皮增殖，99.7% 的宫颈癌源自 HPV 感染。HPV 感染十分常见，绝大多数情况下都会被人体免疫系统在 4 ~ 6 个月内自行清除，但约有 0.2% HPV 感染者最终发展为宫颈癌。目前已发现 200 余种不同类型的 HPV，其中与宫颈癌感染相关度较高的是 16 型（51%）、18 型（16.2%）、45 型（9%）和 31 型（6%）。基于 HPV 感染与宫颈癌的直接关联性和宫颈癌的高发病率，HPV 疫苗自上市初就非常引人注目。全球上市的 HPV 疫苗中，2 价、4 价可覆盖 16、18 等型；9 价 16、18、45、31 等型，宫颈癌预防率高达 90% 以上。

2. 新冠肺炎疫苗 2020 年 1 月 24 日，中国疾控中心成功分离中国首株新型冠状病毒毒种。3 月 16 日，重组新冠疫苗获批启动临床试验。4 月 13 日，中国新冠病毒疫苗进入 II 期临床试验；8 月 20 日，国药集团旗下中国生物新冠灭活疫苗的 III 期临床试验在秘鲁启动；12 月 30 日，国药集团中国生物北京公司新冠病毒灭活疫苗（Vero 细胞）III 期临床试验分析结果出炉；当晚国家药监局批准该疫苗"附条件"注册申请。大规模双盲、安慰剂对照III期临床试验结果显示，疫苗安全性良好，免疫程序两针接种后中和抗体阳转率高达 99.52%，针对 COVID－19 的保护效力为 79.34%，保护持续时间至少 6 个月以上。

六、疫苗的过程控制

为确保疫苗的质量和安全性，我国逐步建立和完善了一整套疫苗研究、生产、使用及管理的法规体系（如"疫苗管理条例"），并且从国家层面建立了对疫苗专门监督管理的机构，实施国家批准签发制度，《中国药典》2020 年版疫苗总论对疫苗的过程控制进行了详细的规定，加强了对疫苗生产的原材料、疫苗生产过程的监管，从而减少疫苗应用事故的发生。对疫苗的生产和使用全过程进行严格的质量控制，有效确保疫苗的安全性、有效性、可控性和一致性。人用疫苗生产及质量控制，具体品种还应符合《中国药典》2020 年版中各论的要求。

1. 全过程质量控制　疫苗是由具有免疫活性的成分组成，生产过程中使用的各种材料来源及种类各异，生产工艺复杂且易受多种因素影响，应对生产过程中的每一个工艺环节以及使用的每一种材料进行质量控制，并制定其可用于生产的质量控制标准；应制定工艺过程各中间产物可进入后续工序加工处理的质量要求，应对生产过程制定偏差控制和处理程序。

2. 批间一致性的控制　应对关键工艺步骤的中间产物的关键参数进行测定，并制定可接受的批间一致性范围。对半成品配制点的控制应选择与有效性相关的参数进行测定，半成品配制时应根据有效成分测定方法的误差、不同操作者之间及同一操作者不同次操作之间的误差综合确定配制点。对成品或疫苗原液，应选择多个关键指标进行批间一致性的控制。用于批间一致性控制的测定方法应按照相关要求进行验证，使检测结果可准确有效地用于批间一致性的评价。

3. 目标成分及非目标成分的控制　疫苗的目标成分系指疫苗有效成分。应根据至少能达到临床有效保护的最低含量或活性确定疫苗中有效成分的含量及（或）活性；添加疫苗佐剂、类别及用量应经充分评估。

疫苗的非目标成分包括工艺相关杂质和制品相关物质/杂质。工艺相关杂质包括来源于细胞基质、培养基成分以及灭活和提取、纯化工艺使用的生物、化学材料残留物等；制品相关物质/杂质包括与生产用菌毒种相关的除疫苗有效抗原成分以外的其他成分以及抗原成分的降解产物等。

生产过程中应尽可能减少使用对人体有毒、有害的材料，必须使用时，应验证后续工艺的去除效果。除非验证结果提示工艺相关杂质的残留量远低于规定要求，且低于检测方法的检测限，通常应在成品检定或适宜的中间产物控制阶段设定该残留物的检定项。

应通过工艺研究确定纯化疫苗的制品相关物质/杂质，并采用适宜的分析方法予以鉴定。应在成品检定或适宜的中间产物控制阶段进行制品相关物质/杂质的检测并设定可接受的限度要求。

第二节　灭活疫苗

灭活疫苗系指病原微生物经培养、增殖，用理化方法灭活后制成的疫苗，包括细菌类和病毒类，本节主要介绍几种常见的灭活疫苗。

一、人用狂犬病疫苗

（一）狂犬病

狂犬病（rabies）是由狂犬病毒（rabies virus，RV）侵犯中枢神经系统引起的急性传染病，因常伴有恐水的临床表现，又称恐水症（hydrophobia），其临床特征为脑脊髓炎。

RV进入人体后，其糖蛋白与人体乙酰胆碱受体结合，因此具有噬神经性。主要表现为急性弥漫性脑脊髓炎，尤以与咬伤部位相当的背根节及脊髓段、大脑的海马体以及延髓、脑桥、小脑等处为重，脑膜通常无病变。狂犬病的前驱期症状包括发热、原始暴露部位特异性神经性疼痛或感觉异常、无端恐惧、焦虑、激动、神经过敏、失眠、吞咽困难等，此时多为不典型症状。随着病毒在中枢神经系统扩散，患者出现急性神经期症状，分为狂躁型与麻痹型。狂躁型患者除了发热还伴有明显的神经系统体征，如机能亢进、定向力障碍、幻觉、痉挛发作、行为古怪、颈项强直等，其突出表现为极度恐惧、恐水、怕风、发作性咽肌痉挛、呼吸困难、排尿排便困难及多汗流涎等，典型患者见水、闻流水声、饮水或仅提及饮水时，均可引起严重的咽肌痉挛。麻痹型患者无典型兴奋期及恐水现象，以高热、头痛、呕吐、咬伤处疼痛开始，继而出现肢体软弱、腹胀、共济失调、肌肉瘫痪、大小便失禁等。最终发病患者转入麻痹、昏迷状态，死因通常为咽肌痉挛而窒息或呼吸、循环衰竭。狂犬病发病后的整个自然病程一般为7~10天，一旦发病死亡率100%，且发病时极为痛苦。

RV能使各种温血动物如狼、猫、牛、羊、马、猪等感染狂犬病，是一种人兽共患疾病，主要由带病毒的狂犬或其他动物通过唾液以咬伤方式而致病。狂犬病在潜伏期尚无可靠的诊断办法，但在80%患者的神经细胞胞质中，可发现一种特异而具诊断价值的嗜酸性包涵体，称为内基氏小体（negribody）。内基氏小体实为病毒的集落，电镜下可见小体内含有杆状病毒颗粒。

（二）RV

RV属于弹状病毒科狂犬病病毒属，形态呈典型的子弹状。直径65~80nm，长130~240nm，病毒颗粒由外壳和核心两部分组成，核心为单股负链不分节段的RNA和和蛋白衣壳，外壳为紧密完整的脂蛋白双层包膜，其外面镶嵌糖蛋白，内侧主要是膜蛋白。目前RV可分为两个种群11个基因型。

RV不耐热，56℃时15~30分钟或100℃时2分钟即可灭活；对酸、碱、新洁尔灭、福尔马林等消毒药物敏感；日光、紫外线、超声波、75%乙醇、0.01%碘液、1%~2%肥皂水和甲醛等亦能使病毒灭活；硫柳汞、磺胺、抗生素无灭活作用。RV病毒可在冷冻或冻干状态下可长期保存，如−70℃低温冻存或加小牛血清作为保护剂在低温条件下保存，冻干后置0~4℃中可保持活力数年。

（三）人用狂犬病疫苗

狂犬病潜伏期无任何征兆也无可靠的诊断办法，且死亡率高，因此高风险动物暴露后，立即开展暴露后处置是唯一有效的预防手段。暴露后处置是指被咬伤者在可能接触狂犬病后立即进行治疗，以防RV进入中枢神经系统而导致死亡，包括伤口处理和疫苗接种。前者系指用肥皂和水、洗涤剂、聚维酮碘消毒剂或可杀死狂犬病毒的其他溶液彻底冲洗和清洗伤口15分钟以上；后者指接种狂犬病疫苗一个疗程，如有指征，可注射狂犬病免疫球蛋白。

1. 制法　人用狂犬病疫苗系指狂犬病病毒固定毒株接种于相应的细胞，经培养、收获病毒液、浓缩、纯化、灭活病毒后，加入适宜的稳定剂冻干制成。《中国药典》2020年版收载了以下两种。

（1）Vero细胞疫苗　生产用细胞为Vero细胞。生产用毒种为RV固定毒CTN−1V株、aGV株或经批准的其他Vero细胞适应的RV固定毒株。种子批的建立应符合"生物制品生产检定用菌毒种管理及质量控制"规定。各种子批代次不超过批准的限定代次。RV固定毒CTN−1V株在Vero细胞上传代，至工作种子批传代次数应不超过35代；aGV株在Vero细胞上传代，至工作种子批传代次数应不超过15代。主种子批应进行鉴别试验、病毒滴度、无菌检查、支原体检查、外源病毒因子检查、免疫原性检查，工作种子批至少检查前四项。单次病毒收获液可以合并，合并后的病毒液经超滤或其他批准的方式浓缩至规定的蛋白质含量范围内。浓缩液采用柱色谱法或其他适宜的方法进行纯化。纯化后的病毒液加入β−丙内酯灭活病毒，工艺参数需按照批准的标准执行。灭活结束后于适宜的温度放置一定时间，确保β−丙内酯完全水解。灭活到期后在小鼠上进行灭活验证试验，灭活病毒中加入适量人血白蛋白或其他稳定剂，即为原液。原液照批准的配方进行配制，总蛋白含量应不高于批准的要求，加入适宜的稳定剂即为半成品。半成品按照"生物制品分包装及贮运管理"规定分装、冻干即得成品。

（2）人二倍体细胞疫苗　生产用细胞为人二倍体细胞（MRC−5株或其他经批准的细胞株）。生产用毒种为RV固定毒Pitman−Moore株或经批准的其他人二倍体细胞适应的RV固定毒株。各种子批代次不超过批准的限定代次。主种子批和工作种子批检查、收获病毒液、浓缩、纯化、灭活病毒过程同 Vero 细胞（注意参数标准设置的不同）。

2. 质量控制 单次病毒收获液、原液、半成品、成品均应按照 2020 年版《中国药典》要求进行检定。这里以成品质量控制为例。除水分测定之外，按照标示量加入所附灭菌注射用水，复溶后进行以下各项检定。

（1）鉴别试验 采用酶联免疫吸附法检查，应证明含有狂犬病病毒抗原。

（2）外观 应为白色疏松体，复溶后应为透明液体、无异物。

（3）渗透压摩尔浓度 采用测量溶液的冰点下降来间接测定其渗透压摩尔浓度（《中国药典》四部通则 0632），应符合批准的要求。

（4）化学检定 使用 pH 计（酸度计）测定（《中国药典》四部通则 0631），溶液 pH 应为 7.2 ~ 8.0。按照《中国药典》四部通则 0832，测定水分，应不高于 3.0%。

（5）效价测定 按照《中国药典》四部通则 3503，测定效价，应不低于 2.5IU/剂。

（6）热稳定性试验 应由生产单位在成品入库前取样测定。于 37℃放置 28 天后，再按照《中国药典》四部通则 3503 测定效价，应不低于 2.5IU/剂。

（7）牛血清蛋白残留量 采用酶联免疫吸附法测定供试品中残余牛血清白蛋白（BSA）含量（《中国药典》四部通则 3411），应不高于 50ng/剂。

（8）抗生素残留量 生产过程在加入抗生素的应进行该项检查。采用酶联免疫吸附法（《中国药典》四部通则 3429），应不高于 50ng/剂。

（9）Vero 细胞蛋白质残留量 采用酶联免疫吸附法（《中国药典》四部通则 3429），以系列稀释的 Vero 细胞蛋白质国家标准品制备标准曲线溶液，Vero 细胞蛋白质残留量应不高于 6.0μg/剂。人二倍体细胞疫苗不进行此项检查。

（10）无菌检查 照《中国药典》四部通则 1101 依法检查，应符合规定。

（11）异常毒性检查 照《中国药典》四部通则 1141 依法检查，应符合规定。

（12）细菌内毒素检查 照《中国药典》四部通则 1143 凝胶限度试验依法检查，应不高于 25EU/剂。

3. 剂型及规格 人用狂犬病毒疫苗为冻干制剂，按标示量复溶后每瓶 0.5ml 或 1.0ml。每次人用剂量为 0.5ml 或 1.0ml，效价应不低于 2.5IU。疫苗稀释剂为灭菌注射用水或其他适宜的稀释剂，稀释剂的生产应符合批准的要求。灭菌注射用水应符合《中国药典》二部相关规定。

4. 临床用途与使用方法 本疫苗免疫接种后，可刺激机体产生抗狂犬病病毒免疫力，用于预防狂犬病。凡被狂犬或其他疯动物咬伤、抓伤时，不分年龄、性别均应立即处理局部伤口，并及时按暴露后免疫程序注射本疫苗；凡有接触狂犬病毒危险的人员（如兽医、动物饲养员、林业从业人员、屠宰场工人、狂犬病实验人员等），按暴露前程序预防接种。以 Vero 细胞疫苗为例，接种方法如下。

（1）按标示量（0.5ml）加入本品配制的稀释液，完全复溶后注射。使用前将疫苗振摇成均匀液体。

（2）于上臂三角肌肌内注射，幼儿可在大腿前外侧区肌内注射。

（3）暴露后免疫程序：一般咬伤者于 0 天（第 1 天、当天）、3 天（第 4 天，以下类推）、7 天、14 天、28 天各注射本疫苗 1 剂，共 5 针，儿童用量相同。对有下列情形之一的建议首剂狂犬病疫苗剂量加倍给予。①注射疫苗前 1 个月内注射过免疫球蛋白或抗血清者。②先天性或获得性免疫缺陷患者。③接受免疫抑制剂（包括抗疟疾药物）治疗的患者。④老年人及患慢性病者。⑤于暴露后 48 小时或更长时间后才注射狂犬病疫苗的人员。

暴露后免疫程序按下述伤及程度分级处理。

Ⅰ级暴露　触摸动物，被动物舔及无破损皮肤，一般不需处理，不必注射狂犬病疫苗。

Ⅱ级暴露　未出血的皮肤咬伤、抓伤，破损的皮肤被舔及，应按暴露后免疫程序接种狂犬病疫苗。

Ⅲ级暴露　一处或多处皮肤出血性咬伤或被抓伤出血，可疑或确诊的疯动物唾液污染黏膜，应按暴露后程序立即接种狂犬病疫苗和抗血清或免疫球蛋白。抗狂犬病血清按 40IU/kg 给予，或狂犬病患者免疫球蛋白按 20IU/kg 给予，将尽可能多的抗狂犬病血清或狂犬病患者免疫球蛋白在咬伤局部进行浸润注射，剩余部分肌内注射。

（4）暴露前免疫程序：按 0 天、7 天、28 天接种，共接种 3 针。

（5）对曾经接种过狂犬病疫苗的一般患者再需接种疫苗的建议：①1 年内进行过全程免疫，被可疑疯动物咬伤者，应于 0 天和 3 天各接种 1 剂疫苗。②1 年前进行过全程免疫，被可疑疯动物咬伤者，则应全程接种疫苗。③3 年内进行过全程免疫，并且进行过加强免疫，被可疑疯动物咬伤者，于 0 天和 3 天各接种 1 剂疫苗。④3 年前进行过全程免疫，并且进行过加强免疫，被可疑疯动物咬伤者，则应全程接种疫苗。

5. 不良反应与使用禁忌　注射后有轻微局部及全身反应，可自行缓解，偶有皮疹。若有速发型过敏反应、神经性水肿、荨麻疹等较严重副反应者，可对症治疗。使用时需注意以下几点。

（1）由于狂犬病是致死性疾病，暴露后程序接种疫苗无任何禁忌证。

（2）暴露前程序接种时遇发热、急性疾病、严重慢性疾病、神经系统疾病、过敏性疾病或对抗生素、生物制品有过敏史者禁用。哺乳期、妊娠期妇女建议推迟注射本疫苗。

（3）复溶后的疫苗有异物、疫苗瓶有裂纹或标签不清者，均不得使用。

（4）忌饮酒、浓茶等刺激性食物及剧烈运动等。

（5）禁止臀部注射。

（6）庆大霉素过敏者慎用。

即学即练 12-2

为什么被犬咬伤后必须接种人用狂犬病疫苗？

答案解析

6. 保存、运输及有效期　于 2~8℃ 避光保存和运输，自生产之日起，按批准的有效期执行。

二、伤寒疫苗

（一）伤寒

伤寒（typhoid fever）是由伤寒沙门杆菌（salmonella typhi）引起的急性传染病，与我国中医学书刊中所称的"伤寒"含义不同。伤寒终年均可发病，夏秋季多见，全世界分布，以热带和亚热带地区多见，儿童及青壮年多见。其病理特征是全身单核巨噬细胞系统细胞增生，以回肠末端集合和孤立淋巴组织病变最为突出。临床主要表现为持续发热、神经系统中毒症状和消化道症状、相对缓脉、肝脾肿大、皮肤玫瑰疹及嗜中性粒细胞和嗜酸性粒细胞减少等。严重时可出现肠出血、肠穿孔等并发症。

伤寒传播途径主要是消化道传播（粪－口途径）。按自然病程发展可分四期，每期大约持续一周。第一周常有发热、畏寒、不适、乏力、头痛、食欲减退等症状，回肠下段淋巴组织略肿胀。第二周为伤寒的典型表现，如高热、消化道症状、神经系统症状、循环系统症状、肝脾肿大、皮疹等，肿大的淋巴结发生坏死。第三周坏死肠黏膜脱落后形成溃疡，坏死严重者可出现肠出血、肠穿孔等。第四周溃疡处肉芽组织增生将其填平，逐渐愈合。

（二）伤寒沙门杆菌

伤寒沙门杆菌属沙门氏菌属中的 D 族，呈短杆状，革兰染色阴性，周身鞭毛，有动力，无荚膜，不形成芽孢。1884 年在德国由 Gaffkey 在患者的脾脏分离出来。其菌体 "O" 抗原（细胞壁的脂多糖，即内毒素）、鞭毛 "H" 抗原（蛋白质）及表面 "Vi" 抗原（荚膜多糖）都能使人体产生相应抗体，尤以 "O" 及 "H" 抗原性较强，故可用血清凝集试验（肥达反应）来测定血清中抗体的增高，作为临床诊断伤寒的依据之一。菌体裂解时所释放的内毒素是致病的主要因素。伤寒沙门氏杆菌在土壤或水中可存活数月，人类是其唯一宿主。伤寒沙门杆菌在胃内大部分被破坏，是否发病主要决定于到达胃内的菌量等多种因素。

（三）伤寒疫苗

对于伤寒的药物治疗主要是采用喹诺酮类或第三代头孢菌素，但耐药菌株的出现给临床治疗带来了很大困难。《中国药典》2020 年版收载了伤寒疫苗，该疫苗系用伤寒沙门菌培养制成悬液，经甲醛杀菌，用 PBS 稀释制成。

1. 制法　菌种采用伤寒沙门菌 CMCC50098（Ty2 株）和 CMCC50402。种子批的建立应符合 "生物制品生产检定用菌毒种管理及质量控制" 的规定。主种子批菌种启开后传代次数不得超过 5 代，工作种子批菌种启开后至接种生产用培养基传代次数不得超过 5 代。种子批需进行检定以确证其具备典型的生物学和血清学特性。检定内容包括菌落形态、革兰染色、生化反应、血清凝集试验、毒力试验、毒性试验、免疫力试验、抗原性试验等。

工作种子批检定合格后，接种于改良半综合培养基或其他适宜培养基上，制备生产用工作种子。生产用培养基采用 pH 7.2 ~ 7.4 的马丁琼脂、肉汤琼脂或其他经批准的培养基。采用涂布法接种，接种后置于 35 ~ 37℃ 培养 18 ~ 24 小时。刮取菌苔混悬于 PBS 中即为原液，如有杂菌生长应废弃。原液中加入终浓度为 1.0% ~ 1.2% 的甲醛溶液，置 37℃ 杀菌，时间不得超过 7 天。杀菌后进行杀菌检查，合格后将原液按照不同菌株或不同制造日期分别除去琼脂及其他杂质。最后加入不高于 3.0g/L 的苯酚或其他适宜抑菌剂。原液应保存于 2 ~ 8℃，自收获之日起至用于菌苗稀释不得少于 4 个月，自收获之日起，有效期 30 个月。用含有不高于 3.0g/L 苯酚或其他适宜抑菌剂的 PBS 稀释，稀释后的半成品浓度为每 1ml 含伤寒沙门菌 3.0×10^8。半成品分装即得成品。

2. 质量控制　原液、半成品、成品均应按照 2020 年版《中国药典》要求进行检定。这里以成品质量控制为例。

（1）鉴别试验

与相应血清做玻片凝集试验，应出现明显凝集反应。

（2）物理检查　外观应为乳白色悬液，无摇不散的菌块及异物。装量检查（《中国药典》四部通则 0102）应不低于标示量。

（3）化学检定　pH 应为 6.8 ~ 7.4；苯酚含量不高于 3.0g/L（《中国药典》四部通则 3113）；游离

甲醛含量按照《中国药典》四部通则 3207 第一法——品红亚硫酸比色法测定，应不高于 0.2g/L。

（4）菌形及纯菌检查　染色镜检，应为革兰阴性杆菌。至少观察 10 个视野，平均每个视野内不得有 10 个以上非典型菌（线状、粗大或染色可疑杆菌），并不应有杂菌。

（5）无菌检查　照《中国药典》四部通则 1101 依法检查，应符合规定。

（6）异常毒性检查　照《中国药典》四部通则 1141 依法检查，应符合规定。

3. 剂型及规格　每安瓿 5ml。每次人用剂量 0.2～1.0ml（根据年龄及注射针次不同），含伤寒菌 $6.0 \times 10^7 \sim 3.0 \times 10^8$。

4. 临床用途与使用方法　上臂外侧三角肌肌内注射。接种本疫苗后，可使机体产生体液免疫应答，用于预防伤寒。初次注射本疫苗者，需注射 3 次，每次间隔 7～10 天。接种程序如下：1～6 周岁，第 1 针 0.2ml，第 2 针 0.3ml，第 3 针 0.3ml；7～14 周岁，第 1 针 0.3ml，第 2 针 0.5ml，第 3 针 0.5ml；14 周岁以上，第 1 针 0.5ml，第 2 针 1.0ml，第 3 针 1.0ml。加强注射剂量与第 3 针相同。

5. 不良反应与使用禁忌　局部可出现红肿，有时有寒战、发热或头痛。一般可自行缓解。使用禁忌包括发热，严重高血压，心、肝、肾脏病及活动性结核，妊娠期、月经期及哺乳期妇女，有过敏史者。接种处应备有肾上腺素等药物，以备偶有发生严重过敏反应时急救用，接收治疗者在注射后应在现场休息片刻。

普通伤寒灭活疫苗的副反应比较强烈，目前有伤寒 Vi 多糖疫苗广泛应用。

6. 保存、运输及有效期　疫苗于 2～8℃ 避光保存和运输，自生产之日起有效期为 18 个月。如原液超过 1 年稀释，应相应缩短有效期（自原液收获之日起，总有效期不得超过 30 个月）。

三、流感全病毒灭活疫苗

（一）流感症状

人流行性感冒（influence）简称流感，是由流感病毒（influenza virus）引起的急性呼吸道传染病。流感病毒传染性强、传播快、潜伏期短、发病率高。全世界每年约 10%（约 5 亿人）人口受流感侵袭。流感病毒是引起人类死亡的主要病因之一。流感在中国以冬春季多见，临床表现以高热、乏力、头痛、咳嗽、全身肌肉酸痛等全身中毒症状为主，而呼吸道症状较轻。流感病毒容易发生变异，传染性强，人群普遍易感，发病率高，历史上在全世界引起多次暴发性流行，最近的一次是 2009 年 H1N1 流感病毒疫情。

轻型流感一般仅为发热，全身及呼吸道症状都较轻，2～3 天内可自我恢复或痊愈。典型流感病程通常为 4～7 天，但老年人、婴幼儿、慢性病患者及免疫力低下者可发展为重症和危重症感染，如持续高热、剧烈咳嗽、胸痛、惊厥、严重呕吐、腹泻、脱水、合并肺炎，更严重者出现呼吸衰竭、休克、多器官功能不全等。临床确诊流感病毒可以进行流感病毒核酸检测、流感抗原检测、流感病毒培养分离、流感病毒特异性 IgG 抗体检测等。

（二）流感病毒

流感病毒属于正黏液病毒科，根据病毒内部蛋白抗原性的不同分为甲（A）、乙（B）、丙（C）3 型。甲型常以流行形式出现，能造成世界性大流行，且易发生变异；乙型致病力也较强，常引起局部暴发；丙型只引起轻微症状，主要以散在病例形式出现；近年来有研究将新发现的流感病毒归为丁（D）型。

流感病毒呈球形颗粒状，直径为80~120nm。病毒颗粒由包膜、基质蛋白和核心3层。最外层包膜是一层磷脂双分子层，上面有两种突出于病毒体外的糖蛋白（抗原），即血凝素（HA）和神经氨酸酶（NA）。HA能与宿主细胞表面受体结合引起凝血，血凝素蛋白水解后分为轻链和重链两部分，前者协助病毒与宿主细胞融合，后者可以与宿主细胞膜上的唾液酸受体结合。NA具有水解唾液酸的活性，切断病毒与宿主细胞的最后联系，使病毒能顺利从宿主细胞中释放，继而感染下一个宿主细胞，因此神经氨酸酶是流感治疗药物的作用靶点之一，抗流感药物之一奥司他韦就是基于此靶点设计的。基质蛋白是病毒外壳骨架的主要组成，与外层包膜紧密结合起到保护病毒核心和维系病毒结构的作用。基质蛋白分布于宿主细胞细胞膜内壁，成型的病毒核衣壳能够识别宿主细胞膜上含有基质蛋白的部位，与之结合形成病毒结构，并以出芽的形式突出释放成熟病毒。

流感病毒的遗传物质是单股负链RNA，甲型和乙型流感病毒的RNA由8个节段组成，丙型流感病毒有7个节段，每个节段编码12个蛋白质，第1、2、3个节段编码的是RNA多聚集酶，第4个节段负责编码血凝素，第5个节段负责编码核蛋白，第6个节段编码的是神经氨酸酶，第7个节段编码基质蛋白，第8个节段编码的是一种能起到拼接RNA功能的非结构蛋白，这种蛋白的其他功能尚不得而知。丙型流感病毒缺少的是第6个节段，其第4节段编码的血凝素可以同时行使神经氨酸酶功能。

由于基因组的节段性、高突变性和频繁的基因重组使流感病毒免疫变异性很大，特别是甲型流感病毒的HA和NA抗原。变异有两种形式，即抗原转变（antigenic shift）和抗原漂移（antigenic drift）。抗原转变指病毒株表面抗原结构一种或两种发生变异，与前次流行株抗原相异，形成新亚型（如H1N1→H2N2、H2N2→H3N2）。抗原漂移指不同来源的甲型病毒株在一个宿主中混合感染时形成重组病毒。病毒的变异性使得原来可有效抵抗流感病毒的疫苗失效，对人群失去免疫力，给预防工作带来很大困难。

流感病毒对热敏感，56℃处理30分钟即可失活，但在0~4℃能存活数周，-70℃以下或冻干后能长期存活。对紫外线、日光、乙醚、甲醛等敏感，易被灭活。

（三）流感全病毒灭活疫苗

目前流感的防治尚无特别有效的方法，接种流感疫苗是预防流感发生与传播的最佳方法。《中国药典》2020年版收载了两种流感疫苗，一是流感全病毒灭活疫苗，二是流感病毒裂解疫苗。本节介绍第一种。流感全病毒灭活疫苗系用WHO推荐的并经国家药品监督管理部门批准的甲型和乙型流感病毒株分别接种鸡胚，经培养、收获病毒液、灭活病毒、浓缩和纯化后制成。

1. 制法 疫苗毒种传代和制备用鸡胚应来源于SPF鸡群，疫苗生产用鸡胚应来源于封闭式房舍内饲养的健康鸡群，并选用9~11日龄无畸形、血管清晰、活动的鸡胚。生产用毒种为WHO推荐并提供的甲型和乙型流感病毒株。种子批的建立应符合"生物制品生产检定用菌毒种管理及质量控制"的规定。以WHO推荐并提供的流感病毒株代次为基础，传代建立主种子批和工作种子批，至成品疫苗病毒总传代次数不得超过5代。主种子批毒种需要进行鉴别试验（血凝素型鉴别）、病毒滴度（鸡胚半数感染剂量法EID_{50}）、血凝滴度、无菌检查、支原体检查、外源性禽白血病病毒检测、外源性禽腺病毒检测。工作种子批至少进行前面五项检查。

于鸡胚尿囊腔接种工作种子批毒种，置适宜温度下培养，筛选活鸡胚，置2~8℃冷胚一定时间后，收获尿囊液于容器内，检定后合并，加入甲醛灭活病毒，具体工艺参数应按照批准执行。灭活到期后进行病毒灭活验证试验。验证合格的病毒液采用柱色谱法或蔗糖密度梯度法进行纯化，采用后者时应用超滤法除去蔗糖。纯化后的病毒液经除菌过滤，加入适宜浓度的硫柳汞作为抑菌剂，即为单价原液。

原液检定后根据血凝素含量，将各型流感病毒按同一血凝素含量进行半成品配制（血凝素配制量控制在 15～18μg/剂范围内，每年各型流感病毒株应按同一血凝素含量进行配制），可补加适宜浓度的硫柳汞作为抑菌剂，即为半成品。半成品分装得到成品。

2. 质量控制　尿囊收获液、单价原液、半成品、成品均应按照 2020 年版《中国药典》要求进行检定。这里以成品质量控制为例。

（1）鉴别试验　用相应（亚）型流感病毒特异性免疫血清进行单向免疫扩散试验，结果应证明抗原性与推荐病毒株相一致。

（2）外观　应为乳白色液体，无异物。

（3）装量　按《中国药典》四部通则 0102 检查，应不低于标示量。

（4）渗透压摩尔浓度　按《中国药典》四部通则 0632 检查，应符合批准的要求。

（5）化学检定　pH 应为 6.8～8.0；硫柳汞含量不高于 50μg/L（《中国药典》四部通则 3115）；蛋白质含量应不高于 200μg/剂（《中国药典》四部通则 0731 第二法——福林酚法），并不得超过疫苗血凝素含量的 4.5 倍。

（6）血凝素含量　采用单向免疫扩散试验测定血凝素含量，每剂中各型流感病毒株血凝素含量应不低于标示量的 80%。

（7）抗生素残留量　生产过程中加入抗生素的应进行该项检查，采用酶联免疫吸附法（《中国药典》四部通则 3429），应不高于 50ng/剂。

（8）卵清蛋白含量　采用酶联免疫吸附法（《中国药典》四部通则 3429），应不高于 250ng/剂。

（9）无菌检查　照《中国药典》四部通则 1101 依法检查，应符合规定。

（10）异常毒性检查　照《中国药典》四部通则 1141 依法检查，应符合规定。

（11）细菌内毒素检查　照《中国药典》四部通则 1143 凝胶限度试验依法检查，应不高于 10EU/剂。

3. 剂型及规格　每瓶 0.5ml 或 1.0ml。每次人用剂量 0.5 或 1.0ml，含各型流感病毒株血凝素应为 15μg。

4. 临床用途与使用方法　上臂三角肌肌内注射。本疫苗接种后，可刺激机体产生抗流行性感冒病毒的免疫力，用于预防流行性感冒。

5. 不良反应与使用禁忌　注射后可能有轻微的局部胀疼感，因个体差异可能出现中低度发热，三日后均能恢复。使用禁忌包括对鸡蛋或疫苗的其他过敏史者、孕期、发热、急性疾病、感冒者等。若注射后出现任何神经系统反应，禁止再次使用本品。本品严禁静脉注射。注射时，应备好 1∶1000 肾上腺素，以备过敏反应时急用。

6. 保存、运输及有效期　疫苗于 2～8℃避光保存和运输，自生产之日起有效期为 12 个月。

第三节　减毒活疫苗

减毒活疫苗系指采用病原微生物的自然弱毒株或经培养传代等方法减毒处理后获得致病力减弱、免疫原性良好的病原微生物减毒株制成的疫苗，包括细菌类和病毒类，本节主要介绍几种常见的减毒活疫苗。

一、皮内注射用卡介苗

（一）结核病

1. 流行病学 结核病是由结核杆菌感染引起的慢性传染病，容易在青年人中发生，结核菌可能侵入人体全身各种器官，但主要侵犯肺脏，称为肺结核病。随着人口流动、环境污染和艾滋病的传播，结核病发病率越发强烈，到现在为止，世界上尚没有一个地区或国家消灭了结核病。

据 WHO 估算，全球结核潜伏感染人群约 17 亿，占全人群的 1/4 左右。2018 年，全球新发结核病患者约 1000 万，近几年每年新发病例基本持平。全球平均结核病发病率为 130/10 万，成年男性患者占全部新发患者的 57%，小于 15 岁的儿童患者与合并艾滋病病毒感染的患者分别占新发患者的 11% 和 8.6%。结核病目前仍是全球前 10 位死因之一，同时自 2007 年以来一直位居单一传染性疾病死因之首。2018 年全球估算结核病死亡数约为 124 万，死亡率为 16/10 万。

知识链接

结核病的流行病学

30 个结核病高负担国家的新发患者依然占到了全球新发患者数的 87%，其中印度（27%）、中国（9%）、印度尼西亚（8%）、菲律宾（6%）、巴基斯坦（6%）、尼日利亚（4%）、孟加拉国（4%）和南非（3%）8 个国家的新发患者约占全球的 2/3。中国的估算结核病新发患者数为 86.6 万（2017 年 88.9 万），估算结核病发病率为 61/10 万（2017 年 63/10 万），在 30 个结核病高负担国家中估算结核病发病率排第 28 位。在全球 30 个结核病高负担国家中，结核病死亡数最高的为印度（44 万），结核病死亡率最高的为中非共和国（103/10 万），中国结核病死亡数为 3.7 万，结核病死亡率为 2.6/10 万，结核病死亡率排在 30 个高负担国家中的第 29 位。总体来说，如果没有充足的防治和研究资金投入，以及新的诊断工具和预防结核病感染新疫苗、新药品的出现，联合国可持续发展目标和终止结核病策略（END TB STRATEGY）的目标将难以实现。

2. 结核病传播途径 人与人之间呼吸道传播是本病传染的主要方式，少数也可由消化道和皮肤、黏膜的损伤处侵入易感机体。结核杆菌对人的感染力很强，从呼吸道进入 2~3 个活菌就可以引起人的肺部感染。人型结核杆菌可引起多种脏器组织的结核病，其中 80% 发生在肺部，其他部位（颈淋巴、脑膜、腹膜、肠、皮肤、骨骼）也可继发感染。传染源是接触排菌的肺结核患者。潜伏期一般为 4~8 周，除少数发病急促外，临床上多呈慢性过程。主要传播方式包括以下几种。

（1）飞沫传播 排菌患者是主要传染源。大声咳嗽、打喷嚏均能喷出大量的微滴，直径在 2 μm 左右的微滴可被吸入肺泡，使机体感染。

（2）痰液传播 含结核杆菌的痰液干燥后，结核菌附着在尘埃中，随风飞扬，被人吸入肺内即可引起感染。

（3）食物传染 被结核菌感染的食物、食具及消毒不完善的牛奶可以传染给食用者。

（4）接触感染 极少数可经皮肤或黏膜的伤口直接感染。

3. 结核病的临床表现和特点

（1）临床表现 多数患者初次感染结核杆菌后没有明显的临床症状，随着病情发展，潜伏期结束，才出现明显不适。不同部位结核病的症状不同，如肺结核主要表现为咳嗽、咳痰等呼吸系统症状，肾结核主要表现为尿频、尿急、尿痛、血尿等泌尿系统症状。但大多数患者一般伴有低热、盗汗、消瘦、虚弱等全身症状。以肺结核为例，咳嗽、咳痰持续两周以上或痰中带血是肺结核的常见症状，咳嗽一般为干咳，肺部有空洞时，痰量增多，若合并支气管结合，可出现刺激性咳嗽。约1/3患者可出现咯血，这其中多数为少量咯血，少数为大咯血。结核病灶累及胸膜时可表现为胸痛，特点是随着呼吸运动和咳嗽加重。

（2）结核病发病过程　含菌飞沫或尘埃经呼吸道侵入肺泡，先被巨噬细胞吞噬。其菌体类脂质等成分能对抗溶酶体中酶的破坏作用，使细胞在吞噬细胞内顽固繁殖，最终导致巨噬细胞裂解死亡。释放出的结核杆菌可在细胞外繁殖或再被吞噬细胞吞噬，重复上述过程。结核性炎症病变扩散至邻近淋巴结，形成原发感染灶。当机体抗感染能力较弱时，原发感染灶恶化，结核杆菌经气管、淋巴管或血液播散，形成结核性脑膜炎或全身性粟粒性结核。当机体抗感染能力较强时，原发灶多数趋向自愈，淋巴结病灶逐渐纤维化和钙化。此时病灶内的结核杆菌处于休眠期，并在病灶内潜伏下来，几年或十几年后，结核杆菌可以重新复燃（reactivation），引起成年人肺结核。因此，结核杆菌是一种既能引起急性感染，又能引起无症状潜伏感染的病原菌。

（3）结核杆菌的抗药性　结核病治疗过程中一个严重问题是结核杆菌的抗药性，甚至多重抗药性的发生率越来越高。全球估算利福平耐药结核病患者数约为48.4万，其中耐多药结核病患者约占78%。研制和开发新的抗结核杆菌药物来治疗耐药结核病患者是十分重要的，但新药研制投入巨大，也难免再遇到耐药问题。因此，对付结核杆菌耐药问题的战略性措施是研制有效的结核病疫苗。

（二）结核杆菌

结核分枝杆菌（mycobacterium tuberculosis）俗称结核杆菌（tubercle bacillus），1882年由德国细菌学家Robert Koch发现并证明为人类结核病的病原菌。结核杆菌为细长略带弯曲的需氧杆菌，无鞭毛，有菌毛，有微荚膜但不形成芽孢，有大量分枝菌酸包围在肽聚糖层的外面，可影响染料的穿入。结核杆菌一般用齐尼抗酸染色法，以5%苯酚复红加温染色后可以染上，但用3%盐酸乙醇不易脱色。若再加用亚甲蓝复染，则结核杆菌呈红色，而其他细菌和背景中的物质为蓝色。结核杆菌不产生内、外毒素。其致病性可能与细菌在组织细胞内大量繁殖引起的炎症，菌体成分和代谢物质的毒性以及机体对菌体成分产生的免疫损伤有关。

结核杆菌对湿热敏感，在液体中加热65℃左右30分钟或100℃煮沸即被杀死。结核杆菌对乙醇敏感，在65%～80%乙醇中2分钟即死亡。此外，菌体脂质可防止菌体水分丢失，故对干燥抵抗力特别强。黏附在尘埃上保持传染性8～10天，在干燥痰内可存活6～8个月。结核杆菌对紫外线敏感，直接日光照射数小时可被杀死，可用于结核患者衣服、被褥等消毒。结核杆菌对酸或碱有一定抵抗力，5%漂白粉或2%次氯酸钙浸泡15～60分钟或喷洒墙壁或地面，经1～2小时可杀死结核菌。结核杆菌对1∶13000孔雀绿有抵抗力，加在培养基中可抑制杂菌生长。

（三）卡介苗

卡介苗（BCG Vaccine）是由减毒牛型结核杆菌悬浮液制成的活菌苗。牛型结核杆菌在经历了13年传代230次后才失去毒力而成为目前唯一的预防结核病的减毒活疫苗，因此皮内接种卡介苗对于结核病的防治具有重要意义。皮内注射用卡介苗系用卡介菌经培养后，收集菌体，加入稳定剂冻干制成。《中国药典》2020年版收载了皮内注射用卡介苗。

1. 制法　卡介苗生产车间必须与其他生物制品生产车间和实验室分开，所有设备及器具必须单独设置并专用，制造、包装、保存过程必须避光。从事卡介苗制造的工作人员及经常进入卡介苗制造实验室的人员必须身体健康，经 X 射线检查无结核病，且每年经 X 射线检查 1~2 次，可疑者应暂离卡介苗的制造。

生产用菌株为卡介菌 D_2PB302。严禁使用通过动物传代的菌种制造卡介苗。种子批建立应符合"生物制品生产检定用菌毒种管理及质量控制"规定。工作种子批启开至菌体收集传代应不超过 12 代。种子批需要进行鉴别试验，包括培养特性、多重 PCR 试验、纯菌检查、毒力试验、无有毒分枝杆菌试验、免疫力试验。启开试验合格的工作种子批菌种，在苏通马铃薯培养基、胆汁马铃薯培养基或液体苏通培养基上每传 1 次为一代，在马铃薯培养基培养的菌种置冰箱保存，不得超过 2 个月。挑取生长良好的菌膜，移种于改良苏通综合培养基或经批准的其他培养基的表面静止培养。培养结束后逐瓶检查，收集菌膜压干，移入有不锈钢珠瓶内，钢珠与菌体的比例应根据研磨机转速控制在一适宜的范围，并尽可能在低温下研磨。加入适量无致敏稳定剂稀释，制成原液。用稳定剂将原液稀释成 1.0mg/ml 或 0.5mg/ml，即为半成品。半成品分装后立即冻干并封口，即得成品。

2. 质量控制　原液、半成品、成品均应按照 2020 年版《中国药典》要求进行检定。这里以成品质量控制为例。除装量差异、水分测定、活菌数测定和热稳定性试验外，按照标示量加入灭菌注射用水，复溶后进行其余各项检定。

（1）鉴别试验　抗酸染色涂片检查，细菌形态与特性应符合卡介菌特征；采用多重 PCR 法检测卡介菌基因组特异的缺失区 RD1，应无 RD1 序列存在，供试品 PCR 扩增产物大小应与检测参考品一致。

（2）物理检查　外观应为白色疏松体或粉末状，按标示量加入注射用水，应在 3 分钟内复溶至均匀悬液；装量差异按照《中国药典》四部通则 0102 检查，应符合规定；采用测量溶液的冰点下降来间接测定其渗透压摩尔浓度（《中国药典》四部通则 0632），应符合批准的要求。

（3）水分　按照《中国药典》四部通则 0832，测定水分，应不高于 3.0%。

（4）纯菌检查　按照《中国药典》四部通则 1101，取生长物做涂片镜检，不得有杂菌。

（5）效价测定　在结核菌素皮肤试验（0.2ml，10IU）阴性的豚鼠皮内注射供试品 0.5mg，注射 5 周后皮内注射 TB-PPD 或 BCG-PPD 10IU/0.2ml，24 小时后观察，局部硬结反应直径应不小于 5mm。

（6）活菌数测定　每亚批疫苗均应做活菌测试，抽取 5 支疫苗稀释并混合，培养 4 周后含活菌数应不低于 $1.0 \times 10^6 CFU/mg$。

（7）无有毒分枝杆菌试验　在结核菌素皮肤试验（0.2ml，10IU）阴性的豚鼠皮内注射相当于 50 次人用剂量的供试品，每 2 周称体重 1 次，观察 6 周，动物体重不应减轻，解剖动物，肝脾肺等应无结核病变。

（8）热稳定性试验　取每亚批疫苗于 37℃ 放置 28 天测定活菌数，并与 2~8℃ 保存的同批疫苗比较，计算活菌率，前者应不低于后者的 25%，且不低于 $2.5 \times 10^5 CFU/mg$。

3. 剂型及规格　按标示量复溶后每瓶 1.0ml（10 次人用剂量），含卡介苗 0.5mg；按标示量复溶后每瓶 0.5ml（5 次人用剂量），含卡介苗 0.25mg。每 1mg 卡介菌活菌数应不低于 $1.0 \times 10^6 CFU/mg$。疫苗稀释剂为灭菌注射用水，稀释剂的生产应符合批准的要求。灭菌注射用水应符合《中国药典》二部相关规定。

4. 临床用途与使用方法　接本疫苗种后，可使机体产生细胞免疫应答，用于预防结核病。接种人群为出生 3 个月以内的婴儿或用 5IU 卡介苗 PPD 试验阴性的儿童（PPD 试验后 48~72 小时局部硬结在 5mm 以下者为阴性）。10 次人用卡介苗加入 1ml 所附稀释液，5 次人用卡介苗加入 0.5ml 所附稀释液，放置约 1 分钟，摇动使之溶解并充分均匀。疫苗溶解后必须半小时内用完。用 1ml 无菌蓝心注射器（25~26 号针头）吸取疫苗，在上臂外侧三角肌中部略下处注射 0.1ml。

5. 不良反应与使用禁忌 卡介苗的不良反应比较特殊，一般接种后 2 周左右，局部可出现红肿浸润，若随后化脓，形成小溃疡，8~12 周后结痂，一般不需处理，但要注意局部清洁，防止继发感染。脓疱或浅表溃疡可涂 1% 甲紫（龙胆紫），使其干燥结痂，有继发感染者，可在创面撒布消炎药粉，不要自行排脓或揭痂。局部脓肿和溃疡直径超过 10mm 及长期不愈（大于 12 周），应及时诊治。接种侧腋下淋巴结（少数在锁骨上或对侧腋下淋巴结）可出现轻微肿大，一般不超过 10mm，1~2 个月后消退。如遇局部淋巴结肿大软化行程脓疱，应及时诊治。接种疫苗后可出现一过性发热反应，其中大多数为轻度发热反应，持续 1~2 天后可自行缓解，一般不需处理；对于中度发热反应或发热时间超过 48 小时者，可给予对症处理。

6. 保存、运输及有效期 于 2~8℃ 避光保存和运输，自生产之日起，按批准的有效期执行。

虽然卡介苗在防治结核病方面发挥了重要作用，但是卡介苗对肺结核的免疫保护力并不理想，原因可能是 BCG 在传代过程中在失去毒力的同时也丢失了某些具有免疫保护性抗原的基因。目前，一些新型卡介苗，如亚单位卡介苗和结核 DNA 疫苗正在研究当中。

二、脊髓灰质炎减毒活疫苗 ⓔ微课

（一）脊髓灰质炎

脊髓灰质炎是由脊髓灰质炎病毒引起的严重危害儿童健康的急性传染病，多发于 6 岁以下儿童。人是脊髓灰质炎病毒的唯一天然宿主。病毒经粪－口进入人体，易感人群通过手、玩具、食物、餐具、蔬菜、瓜果、水源、牛奶等日常生活接触而感染，在人体内不断繁殖扩散，侵犯呼吸道、消化道、中枢神经系统等，进而引起一系列临床表现。最主要的症状是分布不规则和轻重不等的弛缓性瘫痪，因此，俗称"小儿麻痹症"。

本病潜伏期为 8~12 天，若人体抵抗力比较强，在接触病毒后可无临床症状，形成隐形感染。否则病毒入血引起前驱症状，包括发热、食欲不振、呕吐、头痛、多汗、四肢疼痛、烦躁不安等，若此时机体免疫系统能清除病毒，则形成顿挫型感染。否则病毒继续扩散，随后出现不对称性肌群无力或弛缓性瘫痪，发热加重，热退后瘫痪不再进展。瘫痪后 1~2 周从肢体远端开始恢复，持续数周至数月，一般病例 8 个月内可完全恢复，严重者需 6~18 个月或更长时间。严重者受累肌肉出现萎缩，神经功能不能恢复，造成受累肢体畸形。起病一周内可从咽部及粪便内分离出病毒，从而确诊脊髓灰质炎。

自从 WHO 发起全球根除脊髓灰质炎行动以来，该病发病率降低了 99%，目前只在非洲和亚洲的少数国家仍然流行。2000 年 10 月 WHO 宣布包括我国在内的西太平洋区域为无脊髓灰质炎地区。

（二）脊髓灰质炎病毒

脊髓灰质炎病毒（poliovirus）属于微小核糖核酸病毒科的肠道病毒属。病毒为直径 20~30nm 的球形颗粒，20 面体对称，表面核衣壳蛋白有 60 个蛋白亚单位，中心为单股正链 RNA 基因组，毒粒裸露无外膜。核衣壳含 4 种结构蛋白 VP1、VP3 和由 VP0 分裂而成的 VP2 和 VP4。VP1 为主要的外露蛋白，至少含 2 个表位，可诱导中和抗体的产生，VP1 对人体细胞膜上受体有特殊亲和力，与病毒的致病性和毒性有关（天然唯一宿主）。VP0 最终分裂为 VP2 与 VP4，为内在蛋白与 RNA 密切结合，VP2 与 VP3 半暴露具抗原性。脊髓灰质炎病毒仅能在灵长类动物细胞中增殖，病毒分离培养以人胚肾、猴肾细胞最佳，也可用人传代二倍体细胞。

脊髓灰质炎病毒对理化因素的抵抗力较强，在粪便及污水中可存活数月，在 pH 3.0 ~ 10.0 中较稳定。各种氧化剂，如高锰酸钾、过氧化氢、漂白粉等可使之灭活。对乙醚、乙醇等有机溶剂不敏感。对紫外线、干燥、热敏感，对温度较敏感，56°C 处理 30 分钟即可灭活，−20°C 以下可保存数年。

（三）脊髓灰质炎疫苗

根据抗原免疫原性的不同，脊髓灰质炎病毒可分为 3 个血清型，分别为 I 型、II 型和 III 型，这三个型别的病毒都能使感染者产生麻痹症状，而且感染后产生的免疫力没有交叉性。这就是说，感染 I 型病毒后产生的免疫力，只对 I 型病毒有抵抗力，而对 II 型和 III 型病毒的侵犯毫无保护作用，感染 II 型和 III 型病毒后产生的免疫力，只对 II 型和 III 型病毒有抵抗力，而对 I 型病毒的侵袭毫无保护作用，因此，脊髓灰质炎疫苗也分 I、II、III 三个型别，能使人体产生应对相应型别病毒的免疫力。脊髓灰质炎减毒活疫苗是预防脊髓灰质炎最有效的药品。《中国药典》2020 年版共收载了五种脊髓灰质炎疫苗，分别是口服脊髓灰质炎减毒活疫苗（猴肾细胞）、脊髓灰质炎减毒活疫苗糖丸（人二倍体细胞）、脊髓灰质炎减毒活疫苗糖丸（猴肾细胞）、Sabin 株脊髓灰质炎灭活疫苗（Vero 细胞）和口服 I 型 III 型脊髓灰质炎减毒活疫苗（人二倍体细胞）。本节内容以脊髓灰质炎减毒活疫苗糖丸（猴肾细胞）为例讲解。

 知识拓展

我国脊髓灰质炎疫苗的研发

接种疫苗是预防控制脊髓灰质炎传播最经济、最有效的方法。目前用来预防脊髓灰质炎的疫苗有两类：口服脊灰减毒活疫苗（OPV）、注射型脊灰灭活疫苗（IPV，包括含 IPV 成分的联合疫苗）。

1959 年初春，顾方舟、董德祥、闻仲权、蒋竞武 4 位科学家开展了"脊灰"减毒活疫苗的研制。I 期临床试验阶段，需要找 10 名易感小儿服苗观察。"我带的头，对疫苗有把握，我孩子小东算一个！"顾方舟率先给年仅一岁的儿子报了名。在他的感召下，同仁们纷纷参与，顺利完成试验，初步证实了疫苗的安全性，1962 年成功制出可在室温条件下延长保质期的糖丸疫苗。正是科研工作者的无私奉献和不懈努力，才有了"糖丸"的研制成功，奠定了战胜"脊灰"的基础。顾方舟，这个被人亲切地称为"糖丸爷爷"的科学家，被评为"感动中国 2019 年度人物"。正如对他的评价词所写的那样：舍己幼，为人之幼，这不是残酷，是医者大仁，为一大事来，成一大事去，功业凝成糖丸一粒，是治病灵丹，更是拳拳赤子心，你就是一座方舟，载着新中国的孩子渡过病毒的劫难。

1. 制法 生产用毒种为脊髓灰质炎病毒 I、II、III 型减毒株，可用 I、II、III 型 Sabin 株，I、II、III 型 Sabin 纯化株，中 III$_2$ 株或经批准的其他毒株。各型 Sabin 毒株和 Pfizer 株来源于 WHO。种子批的建立应符合"生物制品生产检定用菌毒种管理及质量控制"规定。Sabin 株原始毒种 I、II、III 型及中 III$_2$ 株均由毒种研制单位制备和保存。主种子批 Sabin 株 I、II 型的传达应不超过 SO + 2，Sabin 株 III 型应不超过 SO + 1，其中 III$_2$ 株由原始毒种在胎猴肾细胞或人二倍体细胞上传 1 ~ 2 代制成的成分均一的一批病毒悬液称为主种子批，传代水平应不超过中 III$_2$ 代；III 型 Pfizer 株主种子批为 RSO1。主种子批毒种在胎猴肾细胞或人二倍体细胞上传 1 代制备成的成分均一的一批病毒悬液称为工作种子批。从原始种子批到工作种子批的传代次数，Sabin I 型、II 型以及中 III$_2$ 株不得超过 3 代；Sabin III 型及其他纯化株不得超过 2 代。主种子批和工作种子批应进行检定，内容包括鉴别试验、病毒滴度、无菌检查、分枝杆菌检查、支原体检查、外源病毒因子检查、家兔检查、免疫原性检查、猴体神经毒力试验、rct 特征试验、

SV40 核酸序列检查。

生产用猴肾细胞应来源于未做过任何试验的健康猕猴，所用动物必须经过不少于 6 个月的隔离检疫，应无结核、B 病毒感染及其他急性传染病，血清中无泡沫病毒。健康猕猴肾脏，经消化、培养液分散细胞，置适宜温度下培养成单层细胞。来源于同一猕猴、同一容器内消化制备的细胞为一个细胞消化批，同一天制备的多个细胞消化批为一个细胞批。

将毒种接种细胞培养至细胞出现完全病变后收获，检定合格的同一细胞消化批收获的病毒液，经澄清过滤合并为单一收获液。检定合格的同一细胞批制备的多个单一病毒收获液可适当浓缩合并，经澄清过滤合并为单价原液。单价原液加入终浓度为 1mol/L 的氯化镁溶液，经除菌过滤后即为单价疫苗半成品。取适量Ⅰ、Ⅱ、Ⅲ型单价疫苗半成品，按照一定比例进行配制，即为三价疫苗半成品。三价疫苗半成品及赋形剂按一定比例混合后制成糖丸。赋形剂成分包括还原糖浆、糖浆、脂肪性混合糖粉和糖粉。滚制糖丸时，操作室温度控制在 18℃ 以下。同一次混合的三价疫苗半成品制备的糖丸为一批，非同容器滚制的糖丸分为不同亚批。

2. 质量控制　单一病毒收获液、单价原液、半成品、成品均应按照 2020 年版《中国药典》要求进行检定。这里以成品质量控制为例。每个糖丸滚制容器取 200 ~ 300 粒。

（1）鉴别试验　取适量Ⅰ、Ⅱ、Ⅲ型三价混合脊髓灰质炎病毒特异性免疫血清与适量病毒供试品混合，37℃ 水浴 2 小时，接种 Hep – 2 细胞或其他敏感细胞，35 ~ 36℃ 培养，7 天判定结果，应无病变出现。同时设阴性和阳性对照。

（2）外观　应为白色固体糖丸。

（3）丸重差异　取糖丸 20 粒测定，每 1 粒重量为 1g ± 0.15g。

（4）病毒滴度　每 3 ~ 4 亚批合并为一个检定批，取 100 粒糖丸，采用细胞病变法进行病毒滴定。三价疫苗糖丸以混合法测定病毒含量，同时应以中和法检测各型病毒含量。每剂三价疫苗糖丸病毒总量应不低于 $5.951g\ CCID_{50}$，其中Ⅰ型应不低于 $5.81g\ CCID_{50}$，Ⅱ型应不低于 $4.81g\ CCID_{50}$，Ⅲ型应不低于 $5.31g\ CCID_{50}$。

（5）热稳定性试验　由生产单位在成品入库前取样测定，应与病毒滴度同时测定，病毒滴度应不低于 $5.01g\ CCID_{50}$，病毒滴度下降应不高于 $1.01g$。

（6）病毒分布均匀度　每批抽查糖丸 10 粒以上，各粒之间的病毒含量差不得超过 0.51g。

（7）微生物限度检查　同一天滚制的糖丸为 1 个供试品，每个糖丸滚制容器取样不少于 10 粒，按照微生物计数法（《中国药典》四部通则 1105、1106、1107）检测，每粒不得超过 300 个。

（8）致病菌检查　不得含有乙型溶血性链球菌、肠道致病菌以及大肠埃希菌。

即学即练 12 – 3

制成糖丸后的脊髓灰质炎疫苗于普通注射用疫苗相比，在质量控制方面有何不同？

答案解析

3. 剂型及规格　每粒 1g。每次人用剂量为 1 粒，含脊髓灰质炎活病毒总量应不低于 $5.951g\ CCID_{50}$，其中Ⅰ型应不低于 $5.81g\ CCID_{50}$，Ⅱ型应不低于 $4.81g\ CCID_{50}$，Ⅲ型应不低于 $5.31g\ CCID_{50}$。

4. 临床用途与使用方法　麻痹性脊髓灰质炎的常规预防，使用对象主要为儿童。婴儿一般于第 2、4、6 月龄时各服 1 丸。1.5 ~ 2 岁，4 岁和 7 岁时再各服 1 丸（直接含服或以凉开水溶化后服用）。

5. 不良反应与使用禁忌 可出现发热、头痛、腹泻等，偶有皮疹，2~3 天后自行痊愈。极少数发生的严重不良反应为疫苗相关性麻痹病。若有发热、体质异常虚弱、严重佝偻病、活动性结核及其他严重疾病以及 1 周内每日腹泻 4 次者均应暂缓服用。HIV 感染、异常丙种球蛋白血症、淋巴瘤、白血病、广泛性恶性病变以及其他免疫缺陷者（如服用皮质激素、抗癌药、免疫抑制药或接受辐射等）均属禁忌。

6. 保存、运输及有效期 自生产之日起，于 -20℃ 以下保存，有效期为 24 个月；于 2~8℃ 保存，有效期为 5 个月。生产日期为糖丸制造日期。运输应在冷藏条件下进行。标签上只能规定一种保存温度及有效期。

三、水痘减毒活疫苗

（一）水痘

水痘（varicella）是一种儿童时期最常见的接触性传染病之一，由水痘-带状疱疹病毒初次感染引起。水痘患者是唯一的传染源，接触或飞沫均可传染，易感儿童发病率可达 95% 以上，以全身水泡性发疹为特征。冬、春两季多发，其传染力强，自发病前 1~2 天直至皮疹干燥结痂期均有传染性，该病为自限性疾病，一般不留瘢痕，如合并细菌感染会留瘢痕，病后可获得终身免疫，有时病毒以静止状态存留于神经节，多年后感染复发而出现带状疱疹。儿童与带状疱疹患者接触亦可发生水痘，因为二者病因相同。

水痘潜伏期为 12~21 天，平均 14 天。起病较急，发病 24 小时内出现皮疹，呈向心性分布，出疹期内皮疹呈现由细小的红色斑丘疹→疱疹→结痂→脱痂的演变过程，脱痂后不留瘢痕。水疱期痛痒明显，若因挠抓继发感染时可留下轻度凹痕。体弱者可出现高热。若妊娠期感染水痘，可引起胎儿畸形、早产或死胎。

（二）水痘-带状疱疹病毒

水痘-带状疱疹病毒（varicella-zoster virus，VZV）是指在儿童初次感染引起水痘，恢复后病毒潜伏在体内，少数患者在成人后病毒再发而引起带状疱疹，故被称为水痘-带状疱疹病毒。带状疱疹（简称带疱）的特征为神经疼痛及随神经支单侧分布的皮肤发疹。水痘和带疱为临床表现不同的两种疾病，却均为 VZV 引起。带疱患者多是早年的水痘感染者，病毒长期潜伏在感觉神经节，当病毒基因被激活时，沿感觉神经到达皮肤引起带状疱疹。所以带疱呈散在性发病，发生率低于水痘。

VZV 属疱疹病毒属，其生物学性状与单纯疱疹病毒（HSV）相似，但只有一个血清型。VZV 极为脆弱，在痂皮和污染物中不能长期存活，60℃ 迅速灭活。只在极狭窄的 pH 范围内有感染性，pH 6.2 以下或 7.8 以上时极易丧失感染性。对乙醚、氯仿等有机溶剂和胃蛋白酶极为敏感。培养 VZV 常用人成纤维细胞以及猴的多种细胞，3~14 天左右出现典型的细胞病变，如多核巨细胞形成及受感染细胞核内产生嗜酸性包涵体。

（三）水痘减毒活疫苗

水痘减毒活疫苗用于预防水痘，《中国药典》2020 年版收载的水痘减毒活疫苗系用 VZV 接种人二倍体细胞，经培养，收获病毒，加入适宜稳定剂冻干制成。

1. 制法 生产用细胞为人二倍体细胞 2BS 株、MRC-5 株或经批准的其他细胞株。生产用毒株为水痘-带状疱疹病毒 Oka 株或经批准的其他经人二倍体细胞适应的减毒株。主种子批应进行鉴别试验、病毒滴度、无菌检查、支原体检查、外源病毒因子检查、免疫原性检查、猴体神经毒力试验，工作种子批应至少进行前五项。

将毒种接种于细胞进行培养，病毒接种量及培养条件按批准的执行，当出现一定程度的病变时，弃去培养液，用不少于原倍培养液量的洗涤液洗涤细胞表面，可换维持液继续培养。采用适当方法收集感染细胞，并加入适宜的稳定剂即为病毒收获液。感染细胞冻融后，采用超声波或其他适宜的方法破碎感染细胞，经离心或其他适宜方法去除细胞碎片，收集含有病毒的上清液，合并即为原液。原液检定合格后按规定适当稀释，加入适宜稳定剂即为半成品。半成品分装后冻干即得成品。

2. 质量控制 病毒收获液、原液、半成品、成品均应按照 2020 年版《中国药典》要求进行检定。这里以成品质量控制为例。除水分测定外，应按标示量加入所附灭菌注射用水，复溶后进行以下各项检定。

（1）鉴别试验 将稀释至 500～1000PFU/ml 的供试品溶液与适当稀释的水痘病毒特异性免疫血清等量混合后，37℃水浴中和 60 分钟，接种人二倍体细胞 2BS 株或 MRC-5 株，37℃±1℃、5% 二氧化碳培养 7～10 天判定结果，水痘病毒完全被中和。同时设阴性和阳性对照。

（2）外观 应为乳白色或白色疏松体，复溶后为澄明液体，可微带乳光，无异物。

（3）pH 按《中国药典》四部通则 0631 检查，应符合要求。

（4）渗透压摩尔浓度 采用冰点下降来间接测定其渗透压摩尔浓度（《中国药典》四部通则 0632），应符合批准的要求。

（5）水分 按照《中国药典》四部通则 0832 测定，应不高于 3.0%。

（6）病毒滴度 取疫苗 3～5 瓶混合后，采用蚀斑法进行测定。每个稀释度供试品溶液接种人二倍体细胞 2BS 株或 MRC-5 株，37℃±1℃、5% 二氧化碳培养 7～10 天判定结果，病毒滴度应不低于 3.71g PFU/ml。

（7）热稳定性试验 由生产单位在成品入库前取样测定，应与病毒滴度同时测定，37℃放置 7 天后的病毒滴度应不低于 3.61g PFU/ml，病毒滴度下降应不高于 1.01g。

（8）牛血清蛋白残留量 采用酶联免疫吸附法测定（《中国药典》四部通则 3411），应不高于 50ng/剂。

（9）抗生素残留量 生产过程在加入抗生素的应进行该项检查。采用酶联免疫吸附法（《中国药典》四部通则 3429），应不高于 50ng/剂。

（10）无菌检查 照《中国药典》四部通则 1101 依法检查，应符合规定。

（11）异常毒性检查 照《中国药典》四部通则 1141 依法检查，应符合规定。

（12）细菌内毒素检查 照《中国药典》四部通则 1143 凝胶限度试验依法检查，应不高于 50EU/剂。

3. 剂型及规格 按标示量复溶后每瓶 0.5ml。每 1 次人用剂量为 0.5ml，含 VZV 应不低于 3.31g PFU。

4. 临床用途与使用方法 皮下注射，用于以前从未感染过水痘的个体进行主动免疫，以预防感染水痘病毒。12 个月至 12 岁的儿童需要接种 1 剂疫苗，13 岁及 13 岁以上的个体需要接种 2 剂疫苗，2 剂之间要间隔 6～10 周。

5. 不良反应与使用禁忌 常见的不良反应包括疼痛、局部发红、注射部位水肿、发热等。对患有急性发热性疾病的个体，应推迟接种。妊娠期间禁用，免疫后 3 个月内应避免妊娠。

6. 保存、运输及有效期 于 2～8℃保存，自生产之日起，按批准的有效期执行。

第四节 亚单位疫苗

亚单位疫苗系指病原微生物经培养后，提取、纯化其主要保护性抗原成分制成的疫苗，由于这类疫苗不是完整的病原微生物，故称亚单位疫苗。本节主要介绍几种常见的亚单位疫苗。

一、A群脑膜炎球菌多糖疫苗

（一）流行性脑脊髓膜炎

流行性脑脊髓膜炎（简称流脑）是由脑膜炎奈瑟球菌（脑膜炎球菌）引起的化脓性脑膜炎。本病的发生和机体免疫力有密切的关系，当机体抵抗力低下时，脑膜炎球菌由鼻咽部侵入血循环，形成败血症，最后局限于脑膜及脊髓膜，形成化脓性脑脊髓膜病变。脑膜炎球菌经飞沫传染，也可通过接触患者呼吸道分泌物污染的物品而感染，有 1 周以内的潜伏期。主要临床表现有寒战、高热、头痛、呕吐、肌肉酸痛、食欲减退、皮疹及精神萎靡等，脑脊液呈化脓性改变，严重患者可发生休克、脑水肿和脑疝。好发于冬春季，多见于儿童，成人对脑膜炎球菌有较强免疫力。母体内抗体可通过胎盘传给胎儿，故 6 个月以内婴儿患流脑的很少。典型的流脑病例起病急，病情凶险，一般病程为 1 ~ 3 周。对易感儿童应注射流脑多糖菌苗，进行特异性预防。治疗流脑首选磺胺，也可用青霉素、氯霉素或氨苄西林。

（二）脑膜炎球菌

脑膜炎球菌为革兰阴性双球菌，在急性期或早期患者脑脊髓液中，大多位于中性粒细胞内，呈肾形成双排列，凹面相对，带有荚膜多糖，其致病力主要来自荚膜多糖的抗吞噬作用。目前，根据荚膜多糖的化学结构及免疫学特性可将脑膜炎球菌分成 A、B、C、D、H、J、K、I、X、Y、Z、9E 及 W135 13 个血清型。对人类致病的多属于 A、B、C 群，我国95％以上病例为 A 群，部分地区发现 B 群和 C 群，其他血清型较少致病。脑膜炎球菌抵抗力弱，对寒冷、日光、热力、干燥、紫外线及一般消毒剂均敏感。对磺胺、青霉素、链霉素、金霉素均敏感，但容易产生耐药性。脑膜炎球菌在普通培养基上不生长，在含有血清或血液的培养基上方能生长，如经加热（80℃以上）的血液琼脂培养基。

（三）A群脑膜炎球菌多糖疫苗

A 群脑膜炎球菌多糖疫苗，用于预防 A 群脑膜炎球菌引起的流脑。1979 年我国研制出 A 群多糖疫苗并在国内推广使用，对防治流脑起到一定效果。在此基础上，又相继研制了 C 群、A＋C 群多糖疫苗及其他治病菌群的多糖疫苗。目前，《中国药典》2020 年版收载了 A 群脑膜炎球菌多糖疫苗、A 群 C 群脑膜炎球菌多糖疫苗、A 群 C 群脑膜炎球菌多糖结合疫苗、ACYW135 群脑膜炎球菌多糖疫苗四种。本节以 A 群脑膜炎球菌多糖疫苗为例，该疫苗系用 A 群脑膜炎球菌培养液，经提取获得的荚膜多糖抗原，纯化后加入适宜稳定剂后冻干制成。

1. 制法 生产用菌种为 A 群脑膜炎球菌 CMCC29201（A4）菌株。种子批的建立应符合"生物制品生产检定用菌毒种管理及质量控制"的规定。主种子批启开后至工作种子批，传代不得超过 5 代，工作种子批启开后至接种发酵罐培养，传代不得超过 5 代。种子批需进行检定以确证其具备典型的生物学和血清学特性。检定内容包括培养特性、染色镜检、生化反应、血清学试验。

工作种子批检定合格后，采用培养罐液体培养，接种于改良半综合培养基或其他适宜培养基上，培养基不应含有与十六烷基三甲基溴化铵能形成沉淀的成分（含羊血的培养基仅用于菌种复苏）。培养过程中应进行纯菌检查。于对数生长期的后期或静止期的前期收获，检查合格的收获液加甲醛溶液杀菌，杀菌条件以确保杀菌完全又不损伤其多糖抗原为宜。纯化的过程分为去核酸、沉淀多糖、多糖纯化三步：杀菌后的培养液离心收集上清液，加入十六烷基三甲基溴化铵，充分混匀，形成沉淀，离心去菌体后收集上清液，采用十六烷基三甲基溴化铵沉淀法提取复合多糖；加入乙醇溶液沉淀多糖，沉淀物依次用无水乙醇、丙酮洗涤，沉淀物即为粗制多糖；粗制多糖溶解于醋酸钠，用冷苯酚提取（15℃以下），离心收集上清液，用适宜溶液透析或超滤，用灭菌注射用水溶解，除菌过滤后即为多糖原液。原液经稀释剂稀释，可加适量乳糖，即得半成品。半成品分装冻干（30℃以下），真空或充氮封口，即得成品。

2. 质量控制 原液、半成品、成品均应按照 2020 年版《中国药典》要求进行检定。这里以成品质量控制为例。除装量差异检查、水分测定、多糖含量测定、多糖分子大小分布测定和异常毒性检查之外，按制品标示量加入灭菌 PBS 复溶后进行其余各项检定。

（1）鉴别试验 采用免疫双扩散法（《中国药典》四部通则 3403），本品与 A 群脑膜炎奈瑟球菌抗体应形成明显沉淀线。

（2）物理检查 外观应为白色疏松体，按标示量加入 PBS 迅速复溶为澄明液体，无异物。装量检查（《中国药典》四部通则 0102）应符合规定。渗透摩尔浓度（《中国药典》四部通则 0632）应符合规定。

（3）化学检定 水分应不高于 3.0%；按《中国药典》四部通则 3103 测定磷含量，应不低于 2.25μg，根据多糖含量和磷含量比值为 1000∶75 计算多糖含量，每 1 次人用剂量多糖含量应不低于 30μg；每 5 批疫苗至少抽 1 批检查多糖分子大小，K_D 值应不高于 0.4，K_D 值小于 0.5 的洗脱液多糖回收率应大于 76%。

（4）无菌检查 照《中国药典》四部通则 1101 依法检查，应符合规定。

（5）异常毒性检查 照《中国药典》四部通则 1141 依法检查，应符合规定。注射剂量为每只小鼠 0.5ml，含 1 次人用剂量制品；每只豚鼠 5ml，含 10 次人用剂量制品。

（6）热原检查 照《中国药典》四部通则 1142 依法检查，注射剂量按家兔体重每 1kg 注射 0.05μg 多糖，应符合规定。

（7）细菌内毒素检查 照《中国药典》四部通则 1143 依法检查，每 1 次人用剂量应不高于 1250EU。

3. 剂型及规格 按标示量复溶后每瓶 5ml（10 次人用剂量），含多糖 300μg；按标示量复溶后每瓶 2.5ml（5 次人用剂量），含多糖 150μg。每 1 次人用剂量含多糖应不低于 30μg。稀释剂为无菌、无热原 PBS。稀释剂的生产应符合批准的要求。

4. 临床用途与使用方法 于上臂外侧三角肌附着处皮下注射 0.5ml。接种本疫苗后，可使机体产生体液免疫应答，用于预防 A 群脑膜炎球菌引起的流行性脑脊髓膜炎。6 个月至 15 周岁少年儿童。全年均适宜接种。基础免疫注射 2 针，从 6 月龄开始，两针间隔 3 个月；3 岁以上儿童只需注射 1 次。接种应于流脑流行季节前完成。根据需要每 3 年复种 1 次。在遇有流行性情况下，可扩大年龄组做应急接种。

5. 不良反应与使用禁忌 本疫苗接种后 24 小时内，在注射部位可出现疼痛和触痛，注射局部"红肿""浸润"，轻、中度反应，多数情况下 2~3 天内自行消失。接种疫苗后可出现一过性发热反应，其中大多数为轻度发热反应，持续 1~2 天后可自行缓解，一般不需处理；对于中度发热反应或发热时间超过 48 小时者，可对症处理。可能发生的罕见或极罕见不良反应包括严重发热反应、注射局部重度红肿或其他并发症、过敏性皮疹（接种疫苗后 72 小时内）、过敏性休克（注射 1 小时内）、过敏性紫癜、血管神经性水肿、变态反应性神经炎等。应备有肾上腺素等药物，以备偶有发生严重过敏反应时急救用。

以下三种情况属于疫苗使用禁忌：已知对该疫苗的任何成分过敏者；急性疾病、严重慢性疾病、慢性疾病的急性发作期和发热者；患脑病、未控制的癫痫和其他进行性神经系统疾病者。家族和个人有惊厥史者、患慢性疾病者、有癫痫史者、过敏体质者、哺乳期妇女慎用。疫苗开启后应立即使用，如需放置，应置 2~8℃于 1 小时内用完，剩余均应废弃。严禁冻结。

6. 保存、运输及有效期 疫苗于 2~8℃避光保存和运输，自生产之日起，有效期为 24 个月。

二、流感亚单位疫苗

流感疫苗可以分为三类：流感病毒灭活疫苗、流感病毒裂解疫苗和流感亚单位疫苗，三种疫苗在制法上、安全性和效力上有所区别。流感病毒灭活疫苗已经在第二节讲过，这里介绍后面两种。

（一）流感病毒亚单位疫苗和裂解疫苗的区别

1. 流感病毒裂解疫苗的制法 毒种传代和制备用鸡胚应来源于 SPF 鸡群。疫苗生产用鸡胚应来源于封闭式房舍内饲养的健康鸡群，并选用 9~11 日龄无畸形、血管清晰、活动的鸡胚。生产用毒种为 WHO 推荐的甲型和乙型流行性感冒病毒株，经检定证明为 WHO 当年推荐的病毒株或相似株。种子批的建立应符合"生物制品生产检定用菌毒种管理规程"规定。以 WHO 推荐并提供的流感毒株代次为基础，传代建立主种子批和工作种子批，至成品疫苗病毒总传代不得超过 5 代。主种子批应做血凝素型别鉴定、病毒滴度、血凝滴度、无菌检查、支原体检查、外源性禽白血病病毒检测、外源性禽腺病毒检测，工作种子批应至少进行前五项。

于鸡胚尿囊腔接种经适当稀释的工作种子批毒种，置 33~35℃培养 48~72 小时。筛选活鸡胚，置 2~8℃一定时间冷胚后，收获尿囊液于容器内。逐容器取样进行尿囊收获液检定。合格后合并为单价病毒合并液。单价病毒合并液中加入终浓度不高于 0.2mg/ml 的甲醛，置适宜温度下进行病毒灭活，灭活到期后，进行病毒灭活验证试验。采用离心或其他适宜的方法，将单价病毒合并液进行澄清后，采用超滤法将病毒液浓缩至适宜蛋白质含量范围。超滤浓缩后的单价病毒合并液可采用柱色谱法或蔗糖密度区带离心法进行纯化，采用蔗糖密度区带离心法进行纯化的应用超滤法去除蔗糖。将纯化后的单价病毒合并液中加入适宜浓度的裂解剂（聚乙二醇辛基苯基醚，即 Triton X-100），在适宜条件下进行病毒裂解。采用柱色谱法或蔗糖密度梯度离心法以及其他适宜的方法进行病毒裂解后的再纯化，采用蔗糖密度区带离心法进行纯化的应用超滤法去除蔗糖。纯化后的病毒裂解液经除菌过滤后，并加入适宜浓度的硫柳汞作为防腐剂，即为单价病毒原液。根据各单价病毒原液的血凝素含量，将各型流感病毒按同一血凝素含量进行半成品配制（血凝素配制量可在 30~36μg/ml），可补加适宜浓度硫柳汞作为防腐剂，即为半成品。半成品分装冻干即得成品。

本质上来说，裂解疫苗就是用"裂解"工艺把流感病毒的脂膜结构用裂解剂溶开或裂开。裂解脂膜后，既可以使流感病毒灭活得更彻底，也能让真正促使人体产生抗体的血凝素蛋白更好地分散和提纯，从而增强了刺激身体产生抗体的能力，同时大大降低了副反应。

2. 流感亚单位疫苗的制法 流感病毒亚单位疫苗是在流感裂解疫苗的基础上选用新裂解工艺和纯化技术制备的高纯度流感疫苗。与传统的流感疫苗相比，最大的优势就是进一步去除掉杂蛋白，只保留具有免疫原性的抗原，抗原纯度提高到 85% 以上，因此接种副反应低、抗体上升快、维持时间长，具有很好的免疫效果，同时有较高的生物安全性。

实际上裂开的病毒片段再经过各种工艺和方法进一步减少病毒中其他蛋白的含量，这就是亚单位流感疫苗制备的基本原理。研究数据表明，亚单位疫苗副作用稍小，但产生保护力的作用会比裂解疫苗稍弱。

即学即练 12 - 4

流感病毒灭活疫苗、流感病毒裂解疫苗和流感亚单位疫苗在制法、安全性和效力上有何区别？

答案解析

（二）市售流感病毒亚单位疫苗

以市售流感病毒亚单位疫苗为例，该疫苗系用 WHO 推荐的流感甲 1 型、甲 3 型和乙型疫苗株（北半球）分别接种鸡胚培养，收获病毒液经灭活、浓缩、裂解和纯化等工艺处理后制成。主要成分为：甲 1 型（H1N1）15μg 血凝素、甲 3 型（H3N2）15μg 血凝素、乙（B）15μg 血凝素。

接种本疫苗后，可刺激机体产生抗流感病毒的免疫力。用于 3 岁及以上儿童、成人及老年人等流行性感冒的预防。免疫接种通常在预计流感冬季爆发前的秋季进行。特别适用于感染流行性感冒后易于发生合并症者。接种部位为肌内或深度皮下注射，严禁静脉注射。3 岁以上儿童和成人每次免疫剂量为 0.5ml。

禁忌包括：对鸡蛋及本疫苗成分过敏或有其他过敏史者，发热、患急性疾病、慢性疾病的急性发作者及感冒者，有格林－巴利综合征病史者。注射本疫苗时应备有肾上腺素等药物和监测，以备偶有发生过敏反应时急救用。接受注射者在注射后应现场休息 30 分钟。注射本品后出现任何神经系统反应者，禁止再次使用。

第五节　基因工程重组疫苗

传统疫苗（灭活疫苗、减毒活疫苗）主要是通过改变培养条件，或在不同寄主动物上传代使致病微生物毒性减弱，或通过物理、化学方法将其灭活而制得。基因工程重组疫苗是指采用基因重组技术将编码病原微生物保护性抗原的基因重组到细菌（如大肠埃希菌）、酵母或细胞，经培养、增殖后，提取、纯化所表达的保护性抗原制成的疫苗。包括基因工程亚单位疫苗、基因工程载体疫苗、核酸疫苗、蛋白质工程疫苗等。

基因工程重组疫苗具备以下优势和特点。

一是安全性更高。一方面，传统方法生产疫苗时必定要和病原微生物接触，因此对疫苗生产人员要有严格的安全保护措施。基因工程疫苗只含有病原体的一种或几种抗原，不含有其他遗传信息，不含感染性组分，所以无致病性，也不需要灭活，从根本上解决了疫苗生产人员的安全问题。另一方面，传统减毒活疫苗的制备多是通过将致病微生物在鸡胚或非生理条件下进行培养传代来达到减毒目的。分子生物学技术证实，减毒活疫苗的某些毒力基因发生了个别核苷酸突变，从理论上讲，这种突变是可以回复的，例如，脊髓灰质炎减毒活疫苗的毒力回复率是百万分之一。虽然回复率很低，但由于大多数疫苗的接种对象是健康婴幼儿，即使是极少数的接种者因为接种疫苗而发生小儿麻痹症，也是非常严重的疫苗安全问题。但是如果造成毒力的基因缺失，就不太可能再回复。利用基因工程技术制得的疫苗可以刺激免疫系统产生免疫反应，却不会因毒力回复而致病。对于一些毒力较强而又不容易通过减毒来制备疫苗的病原微生物（如 HIV），可以将它们的保护性抗原基因克隆到经过临床长期使用证明是安全的病毒或细菌载体中去。

二是时间和制造成本更低。疫苗的生产成本和市场价格高低，主要与制备疫苗的微生物生长和培养条件有关。一般来讲，细菌比较容易生长和培养，而病毒和寄生虫的生长和培养比较困难。受生长条件限制，有些病毒疫苗的价格非常高。而利用基因工程方法制备疫苗，可以将病毒的免疫保护性抗原基因克隆到安全性好而又容易生长、培养的载体细胞中（如卡介苗和病毒疫苗），从而获得大量的保护性抗原。

本节主要介绍两种常见的基因工程重组蛋白疫苗。

一、重组乙型肝炎疫苗

（一）乙型病毒性肝炎

乙型病毒性肝炎（viral hepatitis type B）是由乙型肝炎病毒（HBV）引起的以肝脏病变为主的一种传染病，是目前全球范围内主要的公共卫生问题。根据 WHO 估计，全世界仍有超过 2.5 亿人存在慢性 HBV 感染。HBV 感染与肝硬化、肝衰竭和肝细胞癌（HCC）相关，每年导致约 100 万人死亡。迄今为止，尚无能完全消除该病毒并为慢性 HBV 感染提供治疗的特异性方法。乙型肝炎病毒主要通过血液传播，日常生活中如握手、拥抱、同一餐厅用餐、公用厕所、无血液暴露的接触一般不会传染乙肝。大部分人感染 HBV 之后，不会出现临床症状，以隐性感染为主。既往有乙型肝炎或 HBsAg 携带史或急性肝炎病程超过 6 个月，而目前仍有肝炎症状、体征及肝功能异常者，可以诊断为慢性肝炎。感染时的年龄是影响慢性化的最主要因素。在围生（产）期和婴幼儿时期感染 HBV 者中，分别有 90% 和 25%～30% 患者将发展成慢性感染。在青少年和成人期感染 HBV 者中，仅 5%～10% 发展成慢性。常见症状为乏力、全身不适、食欲减退、肝区不适或疼痛、腹胀、低热，体征为面色晦暗、巩膜黄染，可有蜘蛛痣或肝掌、肝大、质地中等或充实感，有叩痛，脾大严重者，可有黄疸加深、腹腔积液、下肢水肿、出血倾向及肝性脑病。有些患者甚至发展成肝硬化，少数可发展为肝癌。

过去，我国曾经是世界上乙肝病毒威胁最严重的国家之一，5 岁以下儿童乙肝病毒携带率高达 9.7%。1992 年我国将乙型肝炎纳入计划免疫管理，2002 年纳入儿童免疫规划，并加强了新生儿及时（出生 24 小时内）接种疫苗。2014 年我国 5 岁以下儿童乙肝病毒携带率降至 0.3%，感染乙肝病毒的儿童减少了近 3000 万人。

（二）HBV

乙型肝炎病毒（Hepatitis B，HBV）属嗜肝 DNA 病毒科，基因组长约 3.2kb，为部分双链环状 DNA。HBV 侵入人体后，与肝细胞膜上的受体结合，脱去包膜，穿入肝细胞质内，然后脱去衣壳，部分双链环状 HBV-DNA 进入肝细胞核内，在宿主酶作用下，以负链 DNA 为模板延长正链，修补正链中的裂隙区，形成共价闭合环状 DNA（cccDNA），然后以 cccDNA 为模板，在宿主 RNA 聚合酶 II 的作用下，转录成几种不同长短的 mRNA，其中 3.5kb 的 mRNA 含有 HBV-DNA 序列上全部遗传信息，称为前基因组 RNA。后者进入肝细胞质作为模板，在 HBV 反转录酶作用下，合成负链 DNA；再以负链 DNA

为模板，在 HBV - DNA 聚合酶作用下，合成正链 DNA，形成子代的部分双链环状 DNA，最后装配成完整 HBV，释放至肝细胞外。胞质中的子代部分双链环状 DNA 也可进入肝细胞核内，再形成 cccDNA 并继续复制。cccDNA 半衰期长，很难从体内彻底清除。

HBV 抵抗力较强，但 65℃10 小时、煮沸 10 分钟或高压蒸汽均可灭活 HBV。含氯制剂、环氧乙烷、戊二醛、过氧乙酸和碘附等也有较好灭活效果。

 知识链接

HBV 的检测

1. HBV 抗原、抗体检测 表面抗原（HBsAg）、表面抗体（抗 - HBs）、e 抗原（HBeAg）、e 抗体（抗 HBe）和核心抗体（抗 HBc）称为乙肝五项，是常用的 HBV 感染检测指标，可反映被检者体内 HBV 水平及机体的反应情况，粗略评估病毒水平。乙肝五项检测分为定性和定量两种，定性检查只能提供阴性或阳性结果，定量检查则可提供各项指标的精确数值，对乙肝患者的监测、治疗评估和预后判断等方面有更重要的意义，动态监测可作为临床医师制定治疗方案的依据。除以上五项外，抗 HBc - IgM、PreS1 和 PreS2、PreS1 - Ab 和 PreS2 - Ab 也逐步应用于临床，作为 HBV 感染、复制或清除的指标。

2. HBV DNA 检测 乙肝五项检测并不能作为判断病毒是否复制的指标，而 DNA 检测通过扩增病毒核酸，对体内低水平 HBV 病毒敏感，是判断病毒复制的常用手段。DNA 是乙肝病毒感染最直接、特异性强和灵敏性高的指标，HBV - DNA 阳性，提示 HBV 复制和有传染性，HBV - DNA 越高表示病毒复制越多，传染性越强。乙肝病毒的持续复制是乙肝致病的根本原因，HBV 的治疗主要是进行抗病毒治疗，根本目的是抑制病毒复制，促使乙型肝炎病毒 DNA 的转阴。DNA 检测对确诊 HBV 和评估 HBV 治疗效果也具有十分重要的作用，可了解机体内病毒的数量、复制水平、传染性、药物治疗效果、制定治疗策略等并作为评估指标，也是唯一能帮助确诊隐匿性 HBV 感染和隐匿性慢性 HBV 的实验室检测指标。

（三）重组乙型肝炎疫苗

乙肝疫苗是用于预防乙型肝炎的最有效措施。重组乙型肝炎疫苗作为第一个被批准应用于临床的基因工程亚单位疫苗，基因工程乙肝疫苗已经得到了广泛的研究和大规模生产和临床应用。在此之前，乙肝疫苗都是血源性的，即直接从乙型肝炎患者的血液中纯化而来。这种生产的方式有三大弊端：第一，生产不能无限量供应，最终的供应量取决于乙肝感染者血浆来源的量；第二，容易被存活的完整乙肝病毒颗粒污染，如无严格的纯化流程，终产品极易造成被接种者感染上乙肝病毒；第三，血浆产品存在的未预期的副作用。重组 DNA 技术出现以后，通过 HBsAg 基因的克隆和在大肠埃希菌、酿酒酵母和哺乳动物细胞系中的表达，实现了乙肝疫苗安全的无限量供应。

1985 年，我国开始使用血源乙肝疫苗，1992 年研制成功重组中华仓鼠卵巢细胞乙肝疫苗。同期从美国 Merck 公司引进的重组酵母乙肝疫苗于 1993 年完成中间试制，1995 年获准生产。1998 年后淘汰了血源乙肝疫苗，《中国药典》2020 年版收载的乙肝疫苗有重组乙肝疫苗（酿酒酵母）、重组乙肝疫苗（汉逊酵母）和重组乙肝疫苗（CHO 细胞）三种。以重组乙肝疫苗（酿酒酵母）为例，本品系由重组酿酒酵母表达的乙肝病毒表面抗原（HBsAg）经纯化，加入铝佐剂制成。

1. 制法 生产用菌种为 DNA 重组技术构建的表达 HBsAg 并经批准的重组酿酒酵母工程菌株。主种子批和工作种子批的代次应符合批准的要求，且进行培养物纯度、HBsAg 基因序列测定、质粒保有率、活菌率、抗原表达率检测。取检测合格的工作种子批菌种培养发酵，收获的酵母菌培养物经细胞破碎除去细胞碎片，采用硅胶吸附、疏水色谱法、硫氰酸盐处理等步骤提取纯化，即得 HBsAg 纯化物，纯化物用于制备原液。如原液采用甲醛处理，甲醛浓度、温度和时间均应符合要求，将抗原与铝佐剂进行吸附，0.85% ~0.90%氯化钠溶液洗涤，取上清液后再恢复至原体积，即为铝吸附产物。吸附的抗原用适宜的溶液稀释至规定的蛋白质浓度，即为半成品。半成品分装得到成品。

2. 质量控制 原液、半成品、成品均应按照 2020 年版《中国药典》要求进行检定。以成品质量控制为例。

（1）鉴别试验 采用酶联免疫吸附法（《中国药典》四部通则 3429），应证明含有 HBsAg。

（2）外观 应为乳白色混悬液体，可因沉淀分层，易摇散，不应有摇不散的块状物。

（3）装量 按《中国药典》四部通则 0102 检查，应不低于标示量。

（4）渗透压摩尔浓度 按《中国药典》四部通则 0632 检查，应符合批准的要求。

（5）化学检定 pH 应为 5.5 ~7.2；铝含量应为 0.35 ~0.62mg/ml（《中国药典》四部通则 3106）。

（6）体外相对效力测定 以酶联免疫吸附法测定供试品中的 HBsAg 含量，采用双平行线分析法计算供试品的相对效力（《中国药典》四部通则 3501），应不低于 0.5。

（7）无菌检查 照《中国药典》四部通则 1101 依法检查，应符合规定。

（8）异常毒性检查 照《中国药典》四部通则 1141 依法检查，应符合规定。

（9）细菌内毒素检查 照《中国药典》四部通则 1143 凝胶限度试验依法检查，应不高于 5EU/剂。

3. 剂型及规格 每瓶/支 0.5ml 或 1.0ml。每 1 次人用剂量 0.5ml，含 HBsAg 10μg；或每 1 次人用剂量 1.0ml，含 HBsAg 20μg 或 60μg。

4. 临床用途与使用方法 上臂三角肌肌内注射，适用于乙型肝炎病毒的易感者，进行主动免疫，预防乙肝病毒感染引起的乙型肝炎。接种乙肝疫苗是预防乙肝的最有效措施，要按照 0、1、6 月龄免疫程序全程接种 3 针；新生儿出生 24 小时内接种，接种越早，效果越好；新生儿、婴幼儿、青少年以及成人高危人群是接种疫苗的优先人群。

即学即练 12 -5

乙型肝炎有哪些传播途径？可以采用哪些方式有效预防？

答案解析

5. 不良反应与使用禁忌 总体耐受良好，常见注射部位短暂的疼痛、发红、肿胀。罕见和极罕见的不良反应包括一过性发热、硬结、注射部分的轻中度红肿疼痛、过敏反应等。已知对疫苗任何成分超敏感者及以往接种本品后出现超敏症状者不能接种。急性严重发热性疾病患者应推迟接种。孕妇使用前需评估。

6. 保存、运输及有效期 疫苗于 2 ~8℃避光保存和运输，自生产之日起有效期按批准的执行。

二、重组 B 亚单位/菌体霍乱疫苗（肠溶胶囊）

（一）霍乱

霍乱是由霍乱弧菌引起的一种急性腹泻性传染病。霍乱发病高峰期在夏季，能在数小时内造成腹泻脱水甚至死亡。在自然情况下，人类是霍乱弧菌的唯一易感者。感染途径是食用被霍乱弧菌患者粪便污染后的水或食物。霍乱的典型临床表现是分泌性腹泻，常为首发症状，米泔水样便，无明显腹痛和里急后重，每日数次至十余次，便量可达数千毫升。腹泻后出现喷射性呕吐，初为胃内容物，继而水样和米泔样，多不伴有恶心。频繁吐泻导致机体丢失大量水分和电解质，内环境紊乱，甚至发生循环衰竭。表现为血压下降、脉搏微弱，血红蛋白及血浆比重显著增高，尿量减少甚至无尿。由于碳酸氢根离子的大量丢失，可出现代谢性酸中毒，严重者神志不清、昏迷。儿童患者可出现发热症状。

霍乱的诊断需依据流行病学、患者的临床表现及实验室检查结果进行综合判断。除了血常规、生化检查、粪便常规、粪便涂片、动力试验和制动试验、增菌和分离培养之外，近年来出现了霍乱弧菌胶体金快速检测法，可以检测 O1 群和 O139 群霍乱弧菌抗原成分。

（二）霍乱弧菌

霍乱弧菌（vibrio cholerae）是革兰阴性菌，菌体短小呈逗点状，有单鞭毛、菌毛，部分有荚膜。共分为 139 个血清群，其中 O1 群和 O139 群可引起霍乱。取霍乱患者米泔水样粪便进行活菌悬滴观察，可见细菌运动极为活泼，呈流星穿梭运动。霍乱弧菌进入小肠后，依靠鞭毛的运动，穿过黏膜表面黏液层，黏附于肠壁上皮细胞上，在肠黏膜表面迅速繁殖。霍乱弧菌本身不入血，而是产生一种剧烈的致泄毒素——肠毒素，该毒素作用于肠壁促使肠黏膜细胞极度分泌从而使水和盐过量排出，导致严重脱水虚脱，进而引起代谢性酸中毒和急性肾功能衰竭。

（三）重组 B 亚单位/菌体霍乱疫苗（肠溶胶囊）

接种霍乱疫苗，可以降低霍乱的发病率，减轻症状和降低死亡率。《中国药典》收载的重组 B 亚单位/菌体霍乱疫苗（肠溶胶囊）系用霍乱毒素 B 亚单位基因重组质粒（pMMCTB）转化大肠埃希菌 MM2，使其高效表达霍乱毒素 B 亚单位（CTB），经纯化、冻干制成干粉；O1 群霍乱弧菌经培养、灭活、冻干制成菌粉。将两者混合后加入适宜辅料制成肠溶胶囊，用于预防霍乱和产毒性大肠埃希菌旅行者腹泻。

1. 制法 霍乱菌体原液：采用霍乱弧菌 O1 群古典生物型 16012 菌株或 Eltor 生物型 18001 菌株。主种子批菌种启开后至传代次数不得超过 5 代，工作种子菌种批启开后至接种生产用培养基传代次数不得超过 5 代。主种子批进行培养特性、染色镜检、生化反应、血清学试验（玻片凝集试验、定量凝集试验）、毒力试验、抗原性试验，工作种子批进行培养特性、染色镜检、生化反应、玻片凝集试验。启开合格的工作种子批接种于 LB 培养基上。培养结束后加入浓度不超过 1%（ml/ml）的甲醛溶液，37℃ 杀菌 2~3 天，并进行纯菌检查，检查合格的培养液采用超滤或其他批准的工艺进行菌体收集，即为原液。

重组霍乱毒素 B 亚单位原液：菌株为大肠埃希菌工程菌株。主种子批菌种启开后至传代次数不得超过 5 代，工作种子菌种批启开后至接种生产用培养基传代次数不得超过 5 代。主种子批应进行培养特性、染色镜检、抗生素的抗性、电镜检查、生化反应、重组霍乱毒素 B 亚单位表达量、质粒检查、目的基因核苷酸序列检查，工作种子批做除电镜和目的基因核苷酸序列检查之外的其他检查。启开工作种子批接种于适宜的培养基上，采用罐液体培养，可加适宜的诱导剂诱导目标蛋白产生。发酵液经离心，去除菌体，收集上清液，采用柱色谱或其他工艺，纯化目标蛋白，超滤浓缩，除菌过滤，即为原液。

上述两种原液稀释后，分别冷冻干燥成菌粉。两种菌粉与适宜辅料按一定比例混匀制成药粉，使每粒（240mg）含霍乱菌体 5.0×10^{10} 个、重组霍乱毒素 B 亚单位 1mg，即为半成品。分装制成胶囊，即得成品。

2. 质量控制 原液、半成品、成品均应按照 2020 年版《中国药典》要求进行检定。这里以成品质量控制为例。

（1）鉴别试验　染色镜检，应为革兰阴性短小弧形杆菌；采用免疫双扩散法（《中国药典》四部通则3403），供试品应与兔抗体CTB血清产生与对照品一致的沉淀线。

（2）物理检查　胶囊内药粉为淡黄色或浅褐色均匀粉末；装量检查（《中国药典》四部通则0103）应符合规定；渗透摩尔浓度（《中国药典》四部通则0632）应符合规定。

（3）崩解时限　按照《中国药典》四部通则0921检查，应符合规定。

（4）干燥失重　按照《中国药典》四部通则0831检查，胶囊内容物在80℃干烤至恒重，减失重量应不得超过5.0%。

（5）重组霍乱毒素B亚单位（CTB）含量　采用免疫单扩散法测定，CTB含量应为标示量的100%～200%。

（6）微生物限度　照《中国药典》四部通则1105、1106和1107依法检查，应符合规定。

（7）免疫力试验　采用间接酶联免疫法检测免疫组小鼠血清抗体水平，与对照组小鼠血清相比较，免疫组小鼠霍乱弧菌抗体滴度应不低于对照组4倍，免疫组小鼠CTB抗体滴度应不低于对照组8倍。

3. 剂型及规格　每粒胶囊装量240mg，含灭活霍乱菌体5.0×10^{10}个，重组霍乱毒素B亚单位1mg。

4. 临床用途与使用方法　本品供口服用，预防霍乱及大肠埃希菌旅行者腹泻。建议在2岁或以上的儿童、青少年和有接触或传播危险的成人中使用，主要包括以下人员：卫生条件较差的地区、霍乱流行和受流行感染威胁地区的人群；旅游者、旅游服务人员，水上居民；饮食业与食品加工业、医务防疫人员；遭受自然灾害地区的人员；军队执行野外战勤任务的人员；野外特种作业人员；港口、铁路沿线工作人员；下水道、粪便、垃圾处理人员。初次免疫者须服本品三次，分别于0、7、28天口服，每次一粒。接受过本品免疫的人员，可视疫情于流行季节前加强一次，方法、剂量同上。

5. 不良反应与使用禁忌　口服本品后一般无反应，可有腹痛、荨麻疹、恶心、腹泻等不良反应，均属轻度，一般不需处理，可自愈。如有严重反应，应及时诊治。禁忌包括：发热，严重高血压，心、肝、肾脏病，艾滋病及活动性结核，孕妇及2岁以下婴幼儿。对本制剂过敏或服后发现不良反应者，停止服用。

为取得更好效果应于餐后2小时服苗，服苗后1小时勿进食。服苗后2天内忌食生冷、油腻、酸辣食品。本品忌冻结，在低温冻结后不能使用。胶囊经密封处理，裂开后不能使用。过期失效，出现异味后不能使用。任何急性感染或发热性疾病都需推迟口服本品，除非医生认为不服用会导致更大的危险。由于肠溶胶囊质地较脆，使用时谨防胶囊破损。

6. 保存、运输及有效期　于2～8℃干燥保存和运输，自生产之日起，有效期为24个月。

第六节　结合疫苗

结合疫苗系指由病原微生物的保护性抗原成分与蛋白载体结合制成的疫苗，与其他疫苗相比，最大的区别在于是否有蛋白载体。

一、b型流感嗜血杆菌结合疫苗

（一）b型流感嗜血杆菌

b型流感嗜血杆菌（HIB）主要引起肺炎、脑膜炎等感染性疾病，多见于5岁以下儿童。HIB为需氧菌，多寄居在鼻咽部黏膜，通过空气飞沫和密切接触在人与人之间传播，人类是唯一宿主且普遍易感。根据荚膜多糖抗原成分的不同，应用特异性免疫血清作荚膜肿胀试验或其他血清学试验，可以将 HIB 分成 6 个（a、b、c、d、e、f）血清型，其中 b 型对婴幼儿的致病性最强，且最多见。

HIB 为革兰阴性短小杆菌，有荚膜，有时连成线状，亦可有单个革兰阴性球菌。其在普通营养琼脂培养基上不生长，在含羊血的巧克力培养基或者 HIB 综合琼脂培养基上生长，生长需要 X 因子（氯化血红素）、V 因子（β 辅酶 A）；卫星试验阳性（以 HIB 和金黄色葡萄球菌在同一巧克力琼脂平皿上培养，由于葡萄球菌能合成较多的"V"因子，并弥散到培养基里，可促进 HIB 生长，故在葡萄球菌菌落周围生长的 HIB 菌落较大，距离葡萄球菌菌落越远的 HIB 菌落越小，此称为"卫星现象"）；菌落呈灰白色、半透明，光滑凸起，湿润，边缘规则。

HIB 发酵葡萄糖、木糖、半乳糖，产酸、不产气。不发酵蔗糖、乳糖和果糖。赖氨酸脱羧酶反应呈阴性。

（二）b 型流感嗜血杆菌结合疫苗

本品系用纯化的 b 型流感嗜血杆菌荚膜多糖抗原，通过己二酰肼与破伤风类毒素蛋白共价键结合制成。预防 HIB 感染最重要的方法是对 5 岁以下儿童进行大面积免疫接种，《中国药典》2020 年版收载了 b 型流感嗜血杆菌结合疫苗。

1. 制法　生产用菌种为 b 型流感嗜血杆菌 CMCC58547 或 CMCC58543 株。主种子批启开后传代次数不得超过 5 代，工作种子批启开后至接种发酵罐培养，传代不得超过 5 代。菌种需要进行培养特性、染色镜检、生化反应、血清学试验（强凝集反应）等检定。启开工作种子批菌种，接种在适宜培养基（HIB 综合培养基）上，采用培养罐液体培养，经纯菌检查后，于对数生产期的后期或静止期的前期收获，加适宜浓度的甲醛溶液或适宜的杀菌剂杀菌，以确保杀菌完全但不损伤 HIB 荚膜多糖。杀菌后的培养物离心去菌体收集上清液，采用十六烷基三甲基溴化铵沉淀收集复合多糖（去核酸）。乙醇沉淀或超滤浓缩后乙醇沉淀，用无水乙醇、丙酮洗涤沉淀物，干燥后即为粗制多糖（沉淀多糖）。粗制多糖溶解于醋酸钠溶液中，苯酚抽提，收集上清液，适宜方法除去苯酚，加入乙醇溶液沉淀多糖，用无水乙醇、丙酮洗涤，真空干燥，即得精制多糖（多糖纯化）。

精制多糖溶解后，按适宜比例加入溴化氰进行活化，再加适宜浓度的己二酰肼溶液，将反应液超滤或透析，可冻干收集固体衍生物（多糖衍生）。以破伤风类毒素为载体蛋白，将上述固体衍生物与之进行结合，即得多糖蛋白结合物原液。原液用氯化钠注射液稀释，即得半成品。分装即得成品。

2. 质量控制　原液、半成品、成品均应按照 2020 年版《中国药典》要求进行检定。这里以成品质量控制为例。

（1）鉴别试验　采用免疫双扩散法（《中国药典》四部通则 3403），供试品应与 HIB 免疫血清及破伤风类毒素免疫血清形成明显的沉淀线。

（2）物理检查　外观应为无色透明液体，无异物；装量检查（《中国药典》四部通则 0103）应不低于标示量；渗透摩尔浓度（《中国药典》四部通则 0632）应符合规定。

（3）化学检定　pH 应为 5.0 ~ 7.0；按照《中国药典》四部通则 3421 检查多糖含量，以 D - 核糖为对照，按核糖含量计算供试品中多糖含量，每 1 次人用剂量应为 10 ~ 15μg；按照《中国药典》四部通则 3119 检查高分子结合物含量，应为 80% ~ 100% 或游离多糖 ≤20%；采用琼脂糖 CL - 4B 凝胶柱测定（按照《中国药典》四部通则 3419），K_D 值小于 0.20 的洗脱液回收率应大于 60%。

（4）**效力试验** 每批疫苗皮下注射小鼠，第 1、14 天注射两次，每次注射剂量为 2.5μg。第 21～28 天眼眶静脉取血，ELISA 测定 b 型流感嗜血杆菌抗体，以氯化钠为对照求 Cutoff 值。疫苗组应有 80% 以上小鼠血清抗体水平高于 Cutoff 值。

（5）**无菌检查** 照《中国药典》四部通则 1101，应符合规定。

（6）**热原检查** 照《中国药典》四部通则 1142，注射剂量按家兔体重每 1kg 注射 1.0μg，应符合规定。

（7）**异常毒性检查** 照《中国药典》四部通则 1141，应符合规定。

（8）**细菌内毒素** 照《中国药典》四部通则 1143，每 1 次人用剂量应不高于 25EU。

3. 剂型及规格 每瓶 0.5ml，每 1 次人用剂量 0.5ml，含多糖 10μg。

4. 临床用途与使用方法 肌内注射，用于预防 HIB 引起的儿童感染性疾病，如脑炎和脑膜炎。基础免疫程序为新生儿出生后 6 个月内三剂注射，可于出生后 6 周开始接种。为确保长期保护，推荐于出生后第二年加强一剂。6～12 月龄未接种过的婴幼儿应接种两剂，间隔 1 个月，于出生后第二年加强接种一剂。1～5 岁未接种过的儿童应接种一剂。应根据各国推荐的免疫程序接种。

5. 不良反应与使用禁忌 常见的为注射部位轻微发红，可自行缓解。其他罕见反应包括局部症状有注射部位的轻微肿胀和疼痛、发热、食欲不振、烦躁不安、呕吐、腹泻及异常啼哭。

6. 保存、运输及有效期 于 2～8℃保存和运输，自生产之日起，有效期为 24 个月。

二、A 群 C 群脑膜炎球菌多糖结合疫苗

（一）结合疫苗与多糖疫苗的区别

结合疫苗与普通多糖疫苗的区别在于是否有蛋白载体，而蛋白载体的作用是促成长效免疫记忆。多糖疫苗一般用于 2 岁以上婴幼儿及成人，可产生良好的免疫抗体，但是对于 2 岁以下的婴幼儿，由于机体免疫系统不完善，接种多糖疫苗免疫原性较差，保护期短。多糖疫苗对健康带菌没有明显影响，而结合疫苗可清除细菌携带，具有群体免疫效果，WHO 在其立场文件中认为结合疫苗明显优于多糖疫苗，特别是对 2 岁以下儿童。多糖疫苗不能产生免疫记忆，而结合疫苗能产生免疫记忆，这种记忆即便在抗体消失后仍然存在，在病原感染时，能快速、高效应答，对持久保护具有重要意义。

（二）A 群 C 群脑膜炎球菌多糖结合疫苗

1. 制法 生产用菌种采用 A 群脑膜炎球菌 CMCC29201（A4）菌株和 C 群脑膜炎球菌 CMCC29205（C11）菌株。A 群和 C 群单价原液的制备方式可参照 A 群脑膜炎球菌多糖疫苗的制法。载体蛋白是破伤风类毒素，破伤风类毒素的制备是用破伤风梭状芽孢杆菌 CMCC64008 或其他经批准的菌种，以培养罐液体培养（培养基为酪蛋白、黄豆蛋白、牛肉等蛋白质成分经加深水解后的培养基），待毒素浓度不低于 40Lf/ml 时，收获毒素，加入适量甲醛溶液脱毒制得。将 A 群、C 群多糖衍生物分别与脱毒检查合格的破伤风类毒素混合，加入碳二亚胺（EDAC）进行结合反应。两种反应物分别经超滤或透析预处理，再采用柱色谱法进行纯化，收集 V0 附近的洗脱液，合并后过滤除菌，即得结合物原液。用适宜稀释剂稀释原液，可加适量乳糖，即得半成品。半成品分装冻干（温度不应高于 30℃），真空或充氮封口，即得成品。

2. 质量控制 原液、半成品、成品均应按照 2020 年版《中国药典》要求进行检定。这里以成品质量控制为例。除水分、多糖含量、游离多糖含量测定之外，按制品标示量加入所附疫苗稀释剂复溶后进

行其余各项检定。

（1）鉴别试验 采用免疫双扩散法（《中国药典》四部通则3403），应分别与A群、C群多糖抗血清及破伤风抗毒素产生特异性沉淀线。

（2）物理检查 外观应为白色疏松体，按标示量加入所附疫苗稀释剂复溶，应为澄明液体，无异物。装量检查（《中国药典》四部通则0102）应符合规定。

（3）化学检定 水分应不高于3.0%；pH应符合要求；渗透摩尔浓度（《中国药典》四部通则0632）应符合规定；按《中国药典》四部通则3103测定磷含量，计算A群多糖含量，按《中国药典》四部通则3102测定唾液酸含量，计算C群多糖含量，每1次人用剂量含A群多糖10~15μg，C群多糖10~15μg；供试品采用透析法去除乳糖，按照《中国药典》四部通则3103，测定游离多糖，A群游离多糖含量应不高于25%，A群游离多糖含量应不高于30%。

（4）效力试验 每批疫苗于小鼠皮下注射，第0天、24天各1次，每次注射剂量分别含A群、C群多糖各2.5μg，于第1针后第21~28天采血，用ELISA法测定血清中抗A群和抗C群多糖IgG抗体滴度，以0.85%~0.90%氯化钠溶液为对照，求出Cutoff值。疫苗组抗体转阳率应不低于80%。

（5）无菌检查 照《中国药典》四部通则1101依法检查，应符合规定。

（6）热原检查 照《中国药典》四部通则1142依法检查，注射剂量按家兔体重每1kg注射1ml，含多糖0.1μg（A群多糖0.05μg，C群多糖0.05μg），应符合规定。

（7）细菌内毒素检查 照《中国药典》四部通则1143依法检查，每1次人用剂量应不高于500EU。

（8）异常毒性检查 照《中国药典》四部通则1141依法检查，应符合规定。注射剂量为每只小鼠0.5ml，含1次人用剂量制品；每只豚鼠5ml，含10次人用剂量制品。

3. 剂型及规格 按标示量复溶后每瓶0.5ml，每1次人用剂量0.5ml，含A群、C群多糖各10μg。

4. 临床用途与使用方法 接种A群C群脑膜炎球菌多糖结合疫苗后，可使机体产生体液免疫应答，用于预防A群、C群脑膜炎球菌引起的感染性疾病，如脑脊髓膜炎、肺炎等。此疫苗不能预防其他病菌引起的感染，亦不能预防其他原因引起的脑膜炎、肺炎等疾病。上臂三角肌肌内注射，每1次人用剂量0.5ml。3~12月龄儿童：基础免疫3次，间隔1个月注射一次；1~2岁儿童基础免疫注射2次，间隔1个月注射一次；3岁以上儿童或成人基础免疫注射1次。

5. 不良反应与使用禁忌 常见不良反应包括：接种后24小时内，注射部位疼痛和触痛，注射局部红肿、硬结、压痛，偶有局部瘙痒感，一般不需特殊处理，多数情况下2~3天内自行缓解，必要时可对症治疗。一般在接种疫苗后可能出现一过性发热反应，其中大多数为轻度发热反应，一般持续1~2天后可自行缓解，不需处理；对于中度发热反应或发热时间超过48小时者，可给予对症处理。偶有烦躁、嗜睡、呕吐、腹泻、食欲不振。罕见和极罕见不良反应包括严重发热、重度红肿、过敏性皮疹、过敏性休克和过敏性紫癜。

6. 保存、运输及有效期 疫苗于2~8℃避光保存和运输，自生产之日起，有效期为24个月。

即学即练 12−6

A群C群脑膜炎球菌多糖结合疫苗与A群脑膜炎球菌多糖疫苗有哪些区别？

答案解析

第七节 联合疫苗

联合疫苗可以同时预防不同病原微生物（多联疫苗）或同一病原微生物的不同血清型/株（多价疫苗）引起的疾病。联合疫苗开发的目的在于尽可能通过较少的疫苗注射次数预防更多种类疾病。联合疫苗的应用不仅可以提高疫苗覆盖率和接种率、减少多次注射给婴幼儿和父母所带来身体和心理负担、减少疫苗管理难题、降低接种成本费用，还可减少疫苗中防腐剂、佐剂等的接触量，降低疫苗不良反应。《中国药典》2020 年版收载的联合疫苗及预防疾病的种类见表 12 - 4。本节主要介绍其中三种。

表 12 - 4 《中国药典》2020 年版收载的联合疫苗及预防疾病的种类

疫苗名称	预防疾病的种类
吸附白喉破伤风联合疫苗	白喉 + 破伤风
吸附白喉破伤风联合疫苗（成人及青少年用）	
吸附百日咳白喉联合疫苗	百日咳 + 白喉
吸附百白破联合疫苗	百日咳 + 白喉 + 破伤风
吸附无细胞百白破联合疫苗	
无细胞百白破 b 型流感嗜血杆菌联合疫苗	b 型流感嗜血杆菌引起的感染 + 百日咳 + 白喉 + 破伤风
甲型乙型肝炎联合疫苗	甲型肝炎 + 乙型肝炎
麻疹腮腺炎联合减毒活疫苗	麻疹 + 流行性腮腺炎
麻疹风疹联合减毒活疫苗	麻疹 + 风疹
麻腮风联合减毒活疫苗	麻疹 + 流行性腮腺炎 + 风疹
A 群 C 群脑膜炎球菌多糖疫苗	A 群 + C 群脑膜炎球菌引起的流脑
A 群 C 群脑膜炎球菌多糖结合疫苗	
ACYW135 群脑膜炎球菌多糖疫苗	A 群 + C 群 + Y 群 + W135 群脑膜炎球菌引起的流脑
23 价肺炎球菌多糖疫苗	23 种血清型肺炎链球菌引起的肺炎、脑膜炎、中耳炎和菌血症等
伤寒甲型乙型副伤寒联合疫苗	伤寒 + 甲型副伤寒 + 乙型副伤寒
伤寒甲型副伤寒联合疫苗	伤寒 + 甲型副伤寒

联合疫苗不是简单地把现有疫苗组合起来，我国专门制订了《联合疫苗临床前和临床研究技术指导原则》，要求联合后疫苗研发过程中应对各组分间的相互作用，是否产生毒性逆转或重组，以及防腐剂、佐剂和非活性成分等对联合后活性成分的影响等进行研究。在稳定性和有效期研究时，应使用三批成品考核实际贮存时间内制品的稳定性，以制定该制品的有效期。应证明联合后的疫苗在安全性和有效性方面至少与单价疫苗是相等的。

一、麻腮风联合减毒活疫苗

麻腮风联合减毒活疫苗是一种用于预防麻疹、腮腺炎和风疹三种疾病的联合疫苗，目前已经纳入我国国家儿童免疫规划内。

（一）预防疾病种类

1. 麻疹 是由麻疹病毒感染引起的儿童常见急性呼吸道传染病，传染性很强，在人口密集而未普种疫苗的地区易发生流行。麻疹通过呼吸道分泌物飞沫传播，发病年龄多在 5 岁以下。麻疹疫苗出现之前，几乎每年一次大流行，1978 年麻疹疫苗纳入计划免疫后，麻疹发病率下降了 99%。临床常见表现包括持续性发热、咽痛、畏光、流泪、眼结膜红肿、口腔颊黏膜见到麻疹黏膜斑、全身皮肤出现红色斑丘疹，出诊顺序为耳后、颈部，而后躯干，最后遍及四肢手和足，退疹后皮肤脱屑并有色素沉着。常并发呼吸道疾病如中耳炎、喉-气管炎、肺炎等，严重并发症有麻疹脑炎、亚急性硬化性全脑炎。

麻疹病毒属副黏病毒，为单股负链 RNA 病毒，直径 100～250nm，有 N、P、M、F、H、L6 种结构蛋白，呈多形态或球形，核衣壳呈螺旋对称，外有包膜，表面有两种刺突血凝素（HA）和溶血素（HL），均为糖蛋白并具有抗原性。麻疹病毒的诊断一般无需实验室检查，根据临床表现即可判断。人是麻疹病毒唯一宿主，感染后或接种疫苗后可产生抗血凝素及抗溶血素抗体，二者均有中和病毒的能力。麻疹病毒对热、消毒剂、日光和紫外线均比较敏感，加热至 37℃ 以上时病毒滴度下降很快。

2. 风疹 是由风疹病毒引起的急性呼吸道传染病，传染性强，包括先天性感染和后天获得性感染，患者是风疹唯一传染源，一般通过飞沫经呼吸道传播，多见于儿童，冬春季发病较多，疾病流行期也可见中青年、成人和老人。风疹早期临床表现有发热、头痛、食欲减退、疲倦、乏力及咽痛、咳嗽等上呼吸道症状，之后出现皮疹，一般持续 3 天左右消退，亦可伴有其他症状。风疹病毒还可在母婴间垂直传播，即怀孕期母体内的病毒通过胎盘侵犯胎儿，怀孕早期的风疹可引起新生儿先天性畸形、死胎、早产等，其中先天性风疹综合征（CRS）是一种侵犯多种器官的接触性传染病。6 个月以内的婴儿可获得来自母体的抵抗力，较少发病。

风疹病毒属于披膜病毒科风疹病毒属，是一种多形性 RNA 病毒，大小为 50～85nm，电镜下呈多种形态，内含单链 RNA，有包膜，包膜棘突有两种抗原成分可凝集禽类和 O 型红细胞，可能与血凝素有关，只有一个血清型，人是唯一宿主。病毒抵抗力弱，对热、紫外线、乙醚、甲醛、氯仿等化学试剂均敏感。紫外线照射 15 分钟、56℃ 加热 15 分钟或 37℃ 处理 90 分钟均可被灭活。4℃ 保存不稳定，最好保存在 -70℃ 或干燥冰冻条件下。

3. 流行性腮腺炎 简称腮腺炎，是由腮腺炎病毒感染所致的急性自限性呼吸道传染病，主要发生于儿童和青少年，以腮腺非化脓性肿胀和疼痛为特征，亦可伴发热、乏力、肌肉疼痛等症状。腮腺是涎液腺中最大的腺体，位于两侧面颊近耳垂处，腮腺肿大以耳垂为中心，可以是一侧或两侧。除了腮腺，病毒可侵犯各种腺组织或神经系统及肝、肾、心、关节等几乎所有器官，引起脑膜脑炎、睾丸炎、卵巢炎、胰腺炎等并发症。腮腺炎病毒感染后一般可获持久免疫力，即一次发病终身免疫。

腮腺炎病毒属于副黏病毒科，球形，直径 100～200nm，单负链 RNA，核衣壳呈螺旋对称，有包膜，包膜上有血凝素-神经氨酸酶刺突（HN）和融合因子刺突（F），为糖蛋白结构，具有抗原性。人是腮腺炎病毒唯一宿主，经飞沫传播，首先侵入呼吸道上皮细胞和局部淋巴结内增殖后入血，进而侵犯腮腺及其他腺体。目前腮腺炎病毒仅有一个血清型。腮腺炎病毒抵抗力较弱，对热、紫外线、脂溶剂敏感，56℃ 30 分钟可被灭活。低温下相当稳定，-70℃ 可保存数月。适当蛋白质可增强稳定性。

（二）麻腮风联合减毒活疫苗

本品系用麻疹病毒减毒株、腮腺炎病毒减毒株分别接种原代鸡胚细胞，风疹病毒减毒株接种人二倍体细胞，经培养、收获病毒液，三种病毒液按比例混合，加适宜稳定剂冻干后制成。

1. 制法

（1）麻疹病毒原液 毒种制备及疫苗生产用原代鸡胚细胞，生产用毒种为麻疹病毒沪-191 株、长-47 株或经批准的其他麻疹病毒减毒株。沪-191 株主种子批应不超过第 28 代，工作种子批应不超过第 32 代；长-47 株主种子批应不超过第 34 代，工作种子批应不超过第 40 代。种子批毒株应进行鉴别试验、病毒滴度、无菌检查、分枝杆菌检查、支原体检查、外源病毒因子检查、免疫原性检查、猴体神经毒力试验。毒种和细胞混合后，置适宜温度下采用适宜培养液（含新生牛血清）培养，当细胞出现一定程度病变时，倾去培养液，用不少于原液培养量的洗液洗涤细胞表面，并换维持液继续培养。当细胞病变达到适宜程度时，收获病毒液。合并多次病毒液即得单次病毒收获液，多个同一细胞生产的单次病毒收获液合并即为原液。

（2）腮腺炎病毒原液　毒种制备及疫苗生产用原代鸡胚细胞，生产用毒种为腮腺炎病毒 S_{79} 株、Wm_{84} 株或经批准的其他腮腺炎病毒减毒株。S_{79} 株主种子批应不超过第 3 代，工作种子批应不超过第 6 代；Wm_{84} 株主种子批应不超过第 8 代，工作种子批应不超过第 10 代。按照麻疹病毒原液生产方式制得。

（3）风疹病毒原液　生产用细胞为人二倍体细胞 2BS 株、MRC - 5 株或经批准的其他细胞株，生产用毒种为风疹病毒 BRD Ⅱ 减毒株或经批准的经人二倍体细胞适应的减毒株。BRD Ⅱ 株原始种子为第 25 代，主种子批应不超过第 28 代，工作种子批应不超过第 31 代。种子批毒株应进行鉴别试验、病毒滴度、无菌检查、支原体检查、外源病毒因子检查、免疫原性检查、猴体神经毒力试验。后续按照麻疹病毒原液生产方式制得。

将麻疹病毒、腮腺炎病毒和风疹病毒单价原液根据病毒滴度按一定比例进行配制，其中麻疹和风疹病毒滴度比例应为 1∶1，且腮腺炎病毒滴度至少是麻疹病毒滴度的 5 倍，加入适量稳定剂后，即为半成品。分装冻干（冻干保护剂主要成分为人血白蛋白、明胶和蔗糖），即得成品。

2. 质量控制　单价原液、原液、半成品、成品均应按照 2020 年版《中国药典》要求进行检定。这里以成品质量控制为例。除水分测定外，应按标示量加入所附灭菌注射用水，复溶后进行以下各项检定。

（1）鉴别试验　应与病毒滴度测定同时进行，将稀释的麻疹和腮腺炎病毒特异性免疫血清分别与稀释的疫苗供试品混合后，20 ~ 25℃ 中和 90 分钟，接种 Vero 细胞或 FL 细胞，37℃ 培养 7 ~ 8 天后判定结果。麻疹和腮腺炎病毒应被完全中和，不得出现细胞病变。

（2）外观　为乳酪色疏松体，复溶后为橘红色或淡粉红色澄明液体，无异物。

（3）水分　按照《中国药典》四部通则 0832 测定，应不高于 3.0%。

（4）pH　按《中国药典》四部通则 0631 检查，应符合要求。

（5）渗透压摩尔浓度　采用测量溶液的冰点下降来间接测定其渗透压摩尔浓度（《中国药典》四部通则 0632），应符合批准的要求。

（6）病毒滴定　取疫苗 3 ~ 5 瓶混合后滴定。①麻疹疫苗病毒滴定：供试品经中和后，在 Vero 细胞或 FL 细胞上滴定麻疹病毒，应不低于 3.3lg $CCID_{50}$/ml。②腮腺炎疫苗病毒滴定：供试品经中和后，在 Vero 细胞或 FL 细胞上滴定腮腺炎病毒，应不低于 4.01g $CCID_{50}$/ml。

（7）热稳定性试验　由生产单位在成品入库前取样测定，应与病毒滴定同时测定，37℃ 放置 7 天后，麻疹病毒滴度应不低于 3.3lg $CCID_{50}$/ml，腮腺炎病毒滴度应不低于 4.01g $CCID_{50}$/ml，两种疫苗病毒滴度下降应不高于 1.0lg。

（8）牛血清蛋白残留量　采用酶联免疫吸附法测定（《中国药典》四部通则 3411），应不高于 50ng/剂。

（9）抗生素残留量　生产过程在加入抗生素的应进行该项检查。采用酶联免疫吸附法（《中国药典》四部通则 3429），应不高于 50ng/剂。

（10）无菌检查　照《中国药典》四部通则 1101 依法检查，应符合规定。

（11）异常毒性检查　照《中国药典》四部通则 1141 依法检查，应符合规定。

（12）细菌内毒素检查　照《中国药典》四部通则 1143 凝胶限度试验依法检查，应不高于 50EU/剂。

3. 剂型及规格　按标示量复溶后每瓶 0.5ml。每 1 次人用剂量为 0.5ml，含麻疹活病毒应不低于 3.01g $CCID_{50}$，含腮腺炎病毒应不低于 3.71g $CCID_{50}$。疫苗稀释剂为灭菌注射用水，其生产应符合要求。

4. 临床用途与使用方法　上臂外侧三角肌下缘附着处皮下注射。接种本疫苗后，可刺激机体产生抗麻疹病毒、腮腺炎病毒和风疹病毒的免疫力。用于预防麻疹、流行性腮腺炎和风疹。从 2020 年 6 月开始在全国范围实施两剂次麻腮风疫苗免疫程序，即 8 月龄和 18 月龄各接种 1 次。

5. 不良反应与使用禁忌　常见不良反应包括：注射部位疼痛和触痛，多数情况下于 2～3 天内自行消失；接种疫苗后 1～2 周内，可能出现一过性发热反应，一般持续 1～2 天后可自行缓解，不需处理，对于中度发热超过 48 小时者，可对症处理；接种疫苗后 6～12 天，可能出现散在皮疹，时间一般不超过 2 天，通常不需特殊处理，必要时可对症治疗；可有轻度腮腺和唾液腺肿大，一般在 1 周内自行好转，必要时可对症处理。

6. 保存、运输及有效期　于 2～8℃ 保存，自生产之日起，有效期为 18 个月。

二、吸附百白破联合疫苗

吸附百白破联合疫苗是用于预防百日咳、白喉、破伤风三种疾病的联合疫苗，目前已经列入国家免疫规划。

（一）预防疾病种类

1. 百日咳　是由百日咳杆菌引起的急性呼吸道传染病，经呼吸道飞沫传播，具有高度传染性，患者是唯一传染源，因病程长达 2～3 个月，所以称为"百日咳"。自从百日咳菌苗广泛接种后，本病的发生率已经显著减少。百日咳临床特征呈现典型的阵发性、痉挛性咳嗽，并伴有深长的鸡鸣样吸气性吼声。

百日咳杆菌是鲍特菌属，革兰阴性杆菌，卵圆形，无鞭毛、芽孢，含有耐热菌体（O）抗原和不耐热的荚膜（K）抗原，可产生细菌毒素，特异性损伤气管纤毛上皮细胞，引发炎症和坏死。百日咳杆菌对外抵抗力较弱，56℃30 分钟、光照 1 小时均可灭活。

2. 白喉　是由白喉棒状杆菌所引起的急性呼吸道传染病，主要表现为咽喉部灰白色纤维蛋白性假膜，伴有发热、恶心、呕吐、头痛、食欲减退、声音嘶哑、扁桃体红肿等症状，严重者全身中毒症状明显，可并发心肌炎和周围神经麻痹，常见死亡原因为中毒性心肌炎。白喉以散发为主，传染源包括患者和带菌者，通过飞沫传播，也可由食物或物品经破损皮肤接触传播，人群普遍易感，5 岁以下儿童发病率最高。发病后首选青霉素 G 治疗，患病或接种疫苗可具备长久免疫力。

白喉杆菌属于棒状杆菌属，细长稍弯，粗细不一，菌体一端或两端排列呈棒状，排列不规则，常呈 L、V、X、T 等字形或排成栅栏状。革兰染色阳性，无荚膜、鞭毛，不产生芽孢；用美兰液染色菌体着色不均匀，常呈深色颗粒；奈瑟（Neisser）染色，菌体深染成黄褐色，一端或二端染成蓝色或深蓝色颗粒，称为异染颗粒，其主要成分是磷酸盐和核糖核酸，是本菌形态特征之一。白喉杆菌通过分泌外毒素致病，通常仅在呼吸道黏膜繁殖，不入血。本菌对湿热的抵抗力较弱，60℃ 10 分钟或煮沸迅速被杀死，1% 苯酚 1 分钟灭活，但对干燥、寒冷和日光的抵抗力较其他无芽孢的细菌强。

3. 破伤风 是破伤风梭菌经由皮肤伤口或黏膜侵入人体后，在缺氧环境下生长繁殖，产生毒素而引起急性感染性、中毒性疾病。破伤风毒素主要侵袭神经系统中的运动神经元，导致全身骨骼肌阵发性痉挛、强直性痉挛，直至肌肉僵硬到无法自主活动。重症患者可出现窒息和呼吸衰竭，甚至死亡。破伤风可发生在任何年龄，一般有潜伏期，某些情况下感染风险更高，如开放性骨折、含铁锈的钉子/针伤口、污染伤口、烧烫伤、异物残留体内、新生儿脐带感染等。因此外伤后，针对伤口暴露情况进行恰当处理十分重要，不洁伤口和污染伤口一般应按照破伤风疫苗接种程序进行预防（被动免疫，破伤风抗毒血清）。破伤风患病后无持久免疫力，故可再次感染，主动免疫（注射破伤风类毒素）可产生抗体达到免疫目的。

破伤风的病原体是破伤风梭菌，革兰阳性，菌体细长，有鞭毛，无荚膜，芽孢位于菌体顶端，圆形，直径大于菌体，呈现鼓槌状或球拍状。致病物质为外毒素，对中枢神经系统有特殊亲和力，可阻止抑制性突触末端释放抑制性神经递质（甘氨酸与 γ－氨基丁酸），使肌肉活动兴奋和抑制失调，造成肌肉强直痉挛，形成破伤风特有的牙关紧闭、角弓反张等症状。破伤风痉挛毒素具有免疫原性，经 0.3% 甲醛溶液脱毒后成为类毒素。

（二）吸附百白破联合疫苗

本品系由百日咳疫苗原液、白喉类毒素原液及破伤风类毒素原液加入氢氧化铝佐剂制成。

1. 制法

（1）百日咳疫苗原液 采用百日咳杆菌 I 相 CMCC58001、58003、58004、58031 和沪 64－21 株，工作种子批菌种启开后传代不应超过 10 代，并进行培养特性、血清学试验、皮肤坏死试验、毒力试验、效价测定等项目的检定。工作种子批菌用适宜方法培养，时间不超过 48 小时，纯菌检查后收集菌体，混悬于 pH 7.0～7.4 PBS 中，制成菌悬液，有杂菌者应废弃。采用终浓度小于 0.1% 甲醛溶液或适宜方法杀菌。杀菌合格后合并，可加适量抑菌剂，即得原液。

（2）白喉类毒素原液 白喉杆菌 PW8 株（CMCC38007）或由 PW8 株筛选的产毒高、免疫强的菌种，采用培养罐液体培养，检测培养物滤液或离心上清液，毒素浓度不低于 150Lf/ml 时收获。用硫酸铵、活性炭二段盐析法或其他适宜方法精制，可加抑菌剂，产品中加入适量甲醛溶液（亦可加适量赖氨酸后再加甲醛），适宜温度下脱毒。脱毒后可加硫柳汞为抑菌剂，即得类毒素原液。

（3）破伤风类毒素原液 破伤风梭状芽孢杆菌 CMCC64008 或其他批准的破伤风梭状芽孢杆菌菌种，采用培养罐液体培养，培养物经纯菌检查，当毒素浓度不低于 40Lf/ml 时收获。产品中加入适量甲醛溶液，适宜温度下脱毒。脱毒检查后可用等电点沉淀、超滤、硫酸铵盐析等方法或其他适宜方法精制，精制后可加硫柳汞为抑菌剂，即得类毒素原液。

上述三种原液按计算量加入已经稀释的氢氧化铝中（佐剂，浓度 1.0～1.5mg/ml），调 pH 至 5.8～7.2，使每 1ml 半成品含百日咳杆菌应不高于 9.0×10^9 个菌，白喉类毒素应不高于 20Lf，破伤风类毒素应不高于 5Lf。半成品分装即得成品。

2. 质量控制 原液、半成品、成品均应按照 2020 年版《中国药典》要求进行检定。这里以成品质量控制为例。

（1）鉴别试验

1）百日咳疫苗 可选择以下任一种方法：①按百日咳疫苗原液效价测定方法进行；②血清学试验，加枸橼酸钠或碳酸钠将佐剂溶解后，离心沉淀百日咳菌体，加相应抗血清做凝集试验，应呈明显凝集反应。

2）白喉类毒素 可选择以下任一种方法：①按通则3505，疫苗注射动物应产生抗体；②按通则3506，疫苗加枸橼酸钠或碳酸钠将佐剂溶解后，做絮状试验；③按通则3403，疫苗经解聚液溶解佐剂后取上清液，做凝胶免疫沉淀试验，应出现免疫沉淀反应。

3）破伤风类毒素 可选择以下任一种方法：①按通则3504，疫苗注射动物应产生抗体；②按通则3506，疫苗加枸橼酸钠或碳酸钠将佐剂溶解后，做絮状试验；③按通则3403，疫苗经解聚液溶解佐剂后取上清液，做凝胶免疫沉淀试验，应出现免疫沉淀反应。

（2）物理检查 摇匀后外观应为均匀乳白色混悬液，不应有摇不散的凝块或异物；装量差异按通则0102检查，应不低于标示量；按通则0632测定渗透压摩尔浓度，应符合批准的要求。

（3）化学检定 pH应为5.8～7.2；按通则3106，应为0.17～0.26mg/剂；按通则3115，硫柳汞含量应不高于0.05mg/剂；按通则3207第一法品红硫酸比色法，应不高于0.1mg/剂。

（4）效价测定

1）百日咳疫苗 使用3个稀释度的供试品菌苗，分别免疫NIH小鼠，免疫14～16天后，用百日咳杆菌CMCC58030（18323）菌株（含菌8.0×10^4）脑内注射攻击小鼠，逐日观察动物并记录死亡数。每1次人用剂量中百日咳疫苗的免疫效价应不低于4.0IU，且95%可信限的低限应不低于2.0IU。

2）白喉疫苗 按通则3505，用白喉毒素攻击经供试品与标准品分别免疫后的豚鼠，比较其存活率，计算效价，每1次人用剂量应不低于30IU。

3）破伤风疫苗 按通则3504，用破伤风毒素攻击经供试品与标准品分别免疫后的小鼠或豚鼠，比较其存活率，计算效价，每1次人用剂量中破伤风免疫效价应不低于40IU（豚鼠）或不低于60IU（小鼠）。

（5）无菌检查 按《中国药典》四部通则1101，应符合规定。

（6）特异性毒性检查

1）百日咳疫苗 分别接种疫苗供试品（含菌量应不低于每1次人用剂量的一半）和0.85%～0.90%氯化钠溶液（或pH 7.2～7.4 PBS）到NIH小鼠，注射后72小时及第7天称量供试品组和对照品组小鼠的总体重。72小时后供试品组应不低于对照品组，7天后供试品组增加体重应不低于对照品组体重增加的60%。供试品组不得有小鼠死亡。

2）白喉、破伤风疫苗 豚鼠皮下注射2.5ml供试品（分两侧，一侧1.25ml），观察30天，注射部位可由浸润，经5～10天变成硬结，30天不完全吸收。在第10天、20天、30天称体重，应比注射前增加，局部无化脓、坏死、破伤风症状及晚期麻痹症，判定为合格。

3. 剂型及规格 每瓶0.5ml、1.0ml、2.0ml、5.0ml。每1次人用剂量为0.5ml，含百日咳疫苗效价应不低于4.0IU，含白喉疫苗效价应不低于30IU，含破伤风疫苗效价应不低于40IU（豚鼠）或60IU（小鼠）。

4. 临床用途与使用方法 臀部外上方1/4处或上臂外侧三角肌附着处皮肤消毒后肌内注射。本疫苗接种后，可使机体产生体液免疫应答。用于预防百日咳、白喉、破伤风。2～3月龄开始免疫，至12月龄完成3针免疫，每针间隔4～6周，18～24月龄注射第4针。每次注射剂量为0.5ml。

5. 不良反应与使用禁忌 局部可有红肿、疼痛、发痒，或有低热、疲倦、头痛等，一般不需处理即行消退。如有严重反应及时诊治。禁忌包括癫痫、神经系统疾患及抽风史。急性传染病（包括恢复期）及发热者，暂缓注射。

6. 保存、运输及有效期 于2～8℃保存和运输，自生产之日起，有效期为18个月；百日咳疫苗原液保存时间超过 18 个月者，自原液采集之日起，疫苗总有效期不得超过 36 个月。

三、23 价肺炎球菌多糖疫苗

肺炎链球菌感染是世界范围内导致死亡的重要原因之一，随着抗生素的普遍使用，耐药株也不断出现，因此预防肺炎链球菌感染十分必要。本疫苗是多价疫苗，预防 23 种血清型肺炎链球菌引起的疾病，如肺炎、脑膜炎、中耳炎、菌血症等。

（一）肺炎链球菌

肺炎链球菌为链球菌科链球菌属，革兰阳性球菌，直径约为 1μm。部分毒株有荚膜，普通染色表现为菌体周围透明环、无鞭毛，不形成芽孢。荚膜是肺炎链球菌主要的致病因素，荚膜中存在多糖抗原。根据荚膜多糖抗原性的不同将肺炎链球菌分为不同的血清型，其中 1～3 型致病力强，主要引起人类大叶性肺炎。这种肺炎常突然发病，表现为高热、寒战、胸膜剧烈疼痛、咳铁锈色痰，部分伴发菌血症。病理表现主要是起初肺泡内大量纤维蛋白渗出液，然后是红细胞和白细胞向肺泡内渗出，最终导致病变部位肺组织实变，病变通常仅累及单个肺叶，故称为大叶性肺炎。肺炎链球菌也可侵入其他部位，引起继发性胸膜炎、中耳炎、心内膜炎及化脓性脑膜炎等。

肺炎链球菌借助飞沫传播，青壮年、老年与婴幼儿均可感染。但对热、消毒剂抵抗力较弱，56℃ 30 分钟可被杀死，对青霉素、红霉素、林可霉素等敏感。有荚膜株抗干燥力较强。肺炎链球菌在血琼脂平板上菌落周围形成 α 溶血环，培养基中加入 5%～10% CO_2 可促进细菌的生长。奥普托欣（optochin）可抑制肺炎链球菌生长，在此条件下培养可形成明显的抑菌圈。

（二）23 价肺炎球菌多糖疫苗

本疫苗系采用 1、2、3、4、5、6B、7F、8、9N、9V、10A、11A、12F、14、15B、17F、18C、19A、19F、20、22F、23F 和 33F 型肺炎链球菌分别进行液体培养，经提取和纯化获得荚膜多糖抗原后稀释合并制成。

1. 制法　生产菌种为 23 种血清型肺炎链球菌菌种。主种子批开启后至工作种子批，传代次数不超过 5 代，工作种子批启开后至接种发酵罐培养，传代应不超过 5 代。种子批需要进行培养特性（α 溶血环）、染色镜检、生化反应（发酵葡萄糖、菊糖、棉子糖、蜜二糖，不发酵山梨醇）、胆汁溶菌试验、Optochin 试验、荚膜肿胀试验等项目的检定。检定合格的菌种采用培养罐液体培养（肺炎链球菌半综合液体培养基或其他适宜培养基），于对数生长期收获，经浓度测定和纯菌检查后，在收获的培养液中加入脱氧胆酸钠杀菌，离心除去菌体，超滤浓缩，根据不同血清型多糖特点调 pH，加乙醇至适宜浓度，离心收集上清液或超滤浓缩，加乙酸钠，调 pH，加乙醇沉淀多糖，收集沉淀，经有机溶剂洗涤、真空干燥收获粗制多糖。冷酚法（或其他批准的方法）去除蛋白，乙醇沉淀去除核酸，经有机溶剂洗涤、真空干燥，收获单价精制多糖。分别取单价精制多糖或单价多糖原液适量，合并稀释配制成 23 价肺炎链球菌多糖疫苗，使各单糖精制多糖终浓度为 50μg/ml，即为半成品。除菌过滤后分装，即得成品。

即学即练 12-7

通过对本节三种联合疫苗制法的学习，思考联合疫苗在制法上与其他疫苗有何不同？

答案解析

2. 质量控制　原单价精制多糖、半成品、成品均应按照 2020 年版《中国药典》要求进行检定。这里以成品质量控制为例。

（1）鉴别试验 采用免疫双扩散法（《中国药典》四部通则3403），各单型多糖应与其相应的特异性抗血清产生明显沉淀线；或用速率比浊法，测出各单型多糖含量。

（2）各型多糖含量测定 采用免疫化学法（《中国药典》四部通则3429）速率散射比浊法测定各型多糖含量，CV 应小于15%，各型多糖含量应为（50±15）μg/ml（或应为标示量的70%~130%）。

（3）物理检查 外观应为无色透明液体；装量检查（《中国药典》四部通则0102）应不低于标示量。

（4）化学检定 pH 应符合要求；渗透摩尔浓度（《中国药典》四部通则0632）应符合规定；如添加苯酚作为抑菌剂，按《中国药典》四部通则3113，应符合要求。

（5）无菌检查 照《中国药典》四部通则1101依法检查，应符合规定。

（6）异常毒性检查 照《中国药典》四部通则1141依法检查，应符合规定。注射剂量为每只小鼠0.5ml，含1次人用剂量制品；每只豚鼠5ml，含10次人用剂量制品。

（7）热原检查 照《中国药典》四部通则1142依法检查，注射剂量按家兔体重每1kg注射1ml，含每型多糖2.5μg，应符合规定。

（8）细菌内毒素检查 照《中国药典》四部通则1143依法检查，每1次人用剂量应不高于25EU。

3. 剂型及规格 每1次人用剂量0.5ml，含23价肺炎球菌荚膜多糖各25μg。

4. 临床用途与使用方法 上臂外侧三角肌皮下或肌内注射（推荐肌内注射），每次注射0.5ml，用于预防23种血清型肺炎链球菌引起的感染。霍奇金病患者如需接种疫苗可在治疗开始前10天给予。如果进行放疗或化疗至少应在开始前14天给予，以产生最有效的抗体免疫应答。治疗开始前不足10天及治疗期间不主张免疫接种。免疫缺陷患者，应于术前两周接种。脾切除者，每5年加强免疫一次，每次注射剂量0.5ml。对10岁以下脾切除或患有镰状细胞贫血的儿童，应每隔3~5年加强免疫一次，每次注射0.5ml。对已接种过本肺炎球菌疫苗者不建议进行系统性再接种。

5. 不良反应与使用禁忌 注射部位可能出现暂时的疼痛、红肿、硬结和短暂的全身发热反应等轻微反应，一般均可自行缓解。必要时可给予对症治疗。罕见的不良反应有头痛、不适、虚弱乏力、淋巴结炎、过敏样反应、血清病、关节痛、肌痛、皮疹。疫苗使用禁忌包括：已知对本疫苗的任何成分过敏者；患脑病、未控制的癫痫和其他进行性神经系统疾病者；发热、急性感染、慢性病急性发作期；除非有特殊原因，否则本疫苗不推荐给三年内已接种者接种。

6. 保存、运输及有效期 疫苗于2~8℃避光保存和运输，自生产之日起，有效期为24个月。

答案解析

一、选择题

A 型题

1. 疫苗的核心组成是（　　　　）

    A. 抗原   B. 佐剂   C. 防腐剂

    D. 稳定剂   E. 灭活剂

2. 佐剂的作用是（　　　　）

A. 产生免疫原性

B. 保持疫苗性质稳定性

C. 增强抗原的特异性免疫应答

D. 保证疫苗在保存过程中不受微生物污染

E. 灭杀活体微生物

3. 疫苗按照行政效力分为（　　）

　　A. 免疫规划疫苗和非免疫规划疫苗

　　B. 灭活疫苗、减毒活疫苗、类亚单位疫苗、基因工程疫苗、结合疫苗、联合疫苗

　　C. 病毒疫苗和细菌疫苗

　　D. 预防性疫苗和治疗性疫苗

　　E. 国产疫苗和进口疫苗

4. 以下哪一项不是筛选生产疫苗用菌毒种的原则（　　）

　　A. 安全性　　　　　　B. 免疫原性　　　　　　C. 遗传稳定性

　　D. 无致癌性　　　　　E. 来源属性

5. 根据病原微生物的传染性、感染后对个体或者群体的危害程度，将菌毒种分为（　　）类

　　A. 两　　　　　　　　B. 三　　　　　　　　　C. 四

　　D. 五　　　　　　　　E. 六

6. 我国修订版《中华人民共和国疫苗管理法》自（　　）起施行

　　A. 2019 年 12 月 1 日　　　B. 2019 年 6 月 29 日　　　C. 2019 年 9 月 29 日

　　D. 2019 年 10 月 1 日　　　E. 2019 年 12 月 29 日

7. 疫苗的保存温度一般为（　　）

　　A. 0～4℃　　　　　　B. 2～8℃　　　　　　　C. 4～12℃

　　D. 0℃以下　　　　　E. 常温保存

8. 狂犬病毒暴露后的免疫程序一般为（　　）针

　　A. 2　　　　　　　　B. 3　　　　　　　　　C. 4

　　D. 5　　　　　　　　E. 6

9. 抗流感药物奥司他韦的作用靶点是（　　）

　　A. 磷脂双分子层　　　B. 血凝素　　　　　　C. 神经氨酸酶

　　D. 流感病毒 DNA　　　E. 病毒颗粒

10. 流感疫苗预防工作面临的最大困难是（　　）

　　A. 疫苗数量不够　　　B. 疫苗保护效力不好　　C. 流感病毒变异性

　　D. 疫苗安全性问题　　E. 流感病毒毒株不易获得

11. 流感全病毒灭活疫苗的质量检定项目不包括（　　）

　　A. 鉴别试验　　　　　B. 微生物限度　　　　C. 渗透压摩尔浓度

　　D. 血凝素含量　　　　E. 抗生素残留量

12. 注射用卡介苗用来预防（　　）

　　A. 伤寒　　　　　　　B. 流脑　　　　　　　C. 狂犬病

　　D. 百日咳　　　　　　E. 结核

13. 流感病毒裂解疫苗制备中常用的裂解剂是（　　）

    A. 甲醛　　　　　　　　B. 硫柳汞　　　　　　　C. 去氧胆酸钠

    D. 聚乙二醇辛基苯基醚　　E. 聚乳酸聚羟基乙酸

14. 23 价肺炎球菌多糖疫苗属于（　　）

    A. 灭活疫苗　　　　　　B. 减毒活疫苗　　　　　C. 基因工程重组疫苗

    D. 联合疫苗　　　　　　E. 结合疫苗

X 型题

15. 疫苗的主要组成包括（　　）

    A. 抗原　　　　　　　　B. 佐剂　　　　　　　　C. 防腐剂

    D. 稳定剂　　　　　　　E. 灭活剂

16. 可以用作疫苗抗原的物质包括（　　）

    A. 灭活病毒或细菌

    B. 活病毒或细菌通过实验多次传代得到的减毒株

    C. 病毒或菌体提纯物

    D. 细菌多糖

    E. 类毒素

17. 以下关于我国免疫规划说法正确的是（　　）

    A. 由国务院卫生健康主管部门制定

    B. 县级以上地方人民政府卫生健康主管部门指定符合条件的医疗机构承担责任区域内免疫规划疫苗
      接种工作

    C. 接种单位应遵守预防接种工作规范、免疫程序、疫苗使用指导原则和接种方案

    D. 医疗卫生人员在实施接种前，应核对疫苗和受种者信息，确认无误后方可实施接种

    E. 接种记录应当保存至疫苗有效期满后不少于三年备查

18. 常用的 HBV 感染检测指标包括（　　）

    A. 表面抗原（HBsAg）　　B. 表面抗体（抗 – HBs）　　C. e 抗原（HBeAg）

    D. e 抗体（抗 HBe）　　　E. 核心抗体（抗 HBc）

二、简答题

1. 什么是疫苗佐剂？为什么需要在疫苗中添加佐剂？

2. 请举例说明什么是灭活疫苗？根据所学知识，总结灭活疫苗大致的生产流程是什么。

3. 《中国药典》2020 年版收载了哪几种脊髓灰质炎疫苗？它们属于哪一类疫苗？

书网融合……

          知识回顾　　　　　　微课　　　　　　习题

（王丽娟）

第十三章 抗体药物

抗体独特的生物学活性使其在疾病诊断、免疫防治及基础研究中发挥着重要作用。早在19世纪后期，人们就开始使用特异性抗原免疫动物制备相应的抗血清。之后，抗体药物逐渐在疾病的诊断、预防和治疗中发挥着越来越重要的作用。到了20世纪70年代，单克隆抗体技术诞生，治疗性抗体药物在整个医学界大放异彩。涌现出非常多拥有无与伦比特异性的基因工程重组单克隆抗体药物，这些药物因其在疑难杂症的治疗上有着非凡疗效而逐渐占据了一定的市场地位。

基于抗体药物在人类疾病诊断、预防和治疗过程中的重要作用，本章主要介绍抗体药物的基本概念和应用等知识，旨在让学习者掌握抗体药物的性质、组成、作用、特点、生产基本流程，了解抗体药物的最新进展和发展前景。

学习目标

思政素养目标

通过新冠康复患者踊跃捐献免疫血清的讲解，使学生感受到"一方有难，八方支援"的中华民族无私大爱精神，树立对社会主义核心价值观的认同感。

知识目标

1. **掌握** 抗体、抗体药物的概念、分类和单克隆抗体的特性。

2. **熟悉** 抗毒素和免疫血清的性质、制造过程和常见的抗毒素和免疫血清的性质；几种最新的抗肿瘤单克隆抗体的进展。

3. **了解** 抗体药物的由来和发展前景。

技能目标

1. 熟悉抗病毒和免疫血清的生产过程。

2. 熟知单克隆抗体药物的生产流程。

第一节 概 述

一、抗体药物的概念和特点

抗体（antibody，Ab）是B淋巴细胞接受抗原刺激后增殖分化为浆细胞所产生的糖蛋白，主要存在于血清等体液中，是介导体液免疫的重要效应分子，能与相应抗原特异性结合，发挥免疫功能。抗体药物是指由抗体物质组成的药物。

长期以来，抗体药物一直是医学和药学中一个非常热门的研究领域。如用于疾病的预防、诊断和治疗方面都有一定的作用。临床上用丙种球蛋白预防病毒性肝炎、麻疹、风疹等，国际上用抗 Rh 免疫球蛋白预防因 Rh 血型不合引起的溶血症。诊断上如类风湿因子用于类风湿关节炎，抗核抗体（ANA）、抗 DNA 抗体用于系统性红斑狼疮，抗精子抗体用于原发性不孕症的诊断等；治疗上如毒素中毒用抗毒治疗以及免疫缺陷性疾病的治疗等。

抗体药物具有特异性、多样性及制备定向性等特点。特异性主要体现在能特异性结合相关抗原、选择性杀伤肿瘤靶细胞、在动物体内靶向性分布、对特定肿瘤疗效更佳、临床疗效确切；多样性表现为靶抗原多样性、抗体结构及活性多样性、免疫耦联物与融合蛋白多样性；制备定向性表现为可根据使用目的需要，制备具有不同治疗作用的抗体。

二、抗体药物的发展

自 19 世纪末以来，科学家发现用白喉或破伤风毒素免疫动物后，可产生具有中和毒素作用的物质，称之为抗毒素（antitoxin）。科学家们自此研究并建立了血清疗法，开创了抗体制药的先河。随后引入"抗体"一词来泛指抗毒素类物质。经 1968 年和 1972 年的世界卫生组织和国际免疫学会联合会讨论决定，将具有抗体活性或化学结构与抗体相似的球蛋白统一命名为免疫球蛋白（immunoglobulin，Ig）。1975 年，Kohler 和 Milstein 建立了单克隆抗体（monoclonal antibody，mAb）技术，使规模化制备高特异性、均质性抗体成为可能。此后，单克隆抗体逐渐大放异彩，形成了一个非常重要的产业。随着抗体技术的日新月异以及动物细胞大规模培养技术的成熟，涌现出非常多拥有特异性的基因工程重组单克隆抗体药物，临床上广泛应用于诱导被动免疫、影像诊断和肿瘤、器官移植和心血管疾病的治疗。

第二节　抗毒素与免疫血清

抗毒素和免疫血清属于多克隆抗体类药物。天然的抗原分子中常含有多种不同的抗原表位，以该抗原刺激机体的免疫系统可同时激活多种 B 细胞克隆，产生的抗体中会含有多种针对不同抗原表位的抗体，因此称之为多克隆抗体。多克隆抗体主要从动物免疫血清、恢复期患者血清或免疫接种人群的血清中获得。多克隆抗体作用全面，具有中和抗原、免疫调理、补体依赖的细胞毒作用（CDC）、抗体依赖性细胞介导的细胞毒作用（ADCC）等重要作用，而且来源广泛、制备简单。利用多克隆抗体进行医学应用和治疗在目前仍具有单克隆抗体无法替代的优越，因此还存在较大的市场空间。截至 2021 年 2 月，已批准上市的国产药品中，抗毒素有 16 种，免疫血清有 11 种。

2020 年版《中国药典》收录的不同品种抗毒素和免疫血清，是用毒素、类毒素、细菌、病毒或其他特异性抗原免疫马匹后，采集高效价血浆，经酶解、提取和纯化后制备而成的，主要含 F（ab'）$_2$ 或 Fab 片段的免疫球蛋白制品。临床上用于某些感染性疾病（如破伤风、狂犬病）和毒蛇咬伤的治疗和预防。

在抗毒素和免疫血清的生产过程中，生产和检定用设施、原材料及辅料、水、器具、动物等应符合

《中国药典》的有关要求。生产质量管理应符合现行版《药品生产质量管理规范》的要求。生产过程使用的原材料和辅料应符合 2020 年版《中国药典》"生物制品生产用原材料及辅料质量控制"要求。马免疫血清制品的病毒安全性应符合"生物制品病毒安全性控制"的相关要求。另外，需采用批准的生产工艺进行生产，生产工艺应经验证。

抗毒素和免疫血清具体的制造流程如下。

1. 选择适宜的抗原和佐剂 应选择适宜的抗原和佐剂用于马匹免疫，免疫用抗原应具有较好的免疫原性，佐剂应优质、安全、高效、无抗原性，且不得含有人体来源的大分子成分。用于免疫的抗原和佐剂成分应来源清晰可追溯，制备工艺稳定且有全面的质量控制要求，每批抗原和佐剂使用前应进行关键质控项目的检定并符合要求。

2. 马匹免疫 生产用马匹应无任何传染病，体质健康，营养程度中等以上，年龄 4～5 岁为宜。马匹免疫一般分为基础免疫和加强免疫两个阶段，应根据抗原的免疫原性和马匹的反应性确定免疫程序。

3. 血浆采集 采血前应对马匹进行检查，如出现任何与免疫接种无关的病理状态，该马匹不能用于血浆采集。发现外源感染因子检查不合格的马匹应予以追查，前次检疫以后的血浆及被该血浆污染的半成品和成品应予以废弃。抗体效价检测合格的免疫马匹可进行采血，采血前至少 6 小时以内不喂精饲料。马血清/血浆采集量应根据马匹体重及健康状况确定。采血所用抗凝剂应无菌、无热原，不含抗生素，细菌内毒素含量符合要求。

4. 血浆分离 血清/血浆分离场地应与动物饲养区和生产制备区域隔离。可采用单采血浆机或人工方式采集血浆，人工采集血浆时，至少应在 D 级条件下进行血浆分离。凡与血液或血浆直接接触的器具及溶液等使用前均应进行灭菌处理。采集的血清/血浆在进一步加工前如需存放，应采取预防微生物污染的措施，可加入适当的抑菌剂，以控制产品的微生物负荷。应在确定有效抑菌浓度的基础上尽可能减少抑菌剂用量。血浆采集如需添加抑菌剂，应尽可能与生产过程采用同一种抑菌剂；如添加不同抑菌剂，应在成品中分别检测并规定限度要求。生产过程中使用的有机溶剂，应符合《中国药典》的相关要求。

5. 血浆检测 合并血浆应进行抗体效价检测。人工方式采集血浆时，应对分离后的血浆取样进行微生物限度检查，需氧菌总数应不高于 $10^2\,CFU/ml$、霉菌和酵母菌总数应不高于 $10^1\,CFU/ml$。

6. 血浆消化与纯化 将血浆混合并适当稀释后，经胃酶消化、硫酸铵盐析分离提取，再经吸附、过滤和柱色谱等工艺进行纯化，纯化产物经除菌过滤，得到原液。

7. 质量检测 原液应取样进行无菌、热原检查和抗体效价测定，并符合相关规定。检定合格的原液，按成品规格以灭菌注射用水或适宜的稀释剂进行稀释，调整效价、蛋白质浓度、pH 及氯化钠含量等，经除菌过滤后即为半成品。半成品应取样进行无菌检查并符合规定。成品的检定项目一般包括鉴别试验、物理检查、化学检查、纯度、效价测定和产品相关杂质检查、工艺相关杂质检查，以及一般安全性检查（如无菌检查、热原检查等）。

一、白喉抗毒素

白喉抗毒素是由白喉类毒素免疫马所得的血浆，经胃酶消化后纯化制成的液体抗毒素球蛋白制剂。白喉抗毒素含有特异性抗体，具有中和白喉毒素的作用，用于预防和治疗白喉。白喉是由白喉杆菌所引起的一种急性呼吸道传染病，以发热，气憋，声音嘶哑，犬吠样咳嗽，咽、扁桃体及其周围组织出现白色伪膜为特征。严重者全身中毒症状明显，可并发心肌炎和周围神经麻痹。

对已出现白喉症状者应及早注射抗毒素治疗。未经白喉类毒素免疫注射或免疫史不清者，如与白喉患者有密切接触，可注射抗毒素进行紧急预防，但也应同时进行白喉类毒素预防注射，以获得持久免疫。

白喉抗毒素可以制成液体注射剂或冻干粉针，现在国产上市的白喉抗毒素大多为注射剂。对于白喉抗毒素注射剂来讲，一般来说，预防用 1000IU/瓶；治疗用 8000IU/瓶。

白喉抗毒素无需冷冻保存，但需要 2～8℃避光干燥处保存。

二、破伤风抗毒素

破伤风抗毒素由破伤风类毒素免疫马所得的血浆，经胃酶消化后纯化制成的液体抗毒素球蛋白制剂。破伤风抗毒素含特异性抗体，具有中和破伤风毒素的作用，可用于破伤风梭菌感染的预防和治疗。

破伤风梭菌是破伤风的病原体，革兰染色阳性，严格厌氧。当机体受到深部创伤或手术时使用不洁器械等情况下易感染该菌，其主要致病物质是破伤风梭菌在创伤局部繁殖产生的外毒素，即破伤风痉挛毒素，它是一种神经毒素，毒性极强，仅次于肉毒毒素。破伤风潜伏期可从几天至几周，与原发感染部位距离中枢神经系统的长短有关。经血流或淋巴进入中枢神经系统，亦可经末梢神经轴索逆行而上到达中枢神经系统，最终形成破伤风特有的症状，发病后机体呈强直性痉挛，可因窒息或呼吸衰竭而死亡。

已出现破伤风或其可疑症状时，应在进行外科处理及其他疗法的同时，及时使用抗毒素治疗。开放性外伤（特别是创口深、污染严重者）有感染破伤风的危险时，应及时进行预防。凡已接受过破伤风类毒素免疫注射者，应在受伤后再注射 1 针类毒素加强免疫，不必注射抗毒素；未接受过类毒素免疫或免疫史不清者，须注射抗毒素预防，但也应同时开始类毒素预防注射，以获得持久免疫。

破伤风抗毒素可以制成液体注射剂或冻干粉针，现在国产上市的破伤风抗毒素大多为注射剂。2～8℃避光干燥保存和运输。

三、肉毒抗毒素

肉毒抗毒素是由肉毒梭菌 A、B、C、D、E、F 六型毒素或类毒素分别免疫马所得的血浆，经胃酶消化后纯化制成的液体抗毒素球蛋白制剂。肉毒抗毒素含有特异性抗体，具有中和相应型肉毒毒素的作用，用于预防和治疗 A、B、C、D、E、F 型肉毒中毒。

肉毒毒素是由厌氧的肉毒梭菌在生长繁殖过程中产生的一种细菌外毒素，是一种含有高分子蛋白的神经毒素，是目前已知在天然毒素和合成毒剂中毒性最强烈的生物毒素，它主要抑制神经末梢释放乙酰胆碱，引起肌肉松弛麻痹，特别是呼吸肌麻痹，是致死的主要原因，是能引起死亡率极高的肉毒中毒。

肉毒梭菌及其毒素根据毒素抗原性的不同，将其分为 A、B、C、D、E、F 和 G 7 个型。其中 A、B、E、F 为人中毒型别，C、D 型为动物和家禽的中毒型别。C 型肉毒梭菌在自然界广泛分布。饮食污染有 C 型肉毒梭菌特别是 C 型肉毒毒素的水源或草料的动物有可能发生 C 型肉毒中毒。

凡已出现肉毒中毒症状者，应尽快使用肉毒抗毒素进行治疗。对可疑中毒者亦应尽早使用肉毒抗毒素进行预防。在一般情况下，人的肉毒毒素中毒多为 A 型、B 型或 E 型，中毒的毒素型别尚未得到确定之前，可同时使用 2 个型，甚至 3 个型的抗毒素。肉毒抗毒素可以制成液体注射剂，保存条件为 2～8℃避光干燥处保存。

四、气性坏疽抗毒素

气性坏疽抗毒素是由产气荚膜、水肿、败毒和溶组织梭菌的毒素或类毒素分别免疫马所得的血浆，经胃酶消化后纯化制成的液体多价抗毒素免疫球蛋白制剂。

人类气性坏疽的主要病原菌是产气荚膜梭菌，它能分解肌肉和结缔组织中的糖，产生大量气体，导致组织严重气肿，继而影响血液供应，造成组织大面积坏死。此菌广泛存在于土壤、人和动物的肠道以及动物和人类的粪便中，会散发臭味。常因深部创伤而感染。导致气性坏疽的病原菌还有诺维梭菌、腐败梭菌、溶组织梭菌、产芽孢梭菌等。

气性坏疽抗毒素含有特异性抗体，具有中和相应气性坏疽毒素的作用，用于预防和治疗由产气荚膜、水肿、败毒和溶组织梭菌引起的感染。当受严重外伤，认为有发生气性坏疽的危险或不能及时施行外科处置时，应及时注射本品预防。一旦病症出现，除及时采取对症治疗措施外，要尽快使用大量抗毒素进行治疗。

五、抗蛇毒血清

抗蛇毒血清是由相应品种的蛇毒或脱毒蛇毒免疫马所得的血浆，经胃酶消化后纯化制成的液体抗相应蛇毒的免疫球蛋白制剂。

抗蛇毒血清含有特异性抗体，具有中和相应蛇毒的作用，用于蛇咬伤者的治疗。抗蛇毒血清是用蛇毒少量多次注射动物后，动物产生的抗体经提纯而成，内含高价抗蛇毒抗体。当被蛇咬后，蛇毒进入机体，对人而言，就是抗原。注射的抗毒血清中含有相应的抗体，它能中和相应的蛇毒，特异性结合形成复合物，使毒素失去活性，并由机体相应的吞噬细胞处理，从而使毒素失去了对人的作用。所以，被毒蛇咬伤经初步处理伤口后，在越短时间内注射抗蛇毒血清对机体越有益。

2020 年版《中国药典》收录有 8 种抗蛇毒血清制品（包含冻干制剂），可以分别用于被蝮蛇、银环蛇、眼镜蛇、五步蛇咬伤者。

抗蛇毒血清可以分别制成注射剂和冻干粉针剂，适合在 2~8℃ 避光干燥处保存。

即学即练 13-1

除了以上种类，查阅一下《中国药典》2020 年版还收载了哪些抗毒素和免疫血清类制品？

答案解析

📱 知识拓展

新冠康复患者踊跃捐献免疫血清

新冠疫情暴发后，在特效药研制成功之前出现了一些有疗效的方法，例如血清治疗法。张定宇院长表示，患者康复后体内含有大量综合抗体，能够对抗病毒，为此公开恳请康复后的患者积极捐献出自己宝贵的血浆，共同救治还在与病魔做斗争的患者。一时间，有很多治愈患者积极参与捐赠血清。

这些普普通通的康复患者在恢复期内，不顾自己的安危，一个个"人命关天，能救一个是一个""我被国家救回来了，也要为国家做点事情"的朴素想法，支持着他们为抗击疫情做出自己力所能及的贡献，也谱写了人间有大爱的中华民族宝贵精神。

第三节 单克隆抗体 微课

由于多克隆抗体类药物存在着特异性不高、易发生交叉反应、不易大量制备等缺点，因而限制了其应用的范围。随着生命科学的不断进步，单克隆抗体的出现为人类进一步与肿瘤类疾病、自身免疫性疾病的斗争提供了新的解决途径，大大促进了人类的生命健康事业的发展。

1975年，英法两国科学家将鼠源的B淋巴细胞同肿瘤细胞融合形成杂交瘤细胞。这种从一株单一细胞系产生的抗体就叫单克隆抗体，简称单抗。第一代单克隆抗体就此诞生。

单克隆抗体（monoclonal antibody，mAb）技术是20世纪免疫学技术的一项里程碑式突破。该技术将免疫小鼠的B淋巴细胞与小鼠骨髓瘤细胞融合生成杂交瘤细胞，这种杂交瘤细胞核内含有双亲细胞的染色体，继承了亲代细胞的特征。它既具有瘤细胞在体外培养中迅速增殖的能力，又具备免疫脾细胞合成和分泌特异性抗体的特性。随后用适当方法把杂交瘤细胞分离出来，进行单个细胞培养，使之大量繁殖，在培养液中形成单个杂交瘤细胞的克隆（也称细胞系）。由于每个B淋巴细胞只有合成一种抗体的遗传基因，所以单个杂交瘤细胞的克隆也只能产生一种专一性抗体，即单克隆抗体。这种制备产生单克隆抗体的技术被称为单克隆抗体技术。

这种抗体特异性高，仅针对某一特定抗原表位，性质均一，易于大量生产，为肿瘤等疾病的治疗带来了新的希望。但由于人的免疫系统可以识别鼠源性单克隆抗体，产生人抗鼠抗体并将其中和，因此限制了它的应用。并且，由于抗体本身分子质量较大，体内血管穿透力低，生产成本高等原因，不利于大规模工业化生产。随后，单克隆抗体的发展经历了鼠源性单克隆抗体、嵌合性单克隆抗体、人源化单克隆抗体和全人源单克隆抗体四个阶段。特别是全人源单克隆抗体，其可变区和恒定区都是人源的，这类抗体药物具有高亲和力、高特异性、几乎没有毒副作用等优点，克服了动物源抗体及嵌合抗体的各种缺点，成为治疗性抗体药物发展的必然趋势。

人用重组单克隆抗体制品，系指采用各种单克隆抗体筛选技术、重组DNA技术及细胞培养技术制备的单克隆抗体治疗药物，包括完整免疫球蛋白、具有特异性靶点的免疫球蛋白片段、基于抗体结构的融合蛋白、抗体耦联药物等。其作用机制是通过与相应抗原的特异性结合，从而直接发挥中和或阻断作用，或者间接通过Fc效应分子发挥包括抗体依赖和补体依赖的细胞毒作用等生物学功能。

📱 **知识链接**

在制药工业中，已经建立起利用杂交瘤技术制备单克隆抗体的成熟理想的工艺，可以通过标准的动物细胞培养技术生产单克隆抗体药用制剂。详见下图13-1。

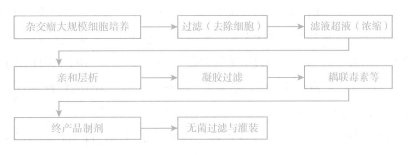

图13-1 通过细胞培养杂交瘤细胞生产药用单抗的流程

自 1986 年美国 FDA 批准人类第一款上市的鼠源性单克隆抗体用于治疗药物以来，单克隆抗体药物的发展一直呈现高速增长的态势。在全球销售市场，单抗已经成为重磅炸弹药物的主要来源。在 2018 年全球药品销售额 Top 10 中，抗体药物有 8 个，包括单抗药物 6 个。销售额第一的单抗药物 Adalimumab 为抗 TNF－α 全人源 IgG1κ 单抗。我国在 1999 年批准了国内第一个治疗用单抗产品——注射用抗人 T 细胞 CD3 鼠单抗上市，距今已有 20 多年的历史。截至 2021 年 2 月，国家药品监督管理局批准上市的国产单抗类药品有 22 种，涉及 13 家药品生产企业。

一、尼妥珠单抗

（一）作用机制

尼妥珠单抗注射液是 2020 年版《中国药典》收录的唯一一个单抗治疗类药物，是我国第一个用于治疗恶性肿瘤的功能性单抗药物，是中国第一个人源化单抗药物。临床上主要试用于与放疗联合治疗表皮生长因子受体（EGFR）表达阳性的 III/IV 期鼻咽癌。EGFR 是一种跨膜糖蛋白，分子量为 170kDa，其胞内区具有特殊的酪氨酸激酶活性。体内和体外研究显示，尼妥珠单抗可阻断 EGFR 与其配体的结合，并对 EGFR 过度表达的肿瘤具有抗血管生成、抗细胞增殖和促凋亡作用。

（二）制法

尼妥珠单抗是由含有高效表达抗人表皮生长因子受体单克隆基因的小鼠骨髓瘤（NSO）细胞，经细胞培养、分离和高度纯化后获得的重组人表皮生长因子受体单克隆抗体制成。不含抑菌剂和抗生素。

工程细胞系由编码尼妥珠单抗重链的 PSV2－gpt 质粒和编码轻链的 PSV－hyg 质粒转入 NSO 宿主细胞构建而成。由原始细胞库的细胞经无血清培养液驯化，细胞传代、扩增后冻存于液氮中，作为主细胞库；从主细胞库的细胞传代、扩增后冻存作为工作细胞库。各级细胞库细胞传代应不超过批准的代次。工作细胞库来源细胞复苏、传代、扩增，用细胞培养液培养，即得"收获液"。收获液经纯化和病毒灭活，即得尼妥珠单抗原液。原液稀释得到半成品，半成品分装即得成品。原液、半成品、成品按照标准进行检定。

（三）用法用量

需要在专业医生指导下使用。在用药过程中及用药结束后 1 小时内需密切监测患者的状况并必须配合复苏设备。所有患者采用前臂静脉输液给药，即 100mg 重组人源化抗人表皮生长因子受体单克隆抗体稀释于 250ml 生理盐水中静脉滴注。输液进药过程在 60 分钟以上，第一次注射时间为放射治疗的第一天，于放疗前完成给药，以后每周一次，共 8 次。同时，患者接受标准的鼻咽癌放射治疗。如果在放射治疗结束时或治疗后第 5 周（放疗结束 1 个月后）确认是肿瘤残存，根据残存部位进行如下的挽救性治疗：若原发部位残存，则根据具体情况继续给予外照射（如常规治疗、IMRT、3DCRT、X－刀）或腔内补量，补充剂量在 6～12Gy；若颈部转移淋巴结残存，观察 3 个月，如仍有残存可根据具体情况行局部淋巴结切除或行功能性颈清扫。

本品冻融后抗体大部分活性将丧失，故在贮藏过程中严禁冷冻。配制在输液容器中的抗体溶液于 2～8℃时其物理和化学稳定性可保持 12 个小时，在室温下可保持 8 个小时。如果该溶液在输液容器中储存超过上述时间，则应弃去，不宜继续使用。使用本品前，患者应先通过 EGFR 检测试剂盒确认其肿瘤细胞 EGFR 表达水平，EGFR 中、高表达水平的患者推荐使用本品。

（四）不良反应

在中国人群中进行的晚期鼻咽癌临床研究中，尼妥珠单抗所表现出的不良反应主要为轻度发热、血压下降、恶心、头晕、皮疹。

（五）规格、贮存及效期

本品为 50mg（10ml）/瓶。于 2～8℃避光保存和运输，自生产之日起，按批准的有效期执行。

即学即练 13 -2

尼妥珠单抗注射液的作用机制是什么？

答案解析

二、国内外抗肿瘤单抗类药物新进展

恶性肿瘤已经成为严重威胁人类健康的主要公共卫生问题之一。根据国家癌症中心发布的数据显示，我国恶性肿瘤死亡率占居民全部死因的 23.91%。近十年来，我国恶性肿瘤发病率每年保持约 3.9% 的增幅，死亡率每年保持 2.5% 的增幅。其中，肺癌位居我国恶性肿瘤发病首位，其次为胃癌、结直肠癌、肝癌和乳腺癌等，前 10 位恶性肿瘤发病约占全部恶性肿瘤发病的 80%。

我国恶性肿瘤发病率、死亡率逐年上升，每年恶性肿瘤所致的医疗费用超过 2200 亿元，人民群众需要好药、特效药的需求迫切，给医药市场带来了更广阔的空间。近年来，我国抗体药物飞速发展。2020 年，我国批准上市的单抗类药物有 8 个，其中 5 个是抗肿瘤类药物（表 13 -1）。

表 13 -1　2020 年我国批准上市抗肿瘤类单抗

序号	批准日期	产品名称	适应证
1	2020 - 04 - 15	利妥昔单抗注射液	淋巴瘤、非霍奇金淋巴瘤
2	2020 - 09 - 30	利妥昔单抗注射液	淋巴瘤、非霍奇金淋巴瘤
3	2020 - 06 - 17	注射用伊尼妥单抗	乳腺癌
4	2020 - 10 - 14	特瑞普利单抗注射液	黑色素瘤
5	2020 - 06 - 17	贝伐珠单抗注射液	直肠癌

在全球范围内，抗肿瘤单抗药物发展迅速。截至 2021 年 2 月，美国 FDA 批准的抗体新药数量总计已达 100 款。其中，抗肿瘤类单抗药物占比约 40%。

1. 帕博利珠单抗注射液　抗 PD -1 人源化 IgG4κ 单抗，2014 年 9 月 4 日获批在美国上市，2019 年在我国批准上市，适应证为黑色素瘤等肿瘤类疾病。PD -1 是一种重要的免疫抑制分子。在肿瘤细胞在生长过程中，为了能够逃避免疫系统的杀伤，肿瘤细胞表面产生了能够与 PD -1 结合的配体——PD -L1，当两者结合以后，肿瘤细胞就能启动 T 细胞的程序性死亡机制，从而抑制机体免疫系统。PD -1 抑制剂则通过与 T 淋巴细胞的 PD -1 受体相结合，阻止 T 细胞的程序性死亡，打破肿瘤细胞抑制免疫系统的可能。

在经治和初治恶性黑色素瘤患者中，帕博利珠单抗治疗的 5 年生存率为 34%，其中初治患者 5 年生存率为 41%。这一研究结果是目前帕博利珠单抗治疗肿瘤随访时间最长的，确认了帕博利珠单抗用于恶性黑色素瘤持久的疗效和安全性。目前，帕博利珠单抗已在 80 多个国家获批使用，覆盖 9 个瘤种的 12 个以上适应证，包括黑色素瘤、非小细胞肺癌、头颈癌、霍奇金淋巴瘤、膀胱癌、宫颈癌、胃癌、B 细胞淋巴瘤等。

2. 度伐利尤单抗注射液　抗 PD－L1 全人源 IgG1κ 单抗，能够阻断 PD－L1 与 PD－1 和 CD80 的结合，从而阻断肿瘤免疫逃逸并释放被抑制的免疫反应。适应证为局部晚期或转移性尿路上皮癌等肿瘤类疾病，为英国阿斯利康的原研药。该药于 2017 年 5 月 1 日在美国获批上市；2018 年 2 月，FDA 批准了度伐利尤单抗用于治疗无法手术、化疗或放疗后病情未进展的 Ⅲ 期非小细胞肺癌（NSCLC）。

度伐利尤单抗注射液 2019 年在我国获得批准上市，用于治疗同步放化疗后的 Ⅲ 期非小细胞肺癌患者。临床实验表明，应用该药后，接受同步放化疗后未进展的、不可切除的 Ⅲ 期非小细胞肺癌患者的 3 年生存率已经达到了 57%，预期 5 年生存率可能会超过 50%。

3. 纳武利尤单抗注射液　抗 PD－1 受体的全人源单克隆抗体，2014 年 7 月 4 日在日本首批上市，适应证为黑色素瘤等肿瘤类疾病。纳武利尤单抗用于治疗表皮生长因子受体（EGFR）基因突变阴性和间变性淋巴瘤激酶（ALK）阴性、既往接受过含铂方案化疗后疾病进展或不可耐受的局部晚期或转移性非小细胞肺癌（NSCLC）成人患者。

纳武利尤单抗是一种人类免疫球蛋白 G4（IgG4）单克隆抗体（HuMAb），可与 PD－1 受体结合，阻断其与 PD－L1 和 PD－L2 之间的相互作用，阻断 PD－1 通路介导的免疫抑制反应，包括抗肿瘤免疫反应。在同源小鼠肿瘤模型中，阻断 PD－1 活性可抑制肿瘤生长。

纳武利尤单抗 2019 年在我国获准上市，其后不断获批扩大适应证范围。该单抗是我国批准注册的首个以 PD－1 为靶点的单抗药物，也是我国首个用于晚期胃癌治疗的免疫肿瘤药物。

4. 达雷妥尤单抗注射液　一种人源化、抗 CD38 IgG1 单克隆抗体，于 2015 年 11 月 16 日获批上市，适应证为多发性骨髓瘤，成为第一个获批用于此疾病治疗的单抗。达雷妥尤单抗与肿瘤细胞表达的 CD38 结合，通过 CDC、ADCC 和抗体依赖性细胞吞噬作用（ADCP）以及 Fcγ 受体等多种免疫相关机制诱导肿瘤细胞凋亡。

2019 年 7 月，达雷妥尤单抗在我国获批上市，用于单药治疗复发和难治性多发性骨髓瘤成年患者，包括既往接受过一种蛋白酶体抑制剂和一种免疫调节剂且最后一次治疗时出现疾病进展的患者。

5. 阿替利珠单抗注射液　抗 PD－L1 人源化 IgG1κ 单抗（Fc 工程化－非糖基化单抗），2016 年 5 月在美国获批上市。适应证为 NSCLC/非小细胞肺癌、膀胱癌（尿路上皮癌）等肿瘤类疾病。2020 年 2 月，阿替利珠单抗在我国获准上市，联合化疗用于一线治疗广泛期小细胞肺癌，这是阿替利珠单抗在我国获批的第一个适应证。阿替利珠单抗联合化疗，相比单纯的化疗，可以明显提高疗效。阿替利珠单抗明显延长了患者生存期。2020 年 10 月，该单抗在我国获批联合贝伐珠单抗，用于治疗既往未接受过系统治疗的不可切除肝细胞癌（HCC）患者。

目标检测

答案解析

一、选择题

A 型题

1. 以下不是抗体药物的特点是（　　　）

　A. 特异性　　　　　　　　　B. 多样性　　　　　　　　　C. 制备定向性

D. 便利性　　　　　　　　E. 有效性

2. 以下不属于抗毒素及免疫血清类药物的是（　　）

A. 白喉抗毒素　　　　　　B. 破伤风抗毒素　　　　　C. 气性坏疽抗毒素

D. 抗蛇毒血清　　　　　　E. 尼妥珠单抗

3. 破伤风抗毒素用于（　　）感染的预防和治疗

A. 肉毒梭菌　　　　　　　B. 破伤风梭菌　　　　　　C. 大肠埃希菌

D. 产气荚膜梭菌　　　　　E. 白喉杆菌

4. 2020 年版《中国药典》收录有（　　）种抗蛇毒血清制品

A. 4　　　　　　　　　　B. 5　　　　　　　　　　C. 8

D. 10　　　　　　　　　　E. 12

5. 由单个杂交瘤细胞克隆产生的专一性抗体，称为（　　）

A. 多克隆抗体　　　　　　B. 单克隆抗体　　　　　　C. 免疫球蛋白

D. 抗毒素　　　　　　　　E. 抗毒免疫血清

6. 我国第一个人源化单抗药物是（　　）

A. 利妥昔单抗　　　　　　B. 伊尼妥单抗　　　　　　C. 特瑞普利单抗

D. 贝伐珠单抗　　　　　　E. 尼妥珠单抗

7. 尼妥珠单抗的作用靶点是（　　）

A. 表皮生长因子受体　　　B. PD - 1　　　　　　　　C. PD - L1

D. 肿瘤坏死因子　　　　　E. 白介素因子

二、名词解释

1. 抗体

2. 抗体药物

3. 人用重组单克隆抗体制品

三、简答题

1. 简述抗毒素和免疫血清制造的一般流程。

2. 简述单克隆抗体技术的流程。

3. 简述如何利用标准的动物细胞培养技术生产单克隆抗体药用制剂。

书网融合……

知识回顾

微课

习题

（韩　璐）

PPT

第十四章　微生态活菌制品

微生态活菌制品是由活菌及其代谢产物，以及辅助成分组成的生物制品，具有改善机体黏膜表面微生物或酶平衡、增强免疫机能等功效，也称为益生菌。它是根据微生态学基本原理，采用人体内正常菌群成员或具有促进正常菌群生长、无害的"外籍"细菌，经培养、收集菌体、干燥成菌粉后，加入适宜辅料混合制成。用于预防和治疗因菌群失调引起的相关疾病。

学习目标

思政素养目标

1. 通过对微生态活菌制品概念和性质的讲解，使学生理解生物安全以及当前生物医药行业的规范要求，树立高度的职业责任感。

2. 通过微生态活菌制品制造过程中的详细分析，使学生感受科学家为人类健康做出的贡献，树立对医药卫生事业的职业认同感和爱岗敬业的职业精神。

知识目标

1. **掌握**　微生态活菌制品的概念、性质、组成和分类及常见的制备工艺、生产流程、质控项目、剂型、特点等。

2. **熟悉**　微生态活菌制品的历史、发展和前景，生产菌种的管理，以及质量检测方法的发展和应用。

3. **了解**　人体免疫系统。

技能目标

1. 能尝试阐述常见类型微生态活菌制品的应用范围和使用方法。

2. 熟知微生态活菌制品的生产制备过程、关键工艺。

第一节　概　述　微课

一、基本概念

微生态活菌制品系由人体内正常菌群成员或具有促进正常菌群生长和活性作用的无害"外籍"细菌，经培养、收集菌体、干燥成菌粉后，加入适宜辅料混合制成。用于预防和治疗因菌群失调引起的相关症状和疾病。

微生态活菌制品必须由非致病的活细菌组成，无论在生产过程、贮存和使用期间均应保持稳定的活菌状态。它可由一株、多株或几种细菌制成单价或多价联合制剂。根据其不同的使用途径和方法可制备成片剂、胶囊剂、颗粒剂或散剂等多种剂型。表 14－1 为《中国药典》2020 年版收载的已批准上市的微生物活菌制剂。

表 14－1　《中国药典》2020 年版已批准上市的微生态活菌制品

制品名称	细菌种类
双歧杆菌活菌胶囊	青春型双歧杆菌
双歧杆菌活菌散	青春型双歧杆菌
双歧杆菌三联活菌胶囊	长型双歧杆菌
	嗜酸乳杆菌
	粪肠球菌
双歧杆菌三联活菌肠溶胶囊	长型双歧杆菌
	嗜酸乳杆菌
	粪肠球菌
双歧杆菌三联活菌散	长型双歧杆菌
	嗜酸乳杆菌
	粪肠球菌
双歧杆菌乳杆菌三联活菌片	长型双歧杆菌
	保加利亚乳杆菌
	嗜热链球菌
地衣芽孢杆菌活菌胶囊	地衣芽孢杆菌
地衣芽孢杆菌活菌颗粒	地衣芽孢杆菌
地衣芽孢杆菌活菌片	地衣芽孢杆菌
蜡样芽孢杆菌活菌胶囊	蜡样芽孢杆菌
蜡样芽孢杆菌活菌片	蜡样芽孢杆菌
双歧杆菌四联活菌片	婴儿型双歧杆菌
	嗜酸乳杆菌
	粪肠球菌
	蜡样芽孢杆菌
酪酸梭菌活菌胶囊	酪酸梭状芽孢杆菌
酪酸梭菌活菌散	酪酸梭状芽孢杆菌
酪酸梭菌活菌片	酪酸梭状芽孢杆菌
凝结芽孢杆菌活菌片	凝结芽孢杆菌
酪酸梭菌二联活菌胶囊	酪酸梭状芽孢杆菌
	婴儿型双歧杆菌
酪酸梭菌二联活菌散	酪酸梭状芽孢杆菌
	婴儿型双歧杆菌
枯草杆菌活菌胶囊	枯草芽孢杆菌
枯草杆菌肠球菌二联活菌多维颗粒	枯草芽孢杆菌
	屎肠球菌
枯草杆菌肠球菌二联活菌胶囊	枯草芽孢杆菌
	屎肠球菌
阴道用乳杆菌活菌胶囊	德氏乳杆菌

知识链接

微生态制剂分类

微生态制剂可根据所含成分的属性分为益生菌（probiotics）、益生元（prebiotics）、合生元（snybiotics）。益生菌是指能促进肠道内菌群平衡、对宿主起到有益作用的活的微生态制剂，按剂型可分为固态（胶囊、片剂）和液态（口服液、发酵乳），根据所含菌种数可分为多联活菌制剂和单菌制剂。益生元是指通过刺激宿主结肠内常驻菌的生长和（或）活性，以改善宿主健康的不消化的食物成分。益生元分为低聚糖类（如水苏糖、大豆低聚糖、乳果糖等）、生物促进剂和中药促进剂等。合生元又称为合生素，是将益生菌与益生元同时合并应用的一类制剂。合生元既可发挥益生菌的生理活性，又可选择性地增加这种细菌的数量，使益生作用更显著。

二、生产制备的基本过程

微生态活菌制品的制备方法、工艺应能保证成品含有足够的活菌数量，保持其稳定性，同时应防止外源因子的污染。生产和检定用设施、原材料及辅料、水、器具、动物等应符合 2020 年版《中国药典》中"凡例"的有关要求。

（一）生产用菌种

生产用菌种应符合《生物制品生产检定用菌毒种管理规程》的有关规定。

1. 名称及来源 选用的生产用菌种应来自人体内正常菌群，或对人体无毒无害、具有促进正常菌群生长和活性作用的外籍细菌。细菌的分离过程和传代背景应清晰，应具备稳定的生物学和遗传学特性，并能保持稳定的活菌状态，经实验室和临床试验证明安全、有效。

2. 建立种子批 生产用菌种应按照"生物制品生产检定用菌毒种管理规程"的有关规定建立种子批系统。三级种子批应分别冻干，置适宜温度保存；种子批传代应限定传代次数，原始种子批和主种子批启开后传代次数不得超过 10 代，工作种子批启开后至发酵培养传代次数不得超过 5 代。

3. 种子批的检定 菌种的属、种型分类鉴定，应依据最新版伯杰氏细菌系统鉴定手册（Bergey's Manual of Systematic Bacteriology）和伯杰氏细菌命名手册（Bergey's Manual of Determinative Bacteriology）的有关规定进行，包括形态、生长代谢特性检查。原始种子或主种子还应做遗传特性和抗生素敏感性等检查。

三级种子批常规检查包括以下 3 项。

（1）培养特性及染色镜检 将菌种接种于适宜培养基，置有氧或厌氧环境中培养，观察其生长情况，确定菌种为需氧性细菌或厌氧性细菌；以划线法观察在琼脂平皿上生长的单个菌落的形状、大小、表面、边缘、透明度、色泽等特征；也可观察菌种在不同温度、pH 或不同浓度的氯化钠溶液等条件下的生长特性等。

取菌种的新鲜培养物涂片做革兰染色，在显微镜下观察菌体的染色反应、形态、大小和排列等，有芽孢的细菌应同时观察芽孢的形状、大小和位置（也可增做芽孢染色）。检查结果均应符合原始菌种的特性。

（2）生化反应 按《中国药典》"细菌生化反应培养基"（通则 3605）选择相应的培养基或其他适宜的方法进行，结果应符合原始菌种的特性。

（3）毒性试验　是通过动物试验检查菌种是否存在不安全因素，以保证人体使用安全。用体重18～22g 小鼠 5 只，每只腹腔注射 0.3ml 新鲜菌液（不少于 1.0×10^9 CFU/0.3ml），连续观察 3 天，小鼠均应健康存活、体重增加；或每只小鼠经口灌胃 0.5ml 新鲜菌液（不少于 1.0×10^9 CFU/0.5ml），每天 1 次，连续 3 天，从第 1 天灌胃起连续观察至第 7 天，小鼠均应健康存活、体重增加。

除另有规定外，原始种子或主种子批还需进行以下检查。

（1）细菌代谢产物——脂肪酸测定　按《中国药典》"气相色谱法"（通则 0521）或其他适宜的方法进行，应符合该菌种的特性。

（2）遗传特性分析　可采用 16S rRNA 序列测定或其他适宜方法进行，应符合该菌种的遗传特性。

（3）抗生素敏感性试验　采用琼脂扩散纸片法或其他适宜方法进行菌株的抗生素敏感性检查，应符合该菌种的特性。

（4）稳定性试验　菌种在适宜培养基中，连续传代 30 代次后，将第 30 代培养物做种子批检定，全部检查结果应与原始菌种的特性一致。

4. 种子批的保存　原始种子和主种子应冻干保存于 8℃以下，工作种子应置于适宜温度保存。

（二）菌粉制造

菌粉制造应包括种子液制备、大罐培养、收获菌体（或芽孢）和菌体干燥制成菌粉。如生产多价制品时，应每种菌分别培养，制备单价菌粉。

1. 生产用种子　启开工作种子批菌种，接种于适宜培养基进行多级种子扩增，应涂片做革兰染色，在显微镜下观察 5～10 个视野，细菌的染色反应、形态应一致并符合原始菌种的特征。制备过程应防止污染，菌种传代次数应符合规定。

2. 生产用培养基　采用经批准的培养基用于生产。

3. 培养　采用液体培养。将种子液置适宜条件下培养（包括厌氧或需氧、温度、时间等），培养过程中取样涂片做革兰染色镜检、pH 检测等，芽孢菌需进行芽孢形成率的检测，均应符合规定。培养结束后取样做纯菌检查，如发现污染应予废弃。生产多价制品的单价菌粉时，应分别培养。

4. 收获菌体和制成菌粉　培养结束后离心收获湿菌体，与适宜的分散剂、稳定剂混合。采用真空冷冻干燥法干燥菌体，芽孢菌可采用加热干燥方法，再经粉碎、过筛制成粉末状菌粉。

5. 菌粉的保存及有效期　应通过活菌稳定性试验确定保存温度和有效期。

6. 菌粉检定　按《中国药典》"菌粉检定"项进行，符合规定后方可进行半成品配制。

（三）半成品

1. 配制　同一工作种子批菌种生产的最多 2 批单价菌粉可按批准的比例与辅料混合均匀后制成半成品。配制多价制品时，应将各单价菌粉、辅料按配方比例和配制程序混合均匀，配制过程应防止污染。

2. 半成品检定　按"半成品检定"项进行，应符合规定。

（四）成品

1. 剂型制备　根据制品的用途、使用对象和用药途径等因素确定剂型。制备过程应符合《中国药典》"制剂通则"（通则 0100）项下相关剂型的规定。

2. 分批　成品批号应在半成品配制后确定，配制日期即为生产日期。同一批号的制品，应来源一致、质量均一，按规定要求抽样检验后，能对整批制品做出评定。应根据验证结果，规定半成品的分装时间，如超过 24 小时，应分为不同的亚批。

3. 分装、规格和包装　制品的分装应符合《中国药典》通则"制剂通则"的有关规定。包装应符合"生物制品包装规程"的有关规定。规格应符合批准的规格要求。

三、质量检定

微生态活菌制品质量检定应包括菌粉检定、半成品检定和成品检定，均应按照 2020 年版《中国药典》要求进行检定。

（一）菌粉检定

1. 外观　应为白色、灰白色或灰黄色粉末。

2. 目的菌检查　取少量菌粉加入适量灭菌 0.85%～0.9% 生理氯化钠溶液或其他适宜稀释液后，涂布在适宜琼脂平皿上，在适宜条件下培养，其培养物的生长特性和染色镜检的特征应符合生产用菌种特征。

3. 杂菌检查　微生态活菌制品杂菌检查法系检查微生态活菌制品的菌粉、半成品及成品受外源微生物污染程度的方法。检查项目包括控制菌检查、非致病性杂菌和真菌计数。杂菌检查应在环境洁净度不低于 D 级背景下 B 级单向流空气区域内进行。检验全过程必须严格遵守无菌操作，防止再污染。除另有规定外，本检查法中细菌培养温度为 30～35℃；真菌培养温度为 20～25℃。

由于供试品本身含有大量活菌，可能在杂菌检查用的培养基上生长，干扰杂菌回收或结果判断，在建立或修订方法时应考虑其适用性，充分了解供试品活菌在杂菌检查培养基的生长特性。如果供试品本身对某些试验菌具有较强的抑菌性能，影响试验菌回收试验，应根据原辅料的杂菌负载、生产工艺及产品特性进行风险评估，保证检验方法的可靠性，在药品生产、贮藏各个环节，严格遵守 GMP 指导原则，以降低产品受杂菌污染的风险。控制菌检查检出疑似致病菌时，可参考"微生物鉴定指导原则（指导原则 9204）"的提示进行后续确证，确证的方法应选择已被认可的菌种鉴定方法。

供试品检出控制菌或其他致病菌时，按一次检出结果为准，不再复试。非致病性杂菌总数、真菌数，任何一项不符合规定，不再复试。控制菌、非致病性杂菌总数、真菌数 3 项结果有任何一项不符合规定，判定供试品杂菌检查不合格。

（1）**检验量及供试品准备**　检验量为一次试验所用的供试品量（g）。检验时，应从 2 个以上最小包装单位中随机抽取不少于 3 倍检验用量的供试品。菌粉、半成品以及成品为散剂和颗粒剂的可直接称取备用；成品为片剂、胶囊剂的需研碎后备用。

（2）**控制菌检查**

1）**控制菌检查用培养基的适用性检查**　控制菌检查用的培养基，即成品培养基、由脱水培养基或按培养基处方配制的培养基，均应进行培养基的适用性检查。检查项目包括促生长、指示和抑制特性能力。

2）**菌种**　试验所用的菌株传代次数不得超过 5 代（从菌种保藏中心获得的冷冻干燥菌种为第 0 代），并采用适宜的菌种保藏技术，以保证试验菌株的生物学特性。

3）**菌液制备**　接种大肠埃希菌、金黄色葡萄球菌、乙型副伤寒沙门菌、铜绿假单胞菌的新鲜培养物至胰酪大豆胨液体或胰酪大豆胨琼脂培养基中，接种生孢梭菌的新鲜培养物至硫乙醇酸盐流体培养基中，培养 18～24 小时；接种白色念珠菌的新鲜培养物至沙氏葡萄糖液体或沙氏葡萄糖琼脂培养基中，培养 24~48 小时。用 0.85%~0.9% 无菌氯化钠溶液制成每 1ml 含菌数为 10~100CFU 或 100~1000CFU 的菌悬液。菌悬液制备后应在 2 小时内使用，若保存在 2~8℃ 的菌悬液可以在 24 小时内使用。

4）适用性检查　控制菌检查用培养基的适用性检查所用的菌株及检测项目见表 14-2。

表 14-2　控制菌检查用培养基的促生长、抑制和指示能力检查

控制菌	培养基	特性	试验菌株
大肠埃希菌	胆盐乳糖培养基	促生长能力	大肠埃希菌
		抑制能力	金黄色葡萄球菌
	曙红亚甲蓝琼脂培养基	促生长能力 + 指示能力	大肠埃希菌
沙门菌、志贺菌	胆盐乳糖培养基	促生长能力	乙型副伤寒沙门菌、痢疾志贺菌
		抑制能力	金黄色葡萄球菌
	沙门、志贺菌属琼脂培养基	促生长能力 + 指示能力	乙型副伤寒沙门菌、痢疾志贺菌
铜绿假单胞菌	NAC 液体培养基	促生长能力	铜绿假单胞菌
		抑制能力	金黄色葡萄球菌
	NAC 琼脂培养基	促生长能力	铜绿假单胞菌
		抑制能力	金黄色葡萄球菌
	绿脓菌素测定用培养基	促生长能力 + 指示能力	铜绿假单胞菌
金黄色葡萄球菌	7.5% 氯化钠肉汤培养基	促生长能力	金黄色葡萄球菌
		抑制能力	大肠埃希菌
	甘露醇氯化钠琼脂培养基	促生长能力 + 指示能力	金黄色葡萄球菌
		抑制能力	大肠埃希菌
梭菌	梭菌增菌培养基	促生长能力	生孢梭菌
	哥伦比亚琼脂培养基	促生长能力	生孢梭菌
白色念珠菌	沙氏葡萄糖液体培养基	促生长能力	白色念珠菌
	沙氏葡萄糖琼脂培养基	促生长能力 + 指示能力	白色念珠菌
	念珠菌显色培养基	促生长能力 + 指示能力	白色念珠菌
		抑制能力	大肠埃希菌

①增菌培养基促生长能力检查　分别接种不超过 100CFU 的试验菌于被检培养基和对照培养基中，在相应控制菌检查规定的培养温度及最短培养时间下培养。与对照培养基比较，被检培养基试验菌应生长良好。

②固体培养基促生长能力检查　取试验菌各 100μl（含菌数 50~100CFU）分别涂布于被检培养基和对照培养基平皿中，每种培养基每一试验菌株平行制备 2 个平皿，在相应控制菌检查规定的培养温度及最短培养时间下培养。被检培养基与对照培养基相比，生长的菌落大小、形态特征应一致。

③培养基抑制能力检查　接种不小于 100CFU 的试验菌于被检培养基中，在相应控制菌检查规定的培养温度及最长时间下培养，试验菌应不得生长。

④培养基指示能力检查　分别接种不超过 100CFU 的试验菌于被检培养基和对照培养基平皿上，在相应控制菌检查规定的培养温度及时间下培养。被检培养基中试验菌生长的菌落形态、大小、指示剂反应情况等应与对照培养基一致。

5）供试品检查　供试品进行控制菌检查时，应做阳性对照试验（取阳性对照菌于相应选择性培

基平皿上划线接种，按供试品的控制菌检查方法培养，观察菌落生长情况）和阴性对照试验（取增菌液100μl，照相应控制菌检查法检查）。供试品的控制菌检查应按下述方法进行。

①大肠埃希菌检查

增菌培养：称取供试品1g，加到9ml灭菌胆盐乳糖培养基中，培养18～24小时。

特异培养：将上述增菌液摇匀，取100μl滴加到曙红亚甲蓝琼脂平皿上，以玻棒涂匀，一式3份，培养18～24小时，观察菌落生长情况。

结果判定：阳性对照平皿应长出紫黑色、圆形、稍凸起、边缘整齐、表面光滑、带有金属光泽的菌落。供试品平皿上若未见菌落生长或生长的菌落与阳性对照的菌落形态特征不符，判供试品未检出大肠埃希菌；若生长的菌落与阳性对照的菌落形态特征相符或疑似，应做革兰染色镜检等适宜的鉴定试验，鉴别是否为制品中的目的菌或大肠埃希菌。

即学即练 14 –1

　　大肠埃希菌的检查需要用到哪几种培养基？怎样进行适用性检查？如果供试品平皿上未见到菌落生长，该怎样判定？

答案解析

②志贺菌、沙门菌检查

增菌培养：称取供试品1g，加到9ml灭菌胆盐乳糖培养基中，培养18～24小时。

特异培养：将上述增菌液摇匀，取0.1ml滴加到沙门菌、志贺菌属琼脂平皿上，以玻棒涂匀，一式3份，培养24～48小时，观察菌落生长情况。

结果判定：阳性沙门菌对照平皿应长出无色透明或半透明、圆形、光滑、稍隆起菌落，中心呈黑褐色。阳性志贺菌对照平皿应长出无色、半透明、圆形、微凸、光滑的菌落。供试品平皿培养24、48小时各观察结果1次，若未见菌落生长，判供试品未检出志贺菌、沙门菌；若有菌落生长，应与阳性对照的菌落比较，并做革兰染色镜检等适宜的鉴定试验，鉴别是否为制品中的目的菌或志贺菌、沙门菌。

③铜绿假单胞菌检查

增菌培养：称取供试品1g，加到9ml NAC液体培养基中，培养18～24小时。

特异培养：将上述增菌液摇匀，取0.1ml滴加到NAC琼脂平皿上，以玻棒涂匀，一式3份，培养18～24小时，观察菌落生长情况。

结果判定：阳性对照平皿应长出产绿色色素的菌落，可使整个培养基呈绿色。供试品平皿上如有疑似菌落生长，取菌落分离、纯化后采用氧化酶试验及适宜的鉴定试验，确证是否为制品中的目的菌或铜绿假单胞菌；如平皿上无菌落生长或虽有菌落生长，但鉴定结果为非控制菌，判定未检出。

氧化酶试验：取洁净滤纸片置于平皿内，用无菌玻棒取分离纯化的培养物涂于滤纸片上，滴加新配制的1%二盐酸二甲基对苯二胺试液，在30秒内若培养物呈粉红色并逐渐变为紫红色为氧化酶试验阳性，否则为阴性。若分离纯化的培养物为非革兰阴性无芽孢杆菌或氧化酶试验阴性，均判供试品未检出铜绿假单胞菌。否则，应继续进行适宜的鉴定试验，确证是否为铜绿假单胞菌。

④金黄色葡萄球菌检查

增菌培养：取供试品1g，加到至少9ml 7.5%灭菌氯化钠肉汤培养基中，培养18～24小时。

特异培养：将上述增菌液摇匀，取100μl滴加到甘露醇氯化钠琼脂平皿上，以玻棒涂匀，一式3

份，培养 18～24 小时，观察菌落生长情况。

结果判定：阳性对照平皿应长出产金黄色素的圆形、凸起、边缘整齐的菌落。供试品平皿上如有疑似菌落生长，取菌落分离、纯化或采用适宜的鉴定试验，确证是否为金黄色葡萄球菌；如平皿上无菌落生长或虽有菌落生长，但鉴定结果为非控制菌，判定未检出。

⑤梭菌检查

增菌培养：取供试品 1g，2 份，其中 1 份置 80℃保温 10 分钟后迅速冷却。上述 2 份供试品直接或处理后分别接种至 9ml 的梭菌增菌培养基中，置厌氧条件下培养 48 小时。

特异培养：取上述每一培养物 100μl，分别涂布接种于含庆大霉素的哥伦比亚琼脂培养基平皿上，一式 3 份，置厌氧条件下培养 48～72 小时。

结果判定：阳性对照平皿应长出典型的梭菌菌落。若供试品平皿上如有疑似菌落生长，应挑选 2～3 个菌落分别进行革兰染色和过氧化氢酶试验及适宜的鉴定试验，确证是否为梭菌或制品中的目的菌；如平皿上无菌落生长或虽有菌落生长，但鉴定结果为非控制菌，判定未检出。

过氧化氢酶试验：取上述平皿上的菌落，置洁净玻片上，滴加 3%过氧化氢试液，若菌落表面有气泡产生，为过氧化氢酶试验阳性，否则为阴性。

⑥白色念珠菌检查

增菌培养：取供试品 1g，接种至至少 9ml 的沙氏葡萄糖肉汤培养基中，培养 24～48 小时。

特异培养：取上述培养物 100μl，滴加到沙氏葡萄糖琼脂培养基平皿上，以玻棒涂匀，一式 3 份，培养 24～48 小时（必要时延长至 72 小时）。

结果判定：阳性对照平皿应长出乳白色偶见淡黄色的菌落，菌落表面光滑，有浓酵母气味，培养时间稍久则菌落增大、颜色变深、质地变硬或有皱褶。若供试品平皿上如有疑似菌落生长，应挑选 2～3 个菌落分别接种至念珠菌显色培养基平皿上，培养 24～48 小时（必要时延长至 72 小时），若疑似菌在念珠菌显色培养基平皿上生长的菌落呈阳性反应，应进一步进行适宜的鉴定试验，确证是否为白色念珠菌。若供试品未见疑似菌落生长或虽有菌落生长，但鉴定结果为非控制菌，或疑似菌在念珠菌显色培养基上生长的菌落呈阴性反应，判定未检出。

（3）非致病性杂菌、真菌计数　除另有规定外，营养琼脂培养基用于非致病菌性杂菌的计数，玫瑰红钠琼脂培养基用于真菌计数，也可采用其他经验证的培养基。培养基使用前均应进行适用性检查，即采用标准菌株配制成的标准菌悬液接种至待测培养基上，在相应适宜条件下培养后，计数，与对照培养基结果比较。待检培养基的菌落数平均数与对照培养基菌落平均数的比值应在 0.5～2 范围内，且菌落形态、大小与对照培养基上的菌落一致。

1）真菌计数　称取供试品 1g，加到 9ml 0.85%～0.9%无菌氯化钠溶液或其他适宜稀释液中，混匀，做 10 倍系列稀释，取适宜稀释度供试品溶液 100μl 加到已备好的琼脂培养基上，以玻棒涂匀，一式 3 份，倒置，于恒温培养箱中培养 96 小时，每天观察结果，记录平皿上生长的真菌菌落数，以 3 个平皿上的菌落数平均数计算。公式如下：

$$真菌数(CFU/g) = \frac{3 个平皿菌落数之和}{3} \times 10 \times 稀释倍数$$

2）非致病性杂菌计数　称取供试品 1g，加到 9ml 0.85%～0.9%无菌氯化钠溶液或其他适宜稀释液中，混匀，做 10 倍系列稀释，取适宜稀释度供试品溶液 100μl 加到已备好的琼脂培养基上，以玻棒涂匀，一式 3 份，倒置，恒温培养箱中培养 48 小时，每天观察结果，记录平皿上生长的菌落数。结果计算方法同真菌计数。

4. 干燥失重　菌粉中残余水分的含量会直接影响活菌的生存，须进行菌粉干燥失重的检查。应按《中国药典》"干燥失重"（通则 0831）或仪器方法测定。

5. 活菌数测定　测定每 1g 菌粉中含有的活菌数量。

无菌称取 3g 制品或菌粉（胶囊取内容物），加入 27ml 稀释液中，充分摇匀，做 10 倍系列稀释（最终稀释度根据不同的指标要求而定）。取最终稀释度的菌液 100μl，滴入选择性琼脂培养基平皿上，共做 3 个平皿，并以玻棒涂布均匀，置适宜条件下培养，到期观察每个平皿菌落生长情况，并计数。当平皿菌落数小于 10 或大于 300 时，应调整最终稀释度，重新测定。根据 3 个平皿菌落总数按下列公式计算活菌数：

$$活菌数(CFU/g) = \frac{3\ 个平皿菌落数之和}{3} \times 10 \times 稀释倍数$$

注：活菌数用"CFU"表示，即为细菌集落单位；稀释液使用灭菌生理氯化钠溶液或其他适宜的稀释液；选择性琼脂培养基，是指最适宜制剂（或菌粉）中活菌生长的培养基，须经批准后方可使用。

> **即学即练 14 −2**
>
> 无菌称取 3g 某活菌制品胶囊内容物，加 27ml 稀释液中，充分摇匀，取稀释度为 1∶100 的菌液 100μl，滴入选择性琼脂培养基平皿上，并以玻棒涂布均匀，置适宜条件下培养，到期观察 3 个平皿菌落数分别为 105、110 和 101CFU，计算该制品中的活菌数。
>
> 答案解析

（二）半成品检定

半成品须做杂菌检查，根据用药途径确定杂菌检查的质控指标。

（三）成品检定

1. 鉴别试验　检查成品中所含的目的菌是否符合生产用菌种的特性。即按上述"种子批的检定"方法进行生长特性、染色镜检和生化反应检查，应符合规定。对于多价制品，则须逐一检查单价菌特性。

2. 理化检查

（1）外观　根据剂型，观察制品的外观、色泽。片剂外观应完整、光洁，呈白色或类白色，间有菌粉色斑；颗粒剂、散剂和胶囊剂内粉末的粒子大小、色泽应均匀，间有菌粉色斑。

（2）干燥失重　按《中国药典》"干燥失重"（通则 0831）或仪器方法测定，除另有规定外，减失重量应不得超过 5.0%，芽孢菌制品应不得超过 7.0%。

（3）粒度　散剂和颗粒剂应进行粒度检查，按《中国药典》粒度和粒度分布测定法（通则 0982）第二法，采用单筛分法或双筛分法检查，应符合规定。

（4）装量（重量）差异　各剂型按《中国药典》"制剂通则"（通则 0100）的相应规定进行，应符合规定。

（5）崩解时限　胶囊剂、片剂按《中国药典》"崩解时限"（通则0921）进行，应符合规定。

3. 活菌数测定　测定每1g制品中的活菌数，应符合规定。多价制品应分别测定各单价活菌数。

4. 杂菌检查　目的是检查成品中外源微生物的污染情况，以保证人体使用安全。

第二节　典型药物

一、双歧杆菌活菌胶囊

本品系用双歧杆菌经培养收集菌体，冷冻干燥成菌粉与辅料混合制成的活菌制剂。口服后直接寄生于肠道，成为肠道内正常的生理性细菌，调整肠道菌群平衡。

1. 药理学作用　双歧杆菌活菌与其他厌氧菌一起共同占据肠黏膜的表面，形成一个生物屏障，阻止病菌的定植与入侵，产生乳酸与醋酸，降低肠道内 pH，抑制致病菌的生长。人体患病或长期服用抗菌药物后，常引起菌群失调，有害细菌大量繁殖而引起腹泻，本品能重建人体肠道内正常微生态系统，调整肠道菌群，适用于肠道菌群失调引起的肠功能紊乱，如急、慢性腹泻和便秘等。

2. 用法用量及注意事项　每粒胶囊含0.5亿活菌，餐后服用，每次1~2粒，每日2次。本品为活菌制剂，应避免与抗菌药、抗酸药、铋剂、酊剂等同服。

3. 贮存与效期　本品于2~8℃下储存，有效期36个月。

二、地衣芽孢杆菌制剂

本品系采用生物工程技术制成的含地衣芽孢杆菌活菌的微生态胶囊制剂，该活菌在肠道内迅速生长繁殖，造成肠道低氧环境。

1. 药理学作用　地衣芽孢杆菌对肠道内的双歧杆菌、乳酸杆菌、拟杆菌、消化链球菌等有益健康的厌氧菌的生长繁殖有促进作用，对葡萄球菌、白色念珠菌、酵母样菌等致病菌则有拮抗作用，通过这种双重作用可以调整肠道菌群失调，维持人体肠道微生态平衡，适用于急、慢性肠炎，急、慢性腹泻，急性菌痢，各种原因引起的肠道菌群失调症。对于慢性结肠炎，由溃疡性结肠炎、肝炎、肝硬化引起的腹胀、腹泻及肿瘤化疗、放疗后肠道菌群失调引起的腹胀、腹泻等也有疗效。

2. 用法用量及注意事项　每粒0.25g（含活菌数2.5亿个），口服一次2粒，一日3次，首次加倍。特殊人群用药应遵医嘱。应避免与环丙沙星、泰能（亚胺培南－西拉司丁钠）等抗生素同时使用。

3. 贮存与有效期　2~8℃避光保存，有效期2年；25℃以下避光保存，有效期1年。

三、枯草杆菌/肠球菌二联活菌多维颗粒剂

本品系由枯草杆菌、肠球菌两种活菌及多种维生素共同制成的颗粒剂。

1. 药理学作用　本品可直接补充正常生理菌丛，抑制致病菌，促进营养物质的消化、吸收，抑制肠源性毒素的产生和吸收，达到调整肠道内菌群失调的目的。同时含有婴幼儿生长发育所必需的多种维生素、微量元素及矿物质钙，可补充因消化不良或腹泻所致的缺乏。适用于因肠道菌群失调引起的腹

泻、便秘、胀气、消化不良等症状。

2. 用法用量及注意事项　每袋（1g）含有活菌冻干粉37.5mg（枯草杆菌 1.5×10^7 个、屎肠球菌 1.35×10^8 个），维生素C 10mg，维生素 B_1 0.5mg，维生素 B_2 0.5mg，维生素 B_6 0.5mg，维生素 B_{12} 1μg，烟酰胺2.0mg，乳酸钙20mg（相当于钙2.6mg），氧化锌1.25mg（相当于锌1mg）。本品为儿童专用药品，2岁以下每次1袋，一日1~2次，2岁以上每次1~2袋，一日1~2次。可用40℃以下温开水或牛奶冲服，也可直接服用。不满3岁的婴幼儿不宜直接服用，服用时避免呛咳。本品与抗菌药同服可减弱其疗效，应分开服用。铋剂、鞣酸、药用炭、酊剂等能抑制、吸附活菌，不能并用，联合用药请遵医嘱。

3. 贮存与有效期　密闭，阴凉避光干燥处保存，有效期2年。

四、酪酸梭菌二联活菌胶囊

本品系由酪酸梭状芽孢杆菌活菌、婴儿型双歧杆菌活菌经纯菌培养、菌体收集、冻干制得菌粉，与辅料混合后制成二联活菌胶囊剂。

1. 药理学作用　适用于急性非特异性感染引起的急性腹泻，抗生素、慢性肝病等多种原因引起的肠道菌群失调及相关的急慢性腹泻和消化不良。

2. 用法用量及注意事项　每粒含药粉420mg（酪酸梭状芽孢杆菌活菌数不低于 1.0×10^7 CFU/g，婴儿型双歧杆菌活菌数不低于 1.0×10^6 CFU/g）。成人口服，每次3粒，一天2次，用凉开水送服。儿童口服，每次1粒，一天2次，可取胶囊内容物粉末用凉开水、果汁或牛奶送服。特殊人群用药遵医嘱。本品不宜与抗生素类药物同时服用。

3. 贮存与有效期　2~8℃避光保存，有效期2年。

答案解析

一、选择题

1. 真菌属于（　　）型微生物

    A. 真核细胞型　　　　　　　B. 原核细胞型　　　　　　　C. 非细胞型

    D. 多核细胞型　　　　　　　E. 以上都不是

2. 杀灭芽孢最可靠的方法是（　　）

    A. 干热灭菌法　　　　　　　B. 流通蒸汽灭菌法　　　　　C. 高压蒸汽灭菌

    D. 巴氏灭菌法　　　　　　　E. 以上都不是

3. 车间常用乙醇消毒剂的浓度为（　　）

    A. 70%~75%　　　　　　　B. 75%~80%　　　　　　　C. 65%~70%

    D. 70%~80%　　　　　　　E. 以上都不是

4. 下列不属于微生态活菌制品的是（　　）

    A. 双歧杆菌活菌胶囊　　　　B. 地衣芽孢杆菌活菌胶囊　　C. 蜡样芽孢杆菌活菌胶囊

    D. 青霉素V钾片　　　　　　E. 以上都不是

二、简答题

1. 简述什么是微生态活菌制剂。

2. 微生态活菌制剂质量检测包括哪几方面？

书网融合……

知识回顾　　　　微课　　　　习题

（曾　雪）

第十五章　血液制品及血液代用品

学习引导

　　血液和血液制品是传统生物制品的主要部分，血液制品是在输血疗法的基础上发展起来的。目前国际上大规模生产和推广应用的血液制品主要有三类：转运蛋白中的白蛋白、各种免疫球蛋白以及凝血因子制剂。但由于血源短缺，远远不能满足临床用血需求；血源性传染病的交叉感染还时有发生；输血时需要进行复杂的配血试验，个别病例会出现严重的输血反应等因素限制，人们一直在努力寻找一种既能够传递氧，又能够维持血液渗透压的人血液代用品。

　　本章主要介绍血液制品及血液代用品的常见种类特点和临床应用，旨在让学习者掌握血液制品及血液代用品的种类、作用、特点和相关医药知识。

学习目标

思政素养目标

1. 通过血液性质和血液制品安全性的讲解，使学生理解血液制品严格管理的必要性，树立高度的职业责任感。

2. 通过人血液代用品研发案例，使学生敬畏生命，树立对医药卫生事业的职业认同感。

知识目标

1. **掌握**　血液制品和血液代用品的定义和分类；常见种类的临床应用、生产技术、质控指标等。

2. **熟悉**　血液制品的发展和前景；血液制品安全管理规定。

3. **了解**　血液代用品的研究与开发。

技能目标

1. 能尝试阐述常见血液制品的类型和临床使用。

2. 熟知血液制品的生产技术及常见剂型。

第一节　概　述 🅔微课1

一、血液及其主要成分的结构和功能

血液是人体组成部分之一，具有重要的生理功能。正常成年人的血量相当于体重的 7% ~ 8%。血

液属于结缔组织，拥有自己独有的结构，其主要成分为血浆和血细胞。血浆是血液中的液体成分，由大量无机物和有机物溶解在水中形成，其主要成分有无机盐、氧、激素、酶、抗体、细胞代谢产物、血浆蛋白（白蛋白、球蛋白、纤维蛋白原）和脂蛋白等。血浆的主要功能是运载血细胞，运输维持人体生命活动所需的物质和体内产生的废物等。血细胞主要有红细胞、白细胞和血小板。其中，红细胞的作用是运输氧气、部分二氧化碳，此外还具有调节体内酸碱平衡的功能；白细胞的作用是吞噬异物并产生抗体，它在机体损伤治愈、抵抗病原入侵和对疾病的免疫方面都发挥重要作用；血小板的作用是凝血和止血，修补破损的血管，此外在炎症反应、血栓形成及器官移植排斥等生理和病理过程中也发挥作用。全血经心脏，通过心血管系统，在全身范围内不断循环往复，沟通人体内各部分及人体与外界环境之间联系，维持内环境稳态。

（一）血液的理化特性

1. 血液的相对密度 正常人全血的相对密度是 1.050 ~ 1.060，全血中红细胞数越多，其相对密度越大。血浆相对密度为 1.025 ~ 1.030，血浆中蛋白质含量越多，血浆相对密度越大。

2. 血液的黏滞度 血液黏滞度（viscosity）是血液在血管内流动时，其内部各种分子和颗粒间及血液与血管壁间产生的摩擦力所致。全血的相对黏滞度为纯水的 4 ~ 5 倍，其主要决定因素为其中所含的红细胞数量。此外还与血流切率、血管口径、温度有关。血浆的相对黏滞度为纯水的 1.6 ~ 2.4 倍，血浆的黏滞度主要由血浆蛋白含量决定。

3. 血浆渗透压 正常人血浆渗透压约为 5330mmHg，其中包含晶体渗透压和胶体渗透压。晶体渗透压主要来源于血浆中溶解的电解质（如 Na^+ 和 Ca^{2+} 等），约占血浆总透压的 99% 以上；胶体渗透压主要来源于血浆中的白蛋白。

由于血浆和组织液中晶体物质的浓度几乎相等，且绝大部分晶体物质不易透过细胞膜，所以细胞外液的渗透压相对稳定，这对维持细胞内外的水平衡来说至关重要。而血浆中白蛋白数量远超过组织液中白蛋白数量，所以血浆胶体渗透压远大于组织液胶体渗透压，有利于维持血管内外的水平衡。

4. 血浆的 pH 正常人血浆 pH 为 7.35 ~ 7.45，其主要取决于血浆中的主要缓冲对，即 $NaHCO_3/H_2CO_3$ 的比值。此外，还有多种缓冲对参与维持血浆 pH 的稳定，如血浆中的蛋白质钠盐/蛋白质、Na_2HPO_4/NaH_2PO_4、红细胞中的血红蛋白钾盐/血红蛋白、氧合血红蛋白钾盐/氧合血红蛋白、K_2HPO_4/KH_2PO_4、$KHCO_3/H_2CO_3$ 等。当酸性或碱性物质进入血液时，这些缓冲系统可有效地减轻其对血浆 pH 的影响，尤其是肺和肾不断排出体内过多酸或碱的情况下，维持血浆 pH 的稳定性。

（二）血型

血型（blood groups）是指红细胞膜上特异性抗原的类型。通常血型被分为 ABO 血型，在此基础上，进一步还有 Rh 血型等分型。出现不同血型主要是因为红细胞表面表达的抗原不同。红细胞表面抗原的表达受不同基因调控，如 ABO 血型系统抗原受控于第 9 号染色体上的 *ABO* 基因，而 Rh 血型系统抗原则受控于两个位于 1 号染色体的高度同源的 *RHD* 基因和 *RHCE* 基因。某些血型抗原由于等位基因突变等导致其表达异常，还可进一步区分为不同的亚型。在临床输血中 ABO 和 Rh 是最为重要的血型系统。

二、血液代用品概述

由于血源不足，血型配型过程繁琐，血液贮存和运输不便，新的稀有血型和人数不断增加，尤其近年来，艾滋病病毒和乙肝病毒等传染病病原体污染血源现象日趋严重，血液安全性问题不容忽视。健康人献血虽然一定程度缓解了临床用血的燃眉之急，但是，单纯依靠健康人献血已不能从根本上解决血源短缺和血液安全性问题。因此，寻找一种与血液具有相同功能的代用品显得尤为重要。

血液代用品是指具有载 O_2 功能、维持血液渗透压和酸碱平衡及扩充血容量的人工制剂。常用的人工血液代用品主要有扩容剂（如右旋糖酐、明胶、葡聚糖、羟乙基淀粉等）、有机化学合成的高分子全氟碳化合物类（PFC）和应用生物技术制备的人工血液代用品。

第二节　血液制品 📱微课 2

血液和血液制品是传统生物制品的重要组成部分。血液制品是在输血疗法基础上发展起来的。血液之所以具有多种生理功能，是由于它含有多种不同的成分，包括血液有形成分（主要是血细胞）和血浆成分，它们各具特有的生理学、生物学功能。临床上广泛应用的输血（全血）疗法，存在极大的不合理和浪费。多数输用全血的治疗并非一定需要全血，而只想要血液中某种成分。目前公认的输血疗法原则是：避免输用全血，尽可能输用血液成分进行治疗。这样做不但可以提高疗效和安全性，对患者有利，而且可充分发挥并利用血液的多种功能，做到"一血多用"。具有医疗作用的血液制品包括血液、红细胞、血小板、血浆和各种血浆蛋白。

2020 年版《中国药典》三部中血液制品的定义是：指源自人类血液或血浆的治疗产品，如人血白蛋白、人免疫球蛋白、人凝血因子等。目前血浆蛋白制品主要通过两种途径获得：从健康人血浆及特异性免疫人血浆分离、提纯和重组 DNA 技术制备重组血浆蛋白制剂。目前国际上大规模生产和推广应用的血液制品主要有三类：转运蛋白中的白蛋白、各种免疫球蛋白（包括肌内注射、静脉注射和各种特异性免疫球蛋白）以及凝血因子制剂（主要为 FⅧ和 FⅪ浓度制剂）。白蛋白和免疫球蛋白制品主要从健康人血浆中分离提纯，凝血因子制品可从健康人血浆中分离，也可通过重组 DNA 技术制备。

一、血液制品的种类

（一）白蛋白类制剂

1. 白蛋白的性质　白蛋白（又称清蛋白，albumin，Alb）是血浆中含量最高的蛋白质，占血浆总蛋白质含量的一半以上，易大量、高纯度的提取。其分子质量为 66kDa，等电点为 4.7，产生的渗透压大而黏度低，是最有效的血容扩张剂。白蛋白分子是由单条肽链盘曲形成的球状分子，由 610 个氨基酸组成，链内半胱氨酸残基间有 17 个二硫键交叉连接，因而白蛋白分子的稳定性好。由于组成白蛋白肽链的氨基酸中，有许多亲水性的酸性、碱性氨基酸，因此白蛋白是极易溶于水的极性分子，在正常生理条件下带负电荷。白蛋白在肝脏内产生。每个肝细胞每秒钟能合成约 7000 个白蛋白分子，正常人每天可合成 15g 白蛋白，而在失血情况下，合成速率提高 3 倍。故在肝脏功能正常、营养充足的情况下，白蛋白损后补充很快，一般丧失 400ml 血浆，1～2 天即可恢复。

2. 白蛋白的主要生物学功能

（1）维持、调节血液渗透压　1g 白蛋白产生的渗透压相当于 20ml 液体血浆或 40ml 全血，它能调节体内由胶体渗透压紊乱引起的功能障碍，如水肿、腹水等。

（2）运输和解毒作用　白蛋白能结合阳离子，也能结合阴离子，故能输送性质不同的物质，如脂肪酸、激素、金属离子、酶和药物，并能结合有毒物质，运送至解毒器官，然后排出体外。

（3）营养供给　组织蛋白和血浆蛋白可互相转化，在氮代谢出现障碍时，白蛋白可转化成体内组织蛋白前体，作为机体的氮源，为组织提供营养。白蛋白还能促进肝细胞的修复和再生。

3. 白蛋白制剂的种类　目前白蛋白类制剂主要有两种，一种是人血白蛋白，另一种是血浆蛋白成分，两者的区别主要在于白蛋白纯度不同，前者为96%以上，后者为83%以上。临床上白蛋白制剂主要用于烧伤、失血性休克、水肿及低蛋白血症的治疗。

（1）人血白蛋白　是目前国际上使用最多的血液制品，它是经低温乙醇蛋白分离法或经批准的其他分离方法，从健康人静脉血浆中提纯，并经60℃处理10小时灭活病毒后制成。有液体和冻干两种剂型。蛋白质中96%以上为白蛋白，不含防腐剂和抗生素，可加入适量的辛酸钠或乙酰色氨酸作为稳定剂。制备过程要求严格无菌、无热原，成品需通过严格的细菌学和热原检测。

 实例分析 15 – 1

案例　近年来不少市民将白蛋白当作补品、保健品、救命药，甚至有考生用来"补脑"。去医院看病的患者或家属中，有不少人主动向医生提出要补充白蛋白，比如有的家长看到自己的孩子因感染疾病而反复入院，为孩子提高抵抗力，主动向医生提出要给孩子注射人血白蛋白。

讨论　人血白蛋白是营养品吗？

答案解析

（2）血浆蛋白成分　是经低温乙醇或其他适当方法提取的血浆蛋白制剂，又称为血浆蛋白溶液，一般蛋白质浓度为4%或5%，WHO规程规定该制剂蛋白质中白蛋白的纯度在83%以上。

即学即练 15 – 1

答案解析

具有扩充血容量和维持正常血浆胶体渗透压的作用，使用最为广泛的血浆蛋白制品为（　　）。

A. 人免疫球蛋白　　　　　　　　　B. 人血白蛋白
C. 浓缩白细胞　　　　　　　　　　D. 人纤维蛋白原

（二）免疫球蛋白制剂

1. 免疫球蛋白制剂的种类　免疫球蛋白制剂有三类：正常人免疫球蛋白、特异性球蛋白及静脉注射免疫球蛋白，主要作用是给患者补充免疫抗体以增强机体的体液免疫，其功效取决于所含抗体的种类及生物效价。

（1）正常人免疫球蛋白（human normal immunoglobulin）　又称丙种球蛋白或者多价免疫球蛋白，是采用低温乙醇蛋白分离法或经批准的其他蛋白质分离方法从健康人血浆中分离制得的免疫球蛋白浓缩剂。《中国药典》要求每批投产血浆应为不低于1000人份的混合血浆。有液体剂型和冻干剂型两种，仅供肌内注射用。制剂中主要含IgG，也有一定量的IgA、IgM。

正常人免疫球蛋白所含的抗体种类与正常人群中所含的抗体一样，其滴度相当于正常人群平均抗体的一定浓缩倍数。而人群中的抗体种类和滴度取决于一定地区和一定时间的流行病情况以及人群的免疫状态，所以，不同地区、不同时间的免疫球蛋白制剂所含抗体的种类和效价不完全相同。

正常人免疫球蛋白主要用来预防一些病毒性感染，如甲肝、丙肝、麻疹等疾病的预防以及丙种球蛋白缺乏症的治疗。但滥用免疫球蛋白不但无益，而且可能产生免疫依赖等副作用。

（2）特异性免疫球蛋白　由对某些病原微生物具有高滴度抗体的血浆制备的特异的高效价免疫球蛋白。与正常免疫球蛋白不同，此类制剂必须至少具有一种高滴度抗体，用于临床上特定疾病的预防和治疗。目前国际上使用的特异性免疫球蛋白达十余种，常用的有乙型肝炎免疫球蛋白、甲型肝炎免疫球蛋白、破伤风免疫球蛋白、狂犬病免疫球蛋白、风疹免疫球蛋白等。下面介绍几种《中国药典》收载的特异性免疫球蛋白。

1）乙型肝炎免疫球蛋白（human hepatitis B immunoglobulin，HBIG）　是以接种乙肝疫苗者的血浆为原料，采集富含高效价抗乙型肝炎的血浆，再经低温乙醇蛋白分离法或经批准的其他分离方法提纯，并经病毒灭活处理制成的，有液体和冻干两种剂型，主要用于乙肝的预防，尤其在阻断母婴垂直传播中有明显的效果。采用经批准的乙型肝炎疫苗和免疫程序进行免疫，原料血浆混合后抗乙型肝炎效价应不低于8IU/ml。每批原料应由100名以上免疫供浆者的血浆混合而成。制品中可加入50g/L的葡萄糖或麦芽糖作稳定剂，0.1g/L的硫柳汞作防腐剂，不含抗生素。成品中IgG单体和二聚体含量之和不低于总蛋白的90%。成品需通过严格的细菌学和热原检测。

2）破伤风免疫球蛋白（human tetanus immunoglobulin，TIG）　系筛选经破伤风类毒素免疫过的供浆者，加强免疫后采集含高效价破伤风抗体的血浆，经低温乙醇蛋白分离法或经批准的其他分离方法提纯，并经病毒灭活处理制成。采用经批准的人用破伤风疫苗和免疫程序，免疫后测定破伤风抗体效价，达到81IU/ml以上者即可采血。采集的血浆低温冰冻保存应不超过2年，每批投产的原料血浆应由100名以上免疫供浆者血浆混合而成。制品中可加入适量的葡萄糖或麦芽糖作稳定剂（不超过50g/L）和适量的硫柳汞作防腐剂（0.1g/L）。成品中蛋白质含量应不高于180g/L，其中IgG单体和二聚体含量之和不低于总蛋白质含量的90%。破伤风免疫球蛋白在国际上应用较广泛，可用于破伤风的预防和治疗，作用时间长，使用安生，一般不会引起超敏反应，疗效优于马血清抗毒素。

3）狂犬病免疫蛋白（human rabies immunoglobulin，RIG）　系选择采用人用狂犬疫苗免疫供血浆者，采集含高效价狂犬病抗体的血浆，经低温乙醇蛋白分离法或经批准的其他分离方法提纯，再经病毒灭活处理制成。采用经批准的人狂犬疫苗和免疫程序进行免疫，免疫后血样用酶联免疫法、蚀斑法或小鼠脑内中和试验测定抗体效价，达到10IU/ml以上即可采集血浆。每批投产血浆应为100名以上供浆者血浆混合而成。制品中可加入适量的葡萄糖或麦芽糖作稳定剂（不超过50g/L）和适量的硫柳汞作防腐剂（不超过0.1g/L）。成品中蛋白质含量应不高于180g/L，其中IgG单体和二聚体含量之和不低于总蛋白质含量的90%。

我国生产的狂犬病免疫蛋白制剂有三种规格，分别含狂犬病抗体100IU、200IU和500IU，狂犬病抗体效价不低于100IU/ml。狂犬病免疫蛋白主要用于接触狂犬病动物的人群，被咬伤后立即按每千克体重肌内注射20IU狂犬病免疫蛋白，与狂犬疫苗联合使用效果更好，在预防狂犬病中是疫苗的重要补充。起效快，使用安全，不会引起变态反应。

（3）静脉注射免疫球蛋白　正常人免疫球蛋白（肌注丙球）只能用于肌内注射，剂量有限且作用慢，特别是先天性丙球缺乏症患者进行治疗时需要大剂量给药，这使肌注丙球更显得力不从心。而如果将肌注丙球用于静脉注射，多数患者会发生不同程度的类过敏反应，如恶心、发热、胸闷，甚至血压下降，丧失意识。如果患者有丙球缺乏症，则发生不良反应的危险性更大。引起这些全身性反应的原因尚不完全了解，可能是在血浆蛋白分离过程中，由于一些因素的影响，IgG分子发生聚合，使得FC段上的补体结合部位暴露出来，通过补体旁路途径激活补体系统，从而引起临床上的不良反应。此外，聚集的 IgG 与单核细胞和巨噬细胞相互作用，也可刺激它们释放血管活性物质，引起类过敏反应。因此，如何防止 IgG 分子的聚合和补体的活化成了制备 IVIG 的关键。通过大量研究，开发出了三代可供静脉注射的免疫球蛋白制剂，简称静注丙球（human immunoglobulin for intravenous injection，IVIG）。

目前我国生产的 IVIG 主要有两种，一种是低 pH IVIG，一种是普通 IVIG。均是由健康人血浆，经低温乙醇或经批准的其他分离方法提纯、去除补体活性并经病毒灭活处理制成的。每批投产血浆量应不少于 1000 人份。制品中 IgG 亚类与正常人血清中 IgG 亚类的分布相近（正常人血清 IgG 亚类分布参考值：IgG1 60.3%～71.5%；IgG2 19.4%～31.0%；IgG3 5.0%～8.4%；IgG4 0.7%～4.2%），并保留了 IgGFc 段的生物学活性。成品加适量白蛋白和葡萄糖或麦芽糖，或其他经批准的适宜稳定剂。不含防腐剂和抗生素。IgG 单体和二聚体含量之和不低于蛋白质总量的 95%，有 1g、1.25g、2.5g、5g、10g 5 种规格，IgG 含量为 5%，含有一定效价的抗 HB 和白喉抗体。用生理氯化钠溶液将供试品蛋白质含量稀释至 10g/L，低 pH IVIG 的 pH 为 3.8～4.4，普通 IVIG 的 pH 为 6.4～7.4。

（三）凝血因子制剂

内源性和外源性的凝血途径都具有凝血功能，这两种途径中的任何一种受到抑制都会导致凝血功能障碍。由于先天性遗传缺陷可发生各种凝血因子缺乏症（质和量的缺陷），最常见的是甲型血友病：缺乏凝血因子Ⅷ；其次是乙型血友病：缺乏凝血因子Ⅸ。一些肝病疾患可引起继发性凝血因子缺乏，导致凝血机能障碍。这些凝血功能紊乱通常使用全血或使用从全血中纯化的相应凝血因子来加以治疗。

1. 凝血因子Ⅷ

（1）凝血因Ⅷ的结构与功能　人凝血因子Ⅷ（FⅧ）是内源性凝血途径中一种重要的凝血因子，作为 FⅨ 的辅因子，与活化的 FⅨ（FⅨa）、Ca^{2+} 结合形成复合物，参与 FⅩ 的激活，进而与 FⅤ、Ca^{2+} 结合形成内源性凝血酶原激活物。FⅧ遗传性缺乏将导致 A 型血友病，因此，静脉注射 FⅧ制品替代治疗 A 型血友病患者体内缺乏的 FⅧ是当前的主要治疗手段。

FⅧ由 5～10 个亚单位以二硫键连接而成，它是一种 β 糖蛋白，分子中约 15% 为碳水化合物。FⅧ由两部分构成——Ⅷ：C 和Ⅷ：Ag（简称 vWF）。FⅧ：C 和 FⅧ：Ag 是来源于不同基因编码的两种不同的蛋白质，共同构成了 FⅧ复合物。其中，FⅧ：C 为促凝成分，可纠正 A 型血友病的凝血异常；FⅧ：Ag 是相关抗原，可纠正血管性假性血友病的出血时间。A 型血友病主要是由于患者体内不能产生促凝成分 FⅧ：C，导致 FⅧ复合物水平显著降低或完全缺失，因此，需用静脉输注 FⅧ制剂替代治疗。

（2）FⅧ制剂种类　目前 FⅧ制剂主要包括冷沉淀制剂、浓缩制剂和重组 FⅧ制剂。

1）冷沉淀制剂　新鲜血浆离体后置于 -30℃ 以下，6 小时内使其冻结，然后置于 0～8℃，使其融化并产生沉淀。沉淀中含有 FⅧ、纤维蛋白原和纤维结合蛋白等。冷沉淀法获得的 FⅧ制剂，其活性比原血浆提高 7～20 倍。

2）浓缩制剂　以上述冷沉淀为原料，经各种生物纯化技术分离纯化制备得到的是 FⅧ浓缩剂。此法得到的 FⅧ制剂由于去除了大部分杂蛋白（如纤维蛋白原等），其活性比原血浆提高 30～80 倍。利用层析法已制备得到更高纯度的 FⅧ，其活性比原血浆提高了 12000 倍。我国生产的 FⅧ是将健康人的新鲜冰冻血浆，经批准的生产工艺得到冷沉淀，然后经过分离纯化，并经病毒灭活处理、冻干制备而成，为人凝血因子 FⅧ（human coagulation factor Ⅷ）。制剂中含有适宜的稳定剂，不含防腐剂和抗生素。根据每 1ml 人凝血因子Ⅷ活性及标示装量计算每瓶人凝血因子Ⅷ效价，应为标示量的 80%～140%。每 1mg 蛋白质应不低于 1.0IU，于 2～8℃ 避光保存和运输。

3）重组 FⅧ制剂　应用基因重组技术生产获得的重组 FⅧ制剂目前已应用于临床，其不来源于血液，消除了从感染血液中提取产品所带来的疾病传播的可能性。

重组 FⅧ 制剂常用的表达系统主要有各种鼠癌细胞株、中国仓鼠卵巢细胞（CHO）和细小仓鼠肾细胞（BHK）株。重组 FⅧ 产品通常仅包括Ⅷ：C（即不含 vWF 部分），具有与天然 FⅧ 相似的生化及药理学特性，并具有良好的治疗效果。动物和人药动学数据表明重组产品和天然产品的药动学参数没有明显不同。与天然凝血因子产品相比，重组产品最大的差别是具有免疫原性。由于不同的表达系统，天然和重组的凝血因子Ⅷ产品在糖基化模式上略有不同，这导致了重组产品具有免疫原性。重组产品中任何污染物的存在都是非人源化的，因此都具有免疫原性。部分患者使用后会产生相应抗体。

近年来，研究者试图通过基因定点突变技术改造凝血因子Ⅷ：C 的基因，从而获得更加理想的性状，如延长凝血因子Ⅷ：C 的半衰期，使患者降低用药频率等。

目前我国临床使用的 FⅧ 制剂多为浓缩剂，适用于先天性 FⅧ 缺乏的 A 型血友病，但对 B 型血友病和 C 型血友病无效。商品 FⅧ 浓缩剂相当稳定，易于掌握和使用，故常用于家庭病房的治疗。通常根据患者病情严重程度不同来决定使用剂量，严重者可适当增加治疗剂量。若某些严重病例出现治疗效果不好的情况，可考虑使用以下方法改善疗效：交换输入全血，可短暂降低循环的人凝血因子Ⅷ：C 抗体；直接使用 FⅩa，从而绕过凝血连锁反应中无效的步骤；使用 FⅦa；使用高浓度的 FⅡ、FⅦ、FⅨ 和 FⅩ 的混合物，此法有效率约为 50%；使用猪凝血因子Ⅷ，该因子可能与抗人凝血因子Ⅷa 的抗体不发生交叉反应（但免疫系统会很快产生抗猪凝血因子Ⅷ的抗体）；FⅧ 与免疫抑制剂同时使用。

2. 凝血因子Ⅸ

（1）凝血因子Ⅸ的结构与功能　凝血因子Ⅸ（FⅨ）同时参与内源性凝血系统与外源性凝血系统。当血管壁损伤时，内源性凝血系统启动，在 Ca^{2+} 和 FⅪa 等的作用下，生成具有酶促活性的 FⅨa，参与内源性凝血反应，进而促进凝血酶原转化为凝血酶。当组织损伤时，FⅦa 激活 FⅨ 生成 FⅨa，在 Ca^{2+} 和 FⅧa 的共同参与下，以复合体的形式激活 FⅩ，激活的 FⅩa 在 FⅤa 的作用下，促进凝血酶原转化为凝血酶。B 型血友病是先天性 FⅨ 基因缺陷所致，因此，FⅨ 制剂可用于治疗 B 型血友病。

FⅨ 是一种单链糖蛋白，是维生素 K 依赖因子，在体内由肝细胞合成并分泌到血液中。FⅨ 由 415 个氨基酸残基组成，成熟蛋白从 N 端开始分别为 GLA 结构域、EGF_1、EGF_2、连接肽、激活肽和催化结构域。其中，GLA 结构域对 FⅨ/FⅨa 与 Ca^{2+} 的结合至关重要，EGF_1 与 Ca^{2+} 的结合能促进 FⅨ 的酶活性及 FⅨ 与 FⅥ 的结合，EGF_2 对 FⅨa – FⅤⅢa 复合体在血小板表面组装有重要作用，催化结构域在催化 FⅩ 向 FⅩa 转化中起到重要作用。

（2）凝血因子Ⅸ制剂种类　主要有凝血因子Ⅸ复合物、高纯度凝血因子Ⅸ制剂及重组凝血因子Ⅸ制剂。

1）凝血因子Ⅸ复合物　我国目前生产的凝血因子Ⅸ制剂主要是人凝血因子Ⅸ复合物，即人凝血酶原复合物（human prothrombin complex），其主要成分是 FⅡ、FⅨ、FⅦ、FⅩ。我国生产的凝血酶原复合物是以健康人血浆，去除冷沉淀、FⅧ的血浆或组分血沉淀为原料，采用凝胶吸附法或其他批准的方法制备，并经病毒灭活处理，冻干，真空密封制备而成。含适宜的稳定剂（如肝素，每 1IU 人凝血因子Ⅸ的肝素不超过 0.5IU），不含防腐剂和抗生素。根据每 1ml 人凝血因子Ⅸ效价及标示装量计算每瓶人凝血因子Ⅸ效价，应为标示量的 80% ~ 140%。比活性为每 1mg 蛋白质应不低于 0.3IU。FⅡ、FⅦ、FⅩ 效价应不低于标示量的 80%。于 2 ~ 8℃ 避光保存和运输。目前我国常采用阴离子交换凝胶法提纯凝血酶原复合物。

2）高纯度凝血因子Ⅸ制剂　高纯度 FⅨ 可应用亲和层析法与离子交换层析法相结合，大批量从血浆中分离得到。去冷沉淀血浆经阴离子交换层析柱 DEAE – SephadexA – 50 吸附 FⅡ、FⅨ、FⅦ、FⅩ，再通过 DEAE – Sepharose CL – 6B（琼脂糖凝胶柱）去除 FⅦ，最后通过亲和层析柱 heparin – Sepharose CL – 6B（肝素、琼脂糖凝胶柱）选择性吸附 FⅨ和 FⅩ，再改变离子强度去除 FⅩ，最终得到高度纯化的 FⅨ。该工艺可用于大规模生产。此方法在进行亲和层析前，用有机溶剂/去污剂混合物（S/D）法灭活病毒，因此产品纯度高、安全性好，与新鲜血浆相比纯度提升了 1 万倍以上。

3）重组凝血因子Ⅸ制剂　BeneFix 是重组凝血因子 FⅨ制剂，由表达人凝血因子 FⅨ基因的 CHO 细胞产生，是一种糖蛋白，其氨基酸序列与血浆提取的 FⅨ的 Ala148 等位基因的序列一致，并且在结构和功能特性上，与内源性 FⅨ相似。使用重组 FⅨ制剂可以提高患者血浆 FⅨ水平，进而纠正其凝血缺陷。

3. 凝血因子Ⅶ

（1）凝血因子Ⅶ的结构与功能　凝血因子Ⅶ（FⅦ）是一种单链糖蛋白，能启动外源性凝血级联反应。FⅦ参与的凝血过程是由 FⅢ与 FⅦ或 FⅦa 形成复合物开始。FⅢ是血管壁内层细胞上的一种跨膜糖蛋白，与 FⅦ和 FⅦa 有很高的亲和性。FⅢ通常不与血液接触，当组织发生损伤时，FⅢ暴露于血液中，与 FⅦ或 FⅦa 形成复合物，进而激发凝血过程。FⅦ的半衰期为 4～6 小时，血浆含量较低。FⅦa 是 FⅦ经酶解后的活化状态，成双链状，包含一条重链和一条轻链。重链部分残基的排列顺序与丝氨酸蛋白酶家族有明显同源性，是 FⅦ具有催化作用的功能区，因而称丝氨酸蛋白酶区。

在血友病患者治疗过程中，5%～25% 的 A 型血友病患者会产生抗 FⅦ抗体，3%～6% 的 B 型血友病患者产生抗 FⅨ抗体，这均使治疗难度加大。若出现以上情况，可以直接使用凝血因子 FⅦa 其机制可能是 FⅦa 能够直接激活凝血连锁反应的最终步骤，不依赖于 FⅧ和 FⅨ。

（2）凝血因子Ⅸ制剂种类　NovoSeven 是一种重组凝血因子Ⅶa，其结构相似于人血浆凝血因子Ⅶa。人 FⅦ基因在 BHK 细胞中被克隆并表达，重组的 FⅦ以单链形式分泌到培养基质中，而后以自我催化的方式裂解成具有活性的双链形式，即重组 FⅦa。研究表明，该药对具有或不具有抗体的患者急性出血控制率约为 80%。目前来看，其效果等同于或优于临床上正在使用的其他治疗方案。重组 FⅦa 制剂目前主要用于治疗中、高度抗体滴度的患者。

二、血液制品的安全性

血液制品在医疗急救、战伤抢救以及某些特定疾病的预防和治疗上，有着其他药品不可替代的重要作用。但血液制品存在的一些不安全因素不容忽视，患者每输用一次血液制品，就有可能接触到感染性物质及同种异型抗原性物质，将给人类健康带来威胁。

1. 病毒感染问题　由于血液制品趋向于大规模生产，大部分血液制品生产一次所需的血浆量一般是 5000～10000 人份单采血浆单位甚至更多供浆者采集的混合血浆。尽管对供浆者事先进行严格筛选，但由于目前检测手段普遍存在不同程度缺陷，加上人为因素可能带来的失误，从理论上讲，难以保证原料血浆的绝对安全。自然界许多病毒或细菌等病原微生物能污染人体血液，血液制品有传播病毒的可能性。

迄今，已经确认可以通过受污染的血液制品传播的病毒主要有乙型肝炎病毒（HBV）、丙型肝炎病毒（HCV）、人类免疫缺陷病毒（HIV）、人类嗜 T 淋巴细胞病毒（HTLV）等。其中，HIV、HBV、HCV 的感染率较高，危害非常严重，受到国内外医学界的普遍关注。WHO 提供的资料表明，全世界 5%～10% 的 HIV 感染是通过输血传播。我国第一例艾滋病（AIDS）患者就是由于使用了 HIV 污染的进口血液制品而感染。

保证血液制品安全行之有效的措施：①加强血源管理，加强宣传教育，从供血队伍中排除高危人群；②加强供血者及原料血浆的筛选，包括增加必要的检验项目和提高要求；③改进工艺，生产厂家严格执行 GMP，在制造过程中引入去除、灭活病毒的步骤；④对最终产品的质量控制和对临床使用的信息反馈。

📱 知识链接

对血液制品进行去除、灭活病毒处理，是保证血液制品安全非常重要的环节。目前，用于血液制品病毒去除、灭活的方法多种多样，有物理、化学和物理－化学联合方法。常用的物理方法有加热、射线照射、过滤、离心、洗涤、色谱法等；常用的化学方法有烷化剂、氧化剂法等；物理－化学联合方法有光敏剂与紫外线或可见光联合法、色谱与有机溶剂或表面活性剂联合法等。

2. 同种抗原性物质问题　血液成分非常复杂，血浆蛋白含有形形色色不同的遗传型，目前已知的各种血细胞和血浆蛋白抗原系统繁多。全世界 60 多亿人群中，除同卵双胎外，几乎没有完全相同的血型，每一批血液制品中所含的同种异型抗原性物质种类更是不计其数。各种血型物质的抗体蛋白，数量繁多；触珠蛋白、α_1-抗胰蛋白酶、转铁蛋白等的遗传及变异型，总数均在 20 种以上。遭受过多的同种异型抗原性物质重复攻击，可诱发机体变态反应，甚至使机体免疫功能下降。

第三节　血液代用品 🅴 微课3

人血液代用品（human blood substitute）是指能够携带氧、维持血液渗透压和酸碱平衡及扩充血容量的人工制剂。历史上，人血液代用品的研究经历了几个发展阶段。早在 20 世纪 40 年代，科学家研制的血液代用品主要是以维持血液渗透压、酸碱平衡及血容量为目标（如白蛋白制品），但是这些制剂没有载氧功能。从 20 世纪 60 年代开始，各国科学家致力于从高分子化合物和血红蛋白两方面研究具有载氧功能的血液代用品。近年来由于现代生物技术的崛起，血液代用品的研究有了突破性进展。

一、开展人血液代用品研究的重大意义

1. 满足输血需求剧增而血源严重短缺的现实要求　目前临床用血量迅速增加，而血源却日益减少，因此，加紧血液代用品的研究开发，已成为解决输血安全和血源短缺的战略任务。目前开发的人血液代用品基本上采用改造的牛血红蛋白，牛血的易获得性保证了大规模产业中原料的充足供应。

2. 避免适配血型的麻烦和输血反应的发生　输血时必须严格适配血型。由于人类血型十分复杂，抗原种类及其表现多样性，因而选择相适血型的血液供受体不仅费时费力，而且很难完全避免输血反应。与传统输血相比，人血液代用品具有广泛的兼容性，可以适用于任何血型，因而不需要适配过程，临床应用快捷，大大节省了紧急救治的时间。

3. 防止血液污染，保证输血安全性　病原体污染血源一直是困扰输血工作的一大难题，严重威胁输血者安全，其中病毒污染更突出。通过血液和血液制品传播的病毒主要有 HCV、HBV、庚肝病毒（HGV）、HIV，其次还有 HTLV、单纯疱疹病毒（CMV）、甲肝病毒（HAV）、细小病毒 B19 等。人血液代用品是经分离纯化的高纯度单一物质，不受病原体污染，不携带疾病，能很好地避免因输血而造成的感染。

4. 解决了存储运输不便的问题　血液保存期短，在 4℃ 下最多只能储存 42 天，常温下则更短，一周左右。血液采集、运输和储存均需要专业知识和专门设备，技术要求严格，储存、运输和使用均不够

简捷。而人血液代用品易储存，常温下可存放 1 年，且可制成干粉状，储存过程不需要冷藏，运输不需要专门设备。

5. 市场前景广阔，经济效益巨大　输血是临床不可代替的治疗手段，血液制品临床用途广泛、用量巨大。而临床用血短缺是世界性问题，寻求安全、有效、可大量生产的血液代用品已成为国际生物技术领域的研究热点，是 21 世纪重大研究开发项目。血液代用品一旦开发成功，将产生难以估量的效益，因此有着广阔的市场前景。

二、人血液代用品应具备的特点

临床适用的人血液代用品理论上应具备以下特点：①应具有较高的携氧能力，在氧分压正常的生理范围内，能有效向组织供氧，可调整产品 p50 值，以满足不同临床适应证的需要。②与人血液所有组分具有良好的生物相容性，同时能很好地维持血液渗透压、酸碱平衡、黏稠度和血容量。③无红细胞表面抗原决定簇，可排除适配血型之麻烦，避免输血反应。④无血液病原微生物污染，可避免输血时的交叉感染。⑤体内循环半衰期在 24 小时以上，在正常灌注条件下不产生肾毒副反应。保质期长、易储存、运输方便，若制成冻干粉，使用更为简捷。⑥血源不用依赖稳定供血人群，来源广泛，取材方便，可保障充足供应。目前，还没有一种人血液代用品可同时满足以上要求。

三、血液代用品的研究和发展历程

血液代用品的研究与开发一直受到科学研究和生物制药领域的热切关注。血液代用品的研究开发经历了从简单的扩容剂（piasma expander）到携氧剂（oxygen carrier）的发展阶段。

1. 不具携氧能力的血液代用品的研究和使用　20 世纪 50 年代初开始尝试寻找血液代替物质，研究较多的是能够维持血液渗透压、酸碱平衡及血容量的扩容剂，包括多糖和蛋白质类物质，如明胶、葡聚糖、羟乙基淀粉、聚乙烯吡咯烷酮、白蛋白和丙种球蛋白等，这些制剂的缺点是都不具备携氧能力。

2. 具携氧能力的高分子有机化合物的研究　20 世纪 60 年代开始研究具携氧能力的高分子有机化合物作为人血液代用品。研究较多的是全氟化合物（perfluorocarbon，PFC）。这种血液代用品的优点是具有一定的携氧能力，黏度低，有利于向局部缺氧的血组织传递氧。但也有致命的缺点：不能溶于血浆，需要使用表面活化剂乳化后才能用于静脉注射；在大气压条件下结合氧气的量有限；体内半衰期短；表面活性剂卵磷脂会导致输注后出现流感综合征的继发性迟发反应。所以，这种高分子化合物并未广泛用于临床。

3. 具有氧传递功能的血红蛋白作为血液代用品的研究　以来源于红细胞本身的血红蛋白为基质的携氧剂，由于其高效的载氧能力和维持胶体渗透压的功能而成为新一代血液代用品的最佳选择。但血红蛋白在体内存留时间短，且迅速解聚会导致肾毒副反应。另外，过高的氧亲和力和残留红细胞碎片等因素的影响，均阻碍了其在临床上的应用。

四、生物技术血液代用品的类型

目前世界上在研究的人血液代用品主要有三大类：有机化学合成的高分子全氟碳化合物类、用生物技术制备的血红蛋白及红细胞类。

1. 全氟碳化合物（PFC） 是将碳氧化合物中的氢原子全部用氟原子取代而产生的一类环状或直链状结构的有机化合物。全氟碳化合物具有溶解氧的性质，典型制剂在 21.3kPa 氧分压和 37℃ 条件下可溶解 40% ~ 50% 容积的氧，而且其氧含量与氧分压成正比。目前研究最多的全氟碳化合物主要有全氟萘胺（PFD）、全氟三丙胺（PFTPA）和全氟三丁胺（PFITBA）。PFC 的优点是可以直接用化学方法合成，性质稳定，价格低廉，而且不受生物来源的影响，避免了因异体输血而造成的交叉感染，同时也适用于因为宗教原因不能输血的患者。但 PFC 可产生明显得毒副反应，限制了其在临床上的应用。

当前开发的重点是生物技术血液代用品，包括血红蛋白类和红细胞类代用品。由于来源于红细胞本身的血红蛋白具有高效的载氧能力和维持胶体渗透压的功能，各国都把研制以血红蛋白为基础的携氧剂作为人血液代用品研究开发的主要途径。

2. 血红蛋白类血液代用品 是以血红蛋白为基质的携氧剂（hemoglobin oxygen carrier，HBOC），其关键技术是血红蛋白的高效纯度工艺和血红蛋白修饰技术。

（1）天然血红蛋白

1）天然血红蛋白来源 目前天然血红蛋白（natural hemoglobin）主要来自于人、动物的血液。从血库过期的血液中分离得到的人 Hb 与人血液同源，生物相容性好，不会引起致敏免疫反应，但未解决血液污染和紧缺问题。所以人们致力于开发动物血红蛋白，如牛、羊、猪等。但无论从何种血液中分离血红蛋白，都必须依靠高效纯化工艺技术，完全排除血液的其他成分和病原微生物的干扰，获得高纯度的活性血红蛋白分子，这是研究血红蛋白类血液代用品的关键。

2）天然血红蛋白作为 HBOC 的缺点 从天然血红蛋白的特征来看，一般游离于红细胞外的血红蛋白将失去其主要功能。血红蛋白在血浆中的半衰期仅为 2 ~ 3 小时，四聚体（64kDa）迅速解聚为 α、β 二聚体（32kDa）和单体（16kDa），从肾脏滤过时可使肾血管内皮细胞膜过氧化和管形坏死，导致肾功能丧失，产生强烈肾毒性；血红蛋白可结合并灭活由内皮细胞产生的内皮舒张因子，对血管舒张有抑制作用。失去红细胞内 2,3 - DPG 对其的调节，血红蛋白的氧亲和力升高，影响氧的释放，不能向组织有效供氧；缺乏红细胞内还原酶系统的调节，血红蛋白易氧化成高铁血红蛋白（MetHb），丧失结合氧的能力并产生超氧化物离子（O_2^-、HO、H_2O_2 等）自由基，对机体产生损害作用。为此，研究人员采用多种方式修饰 Hb 分子，以获得适合临床应用的 HBOC。

（2）化学修饰血红蛋白（chemical modified hemoglobin） 目的主要是：①稳定 Hb 的四聚体结构，延长其半衰期；②增加 Hb 的相对分子质量，防止血管外逸和肾脏清除，去除其肾毒性和免疫毒性；③降低 Hb 对 O_2 亲和力，有利于组织细胞获得更多 O_2。目前常用的血红蛋白分子化学修饰方法有 Hb 分子内交联、分子间聚合、惰性高分子聚合物共轭和微囊化等。

1）交联血红蛋白（intramolecular crosslinked hemoglobin） 用交联剂与血红蛋白 α 亚基或 β 亚基进行分子内交联反应，可制备出稳定的维持四聚体结构的交联血红蛋白。此方法的实质是在血红蛋白分子内部加入原子键，使其内部结构更为紧密，解聚困难。目前已经研究的交联剂有十几种，如双阿司匹林（DBBF）、双（顺丁烯二酰亚胺甲基）醚、2,5 - 二异硫基氰基苯磺酸盐（DIBS）、1,3 - 丁二烯双环氧化物（BUDE）、戊二醛（GDA）、5 - 磷酸吡哆醛（PI - P）等。通过交联作用稳定了血红蛋白的四聚体结构并降低了氧亲和力，具有良好的氧传递协同性，且不会发生肾毒副反应。

2）多聚血红蛋白（polyhemoglobin） 为了进一步延长 Hb 在血液内的停留时间，可以在分子内交联的基础上采用交联剂使 Hb 分子之间聚合形成较大的分子。常用醛类试剂如戊二醛（GDA）、5 - 磷酸吡哆醛（PLP）和开环棉子糖作为交联剂，将多个血红蛋白分子聚合成大分子，以防止血红蛋白的解聚，延长循环半衰期，降低血红蛋白的氧亲和力，增强其氧传递性，不产生肾毒副反应。

3）共轭血红蛋白（conjugated hemoglobin）　将可溶性惰性大分子聚合物，如聚乙二醇（PEG）、葡聚糖（DX）、右旋糖酐等共价耦联到 Hb 分子上，形成共轭血红蛋白具有良好的氧传递性、生物相容性和稳定性。

（3）人工红细胞（artificial red blood cell，ARBC）　又称微囊化血红蛋白，是模拟天然红细胞膜和红细胞内的生理环境，用仿生的高分子材料（如脂质体），将血红蛋白包裹起来制备而成。

人工红细胞具有其他血红蛋白类血液代用品不可替代的优点：由于没有经过化学修饰，能够更好地保持 Hb 的生理功能；可包裹一种别构效应调节剂，降低 Hb 的氧亲和力，从而增强氧传递能力；可加入起辅助作用的酶（如正铁 Hb 还原酶），模拟天然红细胞的正铁 Hb 还原系统；Hb 被包裹起来，相当于减少了分子数目，使渗透压降低，因而允许包裹较高浓度的 Hb；可对微囊膜的成分进行调整，使其在循环系统中具有较长的半衰期；微囊膜防止了 Hb 与血的直接接触，可减少其肾毒性。

最常用的方法是用脂质体包裹血红蛋白，所以人工血红蛋白又称脂质体血红蛋白（liposome encapsulated hemoglobin，LEH）。LEH 的磷脂双分子层包被不影响 Hb 对氧气的运输和释放，降低抗原性，增加循环半衰期，防止 Hb 迅速解离而导致肾毒性。

目前正在研究的还有用生物降解的聚乳酸（PLA）、聚乳酸乙醇酸（PLGA）等高分子材料包裹的 Hb、红细胞酶（如超氧化歧化酶、高铁还原酶）纳米微囊。

（4）重组基因血红蛋白（recombinant hemoglobin，rHb）　是当今血液代用品的研究热点。应用基因重组技术可在大肠埃希菌、酵母、昆虫细胞及转基因植物中表达天然热血红蛋白，也可采用珠蛋白基因点突变方法，根据需要改变血红蛋白的结构和特性，产生修饰人血红蛋白。

基因工程大肠埃希菌可表达人 Hb 融合性 α（或 β）亚基，表达量达 10% ~ 20%，经处理后可在体外折叠，然后与天然 β（或 α）亚基结合于外源氯化血红素上，形成四聚体，使 α 亚基、β 亚基与甲硫氨酸肽酶在同一细胞内共表达。也可在体内折叠，产生天然血红蛋白 $\alpha_2\beta_2$ 四聚体，但此产物保留有翻译起始的甲硫氨酸残基，其表达量为 2% ~ 10%。在大肠埃希菌中，将两个重复的 α - 珠蛋白首尾融合制成的基因重组交联人血红蛋白，可有效地防止 Hb 分子解聚，具有良好的氧传递功能，无明显毒副反应，是一种很有发展前景的血液代用品。

酵母宿主的表达产物为可溶性血红蛋白，与天然人 Hb 结构一致，但表达量仅 1% ~ 3%，若在 β 多肽链基因点突变，可降低表达产物的氧亲和力。宿主细胞为昆虫细胞，其表达产物为不溶性珠蛋白，无血红素掺入，表达量 5% ~ 10%。

用转基因猪和鼠的动物模型表达人血红蛋白均已获得成功。美国 DNX 公司已成功培育出人血红蛋白转基因猪，在猪的红细胞中表达人血红蛋白，占猪血红蛋白的 10% ~ 15%，表达产物有杂合分子，采用离子交换色谱技术可将人血红蛋白与猪血红蛋白及其他杂合分子分离。转基因猪产生的人血红蛋白与天然蛋白质一致，不会产生免疫反应，经化学修饰或改变结构可望用作血液代用品。

法国科学家在转基因烟草中成功表达了人血红蛋白，为人血红蛋白的产生开辟了一条新途径。用转基因植物生产人血红蛋白有特殊优点：能够对真核生物蛋白质多肽进行准确的翻译后加工，完成复杂的蛋白质构型重建，恢复天然蛋白质原有的生活学活性；与微生物和动物相比，虽然转基因植物中外源蛋白质的表达量比较低，但其生物产量大，不受环境和资源等因素的限制，可以大规模生产，因而生产成本比较低；植物属于可再生资源，不会造成环境污染。总之，基因重组血红蛋白是一类很有开发前景的血液代用品。

3. 红细胞类血液代用品　万能型红细胞和造血干细胞培养的定型红细胞是完全具备正常人红细胞功能的血液代用品。

（1）万能型红细胞　根据红细胞表面的分子结构，用工具酶将红细胞表面糖链全部去除或将 A 型、B 型、红细胞表面糖链上比 O 型多余的糖分子切除掉，将 A、B、O 糖链结构变为一致，人工制备出 O 型（万能型）血细胞。目前尚不能有效地将 A 型红细胞转变成 O 型。此外，由于 Rh 因子三维结构尚不清楚，也未找到相应的工具酶，将其转变成 Rh 阴性更为困难。因此，高纯度、高产量血型转变工具酶的研制以及最佳酶促反应的研究是红细胞血型转换的关键。

改变血型的另一途径，是用甲基聚乙二醇（mPEG）等高分子聚合物将红细胞膜上的抗原封闭，使其成为无免疫原性的万能型红细胞。动物实验表明，这种人工红细胞具有正常的传递能力，并可以通过柔性改变形状进入微血管，具有应用开发价值。

（2）造血干细胞培养定型红细胞　各类血细胞均来源于同一种骨髓造血干细胞，造血干细胞具有很高的自我复制、自我更新能力及多向分化的潜力。目前，国外利用造血干细胞体外扩增技术以及基因重组人促红细胞生成素（EPO），已成功在体外培养了干细胞，制备出具有正常生理功能的定型红细胞。

基因治疗血红蛋白异常遗传病（如镰状细胞贫血）即把正常人的血红蛋白基因转染到体外细胞培养的患者造血干细胞中，从而使患者干细胞分化为能生产正常人 Hb 的红细胞。造血干细胞体外培养和扩增技术比较成熟，促进干细胞分化为各类血细胞的细胞因子多数已能由基因重组技术生产。因此，定向培养出特定血型的红细胞，将各种白细胞制备成真正意义上的"人工血液"已是可行的。要达到输血实用量，该技术成本费用还太高，应用于临床还有较长距离，但用于基因治疗和细胞治疗已达到临床实用阶段。

 知识拓展

造血干细胞捐献（骨髓捐献）

从免疫学的角度来说，由造血干细胞培育出的人造血是最接近天然血液的代用品。研究人员希望这些人造红细胞能用于治疗镰状细胞贫血、地中海贫血等需要长期输血的病症，并最终能用于急救输血。造血干细胞捐献工作能够健康有序的发展，是因为有广大的志愿者无私地利用自己的业余时间、专业知识、特长技能参与造血干细胞捐献服务工作，让更多的人了解、参与乃至推广造血干细胞捐献事业，使之成为公益救助的重要品牌。捐献造血干细胞是奉献爱心、拯救生命的人道善举。我们应该弘扬敬畏生命、救死扶伤、甘于奉献、大爱无疆的崇高精神，积极参与到捐献造血干细胞的行动中，为这种彰显大爱的公益事业添砖加瓦。

五、人血液代用品的临床应用

人血液代用品有广泛的临床应用前景，目前已进入临床试验的血液代用品主要用于损伤造成的急性失血和休克紧急救治。其适应证主要包括以下几个方面。

1. 创伤治疗/出血性休克　这是人血液代用品临床应用最多的适应证，及时给创伤患者输注人血液代用品，能有效控制出血性休克，挽救伤者的生命。

2. 败血症休克　一氧化氮（NO）是败血症发生过程中诱发合成的血管舒张因子，可引起低血压。血红蛋白类人血液代用品能有效结合并灭活 NO，从而预防和治疗败血症休克引起的低血压。

3. 围手术期的常规输血　在临床外科手术期输注 1～3 个单位的人血红细胞溶液（RBC）可补充患

者的血量，并维持血液正常的携氧能力，预防临床症状恶化。血液代用品可代替 RBC。

4. 手术期血液稀释　手术前从患者身上抽出若干单位血，然后输液补充血量，手术中需要时再将血输回去。这是目前手术中常用的方法。人血液代用品颗粒小，黏度低，容易通过阻塞的血管或经微循环进入组织，使缺氧组织重新获得氧。

5. 多种抗体患者输血　有少数患者具有多种 RBC 抗原的抗体，这是由于患者多次输血引起的。这种患者难以寻找血型适配型，输注 RBC 会引起致命的输血反应。这些患者可以用血液代用品替代 RBC。

6. 肿瘤治疗　实体肿瘤的缺氧细胞对电离辐射和化疗有较强抵抗力。人血液代用品黏度低，可通过微血管系统向肿瘤组织供氧，从而提高肿瘤组织对电离辐射和化疗的敏感性。

即学即练 15 - 2

血液代用品有哪些类型？临床应用有哪些？

答案解析

 目标检测

答案解析

一、选择题

X 型题

1. 目前 FⅧ制剂主要包括（　　　）

  A. 冷沉淀制剂　　　　　　　　　　　　B. 浓缩制剂

  C. 重组 FⅧ制剂　　　　　　　　　　　D. 凝血因子Ⅸ复合物

2. 血液制品的主要类型（　　　）

  A. 人血白蛋白　　　　　　　　　　　　B. 免疫球蛋白制剂

  C. 凝血因子制剂　　　　　　　　　　　D. 人血红素

3. 临床上白蛋白制剂主要用于（　　　）

  A. 烧伤　　　　　　　　　　　　　　　B. 失血性休克

  C. 水肿　　　　　　　　　　　　　　　D. 低蛋白血症的治疗

二、简答题

1. 常用凝血因子有哪些？请简述其种类。

2. 开展人血液代用品研究的意义是什么？

3. 简述人血液代用品的临床应用。

书网融合……

知识回顾　　　　微课 1　　　　微课 2　　　　微课 3　　　　习题

（李艳萍）

第十六章　诊断制品

学习引导

随着经济发展、居民保健意识提高以及医疗保障政策逐步完善，诊断制品特别是体外诊断制品行业持续发展壮大，在疾病预防、诊断、监测及指导治疗的全过程中发挥了重要作用，成为现代疾病和健康管理不可或缺的工具。目前，我国在生化诊断、免疫诊断、临床检验方面有了较大发展，但是在分子诊断、微生物检测及即时诊断领域还有一定差距。

基于诊断制品现阶段发展状况和未来发展方向，本章主要介绍诊断制品的基础知识和《中国药典》2020 年版收载的体外诊断制品，旨在让学习者掌握诊断制品的概念、分类和常用的免疫诊断技术。

学习目标

思政素养目标

1. 通过免疫诊断技术的介绍，使学生感受日新月异的科学发展和技术进步，具有初步的创新思维。

2. 通过讲解典型体外诊断试剂的质量要求和相关注册管理办法，使学生树立严格遵守法律法规的职业道德素养。

知识目标

1. **掌握**　诊断制品的概念和分类；常见的免疫诊断技术；《中国药典》2020 年版收载的体外诊断制品种类；乙型肝炎病毒表面抗原诊断试剂盒。

2. **熟悉**　人免疫缺陷病毒抗体诊断试剂盒等其他几种诊断试剂。

3. **了解**　体外诊断试剂的发展历史。

技能目标

学会判断哪些属于体外诊断试剂并阐述其应用的免疫诊断技术。

第一节　概　述　微课

一、诊断制品的概念和分类

（一）概念

诊断制品是指用于对人类疾病、机体功能诊断和检测的各种诊断试剂。诊断试剂一般采用免疫学、微生物学、分子生物学等原理或方法制备，可使人们诊断检测更为快速、便捷、准确。

（二）分类

1. 按使用途径分类　诊断制品按照使用途径可分为体内诊断和体外诊断两大类。体内诊断制品是由变应原或抗原制成的免疫诊断试剂，用于疾病的体内诊断，这类制品种类很少，《中国药典》2020 年版收载的体内诊断试剂仅有结核菌素纯蛋白衍生物、卡介菌纯蛋白衍生物、布氏菌纯蛋白衍生物和锡克试验毒素四种，其余诊断品种均为体外诊断试剂。

体外诊断试剂是指在疾病的预测、预防、诊断、治疗监测、预后观察和健康状态评价的过程中，用于人体样本体外检测的试剂、试剂盒、校准品、质控品等产品。可以单独使用，也可以与仪器、器具、设备或者系统组合使用。

由于体外诊断试剂的种类远远多于体内诊断试剂，所以本章主要介绍体外诊断试剂。

2. 按检验原理分类　按照诊断试剂的检测原理可将其分为临床生化诊断试剂、免疫诊断试剂和基因诊断试剂。

临床生化诊断试剂主要用来测定人体某些体液或排泄物中的化学成分及酶含量，通过这些含量变化，辅助疾病诊断。包括酶类、糖类、脂类、蛋白和非蛋白氮类、无机元素类、肝功能、临床化学控制血清等几大类产品，用于配合手工、半自动和一般全自动生化分析仪等仪器检测。

免疫诊断试剂是基于抗原 – 抗体特异反应的原理，由特定抗原、抗体或有关生物物质制成的诊断试剂或试剂盒。免疫诊断试剂在诊断试剂盒中品种最多，根据诊断对象类别，可分为传染性疾病、内分泌、肿瘤、药物检测、血型鉴定等。从结果判断的方法学上又可分为酶联免疫、胶体金、化学发光、同位素等不同类型试剂。在实际应用中，可以用已知的特异性抗体检测未知抗原，也可以用已知抗原检测未知抗体。

基因诊断试剂也称为分子诊断试剂，主要通过对被检测者特定基因或基因转录产物进行检测来诊断疾病。目前，临床主要使用的核酸扩增技术（PCR）产品和当前国内外正在大力研究开发的基因芯片产品均属于该类型。近年来，分子生物学迅猛发展，使基因诊断试剂的检测结果更加快速、灵敏、特异、准确，也使得该类制剂成为未来临床诊断领域的发展趋势之一。

3. 按诊断对象所属学科分类　可分为细菌学诊断试剂、病毒学诊断试剂、免疫学诊断试剂、肿瘤学诊断试剂、妊娠诊断试剂等。细菌学诊断试剂包括结核菌素纯蛋白衍生物、布氏菌纯蛋白衍生物、锡克试验毒素、幽门螺杆菌诊断试剂、梅毒诊断试剂等。病毒诊断试剂包括各类型肝炎诊断试剂（甲型、乙型、丙型、戊型）、人免疫缺陷病毒（HIV）诊断试剂、冠状病毒诊断试剂等。肿瘤学诊断试剂主要是检测各类肿瘤标志物，如甲胎蛋白、癌胚抗原、CA50、CA15 – 3、前列腺特异性抗原等。妊娠诊断试剂主要是测定绒毛膜促性腺素（hCG）。此外，还有 ABO 血型测定试剂等。

二、体外诊断试剂的发展历史

诊断制品最早可以追溯到 19 世纪末抗炭疽菌血清的出现，之后细菌学诊断试剂迅速发展，每当分离出某种病原菌，相应的诊断血清即可诞生，用来辅助治疗与诊断疾病。与此同时，检测患者血清中抗体的诊断菌液也得以广泛应用。病毒学诊断试剂出现的比细菌学诊断试剂稍晚。20 世纪中期以后，免疫诊断试剂开始研究，并逐渐发展成为具有重要临床应用价值的一类诊断试剂。

我国体外诊断发展起步较晚，20 世纪 80 年代才研制了第一批国产生化诊断试剂，但随着医疗消费水平的提高、医疗体制改革的推动、国家产业政策的扶持等，目前已经取得了显著进步，特别是生化诊断试剂已经比较成熟，国内市场基本实现国产产品替代。免疫诊断试剂中的酶联免疫和胶体金技术应用较为广泛，在免疫诊断市场中占据越来越重比例；基因诊断试剂是未来极具潜力的诊断试剂类型，也是实施精准医疗的重要前提基础，代表着体外诊断技术的前沿方向。

📖 **知识拓展**

体外诊断试剂注册管理办法及其修正案

《体外诊断试剂注册管理办法》自 2014 年 10 月 1 日起施行。该《办法》分为总则、基本要求、产品的分类与命名、产品技术要求和注册检验、临床评价、产品注册、注册变更、延续注册、产品备案、监督管理、法律责任、附则，共 12 章 90 条，旨在规范体外诊断试剂的注册与备案管理，保证体外诊断试剂的安全、有效。2017 年 1 月，原国家食品药品监督管理总局发布《体外诊断试剂注册管理办法修正案》，将《办法》第二十条第一款做出了修改。

体外诊断试剂管理相关法规的出台和修订为我国体外诊断试剂发展提供了必须遵守的法律依据，也标志着我国体外诊断行业进入一个"高标准时代"，要求企业和从业人员必须坚守自主性、自律性和职业责任感。

三、免疫诊断技术

体外诊断试剂的三大类型（生化诊断试剂、免疫诊断试剂和基因诊断试剂）中，免疫诊断试剂用量最大。而免疫诊断试剂与免疫诊断技术是分不开的。免疫诊断技术的分子基础是抗原与相应抗体之间所发生的特异性结合反应。

抗原抗体反应的特点包括：①特异性，抗原借助表面抗原决定簇与抗体分子在空间构型上的互补，发生特异性结合，同一抗原分子可具有多种不同的抗原决定簇，若两种不同的抗原分子具有一个或多个相同的抗原决定簇，则与抗体反应时可出现交叉反应。②可逆性，抗原抗体结合主要以氢键、静电引力、范德华力和疏水键等分子表面的非共价方式结合，结合后形成的复合物在一定条件下可发生解离，回复抗原抗体的游离状态。③反应结果的可见性，若抗原与抗体比例合适，可出现肉眼可见的反应。④阶段性，抗原抗体反应可分为两个阶段。第一阶段是抗原抗体的特异结合阶段，此阶段仅需几秒到几分钟，尚无可见反应；第二阶段为可见反应阶段，需数分钟、数小时乃至数日，受各种因素影响。

影响抗原抗体反应的主要因素包括：①抗原和抗体浓度、比例，该因素影响最大，是决定因素。②电解质，试验中常用 0.85% NaCl 溶液提供适当浓度的电解质。③温度，适当的温度可增加抗原与抗体分子碰撞的机会，加速结合物体积的增大，一般在 37℃下进行试验，但也有些抗原抗体在 4℃下进行反应较好。④酸碱度，pH 过高或过低都将直接影响抗原或抗体的理化性质。一般采用 pH 6~8 比较合适。

免疫诊断技术可应用于检查传染性疾病、免疫性疾病、肿瘤和其他临床各科疾病。免疫诊断技术须具备以下三项特点：①特异性强，尽量不出现交叉反应，不出现假阳性，保证诊断的准确性；②灵敏度高，能测出微量反应物质和轻微的异常变化，有利于早期诊断和排除可疑病例；③简便、快速、安全。目前免疫诊断技术可以分为非标记免疫技术和免疫标记技术。

（一）非标记免疫技术

非标记免疫技术系指抗原与相应抗体相遇可发生特异性结合，并在外界条件的影响下呈现某种反应现象，如凝集、沉淀、补体结合及中和试验，利用这些现象可以检测未知抗体（或抗原）。试验所采用的抗体常存在于血清中，因此又称之为血清学反应。

1. 凝集反应（agglutination）　是指颗粒性抗原（如细菌、细胞、螺旋体等）或吸附于颗粒上的可溶性抗原（或抗体）在有适量电解质存在下，与相应抗体（或抗原）形成肉眼可见的凝集小块。参与凝集反应的抗原为凝集原（agglutinogen），相应抗体称为凝集素（agglutinin）。

（1）**直接凝集反应（direct agglutination）**　是颗粒性抗原与相应抗体直接结合所呈现的凝集现象，主要有玻片法和试管法。玻片法是把抗原和相应抗体放在玻片上的反应，为定性试验，简便快速，常用已知抗体检测未知抗原，应用于菌种鉴定分型、人 ABO 血型测定等。试管法是用已知抗原检测待检血清中有无相应抗体及其相对含量，为半定量试验，常用于辅助临床诊断和分析病情，例如诊断伤寒或副伤寒的肥达试验（Widal test），诊断布氏菌病的瑞特试验（Wrig test）、诊断斑疹伤寒及恙虫病的外 - 斐试验（Weil - felix test）等。

（2）**间接凝集反应（indirect or passive agglutination）**　是可溶性抗原（或抗体）吸附于一种与免疫无关的、具有一定大小的颗粒载体（如红细胞或乳胶颗粒）上，形成致敏载体，再与相应抗体或抗原在电解质存在的条件下进行反应，产生凝集现象。实验室常用的载体颗粒包括人 O 型血红细胞、绵羊或家兔红细胞、聚苯乙烯乳胶、活性炭等。根据载体种类不同，分别称为间接血凝、间接乳胶凝集及间接炭凝集试验等。

以间接血凝试验为例，红细胞经丙酮和甲醛固定后，在酸性条件下能吸附蛋白质（抗原或抗体），若待测样品中含有相应抗体或抗原，则与血细胞上致敏的抗原或抗体发生反应，形成抗原 - 抗体复合物，引起血细胞凝集，形成肉眼可见的血凝块。将纯化的抗原吸附到醛化的血细胞上时，抗原即被致敏而具有抗原活性，用纯化抗原致敏醛化血细胞测定相应抗体称为被动血凝试验，反之，用纯化的抗体致敏醛化血细胞测定相应抗原称为反相被动血凝试验。

将可溶性抗原与相应抗体预先混合并充分作用后，再加入抗原致敏的载体，此时因抗体已被可溶性抗原结合，阻断了抗体与致敏载体上的抗原结合，不再出现凝集现象，称为间接凝集抑制试验（indirect agglutination inhibition test）。临床常用的免疫妊娠试验属于此类。

2. 沉淀反应（precipitation）　是指可溶性抗原与相应抗体在有适量电解质存在下，出现肉眼可见的沉淀的现象。参与反应的抗原称沉淀原（precipitinogen），抗体称沉淀素（precipitin）。沉淀原可以是细菌培养液、细菌或组织浸出液、血清、多糖、蛋白质、类脂等。目前应用较多的沉淀反应是免疫扩散试验和速率散射比浊法。

（1）**免疫扩散试验（immunodiffusion）**　又称为凝胶沉淀反应，是指在含有电解质的凝胶（如琼脂、琼脂糖、葡聚糖凝胶）中，可溶性抗原与相应抗体在其中向四周辐射状扩散，形成浓度梯度，并在比例合适处形成肉眼可见的乳白色沉淀物。沉淀物在凝胶中可长期保存于固定部位，既便于观察又可以染色保存。该法灵敏度较低，但特异性高，可以作为定性、半定量和定量分析。根据操作方法可分为以下几种。

1）**单向免疫扩散（single immunodiffusion）**　是将一定量已知特异性抗体于熔化凝胶中混合均匀，然后浇制成凝胶板，再按一定要求打孔并加入抗原，使抗原向孔周自由扩散，扩散过程中与凝胶板中的抗体相遇，形成以抗原孔为中心的沉淀圈，圈的直径与抗原含量成正相关。本法为定量试验，可以根据圈直径从标准曲线中查到待检标本的抗原含量。该法简单，结果易于观察，灵敏度为 $10 \sim 20\mu g/ml$，常用于血清中免疫球蛋白（IgG、IgM、IgA 等）、AFP 等可溶性抗原的定量测定；缺点是等待时间较长，一般 1~2 天。

2）双向免疫扩散（double immunodiffusion） 是指先制备凝胶板，再按要求打孔并分别加入抗原和抗体，使两者同时在凝胶板上扩散，若两者对应且比例合适，则在抗原和抗体两孔之间形成白色沉淀线。一对相应的抗原抗体只形成一条沉淀线，因此可根据沉淀线的数目和状态推断待测样品中有多少种抗原抗体成分以及是否一致。本法属于定性试验，可用于判断抗原抗体纯度及免疫血清效价测定。

3）免疫电泳（immunoelectrophoresis） 是免疫扩散试验与电泳技术的结合，先在琼脂凝胶内利用电泳技术把标本中的蛋白质组分通过电泳分成不同的区带，然后在与电泳方向平行处挖一小槽，加入已知的抗体进行双向免疫扩散，根据产生的沉淀线数量、形态和位置分析标本中所含抗原成分的性质和相对含量。本法可以定性也可以定量测定抗原或抗体。

（2）速率散射比浊法（immunoephelometry） 将过量已知抗体与相应抗原在溶液中按一定比例混合形成可溶性免疫复合物，这些复合物对一定波长的光照发生散射效应，可通过 3 个光路系统测定吸光值（OD 值）。免疫复合物的含量直接取决于抗原的浓度，抗原终浓度可通过查阅标准曲线得到。该方法灵敏度高，自动化手段可实现同时检测多个样品并进行精确的定量分析。目前常用于检测前白蛋白、α-酸性蛋白、α_2-巨球蛋白、转铁蛋白、尿微量蛋白、IgG、IgM、IgA 及补体的含量。

3. 补体结合试验（complement fixation test，CFT） 该试验是在补体参与下，以绵羊红细胞和相应抗体（溶血素）作为指示系统，来检测未知抗原或抗体的血清学试验。试验需要有五种成分参与，分别是指示系统（绵羊红细胞和溶血素）、待检系统（已知抗原或抗体、未知抗体或抗原）、补体（新鲜豚鼠血清）。试验过程是先让待测系统混合，加入补体作用一段时间，再加入指示系统。若待检系统有相应抗原或抗体，则能形成抗原-抗体复合物，从而消耗补体，指示系统因无补体参与不出现溶血现象，此为试验结果阳性；相反，出现溶血则为阴性。CFT 影响因素较多，操作较为繁琐，正式试验前需对已知成分做一系列滴定，尤其是补体，应选择适宜的剂量参与反应，避免假性结果，同时设立多种对照，以作为判断结果可靠性的依据。但本法敏感性和特异性较高，对于颗粒性和可溶性抗原均可使用，临床上常用于检测某些病毒、立克次体和螺旋体感染者血清中的抗体，也可用于某些病毒的分型。

4. 中和试验（neutralization） 毒素、酶、激素或病毒等与其相应的抗体结合后，导致生物活性的丧失，称为中和反应。常用的中和试验有病毒中和试验、毒素中和试验两种。

（1）病毒中和试验（virus neutralization） 是检测抗病毒中和抗体的一种试验。当机体感染病毒后，能产生特异性抗病毒中和抗体，可使相应病毒失去毒力。将待检血清与病毒悬液混合，接种于细胞内培养，根据对细胞的保护效果来判断病毒是否已被中和，并计算"中和指数"，即代表抗体效价。该方法可将已知免疫血清用于病毒鉴定，或用已知病毒检测患者血清内的中和抗体，用于流行病学调查及病毒性疾病诊断。

（2）毒素中和试验（toxin neutralization） 即抗链球菌溶血素"O"试验，简称抗"O"试验。乙型溶血性链球菌能产生溶解人或兔红细胞的溶血素 O，具有抗原性，能刺激机体产生相应的抗体。当该毒素与相应抗体作用时，毒性被中和而失去溶血活性。试验时，患者血清先与溶血素 O 混合，作用一定时间后加入人红细胞，若不出现溶血表明待测血清中有相应抗体（抗 O），结果即为阳性。本试验可根据抗体含量并结合临床表现，辅助疾病诊断。但由于健康人血清中也有一定量抗体，其含量与地区、季节、年龄等因素有关，因此检测到抗体并不一定表明疾病处于活动期。而当抗体效价达到 500 单位以上时，才有临床诊断意义。

（二）免疫标记技术

免疫标记技术（immunolabelling technique）系指在抗原或抗体上标记易显示的物质（如酶、荧光素、放射性同位素、铁蛋白、胶体金及化学或生物发光剂等）作为示踪剂，通过荧光显微镜、酶标仪等仪器检测示踪剂，从而在细胞、亚细胞及分子水平上对抗原抗体进行定性或定量测定。免疫标记技术大致可分为两大类：一类属于免疫组织化学技术（immunohistochemical technique），用于组织切片或其他标本中抗原或抗体的定位；另一类称为免疫测定（immunoassay），用于液体标本中抗原或抗体的测定。免疫标记技术不仅提高了反应敏感性，若与光镜或电镜技术相结合，能对组织或细胞内待测物质作精确定位，为基础医学与临床医学研究及诊断提供了方便。与非标记免疫技术相比，其在检测的特异性、灵敏性、快速性，以及对抗原抗体的定性、定量、定位检测方面都有了提高。根据标记物的种类和检测方法不同，免疫标记技术又可分为免疫酶标技术、免疫荧光技术、放射免疫技术、免疫印迹技术和免疫胶体金标记技术。

1. 免疫酶标技术（immunoenzymatic technique） 是用酶标记的抗体（抗原）与标本中的抗原（抗体）发生特异性结合，当加入酶底物时，通过酶的催化作用显色来判定结果。该技术是将抗原抗体特异性结合的反应与酶高效催化底物的反应相结合，常用的酶包括辣根过氧化物酶（hosradish peroxidase，HRP）和碱性磷酸酶（alkaline phosphatase，AKP）等。

最早应用的免疫酶标技术是免疫酶组织化学染色，用于组织切片或其他标本中抗原的定位检查。目前，应用最广泛的是酶免疫测定法（enzyme immunoassay，EIA），系用酶标抗体（抗原）测定体液中的可溶性抗原（抗体）。根据抗原抗体反应后是否需要分离结合的与游离的酶标记物，EIA 又分为均相法和非均相法。前者不需要将结合的酶标记物和游离的酶标记物分离，测定对象为小分子抗原或半抗原，主要是药物测定。临床检验中常用的 EIA 为后者，需将结合的酶标物和游离的酶标物分离后才能测定。分离的方法是通过固相载体，即将一种反应物固定在固相载体上，当另一种反应物与之结合后，可通过洗涤、离心等方式与液相中的其他物质分离，这种通过固相载体分离测定的方法称为固相酶免疫测定。

酶联免疫吸附试验（enzyme linked immunosorbent assay，ELISA）就是一种最常用的固相酶免疫测定方法，也是目前免疫测定技术中应用最广的技术。其原理是利用酶标技术将酶与抗原或抗体用交联剂结合起来，形成酶结合物（酶标抗原或酶标抗体），酶标抗原或抗体与吸附（包被）于固相载体（微孔反应板）的相应抗体或抗原发生特异性结合反应，加入酶的底物后，底物被催化生成有色产物，根据呈色有无与深浅进行定性或定量分析，原理如图 16-1 所示。该法具有特异性强、灵敏度高、试剂稳定、结果容易判断等优点，既可检测抗体，又能测定可抗原（如微生物分子、激素、细胞因子、黏附因子等）。酶标记的过程一般采用过碘酸氧化法，即将辣根过氧化物酶与过碘酸钠搅拌，与抗体的碳酸盐缓冲液混合，使酶与抗体或抗原交联，加硼氢化钠，盐析沉淀，透析，加适当保护剂，低温保存。ELISA 的底物是二氨基苯胺（DAB），底物被分解则呈棕褐色，可目测或借助酶标仪比色。

ELISA 根据包被、检测、酶标记的对象不同可分为间接法、夹心法、竞争法、IgM 抗体捕获法。这里主要介绍前两种。

（1）间接法 常用于检测抗体，一般的操作过程如下。①包被：将已知的抗原吸附于固相载体上，完成后除去多余的未固定抗原。②加样：加入待测血清，作用一段时间，若血清中含有相应抗体，则其会与固相载体上的抗原进行特异性结合，形

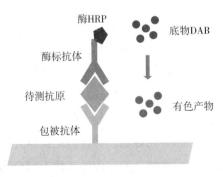

图 16-1 酶联免疫吸附试验原理

成固相载体的免疫复合物，洗涤除去未结合的抗体和其他杂质。③加酶结合物：加入酶标记抗抗体（二抗），作用一段时间，使酶标抗抗体与固相载体的免疫复合物结合、被固定，洗涤除去未结合的酶标记抗抗体。④加酶底物：加入酶使底物显色，一定时间后终止酶反应。肉眼观察或用酶标仪检测有色产物的吸光值（*OD* 值），以评估待测抗体的有无或含量。

（2）夹心法　又分为双抗体夹心法和双抗原夹心法。

双抗体夹心法用来检测 2 价或 2 价以上的抗原，一般的操作过程如下。先将已知抗体吸附于固相载体上，再加入待检抗原使之与吸附性的抗体结合，然后加入酶标记的抗体，酶标抗体也会与抗原结合，最后加入酶的底物，借由酶的催化作用使底物显色，用酶标仪测定 *OD* 值，即可测定相应抗原含量。

双抗原夹心法用于抗体的检测，反应过程与双抗体夹心法相同，不同的是用抗原吸附固相载体和制备酶标记物。与间接法不同的是酶标记物，双抗原夹心采用酶标记特异抗原，间接法采用酶标记二抗（酶标抗人 IgG）。

即学即练 16－1

ELISA 的理论基础是什么？

答案解析

2. 免疫荧光技术（immunofluorescence technique）　这是较早建立的一种免疫标记技术，是用荧光素标记抗体或抗抗体，以检测标本中抗原或抗体的方法。常用的荧光素包括异硫氰酸荧光素（FITC，绿色荧光）、四乙基罗丹明（RB200，橙色荧光）、四甲基硫氰酸罗丹明（TRITC，橙色荧光）、藻红蛋白（PE，红色荧光）、7－氨基－4－甲基香豆素（AMC，蓝色荧光）和稀土金属配位化合物等。免疫荧光技术也包括荧光抗体染色和荧光免疫测定两种类型。

（1）荧光抗体染色　是用荧光标记的抗体直接与待测样品中的抗原反应，抗原与荧光标记抗体结合后，荧光素不被洗脱，可在荧光显微镜下观察发光的物体，从而鉴定未知抗原。根据荧光抗体的不同可分直接法、间接法和补体结合法。

①直接法是用荧光标记的一抗直接检测标本片上抗原的方法。该方法简便，但每检查一种抗原需要制备相应的荧光抗体。②间接法是用未标记的相应抗体（一抗）与待检样品的抗原结合，再用荧光素标记的二抗（抗球蛋白抗体）染色的方法。与直接法相比，间接法仅需标记一种二抗即可适应多种抗原－抗体系统的检测，且敏感性较高，但非特异性荧光容易增加。③补体结合法是在抗原抗体反应时加入补体，与抗原－抗体复合物结合，再用荧光素标记的抗补体抗体进行失踪的方法。

（2）荧光免疫测定　与酶免疫测定法一样，可分均相法和非均相法。均相法常利用荧光的某些特性，如荧光的激发、吸收、猝灭等性质设计试验，不需要将结合的标记物与游离的标记物分离。

双标记法即为均相荧光免疫测定的一种类型，检测试剂为 FITC 标记的抗原和罗丹明标记的抗体，当两种标记物标记的抗原和抗体特异性结合后使两种荧光素靠近，由于 FITC 发射光谱能被罗丹明吸收，从而使 FITC 荧光明显减弱，通过测定 FITC 荧光可推算出标本中抗原的量。

非均相法中应用较多的是时间分辨荧光免疫测定，该法利用稀土金属（铕、铽等）配位化合物具有特长的荧光寿命，将其标记抗体并延长测定时间，使短命的非特异性荧光衰退，从而测得均一的长寿命稀土配合物荧光。此外，稀土配合物的激发光吸收峰（340nm）与荧光发射峰（613nm）之间差别显著，也利于排除非特异荧光干扰。目前可用于 IgE 等微量血清成分及激素和某些药物含量的测定。

知识链接

我国批准的新冠病毒检测试剂

国家药品监督管理局发布的《2020 年度医疗器械注册工作报告》显示，我国 2020 年共批准了 54 个新冠病毒检测试剂（包括 25 个核酸检测试剂、26 个抗体检测试剂、3 个抗原检测试剂），其中有 8 个核酸快速检测产品，产能达到 2401.8 万人份/天。目前确诊新冠病毒感染的仍只有核酸检测，抗体检测可作为补充。核酸类检测常用的方法是荧光 PCR 法。PCR 法系指聚合酶链式反应，能扩增微量的 DNA。由于新冠病毒是 RNA 病毒，需将病毒 RNA 反转录为 DNA，再进行 PCR 检测。

3. 放射免疫测定（radioimmunoassay，RIA）　是利用放射性核素标记抗原，让标本中待检抗原与标记抗原竞争结合抗体，两者结合比例的差异可造成结合相与游离相中放射性含量的变化，再通过检测放射强度推测标本中待检抗原含量。RIA 将放射性核素的高灵敏性和抗原抗体反应的特异性结合起来，达到提高灵敏度的目的（pg/ml）。但由于放射性同位素有一定危害，使其临床应用受到一定限制。常用的放射性核素有 ^{125}I 和 ^{131}I。目前主要应用于激素（如生长激素、hCG、胰岛素、甲状腺素）和微量药物（地高辛、吗啡等）浓度的检测。

4. 免疫胶体金标记技术（immunologic colloidal gold signature，ICS）　该法是以胶体金作为示踪剂用于抗原抗体反应的一种新型免疫标记技术。胶体金是分散相粒子的金溶液，一般采用氯金酸还原法制备，还原剂种类包括抗坏血酸、枸橼酸钠等。胶体金颗粒表面带有较多电荷，具有很强的吸附能力，能吸附蛋白质等高分子化合物（如抗体）形成金标记物，但不破坏其生物活性。用这种胶体金标记抗体，然后与待测标本中的抗原反应，借助显微镜观察颜色分布定性测定样品中抗原的方法称为免疫金染色法。在此基础上，采用银离子增强免疫金标记技术的敏感性，可形成免疫金银染色法；还可以将荧光素吸附于胶体金，在荧光显微镜下做定向性分布及定位观察，增强荧光效果。胶体金标记技术发展较快，目前已应用于 hCG、HBV 两对半的检测等。

5. 免疫印迹技术（immunoblotting/western blotting）　该法是一种将高分辨率凝胶电泳和免疫化学分析技术相结合的杂交技术，具有分析容量大、分辨率高、灵敏度高、特异性强等优点，是检测蛋白质特性、表达与分布的一种最常用方法，如组织抗原的定性定量检测、多肽分子的质量测定及病毒的抗体或抗原检测等。

基本操作过程如下：①待测抗原在十二烷基硫酸钠 - 聚丙烯酰胺凝胶电泳（SDS - PAGE）中分离。样品经 SDS 处理后带负电荷，在 PAGE 中从负极向正极泳动，分子量越小，泳动速度就越快。②将 SDS - PAGE 分离后的蛋白质多肽带转印至固相支持物上。常见的固相支持物包括硝酸纤维素膜（NC）、重氮苄氧甲基纸（DBM）、尼龙衬底膜（ZB）等。以 NC 为例，选用低电压（100V）和大电流（1 ~ 2A），通电 45 分钟即可完成转移，成本低且背景清晰，转印后的 NC 相当于包被了抗原的固相载体。③将印有蛋白质条带的固相支持物与抗体作用。作用前，一般采用异源蛋白或去污剂对转印膜进行封闭。与抗体作用有两种方法，一种是直接法（即用标记抗体直接与膜上抗原反应），一种是间接法（即先加入未标记抗体与膜上抗原结合，再加入标记的抗抗体进行结合）。前者简便快速，但敏感性低，且每种抗体均需要标记；后者只需要标记一种抗抗体就能检测同种来源的一抗，敏感性更高。④结果检测。依据标记抗抗体的标记物种类，检测方法也不同，如自显影、EIA 和 FIA 等。以 NC 间接法为例，将印有蛋白质条带的 NC 先与特异性抗体反应，再加入酶标抗抗体（HRP 标记）继续反应，然后加入能形成不溶性显色物的酶反应底物，HRP 常用底物有 3,3′ - 二氨基联苯胺（呈棕色）和 4 - 氯 - 1 - 萘酚（呈蓝紫色），最后通过检测显色程度确定蛋白表达情况。

免疫印迹技术综合了 SDS – PAGE 和 ELISA 法的优点，目前已经成为分析抗原组分及其免疫活性的有效手段。

第二节　体外诊断试剂

《中国药典》2020 年版三部收载了乙型肝炎病毒表面抗原诊断试剂盒（酶联免疫法）、丙型肝炎病毒抗体诊断试剂盒（酶联免疫法）、人免疫缺陷病毒抗体诊断试剂盒（酶联免疫法）、乙型肝炎病毒/丙型肝炎病毒/人免疫缺陷病毒 1 型核酸检测试剂盒、梅毒螺旋体抗体诊断试剂盒（酶联免疫法）和抗 A 抗 B 血型定型试剂（单克隆抗体）等七种体外诊断试剂，本节主要介绍其中四种。此外，本节还将介绍临床使用的其他一些诊断试剂。

一、乙型肝炎病毒表面抗原诊断试剂盒

本品系用乙型肝炎病毒表面抗体（抗 – HBs）包被的微孔板和酶标记抗 – HBs 及其他试剂制成，应用双抗体夹心酶联免疫法原理检测人血清或血浆中的乙型肝炎病毒表面抗原（HBsAg）。

（一）制法

1. 专用原材料　抗 – HBs 可使用 HBsAg 多克隆抗体或单克隆抗体；辣根过氧化物酶的 RZ 值应不低于 3.0；阳性对照用血清或血浆为 HBsAg 检测阳性的人血清或血浆；阴性对照用血清或血浆为 HBsAg 检测阴性的人血清或血浆；微孔板 CV（%）应不高于 10%。

2. 制备过程

（1）包被抗体的纯化　采用盐析、离子交换色谱法纯化，亦可采用其他适宜的纯化方法。抗体纯度用 SDS – 聚丙烯凝胶电泳法或其他方法测定。

（2）酶标记抗体的制备　纯化后的抗体采用常规过碘酸钠 – 乙二醇法或其他适宜方法进行辣根过氧化物酶或其他酶标记。过碘酸盐可将辣根过氧化物酶分子表面的多糖氧化为醛基，醛基很活泼，可与蛋白质（抗体）结合，形成按摩尔比例结合的酶标抗体。酶标记抗体的活性、纯度应符合要求，加入适当保护剂后低温保存。

（3）包被抗体浓度和酶标记抗体浓度的选定　采用方阵滴定法选择最佳包被抗体浓度和酶标记抗体的工作浓度。方阵滴定法又称棋盘滴定法，本质是设置不同梯度（稀释级）的包被抗体浓度和酶标记抗体浓度进行交叉试验，一般以高浓度样品 OD 值 0.8 左右且与其他浓度有明显差异、阴性样品 OD 值小于 0.1 的条件为最适条件。

（4）包被抗体板的制备　采用最佳浓度的抗体包被微孔板，经封闭、干燥和密封等处理后，于 2 ~ 8℃保存。抽样检定，结果应满足如下要求：①阴性参考品符合率应为 20/20；②阳性参考品符合率应为 3/3；③adr 亚型最低检出量应≤0.1IU/ml，adw 亚型最低检出量应≤0.1IU/ml，ay 亚型最低检出量应≤0.2IU/ml，或采用其他国家参考品检定，应符合要求；④精密性用国家参考品或经国家参考品进行检定，CV（%）应不高于 15%（$n = 10$）；⑤试剂各组分于 37℃放置至少 3 天（有效期 6 个月）测定稳定性，前述①~④项测定指标应符合要求。

（5）阳性对照　选用 HBsAg 为阳性的人血清或血浆制备，经 60℃、1 小时处理后，除菌过滤，

于 2 ~ 8℃保存。

（6）阴性对照　选用 HBsAg 为阴性的 5 份以上人血清或血浆混合制备，经 60℃、1 小时处理后，除菌过滤，于 2 ~ 8℃保存。

（7）反应时间设置　检测过程中加入检测样本后，反应时间应不低于 60 分钟，加入酶结合物后反应时间应不低于 30 分钟，加入显色液后显色时间应不低于 30 分钟。

（二）质量控制

半成品和成品均需要进行检定。这里以成品检定为例。

1. 物理检查　外观：液体组分应澄清透明，冻干组分应呈白色或棕色疏松体。溶解时间：冻干组分应在 3 分钟内溶解。

2. 其他　阴性参考品符合率、阳性参考品符合率、最低检出量、精密性和稳定性按照制法中的第四步"包被抗体板的制备"所述方法进行检定。

（三）临床用途与使用方法

本试剂盒定性检测人血清或血浆中的 HBsAg。具体使用方法如下。①编号：将样品对应微孔按序编号，每板应设阴性对照、阳性对照、空白对照（空白对照孔不加样品及酶标试剂，其余各步相同）；②加样：分别在相应孔中加入待测样品或阴、阳性对照；③加酶标试剂：每孔均加相同体积的酶标试剂，空白孔除外，轻轻振荡混匀；④温育：用封板膜封板后温育；⑤洗涤：揭掉封板膜，用洗板机洗涤；⑥显色：每孔加入显色剂液，轻轻振荡混匀，避光显色；⑦测定：每孔均加终止液，轻轻振荡混匀，于酶标仪上测定各孔 A 值（空白孔调零）；⑧结果判定：根据临界值（CUTOFF）、阴性对照、阳性对照、样品 A 值等来判断，若样品 A 值＜临界值者为 HBsAg 阴性，若样品 A 值≥临界值者为 HBsAg 阳性。

（四）注意事项

本试剂盒仅用于体外诊断，操作应严格按说明书进行，不同批次试剂不得混用。试剂盒从冷藏环境中取出时应室温平衡 15 ~ 30 分钟后方可使用，未用完的微孔条用自封袋密封 2 ~ 8℃保存。酶标板洗涤时各孔均需加满洗液，防止孔口内有游离酶不能洗净。应设定 30 ~ 60 秒的洗液浸泡时间。所有样品和废弃物都应按传染物处理。各试剂使用时均应注意安全。

（五）包装、保存、运输及有效期

该试剂盒有 48 人份/盒、96 人份/盒、480 人份/盒等不同规格。于 2 ~ 8℃避光保存和运输，自包装之日起，按批准的有效期执行。

即学即练 16 - 2

请说明乙型肝炎病毒表面抗原诊断试剂盒使用的是哪种免疫诊断技术？

答案解析

二、人类免疫缺陷病毒抗体诊断试剂盒

本品系用人类免疫缺陷病毒 1 型和 2 型（HIV - 1/HIV - 2）抗原包被的微孔板和 HIV - 1/HIV - 2

抗原酶标记物及其他试剂制成，应用双抗原夹心酶联免疫法检测人血清或血浆中的 HIV－1 和 HIV－2 抗体。

（一）制法

1. 专用原材料 HIV 抗原选用合成肽、重组蛋白或病毒裂解的纯化抗原，包被和标记用抗原应含有 HIV－1/HIV－2 主要抗原组分。抗原的纯度、分子量、效价等应符合相应标注；辣根过氧化酶的 RZ 值应不低于 3.0，其他标记用酶应符合相应要求；HIV－1 抗体阳性对照应为 HIV－1 抗体阳性的人血清或血浆，HIV－2 抗体阳性对照可用经相应抗原免疫后 HIV－2 抗体阳性的动物血清或血浆；阴性对照应为 HIV 抗体检测阴性的人血清或血浆；微孔板 CV（%）应不高于 10%。

2. 制备过程

（1）HIV 抗原的纯化 采用适宜的方法纯化抗原，抗原纯度用 SDS－聚丙烯凝胶电泳法或其他方法测定。纯化后的抗原分子量、活性、纯度要符合要求，低温保存。

（2）酶标记抗原的制备 纯化后的 HIV 抗原采用常规过碘酸钠－乙二醇法或其他适宜方法进行辣根过氧化物酶或其他酶标记。酶标记抗原的活性、纯度应符合要求，加入适当保护剂后低温保存。

（3）包被抗原浓度和酶标记抗原浓度的选定 采用方阵滴定法选择最佳包被抗体浓度和酶标记抗体的工作浓度。

（4）包被抗原板的制备 采用最佳浓度的抗体包被微孔板，经封闭、干燥和密封等处理后，于 2～8℃保存。抽样检定，结果应满足如下要求：①阴性参考品符合率应≥18/20，或采用经国家参考品标化的参考品进行检定；②HIV－1 抗体阳性参考品符合率应为 18/18，HIV－2 抗体阳性参考品符合率应为 2/2，或采用经国家参考品标化的参考品进行检定，不得出现假阳性；③阳性反应不得少于 3 份（≥3/6），或采用经国家参考品标化的参考品进行检定；④精密性用国家参考品或经国家参考品进行检定，CV（%）应不高于 15%（$n=10$）；⑤试剂各组分于 37℃放置至少 6 天（有效期 1 年）测定稳定性，前述①～④项测定指标应符合要求。

（5）阳性对照 选用 HIV 抗体为阳性的人血清或血浆制备，或经相应抗原免疫后 HIV－2 抗体阳性的动物血清或血浆制备，60℃、1 小时处理后，除菌过滤，于 2～8℃保存。

（6）阴性对照 选用 HIV 抗体为阴性的 5 份以上人血清或血浆混合制备，经 60℃、1 小时处理后，除菌过滤，于 2～8℃保存。

（7）反应时间设置 检测过程中加入检测样本后，反应时间应不低于 60 分钟，加入酶结合物后反应时间应不低于 30 分钟，加入显色液后显色时间应不低于 30 分钟。

（二）质量控制

半成品和成品均需要进行检定。这里以成品检定为例。

1. 物理检查 外观：液体组分应澄清透明，无沉淀物或絮状物；冻干组分应呈白色或棕色疏松体。溶解时间：冻干组分应在 3 分钟内溶解。

2. 其他 阴性参考品符合率、阳性参考品符合率、最低检出量、精密性和稳定性按照制法中的第四步"包被抗原板的制备"所述方法进行检定。

（三）临床用途与使用方法

本试剂盒体外定性检测人血清或血浆样本中的人类免疫缺陷病毒 1 型和（或）2 型抗体（抗－HIV－1/HIV－2），可用于血液筛查和临床人类免疫缺陷病毒感染的辅助诊断。具体使用方法如下。①编号：

将样品对应微孔按序编号,每板应设阴性对照、阳性对照、空白对照;②加样:分别在相应孔中加入待测样品(如样品需稀释,应先加入稀释液)或阴、阳性对照,置规定温度反应规定时间,用洗涤液洗涤,拍干;③加酶标试剂:每孔均加规定量酶标试剂,空白孔除外,置规定温度反应规定时间,用洗涤液洗涤,拍干;④显色:每孔加入底物溶液,规定温度下避光显色;⑤测定:每孔均加终止液,于酶标仪上测定;⑥结果判定:按照各不同产品的明确标准(临界值、阴性对照测定值、阳性对照测定值)进行判断。

(四)注意事项

本试剂盒的使用单位必须是经当地卫生行政部门批准的 HIV 初筛实验室。检测过程必须符合相关规范,严格防止交叉感染,操作时必须戴手套、穿工作衣,执行消毒隔离措施。结果判定应以酶标仪读数为准。试验中所用样品、洗涤液和各种废弃物均应按照传染物处理。剩余样品及废弃物应经过 121℃ 处理 30 分钟,或用适合的消毒剂(如次氯酸钠)处理后再废弃。不同批次试剂不得混用。

(五)包装、保存、运输及有效期

该试剂盒规格为 96 人份/盒。于 2~8℃ 避光保存和运输,自包装之日起,按批准的有效期执行。

三、梅毒螺旋体抗体诊断试剂盒

本品系用梅毒螺旋体抗原包被的微孔板和酶标记抗原及其他试剂制成,应用双抗原夹心酶联免疫法原理检测人血清或血浆中的梅毒螺旋体抗体。

(一)制法

1. 专用原材料 梅毒螺旋体抗原选用重组蛋白抗原,抗原纯度、分子量、活性等应符合要求;辣根过氧化酶的 RZ 值应不低于 3.0,其他标记用酶应符合相应要求;阳性对照应为梅毒螺旋体抗体阳性的人血清或血浆;阴性对照应为梅毒螺旋体抗体检测阴性的人血清或血浆;微孔板 CV(%)应不高于 10%。

2. 制备过程

(1)抗原的纯化 采用适宜的方法纯化抗原,纯化后的抗原分子量、活性、纯度要符合要求,低温保存。

(2)酶标记抗原的制备 采用常规过碘酸钠-乙二醇法或其他适宜方法进行辣根过氧化物酶或其他酶标记。酶标记抗原的活性、纯度应符合要求,加入适当保护剂后低温保存。

(3)包被抗原浓度和酶标记抗原浓度的选定 采用方阵滴定法选择最佳包被抗体浓度和酶标记抗体的工作浓度。

(4)包被抗原板的制备 采用最佳浓度的抗体包被微孔板,经封闭、干燥和密封等处理后,于 2~8℃ 保存。抽样检定,结果应满足如下要求:①阴性参考品符合率应为 20/20,或采用经国家参考品标化的参考品进行检定;②阳性参考品符合率应为 10/10,或采用经国家参考品标化的参考品进行检定;③最低检出限采用国家参考品进行检定,阳性反应不得少于 2 份(≥2/4),或采用经国家参考品标化的参考品进行检定;④精密性用国家参考品或经国家参考品进行检定,CV(%)应不高于 15%(n = 10);⑤试剂各组分于 37℃ 放置至少 3 天(有效期 6 个月)测定稳定性,前述①~④项测定指标应符合要求。

(5)阳性对照 选用梅毒螺旋体抗体为阳性的 5 份以上人血清或血浆混合制备,60℃、1 小时处理后，除菌过滤，于 2~8℃保存。

（6）阴性对照　选用梅毒螺旋体抗体为阴性的 5 份以上人血清或血浆混合制备，经 60℃、1 小时处理后，除菌过滤，于 2~8℃保存。

（7）反应时间设置　检测过程中加入检测样本后，反应时间应不低于 60 分钟，加入酶结合物后反应时间应不低于 30 分钟，加入显色液后显色时间应不低于 30 分钟。

（二）质量控制

半成品和成品均需要进行检定。这里以成品检定为例。

1. 物理检查　外观：液体组分应澄清透明，冻干组分应呈白色或棕色疏松体。溶解时间：冻干组分应在 3 分钟内溶解。

2. 其他　阴性参考品符合率、阳性参考品符合率、最低检出量、精密性和稳定性按照制法中的第四步"包被抗原板的制备"所述方法进行检定。

（三）临床用途与使用方法

本试剂盒适用于献血员筛选和临床辅助诊断梅毒。具体使用方法如下。①编号：将样品对应微孔按序编号，每板应设阴性对照（2 孔）、阳性对照（2 孔）、空白对照（1 孔）；②加样：分别在相应孔中加入待测样品或阴、阳性对照；③加酶标试剂：每孔均加规定量酶标试剂，空白孔除外，置规定温度反应规定时间，封板膜将板孔封好；④温育：37℃温育 60 分钟；⑤洗涤：揭掉封板膜，用洗涤液（配套浓缩洗涤液按 1：25 比例稀释）洗涤，拍干；⑥显色：每孔加入底物溶液，封板膜封板，避光温育显色；⑦测定：每孔均加终止液，于酶标仪上测定；⑧结果判定：按照各不同产品的明确标准（临界值、阴性对照测定值、阳性对照测定值）进行判断，一般情况下，阴性对照值应 ≤0.10，阳性对照值 ≥0.5，临界值 = 阴性对照值 + 0.15（若阴性对照小于 0.05，则按 0.05 计算），若样本测定值小于临界值，则判定为阴性，若样本测定值 ≥临界值，则判为阳性。

（四）注意事项

样品为一般法收集的血清或血浆（可用柠檬酸钠、肝素、EDTA 钾盐等作抗凝剂）；样本中应无微生物，在 2~8℃温度下可贮存一周，新鲜样本可长期保存在 −20℃（或以下）；避免使用溶血、高血脂样本，含血球的样本易出现假阳性，应尽量避免使用。本试剂盒仅用于检测人的血清或血浆，不用于其他体液样本。

（五）包装、保存、运输及有效期

该试剂盒规格为 48 人份/盒和 96 人份/盒。于 2~8℃避光保存和运输，自包装之日起，按批准的有效期执行。

四、抗 A 抗 B 血型定型试剂

本品系用于 A 血型单克隆抗体或 B 血型单克隆抗体配制而成，用于鉴定人 ABO 血型。

（一）制法

1. 专用原材料　杂交瘤细胞建株，需经几次克隆筛选，以 100% 克隆孔上清液相应抗体阳性的作为原始细胞株，原始细胞株经传代，稳定分泌特异性抗体的杂交瘤细胞株为主细胞。工作细胞库经血凝效价测定合格后方可使用。

抗 A 血型试剂可选用亚甲蓝等蓝色染料，抗 B 血型试剂可选用吖啶黄等黄色染料。抑菌剂可选用叠氮钠、硫柳汞钠盐等。稳定剂可选用蛋白质、葡萄糖、盐类等，不得使用凝聚胺、聚乙二醇等促凝剂。

2. 制备过程

（1）杂交瘤细胞培养物上清液制备　抗 A 血型或抗 B 血型杂交瘤细胞经培养传代，取上清液，检测血凝效价，合格后扩大培养即得。

（2）小鼠杂交瘤腹水制备　健康 BALB/c 小鼠（近交系白化小鼠，广泛应用于肿瘤学、生理学、免疫学、核医学研究，以及单克隆抗体的制备等）腹腔用液状石蜡预处理。将合格后的杂交瘤细胞培养物上清液用 0.85% ~ 0.90% 氯化钠溶液或不完全培养液重新悬浮细胞，接种于液状石蜡处理过的小鼠腹腔内。数周后，处死小鼠，收集腹水，离心去沉淀，采用适当方法去除纤维蛋白原，加入适宜的抑菌剂，−30℃ 以下保存。

（3）半成品　合并杂交瘤细胞培养物上清液，加入少量腹水混合，加入染色剂使抗 A 血型定型试剂呈蓝色，抗 B 血型定型试剂呈黄色，除菌过滤。

（4）成品　半成品分批、分装并冻干即得。

（二）质量控制

半成品和成品均需要进行检定。这里以成品检定为例。

1. 物理检查　抗 A 血型试剂外观应为透明或微带乳光的蓝色液体，抗 B 血型试剂应为透明或微带乳光的黄色液体，且均不应有摇不散的沉淀或异物。

2. 效价测定　取抗 A 血型试剂、抗 B 血型试剂及国家参考品，2 倍系列稀释至适宜的稀释度，分别加入相应的 2% A_1、A_2、A_2B、B 血型红细胞悬液，同时设置红细胞悬液对照，置 18 ~ 25℃ 反应 15 分钟，以 1000r/min 离心 1 分钟后肉眼观察结果。红细胞悬液对照不应产生凝集，抗 A 血型试剂对 A_1、A_2、A_2B 血型红细胞的凝集效价和抗 B 血型试剂对 B 血型红细胞的凝集效价均不得低于国家参考品的同步测定结果。

3. 特异性　取抗 A 血型试剂、抗 B 血型试剂，分别加入 2% A_1、A_2、A_2B、O 血型红细胞悬液，同时设置红细胞悬液对照，置 18 ~ 25℃ 反应 15 分钟，以 1000r/min 离心 1 分钟后肉眼观察结果。红细胞悬液对照不应产生凝集，抗 A 血型试剂对 A_1、A_2B 血型红细胞产生凝集，与 B、O 血型红细胞不产生凝集；抗 B 血型试剂对 B 血型红细胞产生凝集，与 A_1、O 血型红细胞不产生凝集，且均不不应出现溶血和其他不易分辨的现象。

4. 冷凝集素和不规则抗体测定　取 3 例 A 型（测抗 B 血型试剂用）、3 例 B 型（测抗 A 血型试剂用）、10 例 O 型红细胞，每一例红细胞分别用 0.85% ~ 0.90% 氯化钠溶液配制成 2% 红细胞悬液、用 20% 牛血清白蛋白生理氯化钠溶液配制成 5% 红细胞悬液。2% 红细胞悬液与相应血型试剂分别于 4℃、18 ~ 25℃、37℃ 进行测试；5% 红细胞悬液与相应血型试剂分别于 18 ~ 25℃、37℃ 进行测试。2 小时后肉眼观察结果，所有测试结果均不得产生凝集反应或溶血现象。

5. 亲和力　将抗 A、抗 B 血型试剂分别与 10% 红细胞悬液于瓷板或玻片上混合，抗 A 血型试剂与 A_1、A_2、A_2B 血型红细胞出现凝集的时间分别不长于 15 秒、30 秒、45 秒；抗 B 血型试剂与 B 血型红细胞出现凝集的时间分别不长于 15 秒，且在 3 分钟内凝集块应达到 $1mm^2$ 以上。

6. 稳定性试验　出厂前进行，37℃ 至少放置 7 天（有效期为 1 年）或 14 天（有效期为 2 年）后，应符合 1 ~ 5 检定项目要求。

（三）临床用途与使用方法

该试剂专用于鉴定人 ABO 血型。可以采用平板法（玻片法）或试管法。前者将试剂与受检者全血或 10% 红细胞生理氯化钠悬液按 1∶1 使用，后者将试剂与受检者 5% 红细胞生理氯化钠悬液按 1∶1 使用，不必再稀释，摇匀，1000r/min 离心 1 分钟或室温静置 1 小时。两种方法均按照有无凝集（"＋"代表凝集，"－"代表不凝集）判定结果（表 16－1）。

表 16－1　抗 A 抗 B 血型定型试剂结果判定

血型	抗 A 试剂	抗 B 试剂
A	+	－
B	－	+
O	－	－
AB	+	+

实例分析 16－1

　　案例　某患者采用抗 A 抗 B 血型定型试剂进行 ABO 血型鉴定，鉴定结果为抗 A 试剂和抗 B 试剂均为阳性反应。医生判定该患者为 AB 型血。

　　问题　根据 ABO 血型特点，解释为什么可以这样判定？

答案解析

（四）注意事项

对含有较多自身冷凝集素的受检者，在鉴定血型时往往被误定为 AB 血型，遇到此种情况，需用 37℃ 生理氯化钠溶液洗涤受检者红细胞 2～3 次，以去除吸附在红细胞上的冷凝集素，然后再鉴定血型。在做配型试验时，如发现有不配合现象，则取受检者血清，用已知 A 或 B 血型红细胞进行反定型试验，以核实原鉴定的血型是否正确。立即试管法不能测出的亚型，需延长作用时间。抗人球蛋白试验（Coombs test）阳性、新生儿溶血病或获得性溶血性贫血患者红细胞，因其红细胞表面吸附有抗体球蛋白，故干扰血型的鉴定，遇到此种情况需进行吸收释放试验。试剂如出现浑浊或变色则不能使用。

（五）包装、保存、运输及有效期

规格 10ml/支，2～8℃ 避光保存，有效期 1 年。

五、其他诊断试剂

（一）肿瘤诊断试剂

肿瘤的实验室诊断主要是针对肿瘤标志物的检测。肿瘤标志物系指在肿瘤细胞癌变过程中由于癌基因的表达而生成的抗原或生物活性物质，它们可在肿瘤患者的体液或排泄物中检出，但在正常人群或组织中几乎不产生或极微量表达。常见的肿瘤标志物主要是胚胎蛋白和糖蛋白，可分为以下几类。

1. 甲胎蛋白（alphafetoprotein，AFP）　一种由胎儿发育早期在肝脏和卵巢囊中合成的血清糖蛋白，由 590 个氨基酸残基组成，分子量 69kDa。正常成人血清 AFP 含量很低，60%～70% 的肝癌患者 AFP 含量显著升高，因此可用于肝癌早期诊断和检测。

2. **癌胚抗原（carcino‐embryonic，CEA）**　一种从结肠癌和胚胎组织中提取的与肿瘤相关的抗原，是具有人类胚胎抗原特性的酸性糖蛋白，存在于内胚层细胞分化而来的癌症细胞表面，是细胞膜的结构蛋白，可从多种体液和排泄物中检出。临床实践表明胃肠道恶性肿瘤 CEA 值可以升高，在乳腺癌、肺癌及其他恶性肿瘤的血清中也有升高。

3. **CA50（carcinoma antigen 50）**　一种唾液酸酯和唾液酸糖蛋白，正常组织中一般不存在，当细胞癌变时，糖基化酶被激活，细胞表面糖基结构改变成为 CA50，在多种类型恶性肿瘤患者血中可升高，如肺癌、肝癌、胃癌、卵巢癌、子宫颈癌、胰腺癌、胆管癌、直肠癌、膀胱癌等。

4. **CA15‐3（carcinoma antigen 15‐3）**　一种糖链抗原，是乳腺癌的辅助诊断指标、术后随访和复发转移的指标。其他恶性肿瘤，如肺癌、结肠癌、胰腺癌、卵巢癌等也可见升高。

5. **CA199（carcinoma antigen 199）**　一种低聚糖肿瘤相关抗原，是对胰腺癌敏感性最高的新型肿瘤标志物。在血清中它以唾液黏蛋白形式存在，分布于正常胎儿胰腺、胆囊、肝、肠和正常成年人胰腺、胆管上皮等处。正常值较低，患胰腺癌、大肠及直肠癌等消化道肿瘤时，可明显升高。

6. **CA125（carcinoma antigen 125）**　一种类似黏蛋白的糖蛋白复合物，来源于胚胎发育期体腔上皮，正常值较低，上皮性卵巢肿瘤患者的血清中可见升高，常用于辅助诊断恶性浆液性卵巢癌、上皮性卵巢癌，同时也是卵巢癌术后、化疗后疗效观察的指标。

7. **前列腺特异抗原（prostate specific antigen，PSA）**　一种由前列腺上皮细胞分泌产生糖蛋白，正常人血清中含量极微，前列腺癌患者正常腺管结构被破坏，血清中 PSA 含量升高。由于该标志物特异性较高，是目前诊断前列腺癌的首选判定指标。

除了以上蛋白类肿瘤标志物外，一些酶或同工酶（如神经元特异性烯醇化酶、前列腺酸性磷酸酶等）、激素（人绒毛膜促性腺激素、生长激素等）、癌基因及抑癌基因也能作为恶性肿瘤的辅助诊断或监测。

（二）妊娠诊断试剂

女性妊娠后，血液和尿液中的人绒毛膜促性腺激素（human chorionic gonadotrophin，hCG）含量升高，利用此原理开发出的商品化妊娠诊断试剂可简便、快速、准确地判断女性是否怀孕。目前常采用免疫学法检测 hCG，如胶乳凝集试验、酶联免疫吸附试验和胶体金法。这里以应用广泛、检测迅速、灵敏度高的胶体金法为例介绍 hCG 诊断试剂。

本品系由在硝酸纤维素膜上包被的抗 β‐hCG 单克隆抗体及抗鼠 IgG 多克隆抗体、在玻璃纤维膜上吸附的胶体金‐抗 hCG 单克隆抗体结合物组成，应用双抗体夹心法及免疫层析法原理检测尿液中的 hCG。一般女性怀孕数日后，尿液中的 hCG 水平即可达到检测限，特别是清晨的尿液阳性率最高。样本中的 hCG（抗原）与抗体发生特异性结合，然后借助胶体金高电子密度特性，与金标单克隆抗体结合，生成抗体‐hCG‐金标抗体夹心式复合物，出现肉眼可见的红色的金斑点。检测过程 5 分钟内即可完成。

胶体金法 hCG 诊断试剂的技术要求如下。①外观：检测试纸条整洁完整、无毛刺、无破损、无污染，标签应清晰；②测试条宽度应 ≥2.5mm；③液体移行速度应 ≥10mm/min；④最低检出限应不高于 25mIU/ml；⑤特异性：浓度 500mIU/ml 的促黄体生成素、1000mIU/ml 的人促卵泡生成素和 1000μIU/ml 的人促甲状腺激素样品分别加入 0mIU/ml 的 hCG 液中进行检测，结果应为阴性，相同浓度的上述样品分别加入 25mIU/ml 的 hCG 液中进行检测，结果应为阳性；⑥重复性：同一批号的试纸 10 条，以浓度为 25mIU/ml 的 hCG 标准品测定，反应结果一致，显色度均一；⑦稳定性：37℃放置 21 天及 4～30℃放置 36 个月后的试纸，物理性能、最低检出限、特异性和重复性应符合要求。

答案解析

一、选择题

A 型题

1. 免疫诊断技术的分子基础是（　　）

   A. PCR 技术

   B. 抗原与抗体之间的特异性结合反应

   C. 抗原或抗体的物理性质

   D. 抗原或抗体的化学性质

   E. 抗原或抗体的空间特异性

2. 凝集反应属于（　　）

   A. 免疫酶标技术　　　　　B. 免疫荧光技术　　　　　C. 放射免疫测定

   D. 免疫印迹技术　　　　　E. 非标记免疫技术

3. 参与凝集反应的抗体称为（　　）

   A. 凝集原　　　　　　　　B. 凝集素　　　　　　　　C. 沉淀原

   D. 沉淀素　　　　　　　　E. 补体

4. ELISA 法常用的底物是（　　）

   A. 二氨基苯甲酰胺　　　　B. 二氨基苯胺　　　　　　C. 碱性磷酸酶

   D. 二甲基苯胺　　　　　　E. 二乙基苯胺

5. 免疫金标技术是以（　　）作为示踪剂用于抗原抗体反应的一种新型免疫标记技术

   A. 氯化金　　　　　　　　B. 氯金酸　　　　　　　　C. 胶体金

   D. 氰化金　　　　　　　　E. 金的碘化物

6. 免疫印迹技术是一种将（　　）和免疫化学分析技术相结合的杂交技术

   A. 色谱技术　　　　　　　B. 紫外分光光度技术　　　C. 荧光技术

   D. 凝胶电泳技术　　　　　E. 指纹图谱技术

7. 乙型肝炎病毒表面抗原诊断试剂盒用于测定人血清或血浆中的（　　）

   A. 乙型肝炎病毒表面抗原　B. 乙型肝炎病毒表面抗体　C. 乙型肝炎病毒 e 抗原

   D. 乙型肝炎病毒 e 抗体　　E. 乙型肝炎病毒核心抗原

8. 酶标记抗体的制备一般是采用（　　）将辣根过氧化物酶表面的多糖氧化为醛基

   A. 高锰酸钾　　　　　　　B. 过碘酸盐　　　　　　　C. 碘单质

   D. 亚硝酸盐　　　　　　　E. 硝酸银

9. 关于人免疫缺陷病毒抗体诊断试剂盒的使用，下列说法错误的是（　　）

   A. 使用单位必须是经当地卫生行政部门批准的 HIV 初筛实验室

   B. 结果判定应以酶标仪读数为准

   C. 检测过程必须符合相关规范，严格防止交叉感染

   D. 不同批次的试剂盒不可以混用

E. 剩余样品及废弃物应按照普通医疗垃圾进行处理

10. 采用抗 A 抗 B 血型定型试剂进行 ABO 血型鉴定，鉴定结果为抗 A 试剂 " + "，抗 B 试剂 " − "，则血型为（　　　）

A. A 型   B. B 型   C. O 型

D. AB 型   E. 不能确定

X 型题

11. 《中国药典》2020 年版收载的体内诊断试剂包括（　　　）

A. 结核菌素纯蛋白衍生物   B. 卡介菌纯蛋白衍生物   C. 布氏菌纯蛋白衍生物

D. 梅毒螺旋体抗体诊断试剂盒   E. 锡克试验毒素

12. 诊断制品按照使用途径可分为（　　　）

A. 体内诊断   B. 体外诊断   C. 临床生化诊断试剂

D. 免疫诊断试剂   E. 基因诊断试剂

13. 免疫标记技术可分为（　　　）

A. 免疫酶标技术   B. 免疫荧光技术   C. 放射免疫技术

D. 发光免疫技术   E. 免疫金标记技术

二、简答题

1. 什么是诊断制品？可以分为哪几类？

2. 常见的肿瘤标志物有哪些？

书网融合……

知识回顾

微课

习题

（王丽娟）